智能生产线应用与虚拟仿真调试

主编　宋志刚　文双全

北京理工大学出版社
BEIJING INSTITUTE OF TECHNOLOGY PRESS

内 容 简 介

本书是根据职业教育智能制造工程技术、机械电子工程技术、自动化技术与应用等职业本科专业，机电一体化技术、工业机器人技术、电气自动化技术等职业专科专业的人才培养目标，结合智能制造领域相关行业的岗位群要求编写的。

全书共分为 11 个项目，包括智能制造发展与应用状况分析、智能生产线的布局规划、智能生产线的整体设计与规划、智能生产线的认知、智能生产线的操作、智能生产线的安装、智能生产线调试准备、智能生产线单站点调试、智能生产线综合调试、智能生产线的维护与维修、智能生产线的验收与交付。

本书在编写过程中紧紧围绕智能生产线的研发、规划、设计、编程、控制、安装、调试、维修、交付等的具体操作，并穿插数字孪生技术在智能工厂生产流程中发挥的作用，详细讲解了智能生产线从研发到交付过程中的实施步骤以及相关理论知识和操作技能。本书按照由简到难、由部分到整体的设计思路来规划内容，突出理论联系实际，加强针对性和实用性，注重引入“四新”技术，且在编写理念上采用项目引导、任务驱动的方式，力求层次清楚，内容难易适度、通俗易懂。

本书反映当前智能生产线的发展应用状况，配有大量的工业应用案例和数字化模型，可实现脱离实际载体开展智能工厂学习，适合作为高等院校、高职院校的教材，也适合企业工程技术人员学习和参考。

图书在版编目（CIP）数据

智能生产线应用与虚拟仿真调试 / 宋志刚，文双全主编. --北京：北京理工大学出版社，2024.1

ISBN 978-7-5763-3929-1

Ⅰ. ①智…　Ⅱ. ①宋…　②文…　Ⅲ. ①自动生产线－计算机仿真–高等学校–教材　Ⅳ. ①TP278

中国国家版本馆 CIP 数据核字(2024)第 090869 号

责任编辑：钟　博　　**文案编辑**：钟　博
责任校对：周瑞红　　**责任印制**：李志强

出版发行 / 北京理工大学出版社有限责任公司
社　　址 / 北京市丰台区四合庄路 6 号
邮　　编 / 100070
电　　话 / （010）68914026（教材售后服务热线）
（010）68944437（课件资源服务热线）
网　　址 / http://www.bitpress.com.cn

版 印 次 / 2024 年 1 月第 1 版第 1 次印刷
印　　刷 / 涿州市新华印刷有限公司
开　　本 / 787 mm × 1092 mm　1/16
印　　张 / 19
字　　数 / 435 千字
定　　价 / 88.00 元

前 言

党的二十大报告提出“推进新型工业化，加快建设制造强国、质量强国、航天强国、交通强国、网络强国、数字中国”。在技术应用领域，需要通过加强对技术技能人才的培养，造就更多适应智能制造新时代要求的“卓越工程师、大国工匠、高技能人才”。

为了适应工业4.0和中国制造2025的发展战略要求，深度结合党的二十大精神，以培养造就大批德才兼备的高素质人才和社会主义核心价值观为引领，按照工程技术人员职责以及新时代职业教育思想，将科学文化素质、职业素养、严谨求实的科学态度以及精益求精的工匠和劳动精神以润物细无声的方式融入教材，全面提升学生的创新、协作互助、协同管理等能力，满足智能生产线技术发展和教学需要。

近年来，随着经济的快速发展，我国已成为世界制造大国。为了实现从制造大国向制造强国的转变，我国提出了以提质增效为中心，以加快新一代信息技术与制造业深度融合为主线，以推进智能制造为主攻方向的转型升级战略。各种智能制造装备层出不穷并得到广泛应用。智能生产线是实现智能制造的重要载体，它借助自动化、制造执行系统（Manufacturing Execution System，MES）、射频识别（Radio Frequency Identification，RFID）和NX MCD等技术，对传统生产线进行全面升级，有效提高了生产效率，降低了生产成本，优化了资源配置。同时，智能生产线通过可视化管理，实现了生产过程的全面掌控，提升了产品质量和生产灵活性。智能生产线的出现，为企业的可持续发展提供了强有力的支持，推动企业不断追求高效、灵活、可持续的生产模式。随着技术的不断进步和应用的持续深入，智能生产线将在未来发挥更加重要的作用，助力企业实现更加卓越的生产运营。

本书紧紧围绕智能生产线在研发、设计、控制、编程、安装、调试、维修、交付等过程中的具体操作，并穿插数字孪生技术在智能生产线生产流程中发挥的作用，详细讲解了智能生产线从研发到交付过程中的实施步骤以及相关理论知识和操作技能。本书按照由简到难、由部分到整体的设计思路来规划内容。本书共11个项目。项目1对智能制造发展与应用状况进行分析，通过任务调研的形式介绍智能制造的概念、内涵、核心价值及关键技术等相关知识，并为本书内容的展开进行铺垫；项目2通过智能生产线的布局规划介绍智能生产线布局设计原则，并且在NX平台中对智能生产线的布局进行仿真；项目3介绍智能生产线的整体设计与规划，包括智能生产线设计的原则和流程，以及夹爪、气缸、传感器的选型原则，并在NX MCD模块中对机构进行仿真验证；项目4主要进行智能生产线的认知，其中包括智能生产线主要元器件的类型、功能以及智能生产线关键技术的认知；项目5介绍智能生产线的操作，包括智能生产线开机前的检查、上电初始化流程、操作模式以及智能生产线急停的操作流程等内容；项目6讨论智能生产线的安装，以输出单元为例讲解智能生产线各设备安装的注意事项，并且在

NX MCD 模块中仿真输出单元的组装过程；项目 7 讲解智能生产线调试前的准备工作，从智能生产线安全检查到信号点位测试，确保智能生产线的稳定运行；项目 8 介绍智能生产线钻孔单元的虚拟调试，通过实现虚拟 PLC 中的信号和 NX MCD 模块中钻孔单元设置的信号相互通信，从而完成钻孔单元的虚拟调试；项目 9 主要实现智能生产线虚实联调的操作，根据智能生产线要实现的功能，完成智能生产线的 MCD 设置，将智能生产线的 PLC 程序导入并下载到“博图”软件中完成 PLC 组态设置，然后设置 OPC Link 的环境，创建 OPC Link 信号，通过外部信号通信，实现智能生产线的虚实联调；项目 10 介绍智能生产线的维护与维修，以料仓单元为例，完成智能生产线的维护与维修工作；项目 11 介绍智能生产线的验收与交付，涵盖了培训、成本核算、交付清单等内容。

本书基于成果导向的模式编写，将来源于现实的案例分解成项目，再细致到任务，讲解任务完成过程中用到的理论知识和实践技能，条理清晰，目标明确，可操作性强。本书还融入企业真实需要的职业技能，实用性较强；同时，本书将科学思维、党的二十大精神、家国情怀和职业精神与专业知识结合，落实立德树人的根本目标。

本课程学时数建议为 96 学时，安排为 4 整周开展教学，可通过学银在线的在线开放课程进行学习或教学参考（网址为：https://www.xueyinonline.com/detail/235369963）。本课程在上述平台进行周期性开课，学员根据进度进行学习，学习综合成绩达到 60 分可获得平台颁发的课程证书。各院校任课教师可在上述在线开放课程的基础上开展线上线下混合式 SPOC 教学，可根据实际情况灵活选择和安排教学内容。

本书由深圳职业技术大学宋志刚、文双全主编，深圳职业技术大学黎良田、李莹、丁文翔、杨敏和科斯特数字化智能科技（深圳）有限公司姜翰、潘和亮等参编。本书以费斯托公司“CP－Lab”智能生产线实训设备为参考，在本书编写过程中，费斯托公司提供了相关技术资料和图片。本书参考和引用了国内外许多专家、学者及工程技术人员的著作，编者在此一并致谢。

虽然我们对全书进行了认真的审读和修改，但书中难免有不妥之处，恳请广大读者指正，编者将不胜感谢。联系邮箱：522628442@qq.com。

编　者
2024 年 1 月

目　录

项目1 智能制造发展与应用状况分析

1.1 项目描述

1.1.1 工作任务

我国是智能制造产业大国，党的二十大报告提出，建设现代化产业体系，坚持把发展经济的着力点放在实体经济上，推进新型工业化，加快建设制造强国、质量强国、航天强国、交通强国、网络强国、数字中国。习近平总书记强调，以智能制造为主攻方向推动产业技术变革和优化升级，推动制造业产业模式和企业形态根本性转变，以“鼎新”带动“革故”，以增量带动存量，促进我国产业迈向全球价值链中高端。要牢牢抓住振兴制造业，特别是先进制造业，不断地推进工业现代化，推进中国制造向中国创造转变、中国速度向中国质量转变、制造大国向制造强国转变。本项目介绍智能制造的概念、应用领域、内涵及核心价值、系统架构及标准体系、核心及关键技术、构成要素。教师指导学生上网查阅智能制造的相关文献资料，并实地考察深圳华智智能制造技术有限公司（以下简称“华智公司”）的智能生产线，采用线上与线下相结合的方式，完成关于智能制造发展及应用状况的企业调研报告。图1-1所示为智能制造的系统框架。

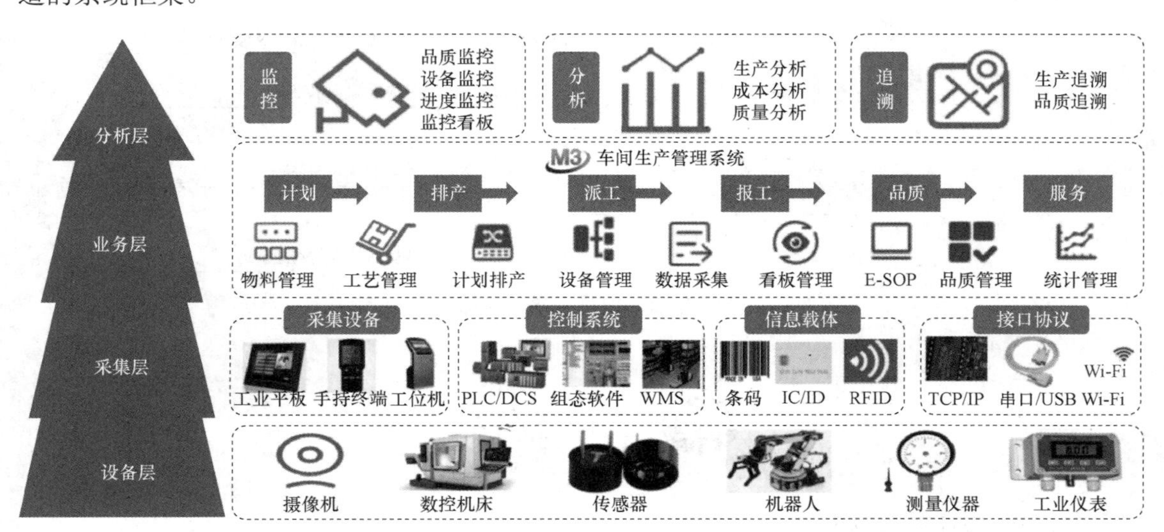

图1-1 智能制造的系统框架

1.1.2 任务要求

（1）采取线上与线下相结合的方式，对华智公司的智能生产线进行考察调研。
（2）根据调研数据，撰写关于智能制造发展与应用状况的企业调研报告。

1.1.3 学习成果

通过了解智能制造的概念、内涵、核心价值、构成要素、系统框架、核心及关键技术等相关知识，通过对华智公司的实地调研考察，完成关于智能制造发展与应用状况的企业调研报告。

1.1.4 学习导图

本项目学习导图如图 1－2 所示。

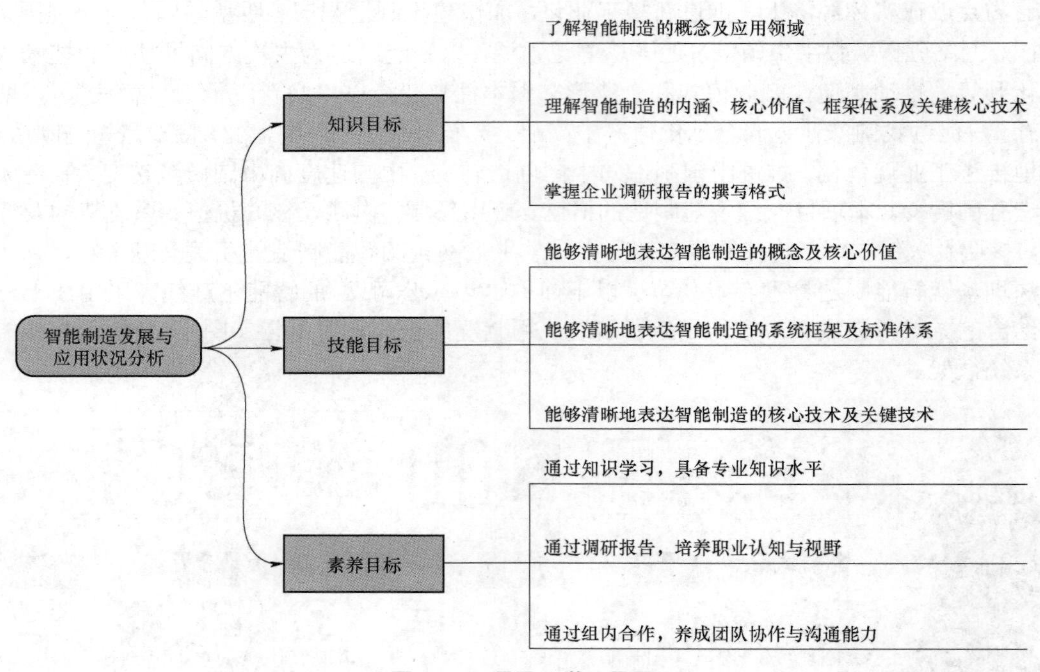

图 1－2　项目 1 学习导图

1.2 工作任务书

本项目工作任务书见表 1－1。

表 1-1　项目 1 工作任务书

课程	智能生产线综合实训	项目	智能制造发展与应用状况分析
姓名		班级	
时间		学号	
任务	撰写关于智能制造发展与应用状况的企业调研报告		
任务描述/功能分析	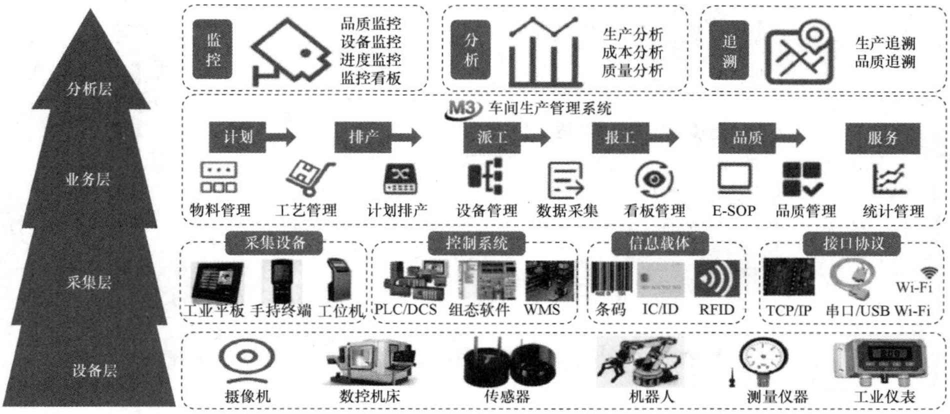 本项目介绍智能制造的概念、应用领域、内涵及核心价值、系统架构及标准体系、核心及关键技术、构成要素。教师指导学生上网查阅智能制造的相关文献资料，并实地考察华智公司的智能生产线，采用线上与线下相结合的方式，完成关于智能制造发展及应用状况的企业调研报告		
关键指标	1. 接受调研的企业具有智能制造的应用背景； 2. 调研数据翔实，结论有支撑作用； 3. 文字表达简洁； 4. 内容包含但不限于企业介绍、业务背景、智能制造应用场景、智能制造对企业的价值		

1.3 知识准备

1.3.1 智能制造的概念

1. 智能制造的定义

智能制造是环境感知、仪器、监测、控制和过程优化相关技术和实践的组合，它们将信息和通信技术与制造环境融合在一起，实现对工厂和企业中能量、生产率、成本的实时管理。

2. 我国对智能制造的定义

中国科学院院士路甬祥曾对智能制造给出如下定义：“一种由智能机器和人类专家共同组成的人机一体化智能系统，它在制造过程中能进行智能活动，如分析、推理、判断、构思和决策等。通过人与智能机器的合作共事，去扩大、延伸和部分取代人类专家在制造过程中的脑力劳动。它把制造自动化的概念更新，扩展到柔性化、智能化和高度集成化。”

3. 智能制造的极简定义

因为智能制造还在发展中，所以不妨给出智能制造的极简定义。

智能制造的极简定义如下："把机器智能融合于制造的各种活动中，以满足企业相应的要求。"

机器智能是人类智慧的凝结、延伸和扩展，总体上并未超越人类的智慧，但某些单元的智能远超人类智慧。

根据智能制造的极简定义，智能制造的层次如图 1－3 所示。

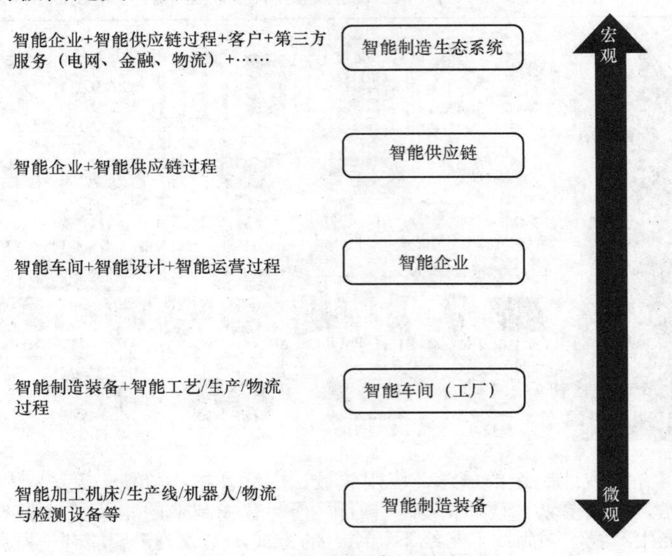

图 1－3　智能制造的层次

4. 智能制造系统的极简定义

智能制造系统的极简定义如下："把机器智能融入包括人和资源形成的系统中，使制造活动能动态地适应需求和制造环境的变化，从而满足系统的优化要求。"

特别需要注意的是，智能制造系统并非要求机器智能完全取代人，即使未来高度智能化的制造系统也需要人机共生。

1.3.2　智能制造的应用领域

智能制造可以实现整个制造业价值链的智能化和创新，是信息化与工业化深度融合的进一步提升。智能制造融合了信息技术、先进制造技术、自动化技术和人工智能技术。智能制造包括开发智能产品；应用智能装备；自底向上建立智能生产线，构建智能车间，打造智能工厂；形成智能物流和供应链体系；开展智能管理；推进智能服务；实现智能决策。

在智能制造的核心及关键技术中，智能产品与智能服务可以帮助企业进行商业模式的创新；智能装备、智能生产线、智能车间与智能工厂可以帮助企业实现生产模式的创新；智能研发、智能管理、智能物流与供应链可以帮助企业实现运营模式的创新；智能决策可以帮助企业实现科学决策。智能制造的 10 项技术是息息相关的，制造企业应当渐进地、理性地推进这 10 项技术的应用。

1. 智能产品

智能产品通常包括机械、电气和嵌入式软件，具有记忆、感知、计算和传输功能。典型的智能产品包括智能手机、智能可穿戴设备、无人机、智能汽车、智能家电、智能售货机等，智能装备也是一种智能产品。企业应该思考如何在产品中加入智能化的单元，以提升产品的附加值。

2. 智能服务

智能服务基于传感器和物联网（Internet of Things，IoT），可以感知产品的状态，从而进行预防性维修维护，及时帮助客户更换备品备件，甚至可以通过产品的运行状态，为客户带来商业机会。智能服务还可以采集产品运营的大数据，辅助企业进行市场营销的决策。此外，企业开发面向客户服务的 App（Application）也是一种智能服务的手段，可以针对企业购买的产品提供有针对性的服务，从而锁定客户，开展服务营销。

3. 智能装备

制造装备经历了从机械装备到数控装备的发展历程，目前正在逐步发展为智能装备。智能装备具有检测功能，可以实现在机检测，从而补偿加工误差，提高加工精度，还可以对热变形进行补偿。以往一些精密装备对环境的要求很高，现在出现了闭环的检测与补偿，可以降低对环境的要求。

4. 智能生产线

很多行业的企业高度依赖自动化生产线[①]（比如钢铁、化工、制药、食品饮料、烟草、芯片制造、电子组装、汽车整车和零部件制造等企业），以实现自动化的加工、装配和检测，一些机械标准件生产也应用了自动化生产线，比如轴承。但是，装备制造企业目前还是以离散制造为主。很多企业的技术改造重点就是建立自动化生产线、装配线和检测线。美国波音公司的飞机总装厂已建立了 U 形脉动式总装线。自动化生产线可以分为刚性自动化生产线和柔性自动化生产线，柔性自动化生产线一般建有缓冲区。为了提高生产效率，工业机器人、吊挂系统在自动化生产线中的应用越来越广泛。

5. 智能车间

一个车间通常有多条生产线，这些生产线要么生产相似的零件或产品，要么具有上、下游的装配关系。要实现车间的智能化，需要对生产状况、设备状态、能源消耗、生产质量、物料消耗等信息进行实时采集和分析，进行高效排产和合理排班，以显著提高设备利用率。因此，无论对于何种制造行业，制造执行系统（Manufacturing Execution System，MES）都将成为企业的必然选择。

6. 智能工厂

一个工厂通常由多个车间组成，大型企业有多个工厂。对于智能工厂，不仅生产过程应实现自动化、透明化、可视化、精益化，同时，产品检测、质量检验和分析、生产物流也应当与生产过程实现闭环集成。智能工厂的多个车间之间要实现信息共享、准时配送、协同作业。一些离散制造企业也建立了类似流程制造企业的生产指挥中心，对整个工厂进行指挥和调度，及时发现和解决突发问题，这也是智能工厂的重要标志。智能工厂必须依赖无缝集成的信息系统支撑，主要包括产品生命周期管理（Product Lifecycle Management，PLM）、企业资源计划（Enterprise Resource Planning，ERP）、客户关系管理（Customer Relationship Management，CRM）、供应链管理（Supply Chain Management，SCM）和 MES 五大核心系统。大型企业的

① 自动化生产线是智能生产线的一种形式。

智能工厂需要应用 ERP 系统制定多个车间的生产计划（Production Planning，PP），并由 MES 根据各个车间的生产计划进行详细排产（Production Scheduling），MES 排产的力度是天、小时，甚至分钟。

7. 数字化工厂

数字化工厂（Digital Factory，DF）是现代数字制造技术与计算机仿真技术相结合的产物，同时具有其鲜明的特征。它的出现给基础制造业注入了新的活力，主要作为沟通产品设计和产品制造之间的桥梁。数字化工厂是以产品全生命周期的相关数据为基础，在计算机虚拟环境中对整个生产过程进行仿真、评估和优化，并进一步扩展到整个产品生命周期的新型生产组织方式。

8. 智能研发

离散制造企业在产品研发方面，已经应用了计算机辅助设计（Computer Aided Design，CAD）/计算辅助制造（Computer Aided Manufacturing，CAM）/计算机辅助工程（Computer Aided Engineering，CAE）/计算机辅助工艺规划（Computer Aided Process Planning，CAPP）/电子设计自动化（Electronic design automation，EDA）等工具软件和产品数据管理（Product Data Management，PDM）/PLM 系统，但是很多企业应用这些软件的水平并不高。企业要开发智能产品，需要机电多学科的协同配合；要缩短产品研发周期，需要深入应用仿真技术，建立虚拟数字化样机，实现多学科仿真，通过仿真减少实物试验；需要贯彻标准化、系列化、模块化的思想，以支持大批量客户定制或产品个性化定制；需要将仿真技术与试验管理结合，以提高仿真结果的置信度。流程制造企业已开始应用 PLM 系统实现工艺管理和配方管理，实验室信息管理系统（Laboratory Information Management System，LIMS）系统比较广泛。

9. 智能管理

制造企业核心的运营管理系统还包括人力资产管理（Human Capital Management，HCM）系统、CRM 系统、企业资产管理（Enterprise Asset Management，EAM）系统、能源管理系统（Energy Management System，EMS）、供应商关系管理（Supplier Relationship Management，SRM）系统、企业门户（Enterprise Portal，EP）系统、业务流程管理（Business Process Management，BPM）系统等，国内企业也把办公自动化（Office Automation，OA）系统作为核心信息系统。为了统一管理企业的核心主数据，近年来主数据管理（Master Data Management，MDM）系统也在大型企业开始部署应用。实现智能管理和智能决策，最重要的条件是基础数据准确和主要信息系统无缝集成。

10. 智能物流与供应链

制造企业内部的采购、生产、销售流程都伴随着物料的流动，因此，越来越多的制造企业在重视生产自动化的同时，越来越重视物流自动化，自动化立体仓库、无人引导小车（Automatic Guided Vehicle，AGV）、智能吊挂系统得到了广泛的应用；而在制造企业和物流企业的物流中心，智能分拣系统、堆垛机器人、自动辊道系统的应用日趋普及。仓储管理系统（Warehouse Management System，WMS）和运输管理系统（Transport Management System，TMS）也受到制造企业和物流企业的普遍关注。

11. 智能决策

企业在运营过程中会产生大量的数据。这些数据来自各个业务部门和业务系统产生的核心业务数据，例如合同、回款、费用、库存、现金、产品、客户、投资、设备、产量、交货期等数据，这些数据一般是结构化的数据，可以进行多维度的分析和预测，这就是业务智能

（Business Intelligence，BI）技术的范畴，相关系统称为管理驾驶舱或决策支持系统。企业可以应用这些数据提炼出企业的关键绩效指标（Key Performance Indicator，KPI），并与预设的目标进行对比，同时，对 KPI 进行层层分解，从而对干部和员工进行考核，这就是企业绩效管理（Enterprise Performance Management，EPM）的范畴。从技术角度来看，内存计算是 BI 的重要支撑。

1.4 任务实施

通过前面知识准备的学习，学生已经对智能制造的相关知识有了新的认识。下面按照企业调研的规范流程，完成关于智能制造发展与应用状况的企业调研报告，以表格的形式体现。

企业调研报告的内容如下。

1. 调研目的

通过调研，了解智能制造的发展现状，掌握智能制造发展的动向，预测智能制造发展的前景。

2. 调研对象

开展调研的企业是华智公司，该企业的主要业务是以工业互联网平台为核心载体，聚焦设备互连、制造协同、运营管控、数据智能等应用场景，为企业提供开放、灵活、易用、安全的工业产品与解决方案。该企业已服务于能源化工、装备制造、汽车零部件等多个行业，其平台和产品解决方案已应用于多个国家级的试点示范项目或新模式应用。

3. 调研内容

对华智公司进行参观调研，主要参观了华智公司的智能生产车间，了解了目前智能制造的发展现状，通过和企业专家交流，了解了未来智能制造的发展趋势。

4. 调研方式

采用线上与线下相结合的方式进行企业调研。通过电话和网络查询的方式对华智公司进行调查了解，同时进行实地考察，了解华智公司的企业文化、发展状况、主要业务、核心技术等相关信息。

5. 调研时间

由科斯特数字化智能科技（深圳）有限公司组织（以下简称“科斯特公司”），于 2023 年 5 月 23 日到华智公司进行实地考察。

6. 调研结果

华智公司基于云平台架构进行模块化可配置开发，横跨行业，纵跨专业，已为不同制造企业提供快速应用和实施部署解决方案，赋能制造企业实现低成本、高效率数字化转型升级，重构企业生产、管理、经营模式。其主要业务包括设备互联网、制造协同、运营管理、数据智能、数字孪生等，尤其在大数据方面在智能制造企业中处于国际领先地位。

在人工智能和区块链双重叠加的技术浪潮中，华智公司立足于“智能工厂软硬件一体化”解决方案，以工业互联网云平台为核心载体，链接全球众多技术伙伴，形成“智能制造 + 云”的全新商业生态，力争成为全球智能制造领域的领跑者。

但是，华智公司在关键系统软件方面主要依赖进口，并且其射频识别（Radio Frequency

Indentification，RFID）、机器视觉等物联网技术仍处于发展初期，相较于欧美发达国家还有待提高。

根据上述调研情况给出企业调研报告，见表 1－2。

表 1－2 企业调研报告

课　程	智能生产线综合实训	项　目	智能制造发展与应用状况分析
班　级		时　间	
姓　名		学　号	
任　务	完成关于智能制造发展与应用状况的企业调研报告		
调研对象	华智公司员工	调研方式	线上与线下相结合
调研内容及要求	基于华智公司的关于智能制造发展与应用状况的调研		
准备资料/工具	文献资料、纸质版调查问卷		
调研时间	2023/5/23	调研地点	华智公司
调研人员	智能生产车间的工程师		
调研背景	随着我国智能科技的不断创新和发展，企业的生产方式发生了巨大的改变，从生产过程依靠人力的传统生产制造模式逐步发展为使用自动化生产设备代替人工的智能自动化生产模式。在智能时代，制造企业必将在更广泛的领域应用智能制造技术。为了更加深入地了解智能制造技术的发展现状，掌握智能制造技术发展的动向，预测智能制造发展的前景，决定采用线上与线下相结合的方式去企业实地考察智能生产车间，完成关于智能制造发展与应用状况的企业调研报告		
调研过程	以查阅文献资料的形式线上调研，以调查问卷的形式现场调研		
调研结果	随着技术的不断革新和应用，智能制造的发展潜力巨大。首先，将会出现更加智能化和个性化的生产模式。通过大数据分析和人工智能算法，生产线可以根据客户需求进行个性化定制，并实现生产过程的智能化调度，最大限度地提高资源利用率和效率。其次，智能制造将与云计算、区块链等新兴技术融合，形成更加高效和安全的生产网络。通过云计算技术，制造企业可以将数据存储和处理任务外包给云服务商，从而节约成本并提高生产效率。区块链技术则可以确保数据的安全性和透明性，防止数据被篡改和泄露		
综合分析	综上所述，智能制造的发展现状和未来趋势颇具挑战性。在技术的推动和政策的引导下，智能制造将在更多的领域发挥作用。然而，我们也应意识到智能制造带来的不仅是机会，还有一系列问题和挑战。只有充分认识到这些问题和挑战，并采取相应的对策，才能够实现智能制造的可持续发展		
备注			

1.5 任务评价

本项目任务评价见表 1－3。

表 1-3 项目 1 任务评价

课程	智能生产线综合实训	项目	智能制造发展与应用状况分析	姓名	
班级		时间		学号	
序号	评测指标	评分	备注		
1	调研内容真实有效、可靠具体（0～10 分）				
2	调研采取线上与线下相结合的方式（0～10 分）				
3	调研的企业符合调研的目的和内容（0～20 分）				
4	使用正确的企业调研报告书写格式并满足相关要求（0～20 分）				
5	撰写智能制造发展与应用状况的企业调研报告（0～40 分）				
总计					
综合评价					

1.6 任务拓展

通过对智能制造相关知识的学习，并去企业实地考察，学生掌握了企业调研报告的撰写格式，完成了关于智能制造发展与应用状况的企业调研报告，同时，为撰写类似的企业调研报告提供了参考。

下面按照上述企业调研报告的撰写思路，完成关于智能工厂发展与应用状况的企业调研报告（表 1-4）。

表 1-4 企业调研报告

课 程		项 目	
班 级		时 间	
姓 名		学 号	
任 务			
调研对象		调研方式	
调研内容及要求			
准备资料/工具			

续表

调研时间		调研地点	
调研人员			
调研背景			
调研过程			
调研结果			
综合分析			
备　注			

【科学人文素养】

精益求精是工匠精神的核心内涵。工匠精神是一种职业精神，它是职业道德、职业能力、职业品质的体现，是从业者的一种职业价值取向和行为表现。在对智能制造发展和应用状况进行分析时，同样要具有工匠精神，要从实际需求出发，收集智能制造的相关资料，按照任务要求完成企业调研报告。

项目 2 智能生产线的布局规划

2.1 项目描述

2.1.1 工作任务

数字孪生技术最重要的作用是以虚拟影响现实，以数据推动生产。在智能生产线规划建设初期，就应该以数字孪生作为重要技术手段，对智能生产线进行布局规划。本项目的主要任务是通过对智能生产线布局的设计原则、规划步骤、常见方法的学习，了解智能装备、智能生产线、数字化工厂、智能工厂的相关内容，并在仿真模型中规划智能生产线的整体布局，最后完成智能生产线布局规划表。图 2－1 所示为智能生产线的整体布局。

图 2－1 智能生产线的整体布局

2.1.2 任务要求

（1）将智能生产线所需的零件正确导入 NX 软件。

（2）按照装配原则，完成智能生产线组件的装配工作。

（3）按照真实智能生产线的设备布局，完成虚拟智能生产线的布局规划。

2.1.3 学习成果

通过对智能生产线布局的设计原则及布局常见方法的学习，对智能生产线、智能装备、数字化工厂、智能工厂相关知识的了解，将智能生产线 MCD 模型载体导入 NX 软件，最后完成智能生产线的整体布局规划，并撰写智能生产线布局规划表。

2.1.4 学习导图

本项目学习导图如图 2–2 所示。

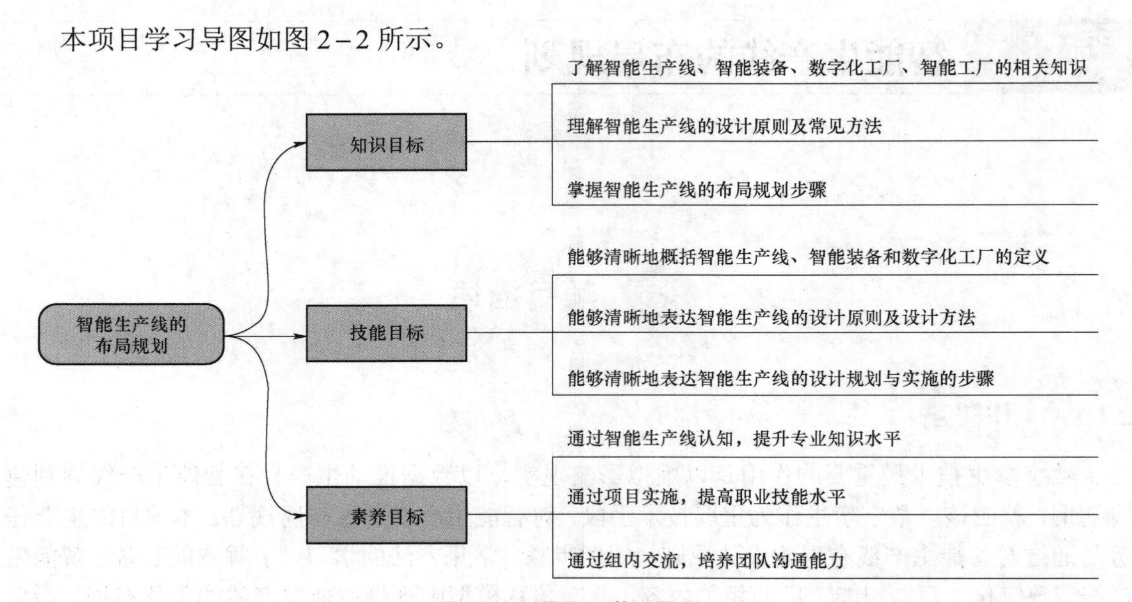

图 2–2 项目 2 学习导图

2.2 工作任务书

本项目工作任务书见表 2–1。

表 2–1 项目 2 工作任务书

课程	智能生产线综合实训	项目	智能生产线的布局规划
姓名		班级	
时间		学号	
任务	通过导入智能生产线模型，在 MCD 中完成智能生产线的布局规划。		
任务描述/功能分析			

续表

任务描述/功能分析	本项目的主要任务是通过对智能生产线布局的设计原则、规划步骤、常见方法的学习，了解智能装备、智能生产线、数字化工厂、智能工厂的相关内容，并在仿真模型中规划智能生产线的整体布局，最后完成智能生产线布局规划表
关键指标	1. 接受调研的企业具有智能制造的应用背景； 2. 调研数据详实，对结论有支撑作用； 3. 文字表达简洁； 4. 内容包含但不限于智能生产线的规划内容与实施步骤

2.3 任务实施

2.3.1 生产线的模型导入

（1）打开 NX 软件，单击“新建”按钮，新建一个装配，命名为“智能生产线”，然后单击“确定”按钮，如图 2-3 所示。

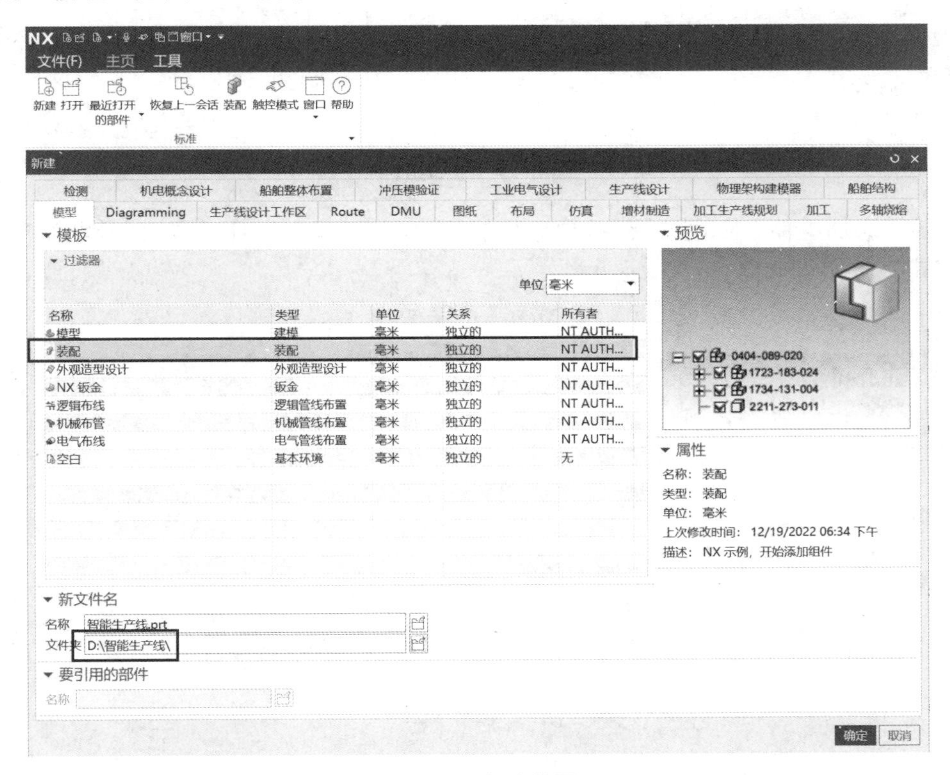

图 2-3　新建装配

（2）在弹出的对话框中选择需要添加的部件，打开指定文件夹内的“前盖板单元装配体.prt”，单击“确定”按钮，添加完成，如图 2-4 所示。

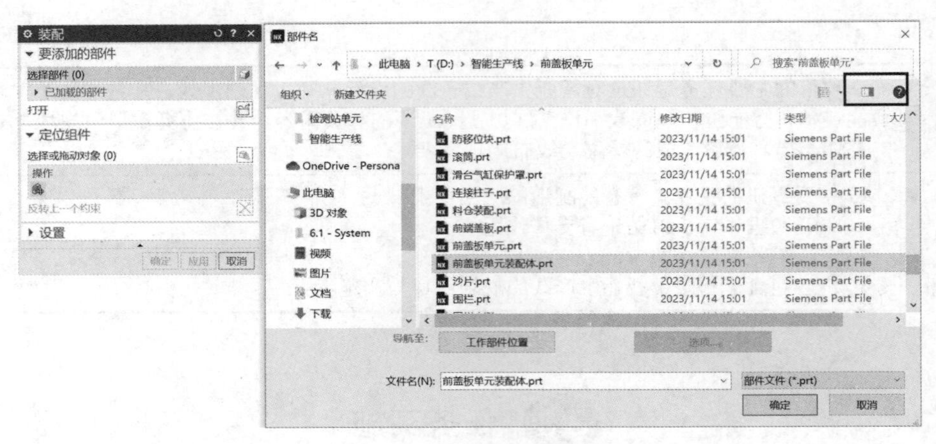

图 2-4　添加前盖板单元装配体

（3）在“装配”菜单下的“基本”模块中单击“添加组件”按钮，如图 2-5 所示。

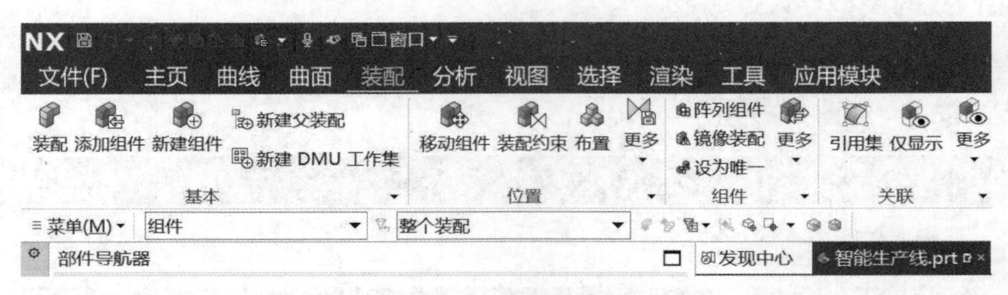

图 2-5　添加组件

（4）在“添加组件”对话框中选择要添加的部件，打开指定文件夹内的“检测站单元.prt”，单击“确定”按钮，如图 2-6 所示。

图 2-6　添加检测站单元

（5）在“添加组件”对话框中勾选“选择对象”复选框，将检测站单元放置在任意位置，如图 2-7 所示。

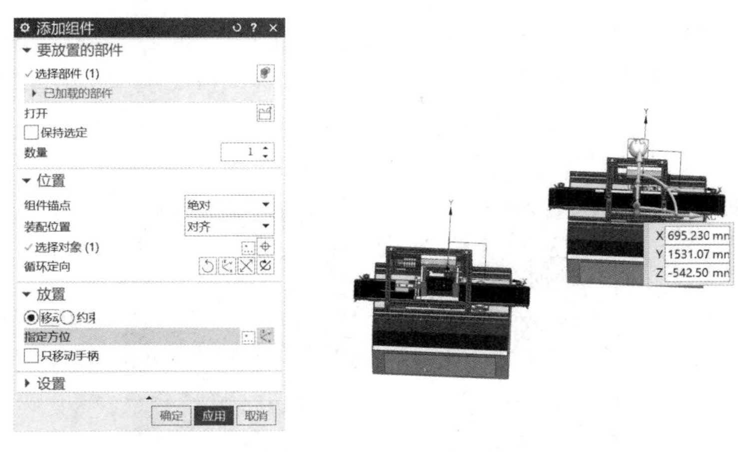

图 2-7 导入检测站单元

（6）继续单击“添加组件”按钮，打开指定文件夹内的“装配箱连接件 1.prt”，单击“确定”按钮，如图 2-8 所示。

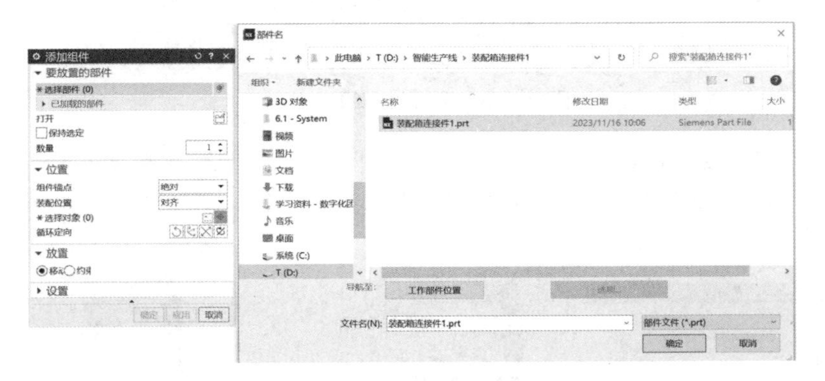

图 2-8 添加装配箱连接件 1

（7）单击“约束”单选按钮，选择“接触对齐约束”类型，使装配箱连接件 1 始端与前盖板单元装配体侧面安装孔下表面平齐，如图 2-9 所示。

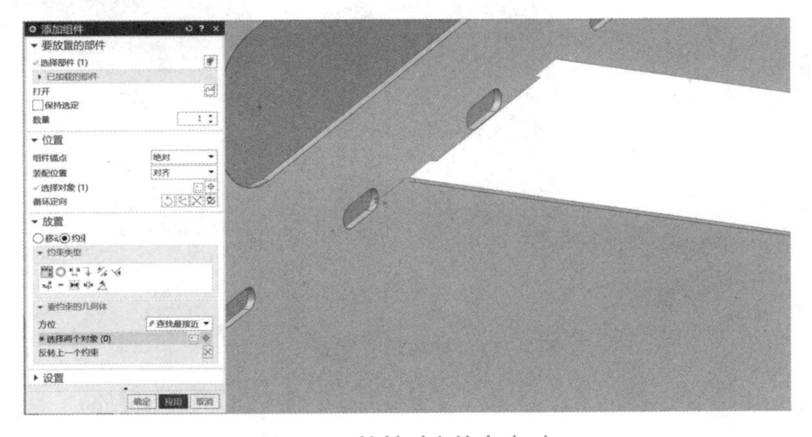

图 2-9 接触对齐约束（1）

（8）继续添加“接触对齐约束”，使装配箱连接件 1 侧边与前盖板单元装配体侧面安装孔平齐，单击“应用”按钮，完成前盖板单元装配体与装配箱连接件 1 的连接，如图 2–10 所示。

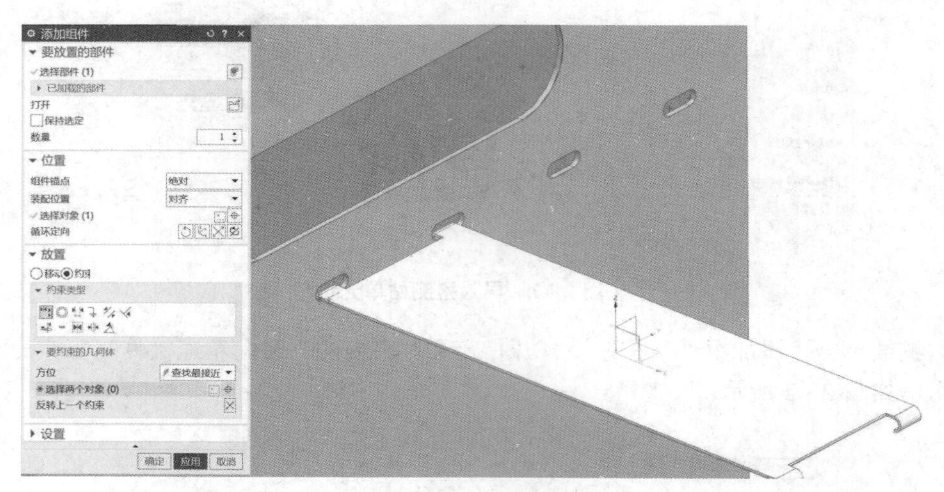

图 2–10　接触对齐约束（2）

（9）继续添加“接触对齐约束”，将检测站单元连接至装配箱连接件 1 末端，单击“应用”按钮，完成前盖板单元装配体与检测站单元的连接，如图 2–11 所示。

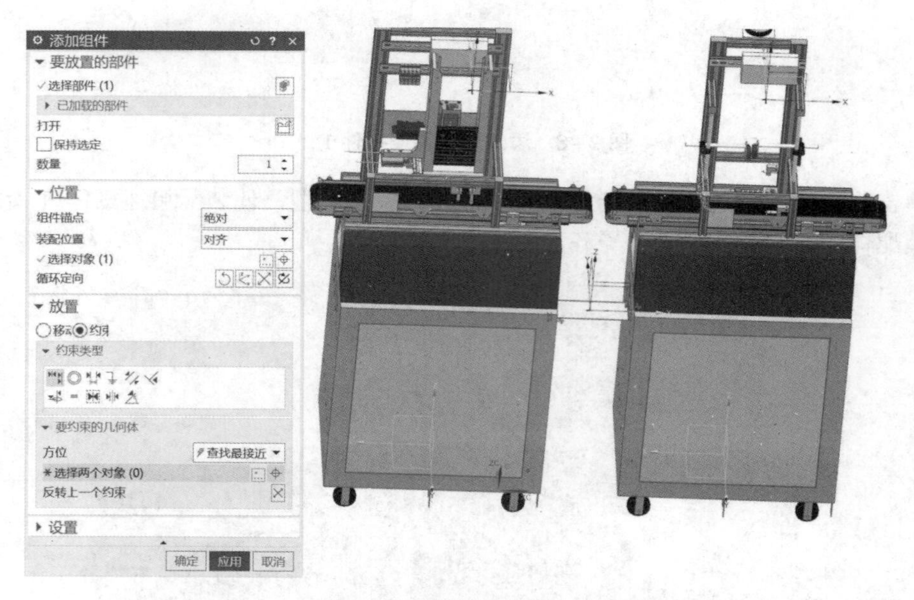

图 2–11　接触对齐约束（3）

（10）打开指定文件夹内的“钻孔单元装配体.prt”，单击“确定”按钮，如图 2–12 所示。

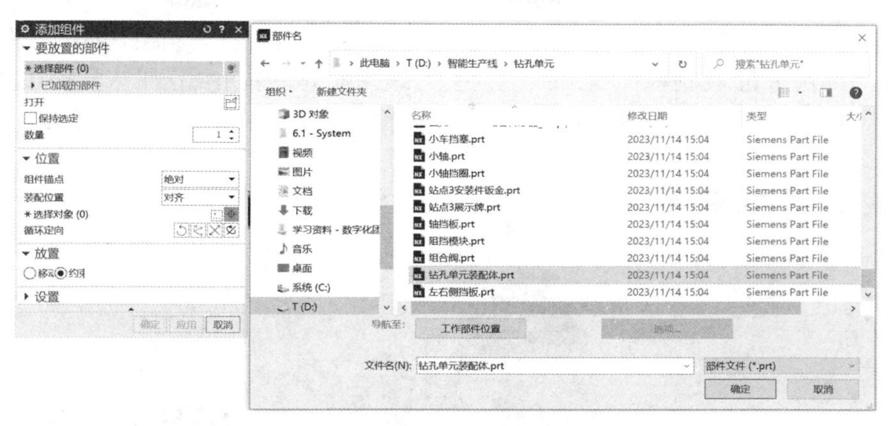

图 2－12　添加钻孔单元装配体

（11）在“添加组件”对话框中勾选“选择对象”复选框，将钻孔单元装配体放置在任意位置，单击“应用”按钮，如图 2－13 所示。

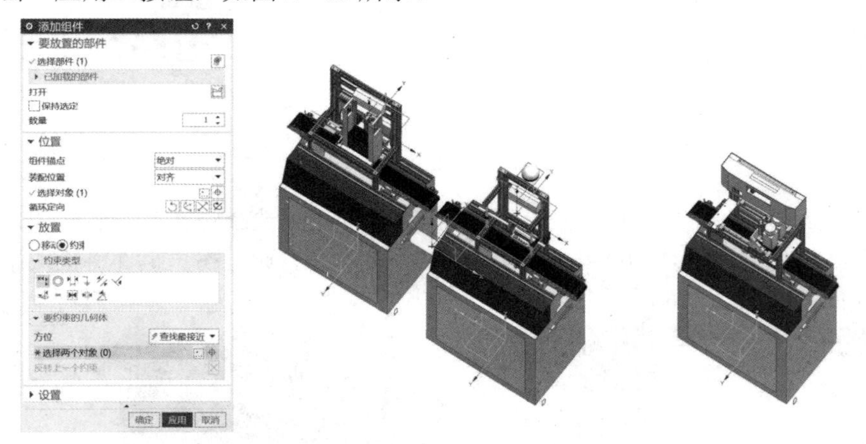

图 2－13　导入钻孔单元装配体

（12）单击“添加组件”按钮，打开指定文件夹内的“拐角组件.prt”，单击“确定”按钮，如图 2－14 所示。

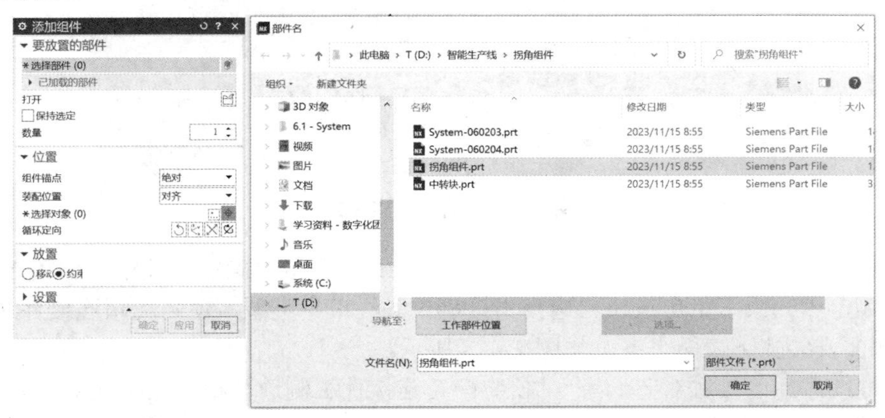

图 2－14　添加拐角组件

（13）在“添加组件”对话框中勾选“选择对象”复选框，将拐角组件放置在任意位置，单击“约束”单选按钮，选择“同心约束”类型，选择检测站单元传送带末端侧边的圆心孔与拐角组件侧边的圆心孔，单击“应用”按钮，完成检测站单元与拐角组件的连接，如图 2－15 所示。

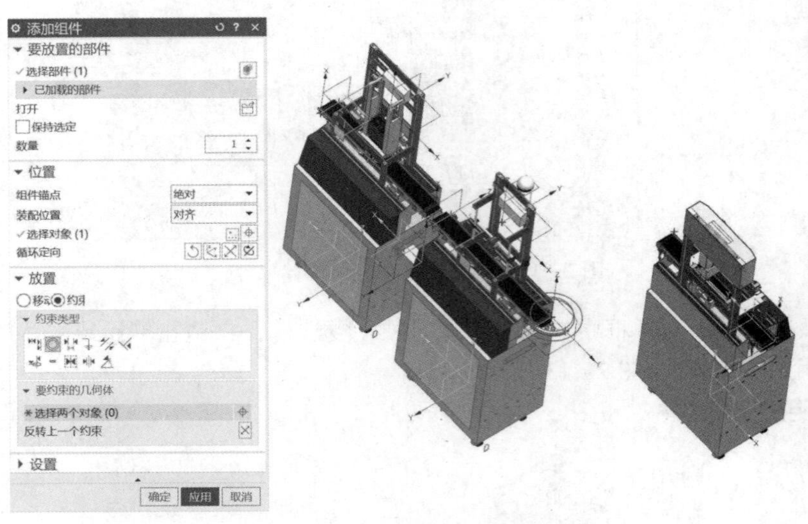

图 2－15　同心约束（1）

（14）单击“约束”单选按钮，选择“同心约束”类型，选择钻孔单元装配体传送带始端侧边的圆心孔与拐角组件侧边的圆心孔，单击“应用”按钮，通过拐角组件将检测站单元与钻孔单元进行连接，如图 2－16 所示。

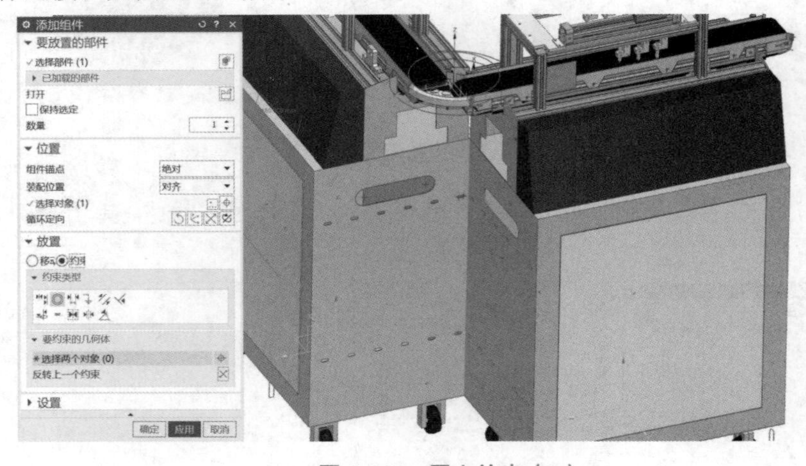

图 2－16　同心约束（2）

（15）打开指定文件夹内的“装配箱连接件 2.prt”，单击“确定”按钮，如图 2－17 所示。

（16）单击“约束”单选按钮，选择“接触对齐约束”类型，使装配箱连接件 2 始端与检测站单元侧面安装孔下表面平齐，如图 2－18 所示。

（17）继续添加“接触对齐约束”，使装配箱连接件 2 侧边与检测站单元侧面安装孔平齐，单击“应用”按钮，完成检测站单元与钻孔单元的连接，如图 2－19 所示。

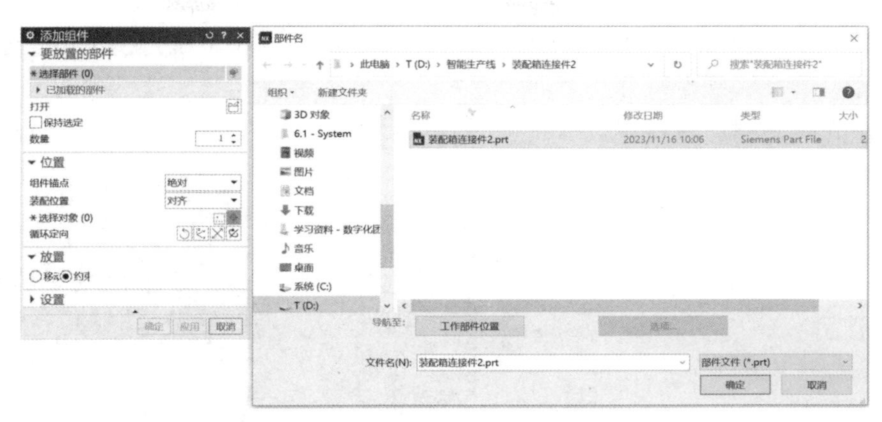

图 2－17　添加装配箱连接件 2

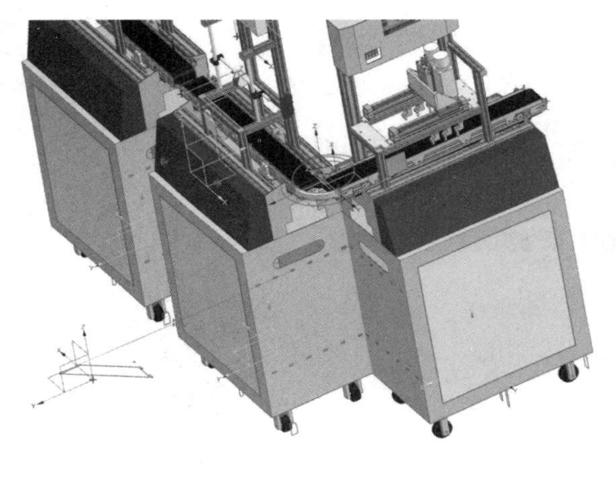

图 2－18　接触对齐约束（4）

图 2－19　接触对齐约束（5）

（18）打开指定文件夹内的“后盖板单元装配体.prt”，单击“确定”按钮，如图 2－20 所示.

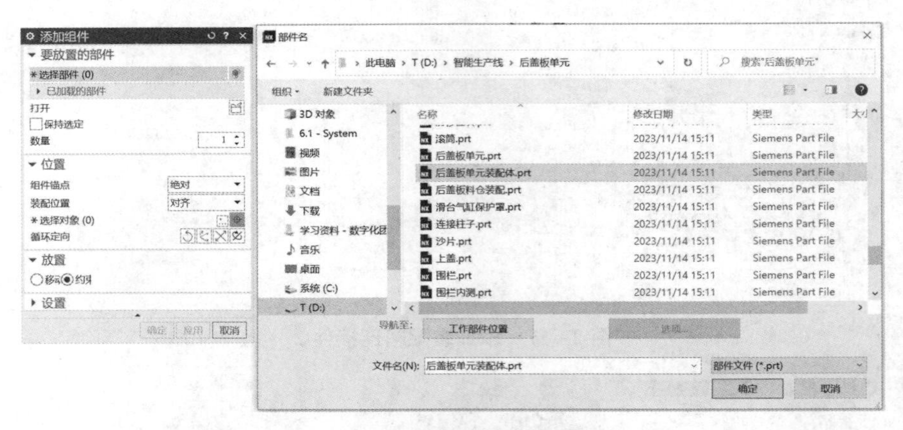

图 2－20 添加后盖板单元装配体

（19）在“添加组件”对话框中勾选“选择对象”复选框，将后盖板单元装配体放置在任意位置，单击“应用”按钮，如图 2－21 所示。

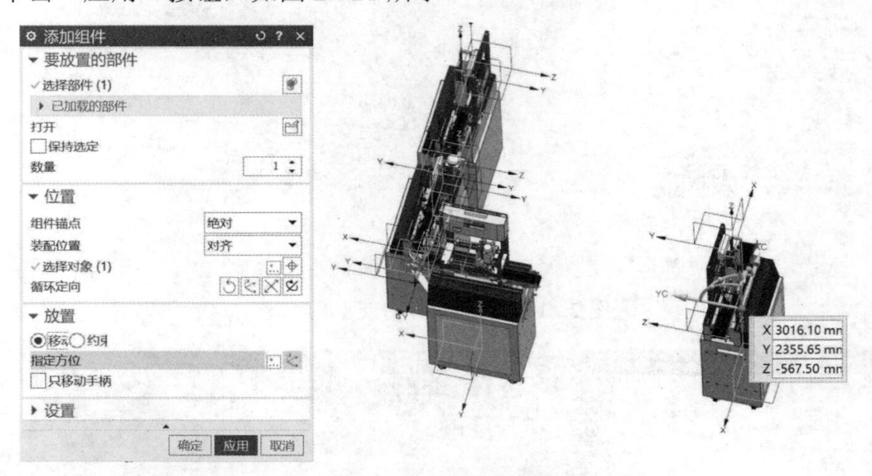

图 2－21 导入后盖板单元装配体

（20）打开指定文件夹内的“拐角组件.prt”，单击“确定”按钮，在“添加组件”对话框中勾选“选择对象”复选框，放置在任意位置，单击“约束”单选按钮，选择“同心约束”类型，选择检测站单元传送带末端侧边的圆心孔与拐角组件侧边的圆心孔，单击“应用”按钮，完成检测站单元与拐角组件的连接，如图 2－22 所示。

（21）单击“约束”单选按钮，选择“同心约束”类型，选择后盖板单元装配体传送带始端侧边的圆心孔与拐角组件侧边的圆心孔，单击“应用”按钮，通过拐角组件将钻孔单元与后盖板单元装配体进行连接，如图 2－23 所示。

（22）打开指定文件夹内的“装配箱连接件 2.prt”，单击“确定”按钮。单击“约束”单选按钮，选择“接触对齐约束”类型，使装配箱连接件 2 始端与后盖板单元装配体侧面安装孔下表面平齐，如图 2－24 所示。

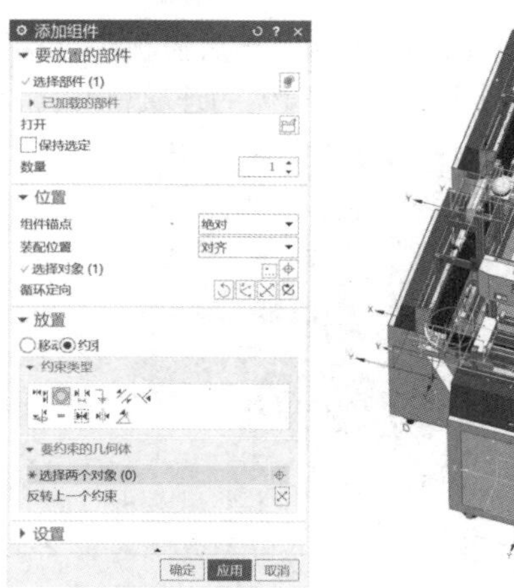

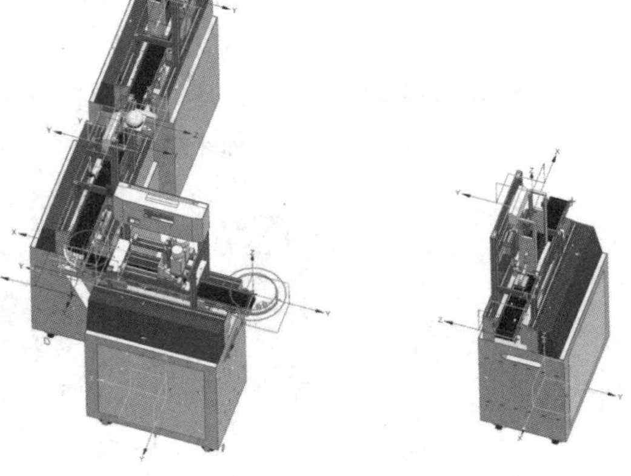

图 2-22　同心约束（3）

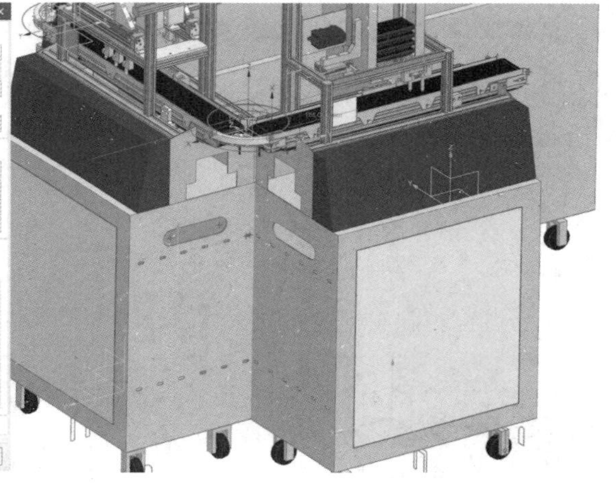

图 2-23　同心约束（4）

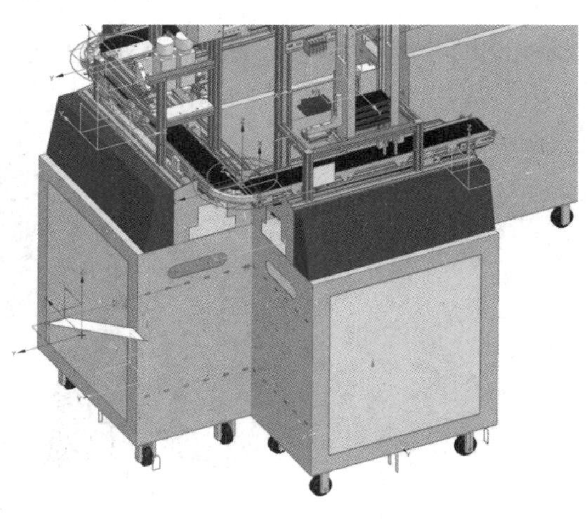

图 2-24　接触对齐约束（6）

（23）继续添加“接触对齐约束”，使装配箱连接件 2 侧边与后盖板单元装配体侧面安装孔平齐，单击“应用”按钮，完成钻孔单元与后盖板单元装配体的连接，如图 2-25 所示。

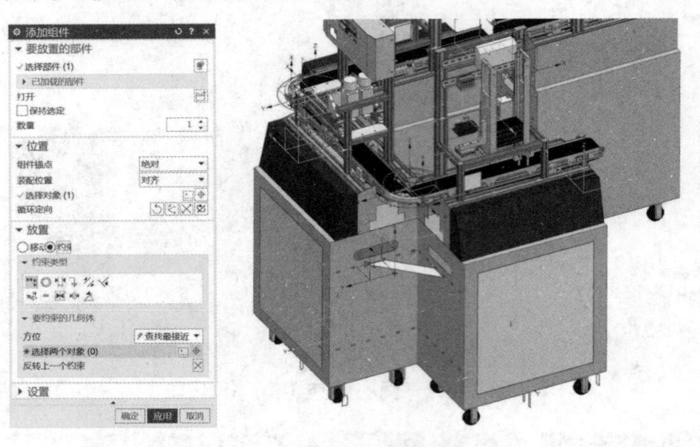

图 2-25　接触对齐约束（7）

（24）打开指定文件夹内的“压紧单元装配体.prt”，单击“确定”按钮，如图 2-26 所示。

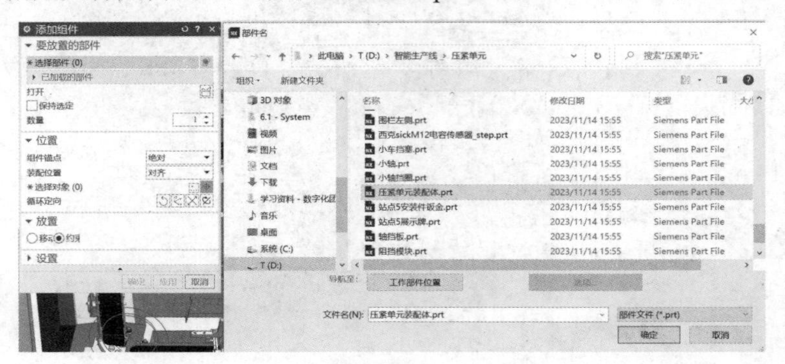

图 2-26　添加压紧单元装配体

（25）在“添加组件”对话框中勾选“选择对象”复选框，将压紧单元装配体放置在任意位置，单击“应用”按钮，如图 2-27 所示。

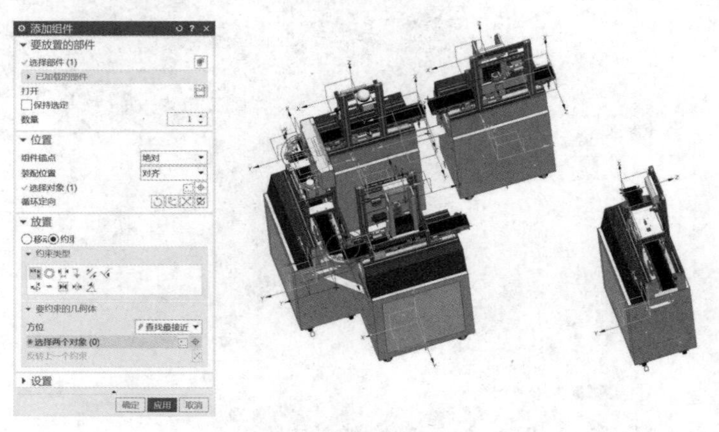

图 2-27　导入压紧单元装配体

（26）打开指定文件夹内的“装配箱连接件 1.prt”，单击“确定”按钮，单击“约束”单选按钮，选择“接触对齐约束”类型，将装配箱连接件 1 始端与后盖板单元装配体侧面安装孔下表面平齐，如图 2-28 所示。

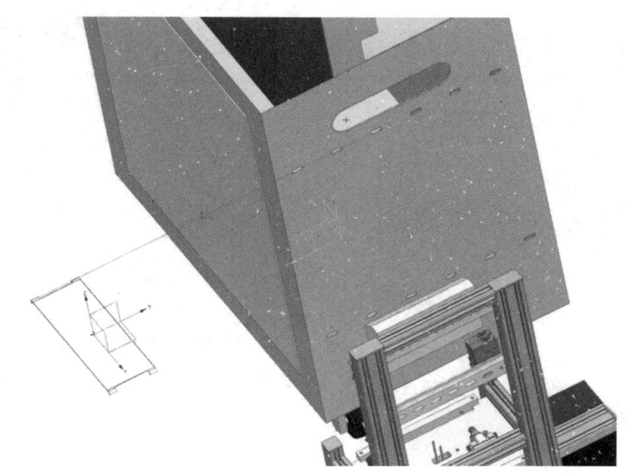

图 2-28　接触对齐约束（8）

（27）继续添加“接触对齐约束”，使装配箱连接件 2 侧边与后盖板单元装配体侧面安装孔平齐，单击“应用”按钮，完成后盖板单元装配体与装配箱连接件 2 的连接，如图 2-29 所示。

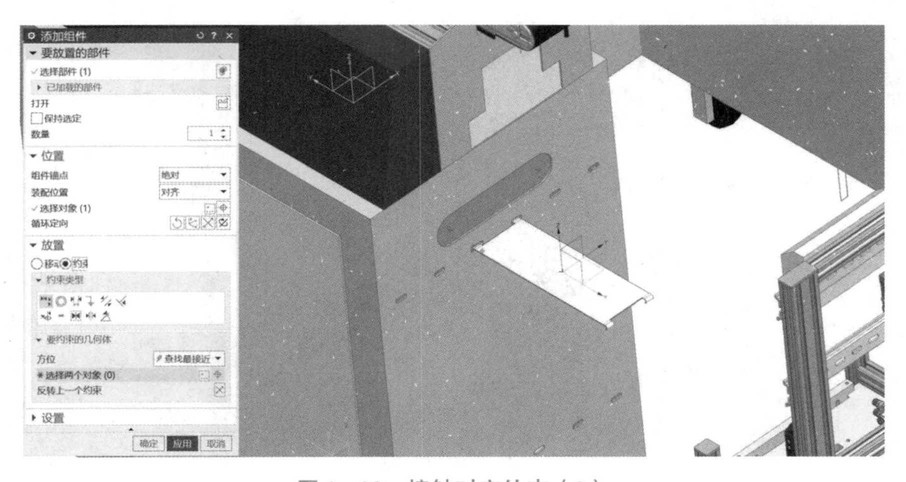

图 2-29　接触对齐约束（9）

（28）继续添加“接触对齐约束”，将压紧单元装配体连接至装配箱连接件 2 末端，单击“应用”按钮，完成后盖板单元装配体与压紧单元装配体之间的连接，如图 2-30 所示。

（29）打开指定文件夹内的“输出单元装配体.prt”，单击“确定”按钮，如图 2-31 所示。

（30）在“添加组件”对话框中勾选“选择对象”复选框，将输出单元装配体放置在任意位置，单击“应用”按钮，如图 2-32 所示。

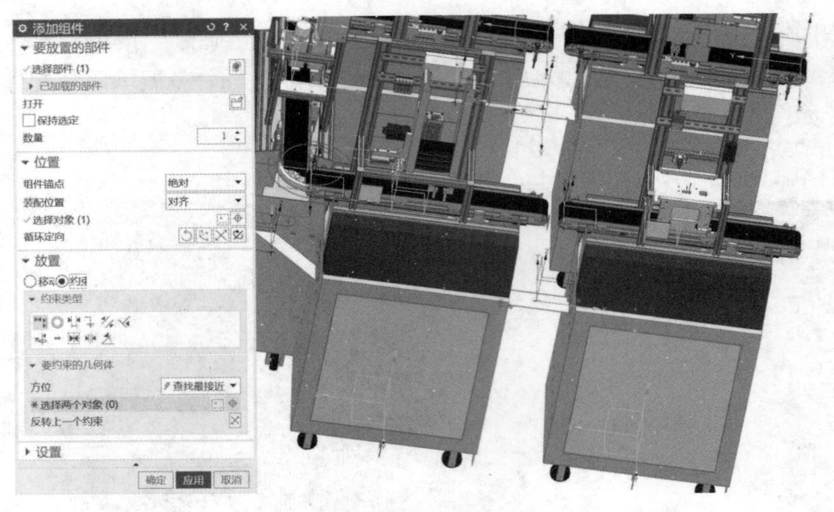

图 2-30　接触对齐约束（10）

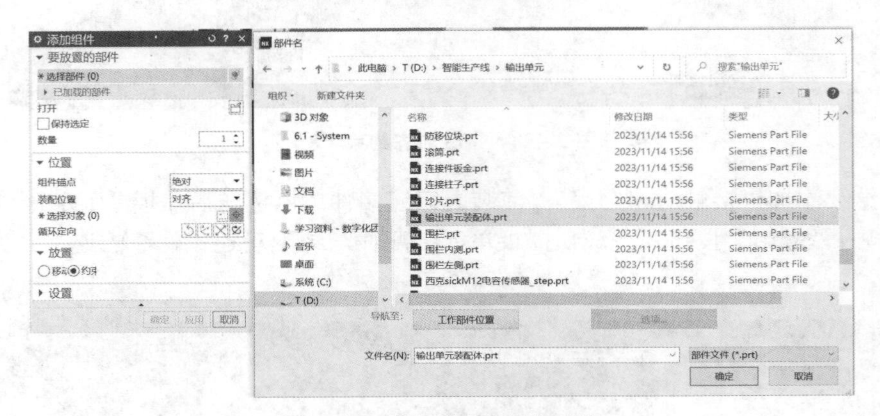

图 2-31　添加输出单元装配体

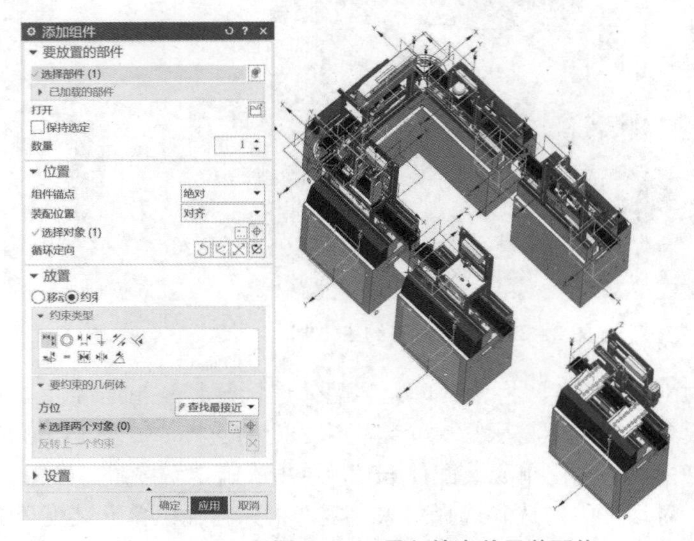

图 2-32　导入输出单元装配体

（31）单击“添加组件”按钮，打开指定文件夹内的“拐角组件.prt”，单击“确定”按钮，在“添加组件”对话框中勾选“选择对象”复选框，将拐角组件放置在任意位置，单击“约束”单选按钮，选择“同心约束”类型，选择压紧单元装配体传送带末端侧边的圆心孔与拐角组件侧边的圆心孔，单击“应用”按钮，完成压紧单元装配体与拐角组件的连接，如图2－33所示。

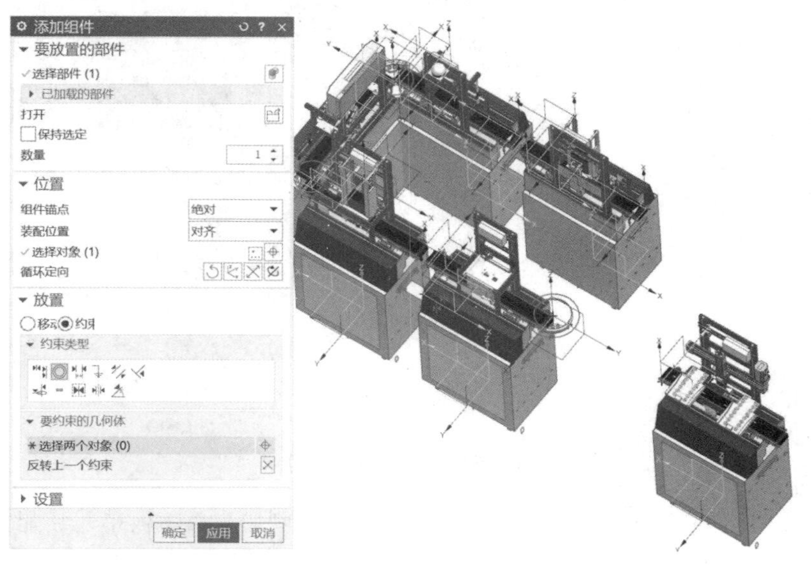

图2－33　同心约束（5）

（32）单击“约束”单选按钮，选择“同心约束”类型，选择输出单元传送带始端侧边的圆心孔与拐角组件侧边的圆心孔，单击“应用”按钮，通过拐角组件将压紧单元装配体与输出单元进行连接，如图2－34所示。

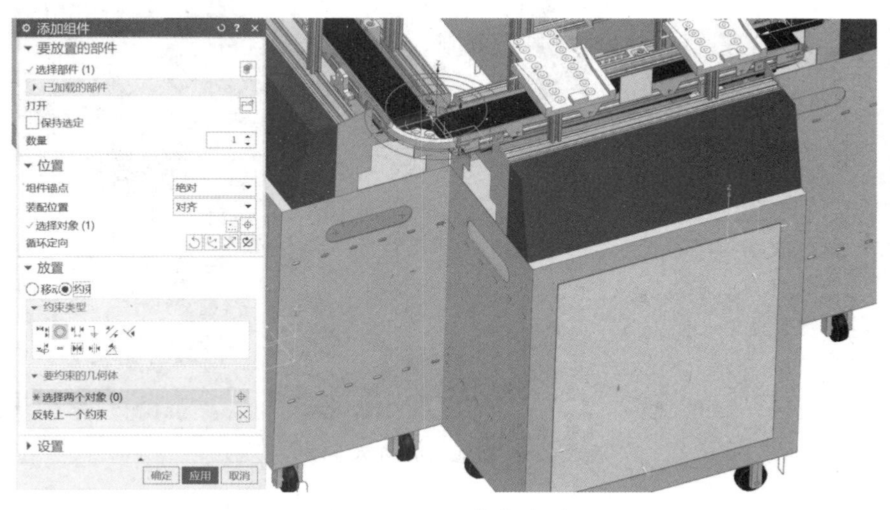

图2－34　同心约束（6）

（33）打开指定文件夹内的“装配箱连接件2.prt”，单击“确定”按钮。单击“约束”单选按钮，选择“接触对齐约束”类型，使装配箱连接件2始端与压紧单元装配体侧面安装孔下表面平齐，如图 2－35 所示。

图 2－35 接触对齐约束（11）

（34）继续添加“接触对齐约束”，使装配箱连接件 2 侧边与后盖板单元装配体侧面安装孔平齐，单击“应用”按钮，完成钻孔单元与后盖板单元装配体的连接，如图 2－36 所示。

图 2－36 接触对齐约束（12）

（35）打开指定文件夹内的“拐角组件.prt”，单击“确定”按钮，在“添加组件”对话框中勾选“选择对象”复选框，将拐角组件放置在任意位置，单击“约束”单选按钮，选择“同心约束”类型，选择输出单元传送带末端侧边的圆心孔与拐角组件侧边的圆心孔，单击“应用”按钮，通过拐角组件将输出单元与前盖板单元装配体进行连接，如图 2－37 所示。

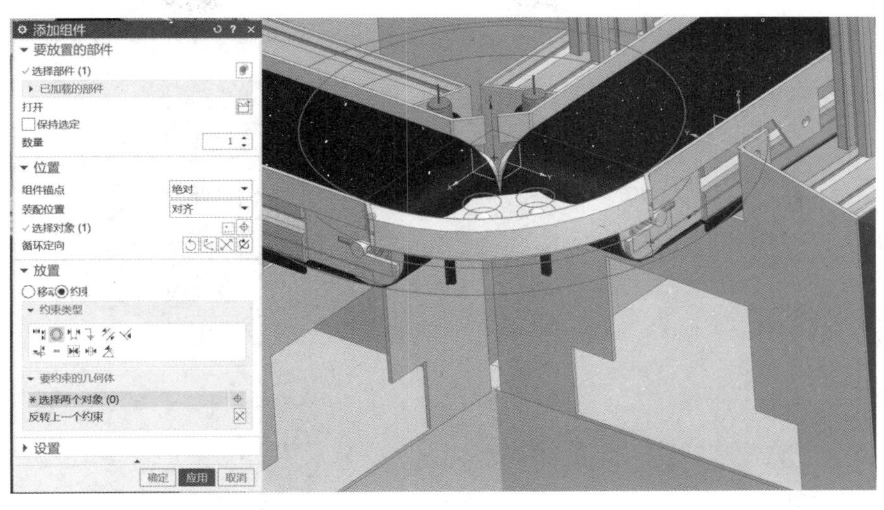

图 2-37　同心约束（7）

（36）打开指定文件夹内的“装配箱连接件 2.prt”，单击“确定”按钮。单击“约束”单选按钮，选择“接触对齐约束”类型，使装配箱连接件 2 始端与输出单元侧面安装孔下表面平齐，如图 2-38 所示。

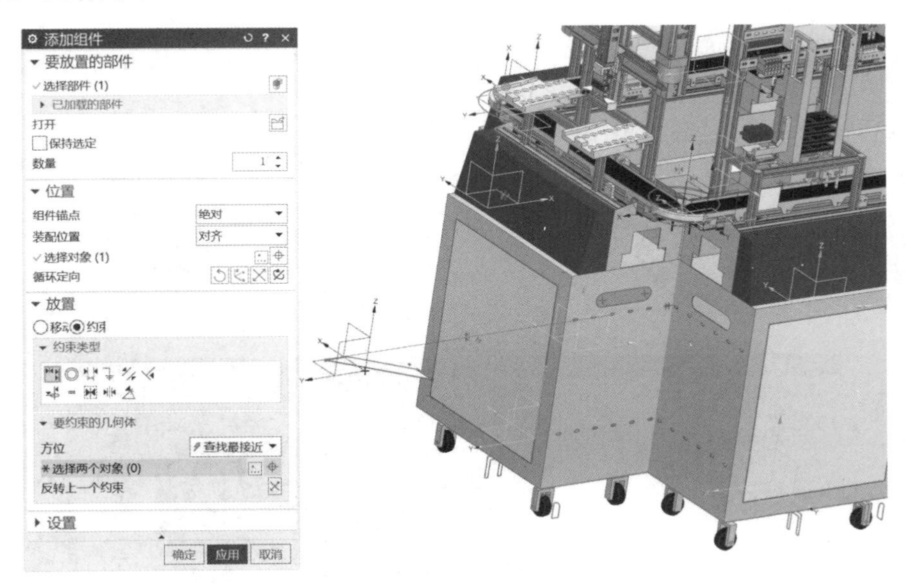

图 2-38　接触对齐约束（13）

（37）继续添加“接触对齐约束”，使装配箱连接件 2 侧边与输出单元侧面安装孔平齐，单击“应用”按钮，完成输出单元与前盖板单元装配体的连接，如图 2-39 所示。

（38）单击“添加组件”按钮，打开指定文件夹内的“小车.prt”，单击“确定”按钮，如图 2-40 所示。

（39）在“添加组件”对话框中勾选“选择对象”复选框，将小车放置在任意位置，单击“移动”单选按钮，将其沿 ZC 轴旋转 180°，如图 2-41 所示。

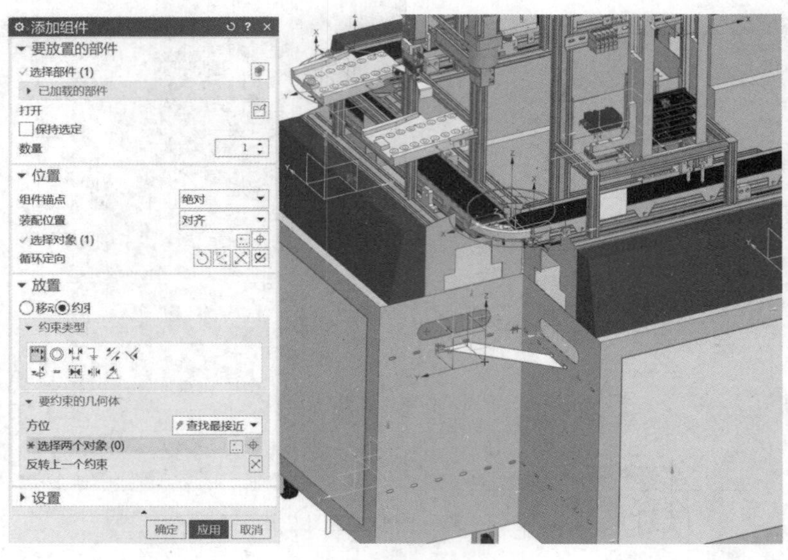

图 2－39　接触对齐约束（14）

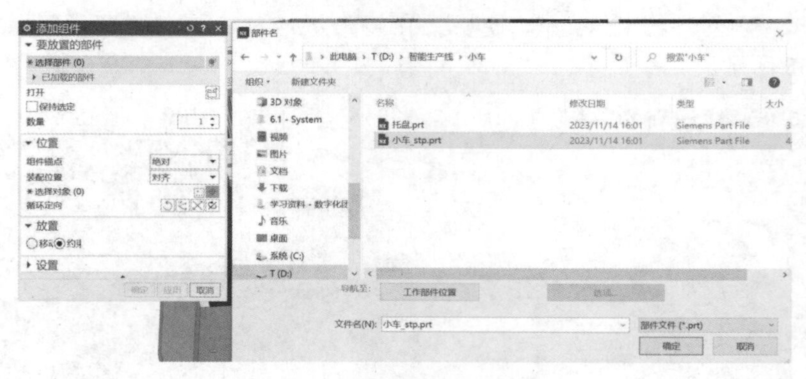

图 2－40　添加小车

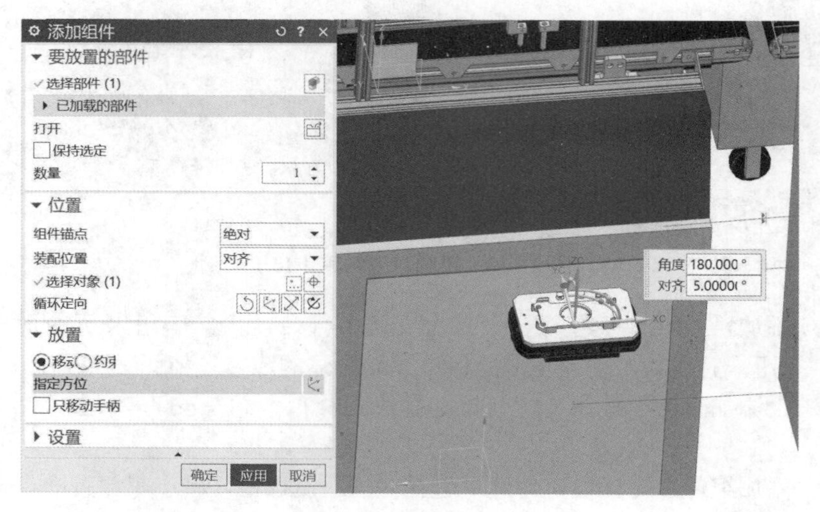

图 2－41　旋转小车

（40）单击“约束”单选按钮，选择“接触对齐约束”类型，选择前盖板单元装配体传送带表面和小车底面，让两表面对齐，单击“应用”按钮，如图 2－42 所示。

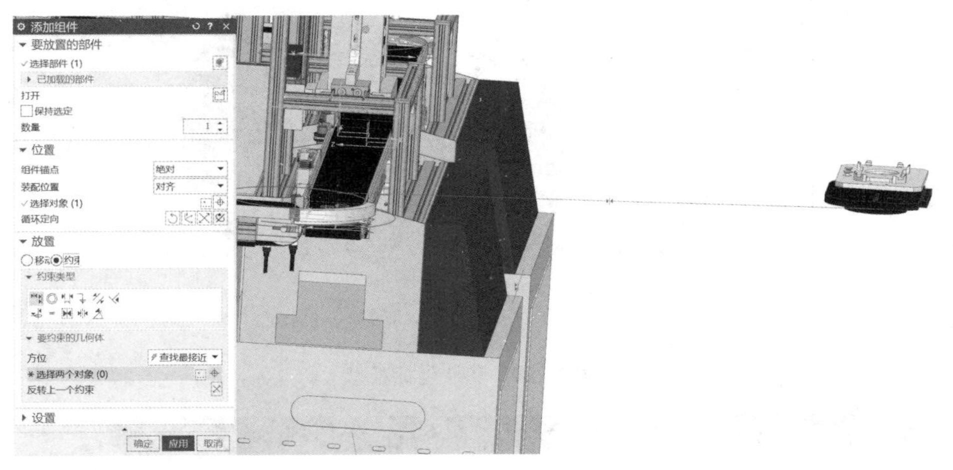

图 2－42　接触对齐约束（15）

（41）单击“移动”单选按钮，将小车通过坐标移动至前盖板单元装配体传送带始端，单击“应用”按钮，完成小车的移动，如图 2－43 所示。

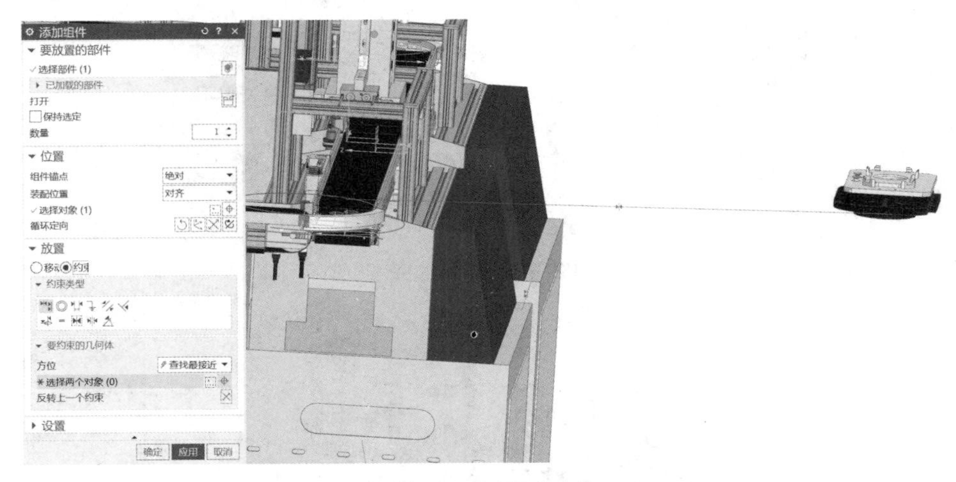

图 2－43　移动小车

（42）按“Ctrl＋L”组合键打开“图层设置”对话框，将 61 图层取消勾选，即隐藏模型中的坐标系，如图 2－44 所示。

（43）打开“装配导航器”，用鼠标右键单击“约束”选项，取消勾选“在图形窗口中显示约束”复选框，即隐藏模型中创建的装配约束，如图 2－45 所示。

（44）智能生产线模型导入完成，如图 2－46 所示。

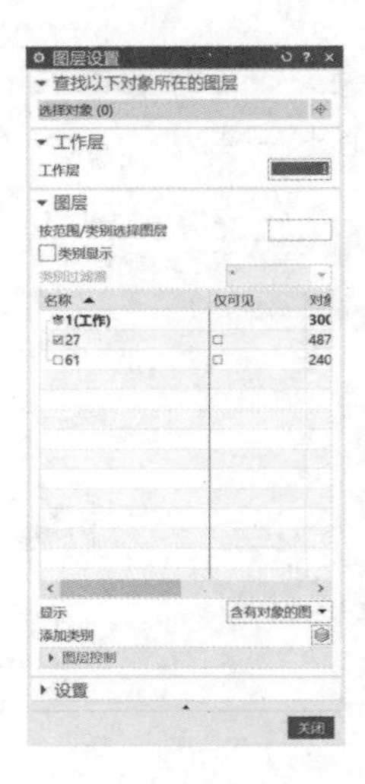

图 2-44　隐藏坐标系

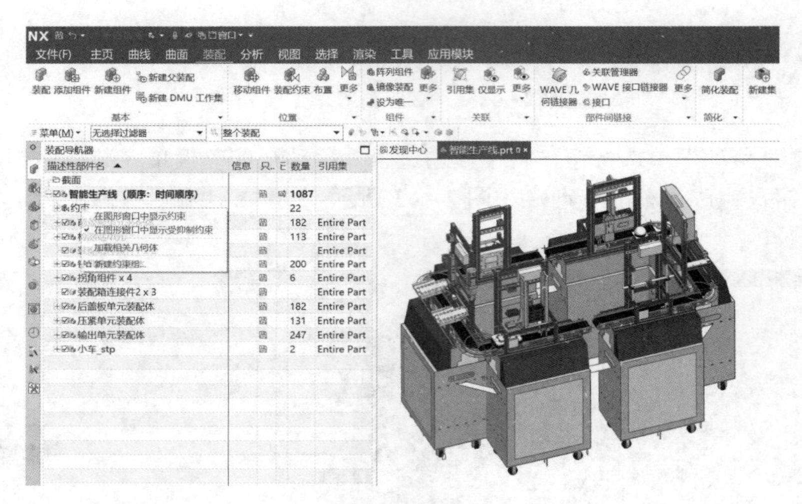

图 2-45　隐藏约束

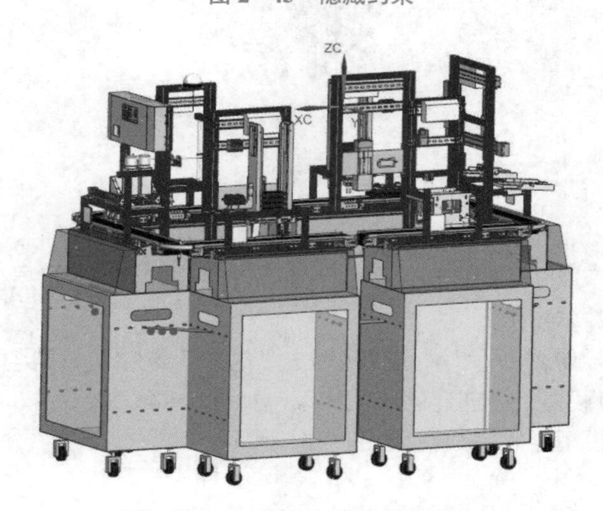

图 2-46　智能生产线模型导入完成

2.3.2 智能生产线布局规划表

智能生产线布局规划表见表 2-2。

表 2-2 智能生产线布局规划表

课程	智能生产线综合实训	项目	智能生产线的布局规划
班级		时间	
姓名		学号	
名称	内容		
模型载体			
布局原则	（1）流程优化原则；（2）空间利用率最大化原则；（3）安全性和可靠性原则；（4）环境友好性原则；（5）通信协调性原则；（6）灵活性和可靠性原则		
预期成果	布局规划后的智能生产线能够满足客户的生产需求，空间位置合理，能够满足智能生产线布局的设计原则。通过导入智能生产线的模型载体，在 MCD 中完成智能生产线的布局规划		

2.4 任务评价

本项目任务评价见表 2-3。

表 2-3　项目 2 任务评价

课程	智能生产线综合实训	项目	智能生产线的布局规划	姓名	
班级		时间		学号	
序号	评测指标	评分	备注		
1	能够正确打开 MCD 模型（0～10 分）				
2	能够根据任务实施完成仓储单元的布局（0～10 分）				
3	能够根据任务实施完成检测单元的布局（0～10 分）				
4	能够根据任务实施完成钻孔单元的布局（0～10 分）				
5	能够根据任务实施完成后盖板单元的布局（0～10 分）				
6	能够根据任务实施完成压紧单元的布局（0～10 分）				
7	能够根据任务实施完成输出单元的布局（0～10 分）				
8	能够按照装配原则进行组件的装配工作（0～20 分）				
9	能够将最终的布局模型保存为“.prt”文件（0～10 分）				
总计					
综合评价					

2.5 任务拓展

通过本项目的学习，学生对智能装备、智能生产线、数字化工厂、智能工厂有了深刻的认识，同时掌握了智能生产线的布局规划设计思路，为其他生产线的布局规划设计提供了新的解决方案。

下面可以按照上述智能生产线的布局规划设计思路，完成 1+X 智能装配生产线的布局规划。1+X 智能装配生产线的整体布局如图 2-47 所示。

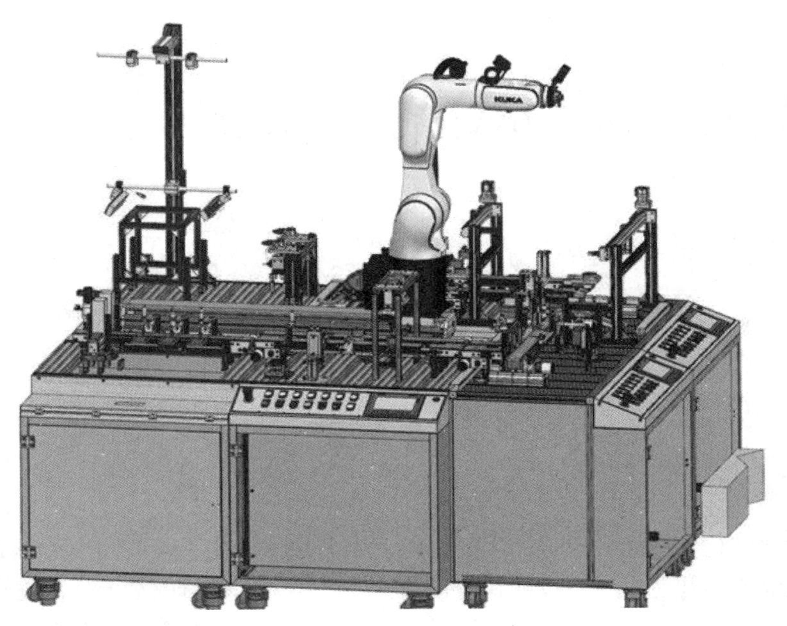

图 2-47　1+X 智能装配生产线的整体布局

【科学人文素养】

实事求是是马克思主义的根本观点。坚持一切从实际出发，是思考问题、进行决策、处理事情的出发点和落脚点。在对智能生产线进行整体布局规划仿真时同样要遵守这一科学原则，要充分了解实际情况，从企业的功能及生产要求、智能生产线布置现场以及产品的工艺流程等实际出发对智能生产线进行工艺仿真，这是智能生产线整体方案设计的前提。

项目 3 智能生产线的整体设计与规划

3.1 项目描述

3.1.1 工作任务

随着企业数字化与智能化建设的不断完善，由多种信息化手段共同作用形成的数字孪生解决方案已经逐渐成为智能生产线设计和建设的重要手段。本项目的主要任务是通过对智能生产线的设计原则，夹爪、气缸、传感器的选型原则的学习，熟悉智能生产线的设计流程；首先通过对生产工艺的分析，完成智能生产线的布局及建模工作，利用虚拟仿真动画来验证生产工艺的合理性、准确性及可行性；然后下单采购设备，调试设备，做好维护与维修工作，完成智能生产线的整体设计与规划；最后撰写智能生产线设计说明书。图 3－1 所示为智能生产线的布局。

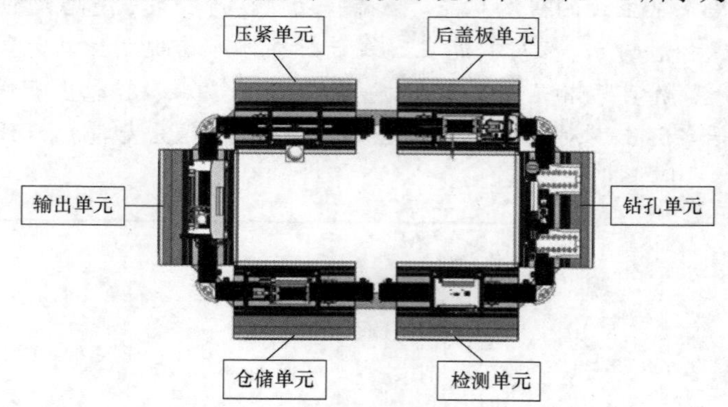

图 3－1 智能生产线的布局

3.1.2 任务要求

（1）制定智能生产线的工艺流程。
（2）根据智能生产线的工艺流程，进行智能生产线的布局和三维建模。
（3）确定智能生产线的生产节拍，并进行虚拟仿真验证。
（4）结合对智能生产线的设计与规划撰写智能工厂设计说明书。

3.1.3 学习成果

通过了解智能生产线设计、夹爪选型、气缸选型、传感器的选型原则，熟悉智能生产线设计的一般流程，完成智能生产线的整体设计与规划，最后撰写智能生产线设计说明书。

3.1.4 学习导图

本项目学习导图如图 3－2 所示。

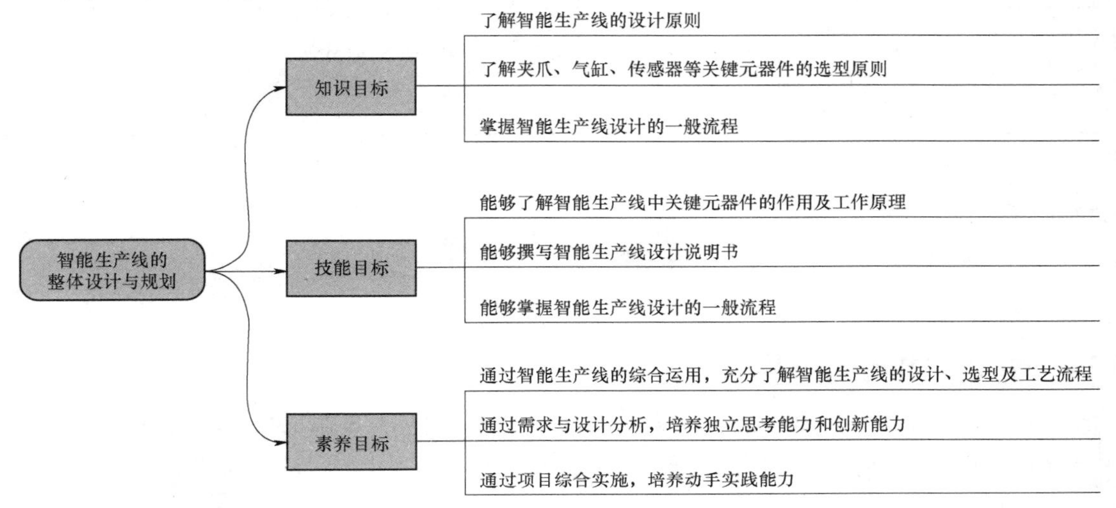

图 3－2 项目 3 学习导图

3.2 工作任务书

本项目工作任务书见表 3－1。

表 3－1 项目 3 工作任务书

课程	智能生产线综合实训	项目	智能生产线的整体设计与规划
姓名		班级	
时间		学号	
任务	撰写智能生产线设计说明书		
任务描述/功能分析	压紧单元 后盖板单元 输出单元 钻孔单元 仓储单元 检测单元		

续表

任务描述/功能分析	本项目的主要任务是通过对智能生产线的设计原则，夹爪、气缸、传感器的选型原则的学习，熟悉智能生产线的设计流程。首先通过对生产工艺的分析，完成智能生产线的布局及建模工作，利用虚拟仿真动画验证生产工艺的合理性、准确性及可行性；然后下单采购设备，调试设备，做好维护与维修工作，完成智能生产线的整体设计与规划；最后撰写智能生产线设计说明书
关键指标	1. 语言表达简练； 2. 掌握智能生产线的设计原则及设计流程； 3. 熟练使用 NX 软件； 4. 能够撰写智能生产线设计说明书

3.3 知识准备

3.3.1 智能生产线的设计原则

（1）流程优化。通过合理的智能生产线布局规划，可以最大限度地缩短从原料到成品的物流时间和距离，提高生产流程的效率。优化流程有助于减少生产过程中的浪费并降低产品生命周期的成本。

（2）空间利用率最大化。科学合理地利用工厂的空间，可以有效地提高智能生产线的容量和灵活性。合理的空间布局可以避免设备和材料之间的冲突，缩短运输时间和距离，实现智能生产线的紧凑化和高效化。

（3）安全保障。在设计智能生产线时，应考虑员工的安全和舒适。合理设置工作区域，确保通道畅通，并配备必要的防护设施和紧急出口，以确保员工在紧急情况下的安全。

（4）环境友好。合理的智能生产线布局能够最大限度地减少资源的浪费和环境污染。通过优化物料流动路径和设备配置，减少能源消耗和废弃物产生，工厂可以实现更可持续的生产方式，减少对环境的负面影响。

（5）通信协调。智能生产线布局设计应促进不同部门之间的良好沟通和合作。通过将相关团队放置在相邻位置，减少信息传递和沟通的障碍，有助于提高团队的协同效率，并迅速解决问题。

（6）灵活性与可扩展性。合理的智能生产线布局应具备灵活性和可扩展性，以满足未来需求的变化。考虑到市场需求的变化和新技术的引入，智能生产线布局应能够尽可能容纳不同类型的智能生产线和设备，并方便进行改造和扩建。

3.3.2 智能生产线设计的一般流程

随着工业化的发展，在企业生产中，智能生产线成为必不可少的生产方式。一个有效的智能生产线设计方案可以提升生产效率、降低成本、改善产品质量、提升安全性并减少对环境的影响。

智能生产线设计的一般流程包括实施智能生产线规划、确定智能生产线的布局、制定工艺流程、评估设备、选择设备和工具、开发控制程序、测试智能生产线、持续改进等。下面介绍智能生产线设计的一般流程。

1. 确定智能生产线的布局

智能生产线的布局应该使物料的传输和作业流程最简化，降低空间成本并提高物料效率。同样重要的是，应优化员工的工作环境和人员流动性。通常需要对多个设计方案进行比较和考量，最终选择最优的设计方案。

2. 制定工艺流程

工艺流程指的是制造企业所选择的制造方法和步骤。制定工艺流程是确保智能生产线顺利运行的重要环节，其通常包括制定物料加工方案、进行产品的设计和开发、优化装配方法，并确定产品检测的相关参数。

3. 评估设备

设备评估环节旨在识别智能生产线所需的机器、软件、硬件、工具和设备，并评估各种设备的优劣以及能否满足智能生产线的需求。

4. 选择设备和工具

根据设备评估结果，制造企业应选择合适的设备、工具和材料。所选择的设备、工具和材料必须符合智能生产线的要求，尤其要符合传送带和机器之间协调工作的要求。高质量的设备、工具和材料可以提高生产效率和产品质量。

5. 开发控制程序

控制程序是指员工工作和设备操作的计划，包括制定培训计划、设备操作控制和维护计划、消防和紧急处理计划等。

6. 测试智能生产线

在实际运行前，应在试验性的智能生产线上测试所选择的设备、工具和工艺流程的性能和稳定性。在智能生产线正式运行之前，必须实施完整的测试和质量保证措施。

7. 持续改进

在智能生产线正式运行后，对于智能生产线的运行和表现需要进行持续改进和优化。通过不断地收集数据对生产流程进行分析，发现可能需要改进的方面，进一步提高智能生产线的效率、优化生产流程并优化生产结构体系。

3.3.3 夹爪的选型原则

（1）根据工件的大小、形状、质量和使用目的，选择平行开闭型或支点开闭型。

（2）根据工件的大小、形状、外伸量、使用环境及使用目的，选择手指气缸（气爪）系列。

（3）根据夹爪夹持力大小、夹持点距离、爪外伸量及行程，选择夹爪的尺寸，再根据需求进一步选择需要的可选项。

3.3.4 气缸的选型原则

1. 类型

根据工作要求和条件，正确选择气缸的类型。若要求气缸到达行程终端无冲击现象和撞击噪声，应选择缓冲气缸；若要求质量小，应选择轻型缸；若要求安装空间小且行程短，可选择薄型缸；若要求有横向负载，可选择带导杆气缸；若要求制动精度高，应选择锁紧气缸；若不允许活塞杆旋转，可选择具有杆不回转功能的气缸；在高温环境下，需选择耐热缸；在腐蚀环境下，需选择耐腐蚀气缸；在有灰尘等恶劣环境下，需要在活塞杆伸出端安装防尘罩；若要求无污染，需要选择无给油或无油润滑气缸等。

2. 安装形式

安装形式根据安装位置、使用目的等因素决定。在一般情况下，采用固定式气缸。在需要随工作机构连续回转时（如车床、磨床等），应选用回转气缸。若要求活塞杆除直线运动外，还需作圆弧摆动，则选用轴销式气缸。有特殊要求时，应选择相应的特殊气缸。

3. 作用力的大小

根据作用力的大小确定气缸输出的推力和拉力。一般按照外载荷理论平衡条件计算所需气缸的作用力，根据不同的速度选择不同的负载率，使气缸输出力稍有余量。若缸径过小，则输出力不够，但缸径过大会使设备笨重，成本提高，又会增加耗气量，浪费能源。在设计夹具时，应尽量采用扩力机构，以减小气缸的外形尺寸。

4. 活塞的行程

活塞的行程与使用的场合和机构的行程有关，但一般不选满行程，以防止活塞和缸盖碰撞。如用于夹紧机构等，则应按计算所需的行程增加 10～20 mm 的余量。

5. 活塞的运动速度

活塞的运动速度主要取决于气缸输入压缩空气流量、气缸进/排气口大小及导管内径的大小，要求在高速运动时应取大值。活塞的运动速度一般为 50～800 mm/s。对于高速运动气缸，应选择大内径的进气管道；对于负载有变化的情况，为了得到缓慢而平稳的运动速度，选用带节流装置或气－液阻尼气缸较易实现速度控制。选用节流阀控制气缸速度时需注意：水平安装的气缸推动负载时，推荐采用排气节流调速；垂直安装的气缸举升负载时，推荐采用进气节流调速；要求行程末端运动平稳避免冲击时，应选用带缓冲装置的气缸。

3.3.5 传感器的选型原则

现代传感器在原理和结构上有很大的不同。如何根据具体的测量目的、测量对象和测量环境合理选择传感器是测量一定量时首先要解决的问题。传感器的类型确定后，就可以确定匹配的测量方法和测量设备。测量结果在很大程度上取决于传感器的合理选型。

1. 根据测量对象和测量环境确定传感器的类型

在进行具体的测量工作时，首先要考虑传感器的原理，这需要分析各种因素。即使测量相同的物理量，也有多种传感器可供选择，需要考虑以下具体问题：测量范围大小、传感器体积要求、测量方式（接触或非接触）、信号引出方法、传感器来源（国产或进口）、价格（能否承受，若不能承受则自行开发）。在考虑上述问题的基础上，可以确定传感器的类型，然后考虑传感器的具体性能指标。

2. 灵敏度

在传感器的线性范围内，通常希望传感器的灵敏度越高越好。因为只有当灵敏度高时，与测量变化相对应的输出信号值才相对较大，有利于信号处理。需要注意的是，传感器灵敏度高，容易混合与测量无关的外部噪声，影响测量精度。因此，传感器本身应具有较高的信噪比，以尽量减少从外部引入的干扰信号。传感器的灵敏度是有方向性的。当被测量为单向量，方向要求较高时，应选择其他方向灵敏度较低的传感器；如果被测量为多维向量，则传感器的交叉灵敏度越低越好。

3. 频率响应特性

传感器的频率响应特性决定了测量的频率范围，必须在允许的频率范围内保持不失真。

事实上，传感器的响应总是存在固定的延迟，通常希望延迟时间越短越好。传感器的频率响应越高，可测信号频率范围就越容易处于动态测量范围中，应根据信号特性（稳态、瞬态、随机等）进行响应，以免产生过大的误差。

4. 线性范围

传感器的线性范围是指输出与输入成正比的范围。理论上，在线性范围内，灵敏度是固定的。传感器的线性范围越大，测量范围就越大，并能保证一定的测量精度。在选择传感器时，传感器的类型首先取决于测量范围是否符合要求。但事实上，任何传感器都不能保证绝对线性，其线性是相对的。当测量精度相对较低时，非线性误差较小的传感器可以在一定范围内近似视为线性，这给测量带来极大的便利。

5. 稳定性

传感器使用一段时间后，其性能保持不变的能力称为稳定性。除了传感器本身的结构外，影响传感器稳定性的因素主要是传感器的使用环境。因此，为了使传感器具有良好的稳定性，传感器必须具有很强的环境适应性。在选择传感器之前，应调查其使用环境，根据具体使用环境选择合适的传感器，或采取适当措施减小使用环境的影响。传感器的稳定性有定量指标，使用前应重新校准，以确定传感器的性能是否发生变化。在一些传感器长期使用，不易更换或校准的情况下，对传感器的稳定性要求更严格，要求传感器能够经受长期的考验。

6. 精度

精度是传感器的重要性能指标，是整个测量系统测量精度的重要决定因素。传感器的精度越高，价格就越高。因此，传感器的精度满足整个测量系统的精度要求即可，不必选择精度太高的传感器。如果测量目的是定性分析，则可以选择重复精度高的传感器，不宜选择绝对精度高的传感器；如果测量目的是定量分析，则必须获得准确的测量值，需要选择能够满足精度等级要求的传感器。在某些特殊使用场合，如果不能选择合适的传感器，则需要自行设计和开发传感器。自制传感器的性能应满足使用要求。

3.4 任务实施

本项目主要进行智能生产线的整体设计与规划。

3.4.1 客户需求与生产工艺分析

智能生产线的设计规程需要根据客户需求制定。本项目所设计智能生产线的目的是教学演示，主要工作是生产手机壳，且要求能够实现自动、稳定、高效的生产。

手机壳的生产主要包括装配、盖板的夹取与放置，以及运输。这需要一个集装配、检测、运输于一体的综合智能生产线，同时，需要考虑生产规模、装配顺序、环境条件等影响因素。

3.4.2 智能生产线的布局及三维建模

1. 智能生产线的布局

对于智能生产线的布局，在满足生产工艺流程的前提下，应使物料的传输和作业流程最简化，降低空间成本并提高物料效率，同时，应优化员工的工作环境和人员流动性。对于本项目智能生产线的布局来说，为了减小运输路程、降低空间成本，采用智能生产线的运输方式。另外，应考虑运输方式和载具问题。对于运输方式，一般都采用传送带运输物料，为了满足工艺要求，选择小车装载盖板，运送物料。然后，考虑物料的仓储问题，要保证物料的供应，因此，第一个工作站[①]应该是仓储工作站，用于存放后盖板。仓储问题解决后，需要考虑怎样检测盖板是否稳定地落到小车上以及放置位置是否正确。因此，第二个工作站应该是检测工作站，用于检测盖板的位置及有无。根据生产工艺流程，手机的前盖板和后盖板要装配在一起，那么就需要钻孔工艺。因此，第三个工作站应该是钻孔工作站。钻孔结束后，需要将前盖板放置在后盖板的上面。因此，第四个工作站应该也是仓储工作站，用于存放前盖板。前、后盖板装配在一起后，需要将前、后盖板压紧。因此，第五个工作站应该是压紧工作站。这时，手机前、后盖板的装配工作已经完成，下面考虑手机壳怎样输出。手机壳形状类似长方体，为了能够稳定取放，选择用夹爪夹取手机壳，完成出库工作。因此，第六个工作站为输出工作站。综上所述，智能生产线的布局如图 3-1 所示。

2. 智能生产线的三维建模

根据前面的生产工艺流程分析和智能生产线布局设计，列举所需的零件和部件，在 NX 软件中进行建模设计。下面以夹爪为例进行三维建模及装配工作。

1）零件的三维建模

在 NX 软件中画出夹爪各个零件的平面图，然后执行拉伸、旋转、切除等命令，将平面图转换成三维图。

2）零件的装配

按照装配顺序将夹爪的各零件装配在一起。夹爪的装配图如图 3-3 所示。

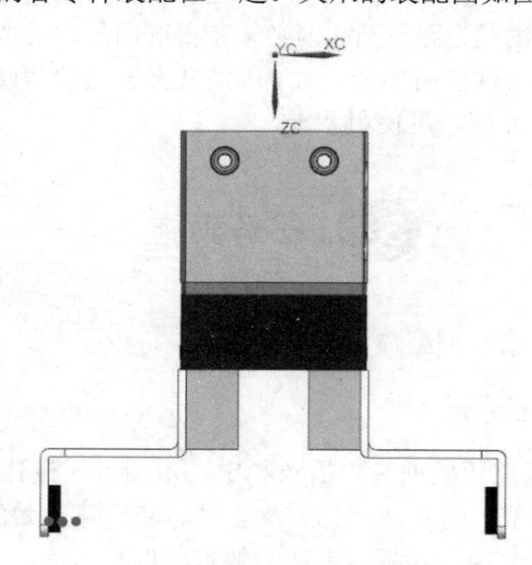

图 3-3　夹爪的装配图

按照智能生产线的布局设计，完成所有工作站的装配工作。图 3-4 所示是智能生产线的整体布局及装配示意。

① 对应图 3-1 中的单元。

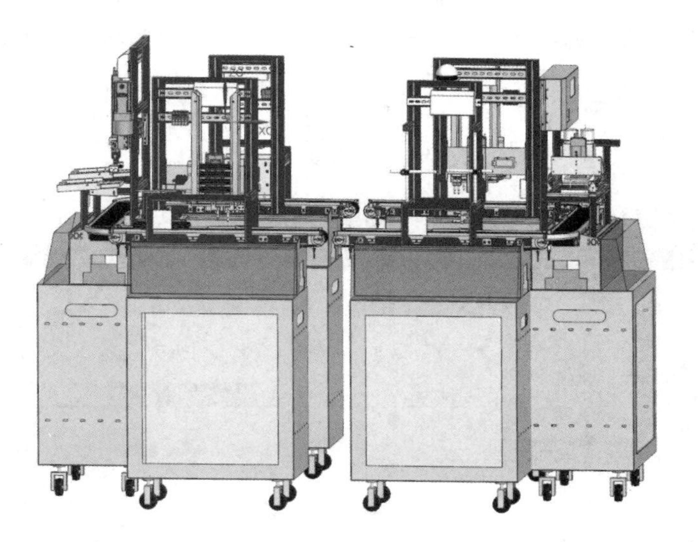

图 3－4　智能生产线的整体布局及装配示意

3.4.3　工序、生产节拍的确定

1. 确定智能生产线的生产节拍

智能生产线的生产节拍就是顺序生产两件相同产品的时间间隔，它可以表明智能生产线生产率的高低，是智能生产线最重要的工作参数。

当智能生产线所加工产品的一小节拍只有几秒或几十秒时，就要采用成批运输产品的方式，此时生产两批同样产品的时间间隔称为节奏。它等于节拍与运输批量的乘积。智能生产线采取成批运输产品的方式时，如果批量大，则虽然可以简化运输工作，但智能生产线的产品占用量却随之增大。

2. 工序同期化

智能生产线的节拍确定以后，要根据节拍调节工艺过程，使各道工序的时间与智能生产线的节拍相等或成整数倍比例关系，这项工作称为工序同期化。工序同期化是组织智能生产线的必要条件，也是提高设备负荷和劳动生产率、缩短生产周期的重要方法。

3.4.4　智能生产线的虚拟仿真验证

下面以钻孔工作站（钻孔单元）为例，进行智能生产线虚拟仿真环境的搭建及仿真验证。

1. 机电对象的定义

（1）单击“应用模块”选项卡中的“设计”菜单，如图 3－5 所示。

图 3－5　进入“机电概念设计”应用模块（1）

（2）在打开的“设计”菜单中，选择“更多”→“机电概念设计”选项，如图 3－6 所示。

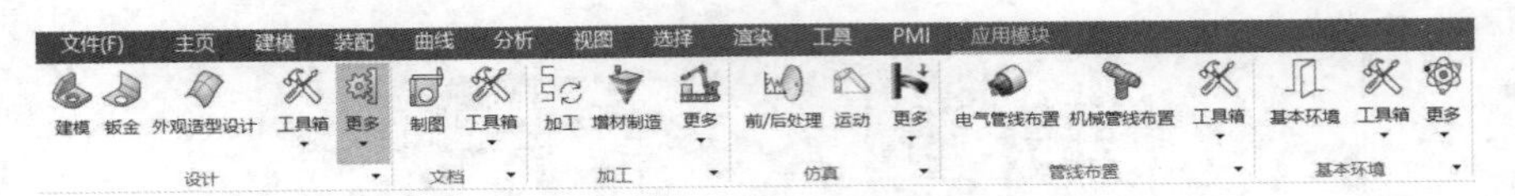

图 3-6　进入“机电概念设计”应用模块（2）

（3）进入“机电概念设计”应用模块，如图 3-7 所示。

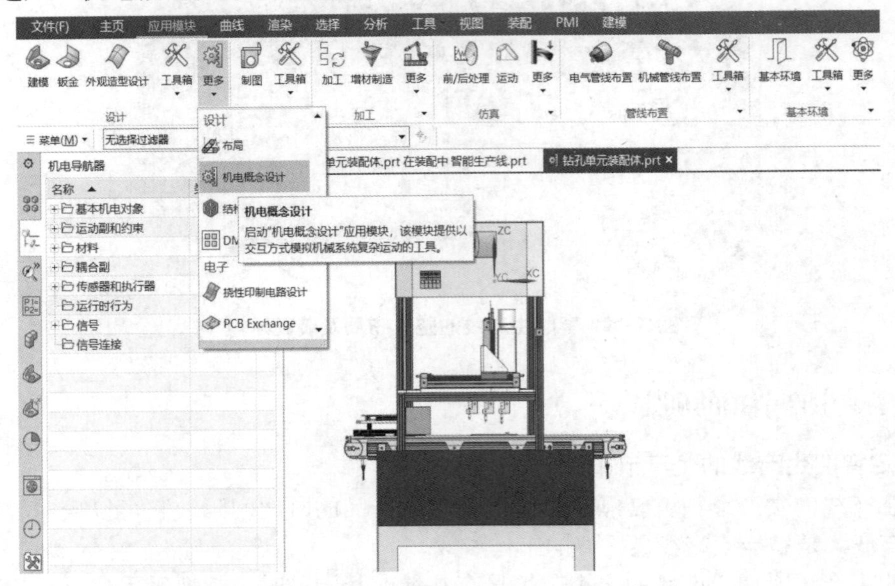

图 3-7　进入“机电概念设计”应用模块（3）

（4）单击“主页”选项卡中的“机械”菜单，选择“刚体”选项组。

1）刚体定义

选择“刚体”选项组中的“基本机电对象”选项，重命名为“气缸活塞”，单击“确定”按钮，如图 3-8 所示。

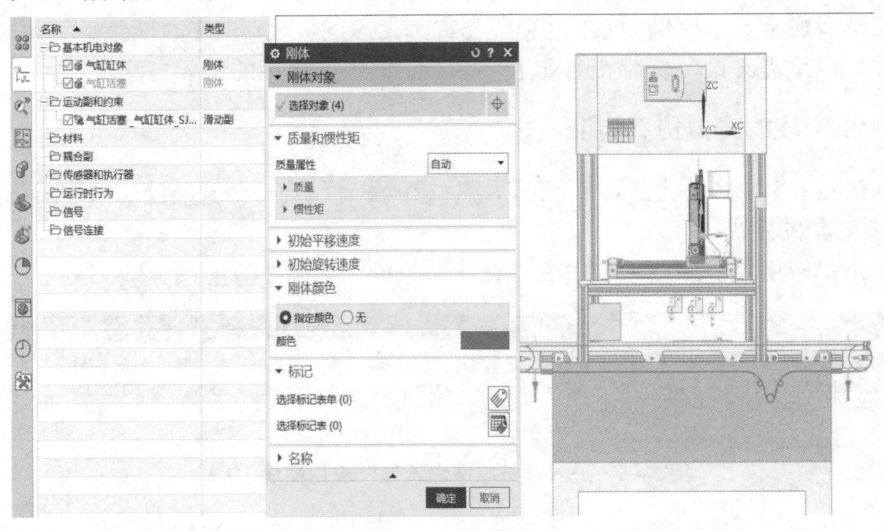

图 3-8　刚体定义

2）碰撞体定义

选择“碰撞体”选项组中的“传送带 1”选项，单击“确定”按钮，如图 3－9 所示。

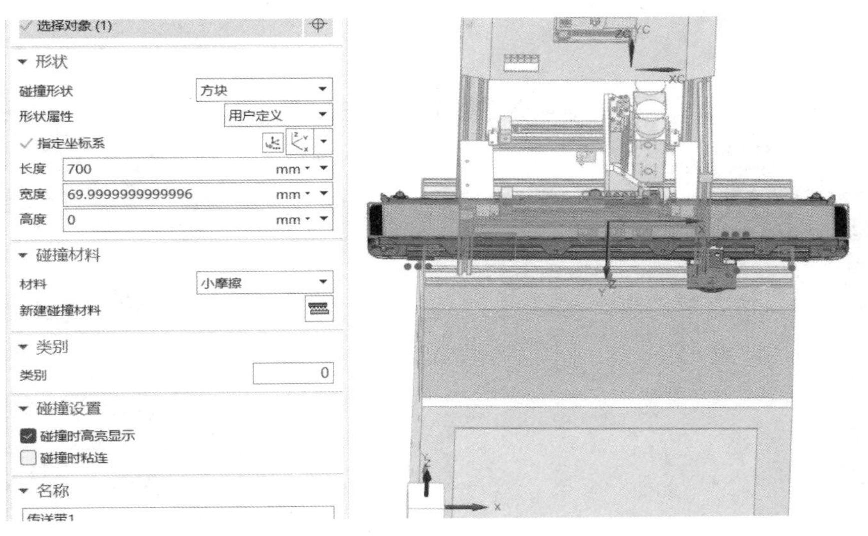

图 3－9　碰撞体定义

按照上面的步骤，对钻孔单元装配体的其他刚体、碰撞体进行定义，如图 3－10 所示。

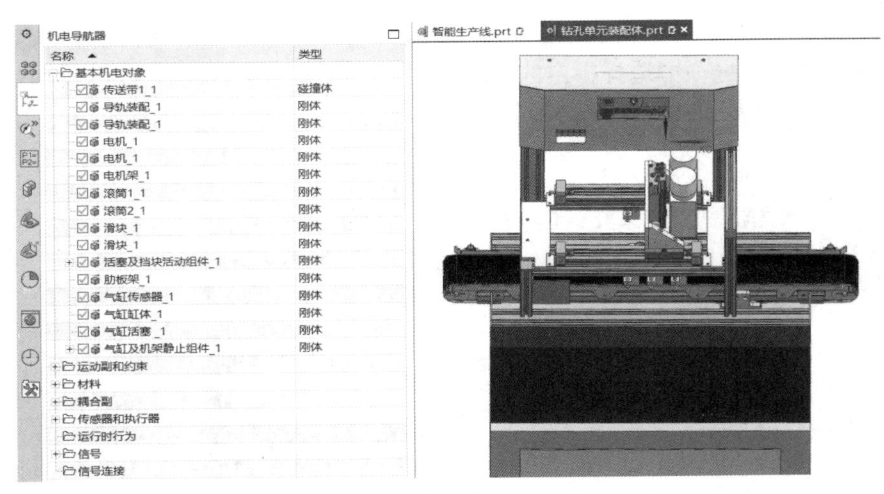

图 3－10　钻孔单元装配体的其他刚体、碰撞体定义

2. 运动副的创建

选择“主页”选项卡“机械”菜单的“基本运动副”选项组中的基本运动副，如图 3－11 所示。

图 3－11　运动副的设置

1）滑动副的定义

（1）选择“选择连接件”→“滑块”→基本件“导轨装配”，然后在“指定轴矢量”选项中选择指定的运动方向及偏置，单击“确定”按钮，如图3－12所示。

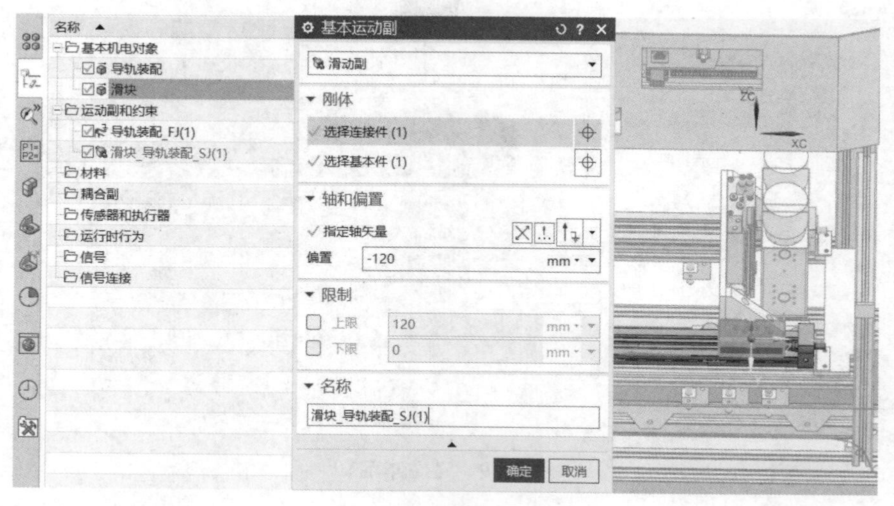

图3－12　滑动副的设置

（2）选择“选择连接件”→“活塞及挡块活动组件”→基本件“气缸及机架静止组件”，然后在“指定轴矢量”选项中选择指定的运动方向，单击“应用”按钮，如图3－13～图3－15所示。

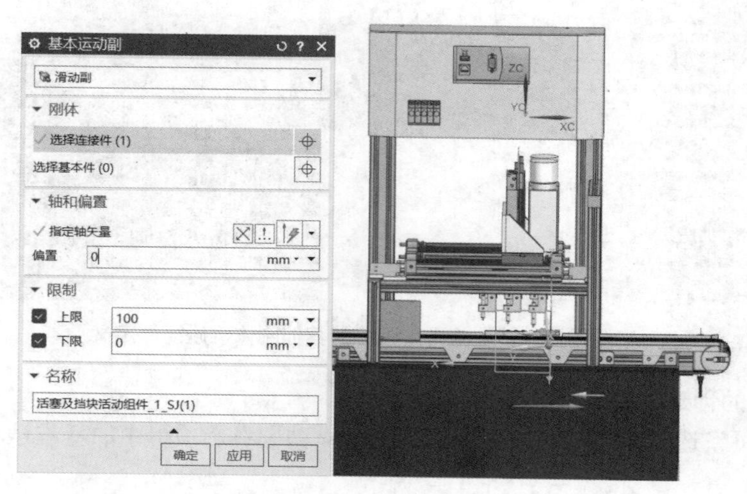

图3－13　选择连接件

2）铰链副的定义

选择“选择连接件”→“滚筒1”选项，然后在“指定轴矢量”选项中选择指定的运动方向，在“指定锚点”选项中指定锚点，单击“确定”按钮，如图3－16～图3－18所示。

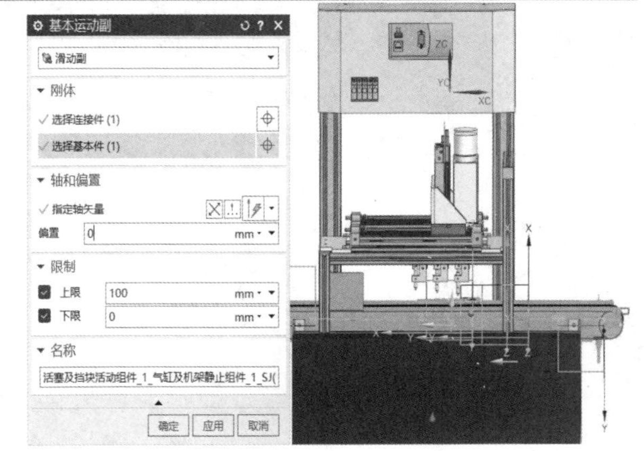

图 3－14　选择基本件

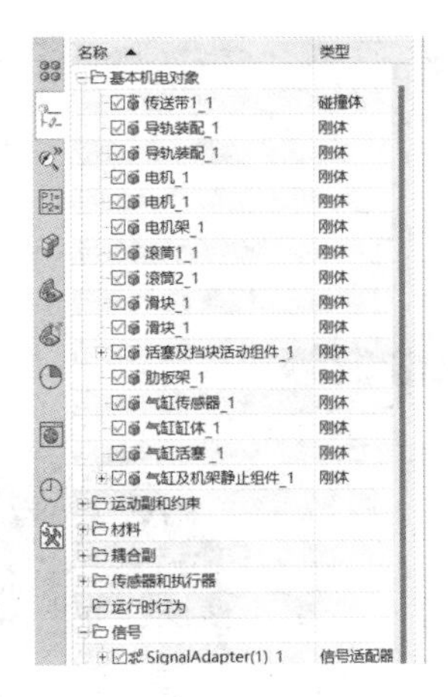

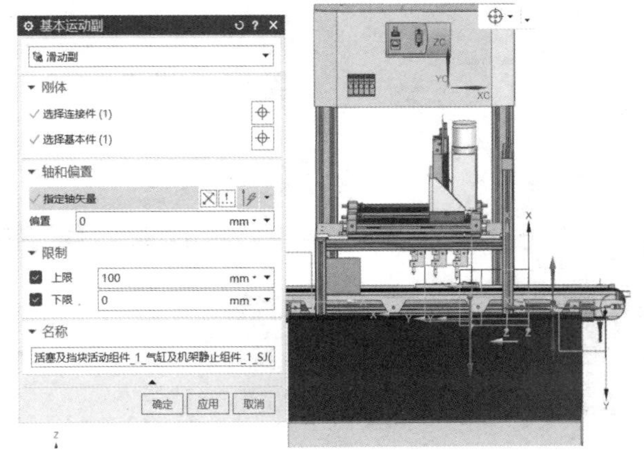

图 3－15　指定轴矢量

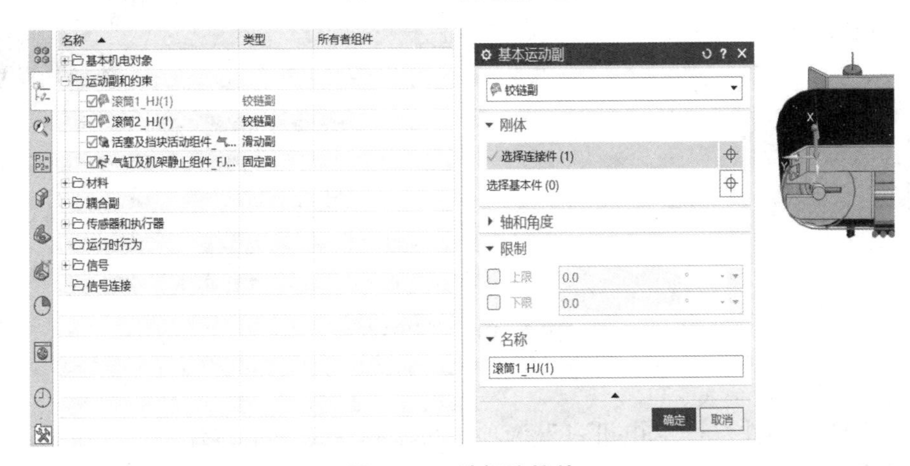

图 3－16　选择连接件

图 3-17　指定轴矢量

图 3-18　指定锚点

3）固定副的定义

选择“选择连接件”→“电机_1”选项，再选择“选择基本件”→“电机架”选项，然后单击“确定”按钮，如图 3-19、图 3-20 所示。

图 3-19　选择连接件

图 3-20　选择基本件

选择“选择连接件”→“气缸传感器”选项，再选择“选择基本件”→“气缸缸体_1”选项，然后单击“确定”按钮，如图 3-21、图 3-22 所示。

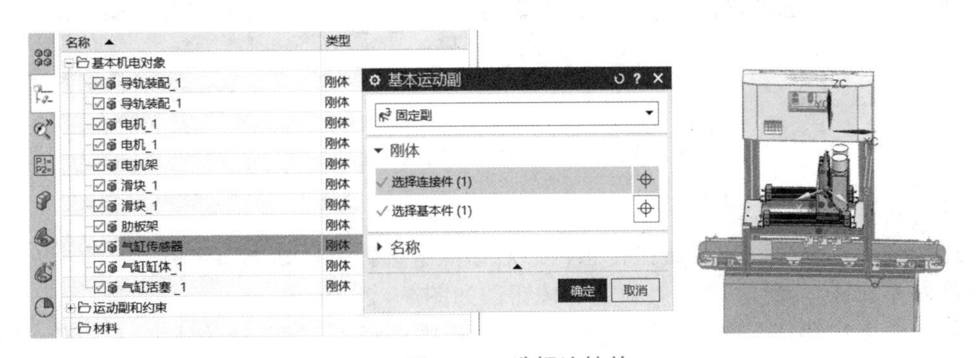

图 3-21　选择连接件

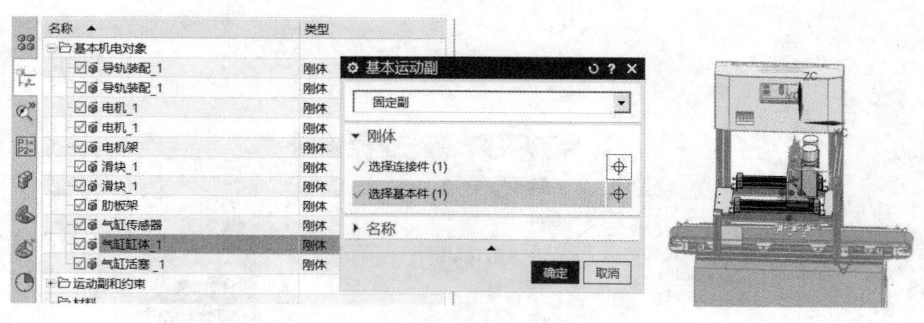

图 3-22　选择基本件

按照上面的步骤，对钻孔单元装配体的其他运动副进行定义，如图 3-23 所示。

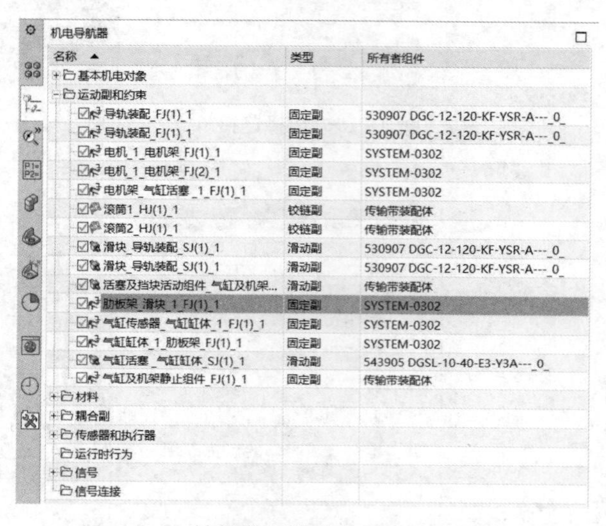

图 3-23　钻孔单元装配体其他运动副定义

3. 传感器和执行器的创建

1）传感器的创建

选择“主页”选项卡中的“电气”模块，然后在“电气”模块的“碰撞传感器”下拉菜单中选择所需要的传感器，如图 3-24 所示。

图 3-24　传感器的创建

2）碰撞传感器的创建

（1）打开碰撞传感器，在“碰撞传感器”对话框中选择“1 站出口传感器_1”，将“碰撞形状”设置为“圆柱”，然后单击“确定”按钮，如图 3-25 所示。

（2）打开碰撞传感器，在“碰撞传感器”对话框中选择“1 站入口传感器_1”，将“碰撞形状”设置为“圆柱”，然后单击“确定”按钮，如图 3-26 所示。

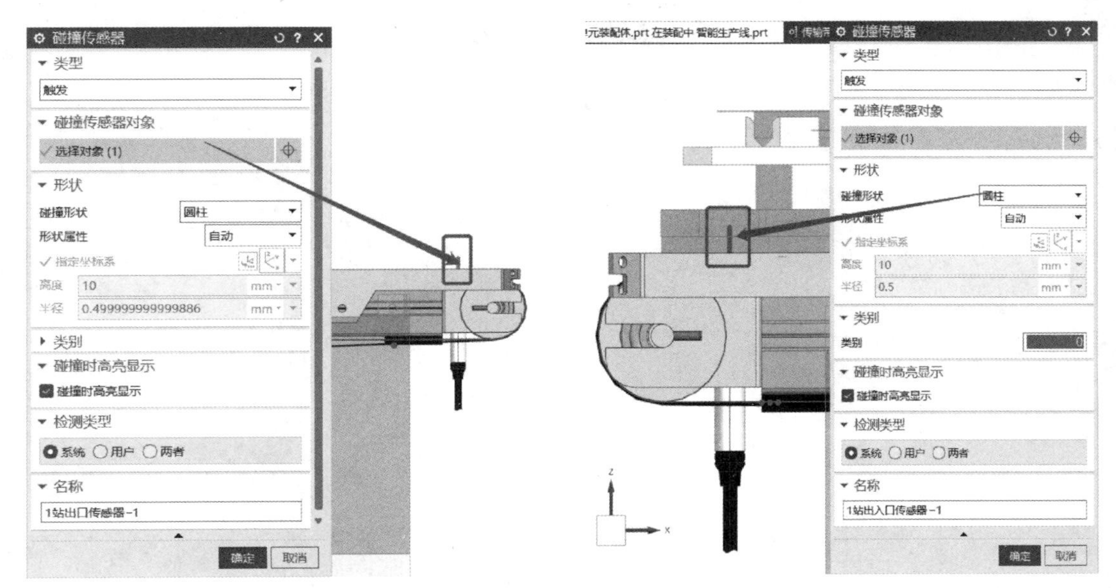

图 3-25　选择碰撞传感器对象（1）　　　　图 3-36　选择碰撞传感器对象（2）

3）传输面的创建

在“主页”选项卡的“电气”模块中，选择“位置控制”下拉菜单中的“传输面”选项。选择传送带面，然后指定矢量方向，给予传送带速度，选择碰撞材料，单击“确定”按钮即可，如图 3-27～图 3-29 所示。

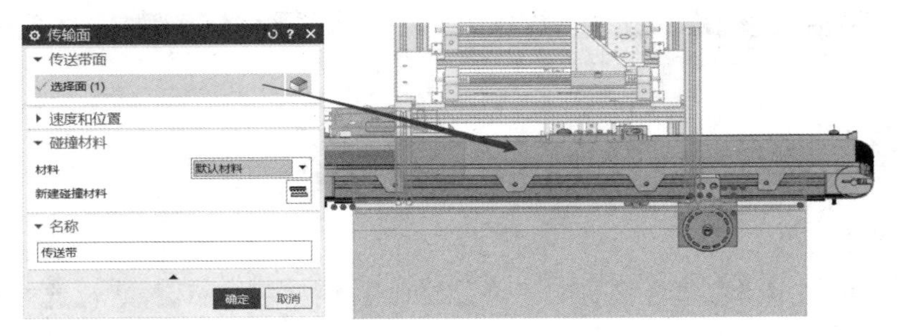

图 3-27　选择传送带面

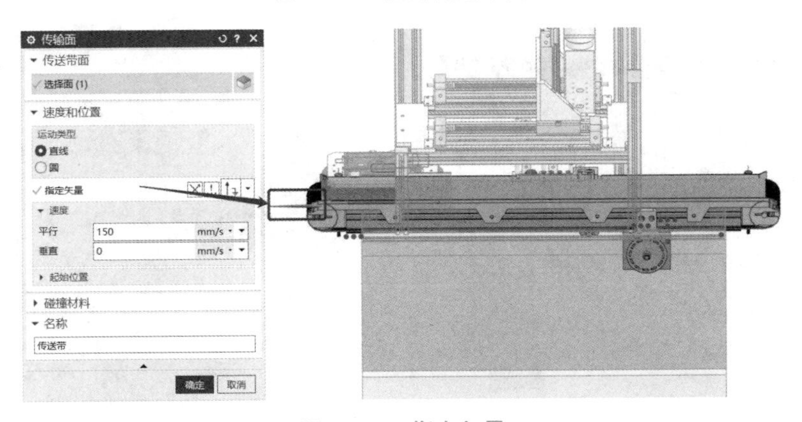

图 3-28　指定矢量

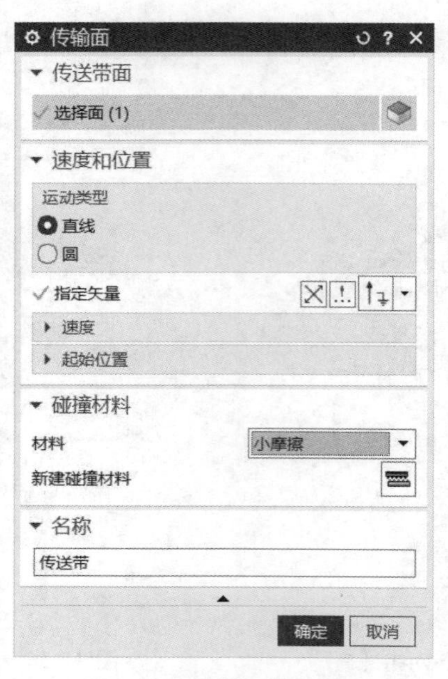

图 3-29 选择碰撞材料

4）执行器的创建

在“主页”选项卡“电气”模块的“位置控制”下拉菜单中选择所需要的执行器，如图 3-30 所示。

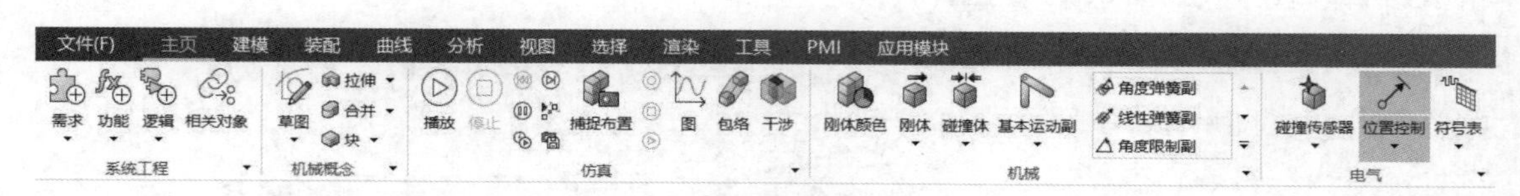

图 3-30 执行器的创建

5）位置控制

在“主页”选项卡“电气”模块的“位置控制”下拉菜单中选择“位置控制”命令。选择“滑块_导轨装配”，设置“目标”和“速度”，然后单击“确定”按钮即可，如图 3-31、图 3-32 所示。

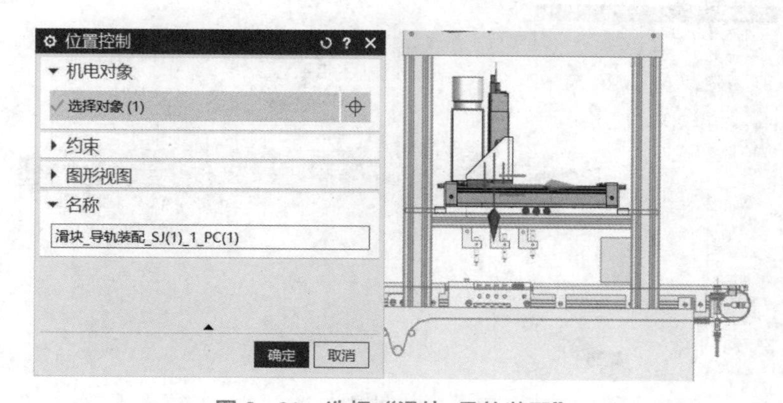

图 3-31 选择“滑块_导轨装配”

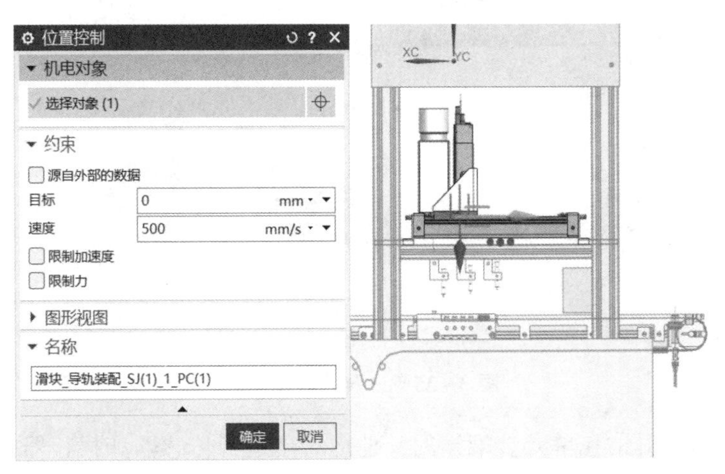

图 3－32　设置“目标”和“速度”

6）速度控制

在“主页”选项卡“电气”模块的“位置控制”下拉菜单中选择“速度控制”命令。选择“滚筒 1”并设置“速度”，然后单击“确定”按钮即可，如图 3－33～图 3－35 所示。

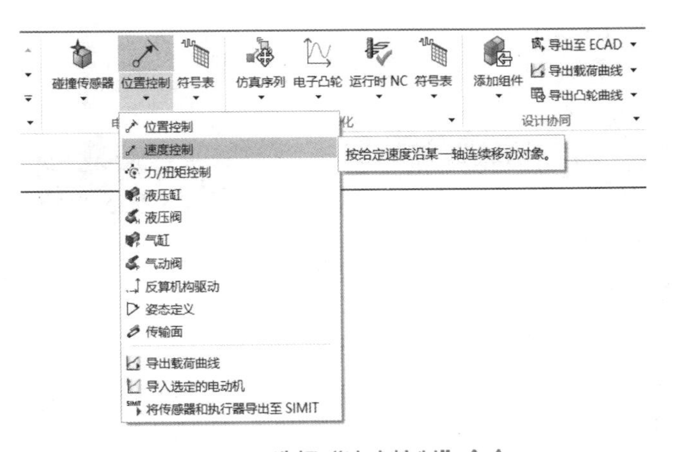

图 3－33　选择“速度控制”命令

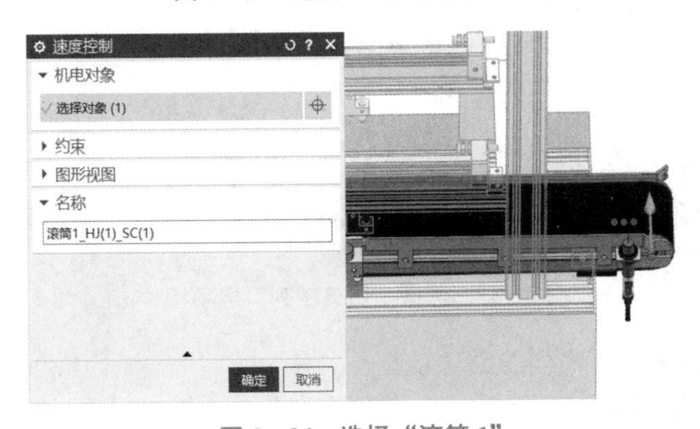

图 3－34　选择“滚筒 1”

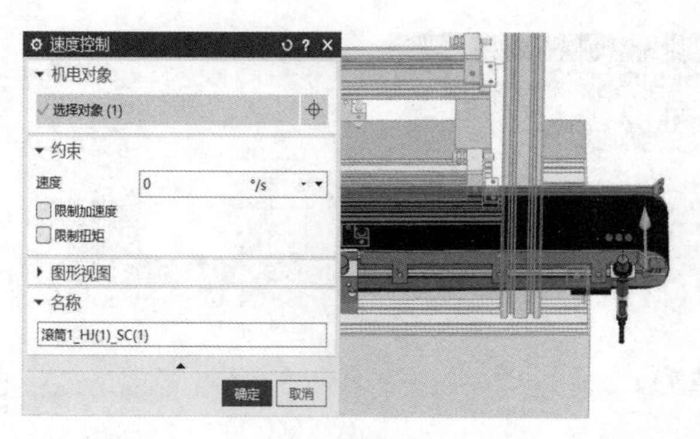

图 3-35 设置“速度”

按照上面的步骤，对钻孔单元装配体的其他运动副进行传感器和执行器的创建，图 3-36 所示。

4. 仿真序列的创建

在“主页”选项卡的“自动化”菜单中选择“仿真序列”选项组，如图 3-37 所示。

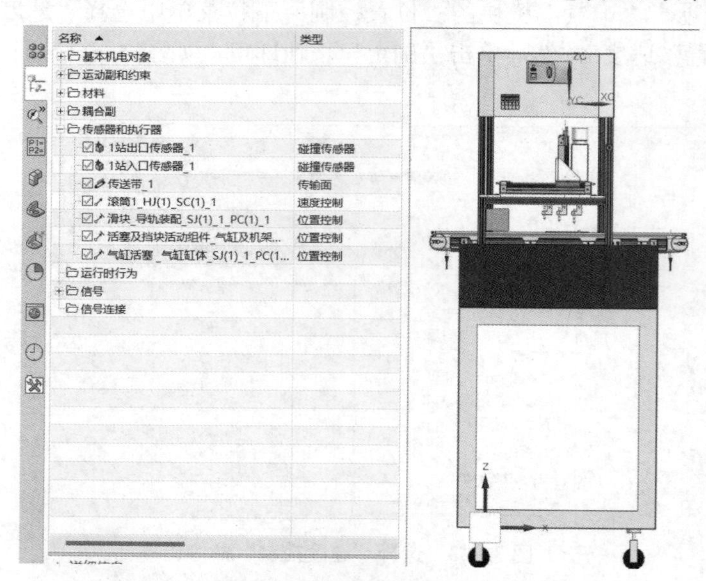

图 3-36 钻孔单元装配体其他传感器和执行器的创建

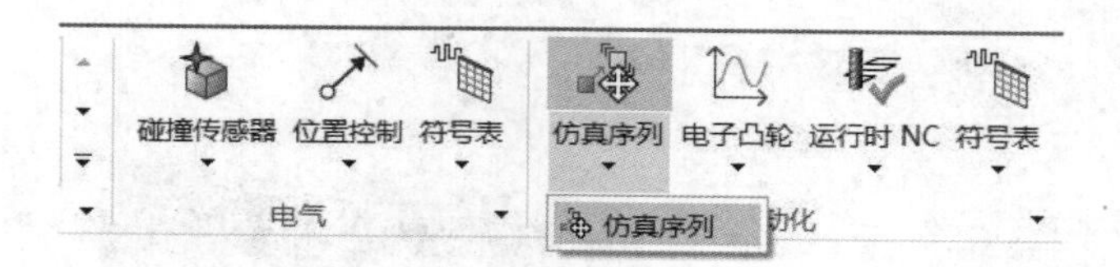

图 3-37 选择“仿真序列”选项组

（1）“入口传感器”仿真序列的创建。

打开“仿真序列”选项组，将“1 站入口传感器_1”设为机电对象，然后设置“持续时间”，勾选“运行时参数”的相关复选框，并设置“持续时间”，单击“确定”按钮。在“序列编辑器”中可查看状态。具体步骤如下。

① 将“1 站入口传感器_1”设为机电对象，如图 3－38 所示。

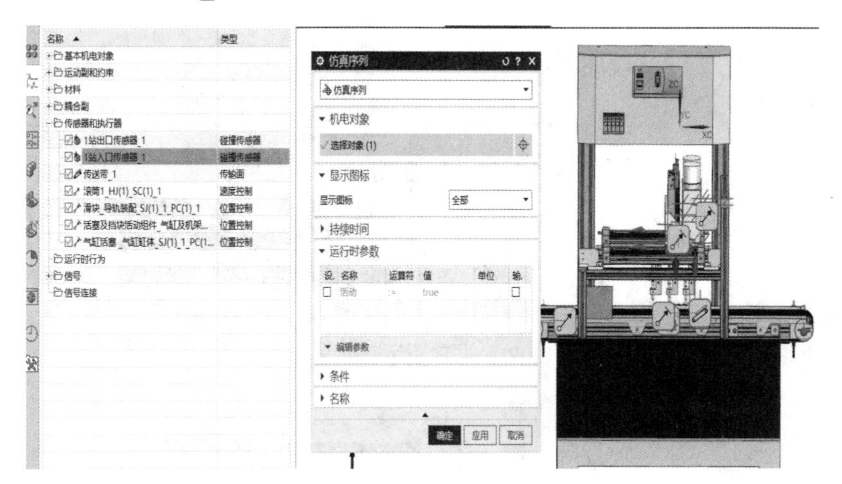

图 3－38　选择机电对象

② 设置“持续时间”，如图 3－39 所示。

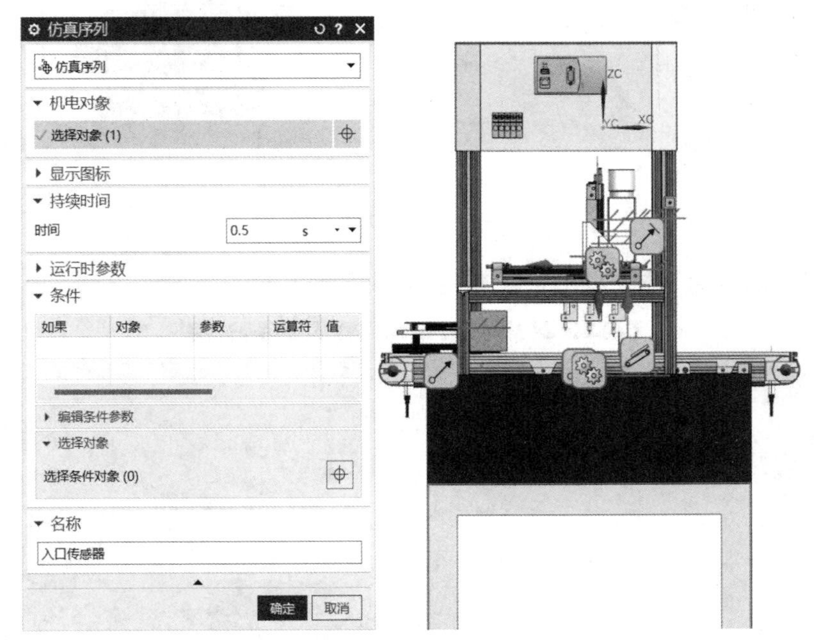

图 3－39　设置“持续时间”

③ 设置“运行时参数”，如图 3－40 所示。

（2）“气缸活塞下降（钻左边孔）”仿真序列的创建。

打开“仿真序列”选项组，将“气缸活塞_气缸缸体”设为机电对象，然后设置“持续时间”，勾选“运行参数”的“轴”“位置”“速度”复选框，单击“确定”按钮。具体步骤如下。

① 将“气缸活塞_气缸缸体”设为机电对象，如图 3－41 所示。

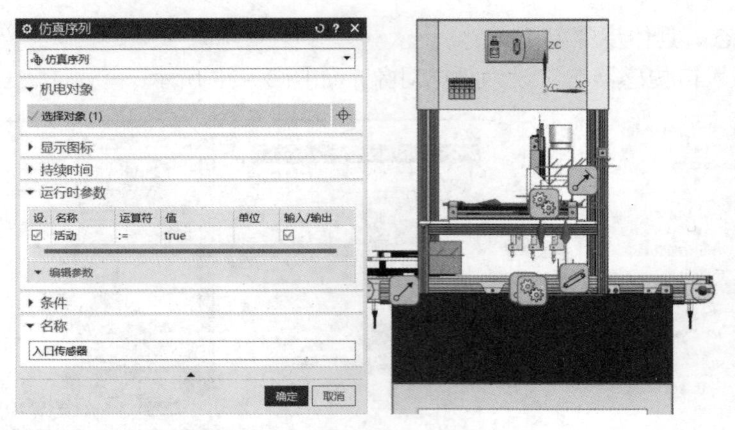

图 3－40　设置“运行时参数”

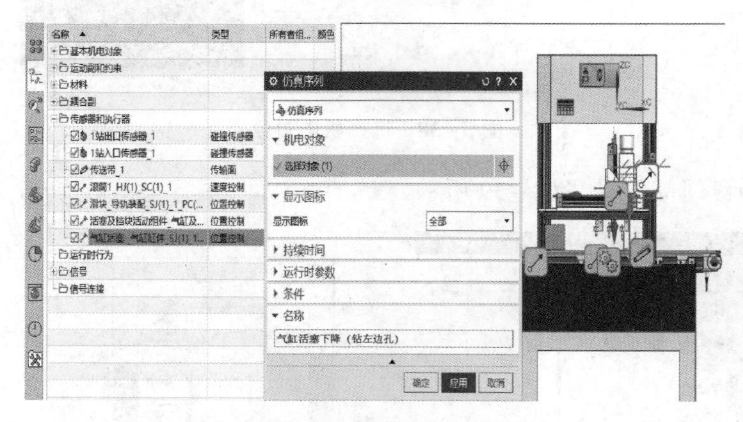

图 3－41　选择机电对象

② 设置“持续时间”和“运行时参数”，如图 3－42 所示。

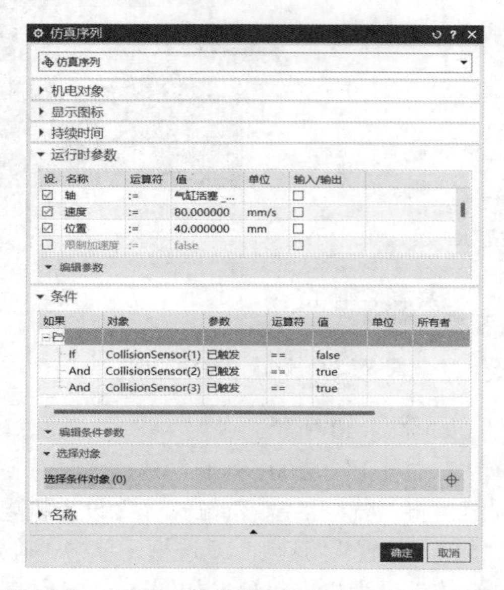

图 3－42　设置“持续时间”和“运行时参数”

（3）“气缸活塞上升（钻左孔）”仿真序列的创建如图3－43、图3－44所示。

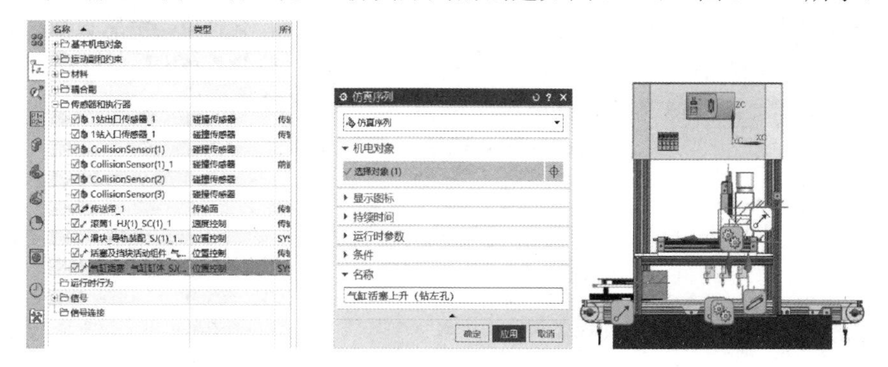

图3－43　选择机电对象

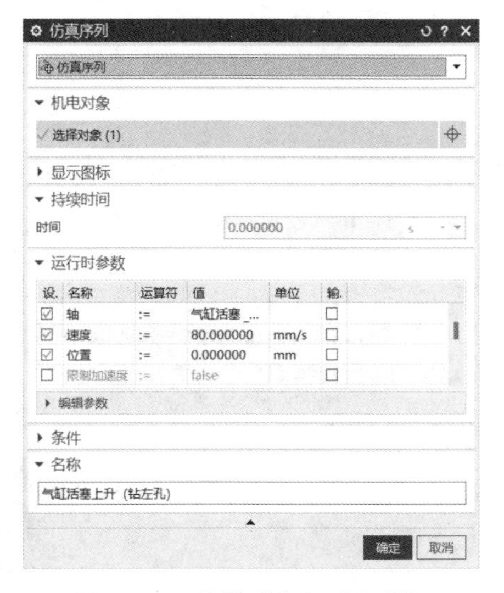

图3－44　设置“运行时参数”

（4）“滑块移动到右边孔位置”仿真序列的创建。

打开“仿真序列”选项组，将“滑块_导轨装配”设为机电对象，然后设置“持续时间”，勾选“运行时参数”的“轴”“位置”“速度”复选框，单击“确定”按钮，如图3－45、图3－46所示。

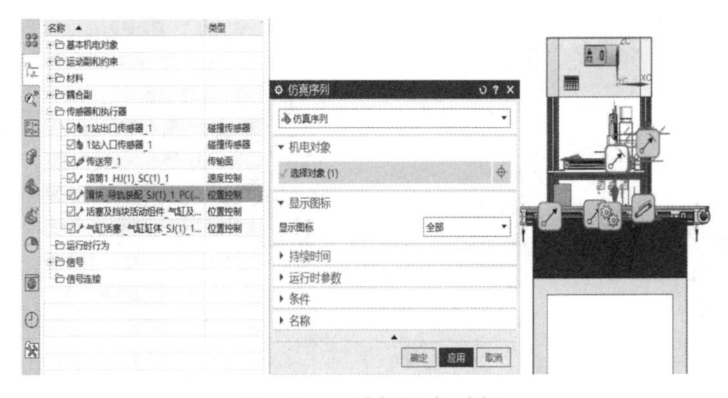

图3－45　选择机电对象

（5）“气缸活塞下降（钻右边孔）”仿真序列的创建。

打开“仿真序列”选项组，将“气缸活塞_气缸缸体”设为机电对象，然后设置“持续时间”，勾选“运行时参数”的“轴”“位置”“速度”复选框，单击“确定”按钮。具体步骤如下。

①“气缸活塞_气缸缸体”设为机电对象，如图 3－47 所示。

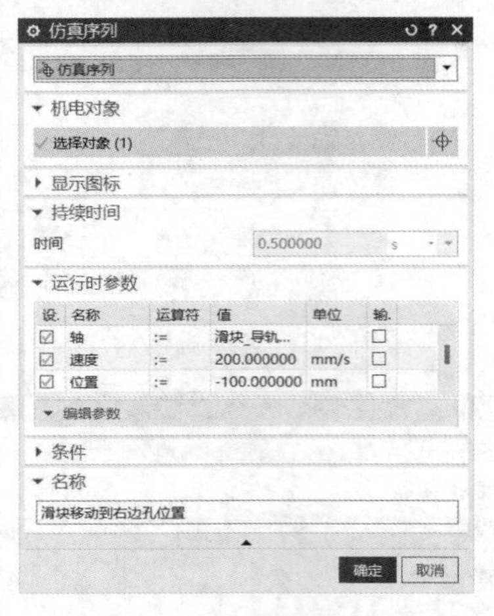

图 3－46　设置“运行时参数”

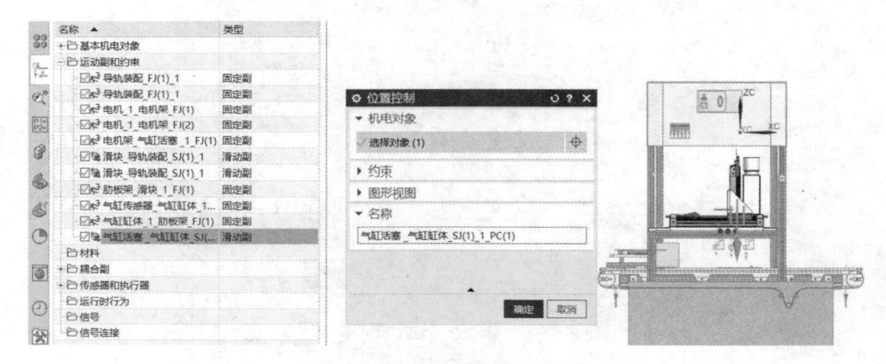

图 3－47　选择机电对象

② 设置“持续时间”和“运行时参数”，如图 3－48 所示。

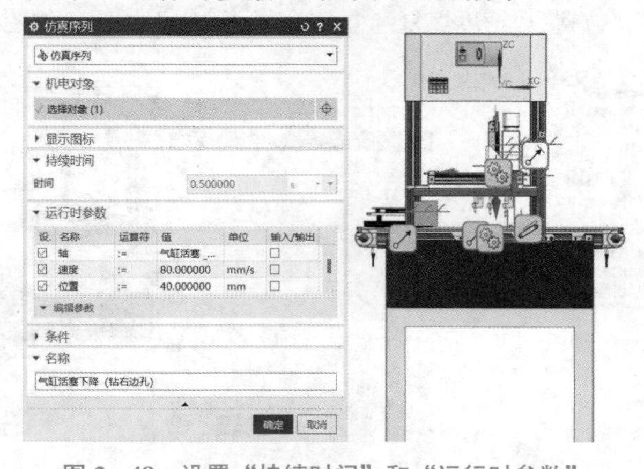

图 3－48　设置“持续时间”和“运行时参数”

（6）“活塞气缸上升（钻右边孔）”仿真序列的创建如图 3－49、图 3－50 所示。

图 3－49　选择机电对象

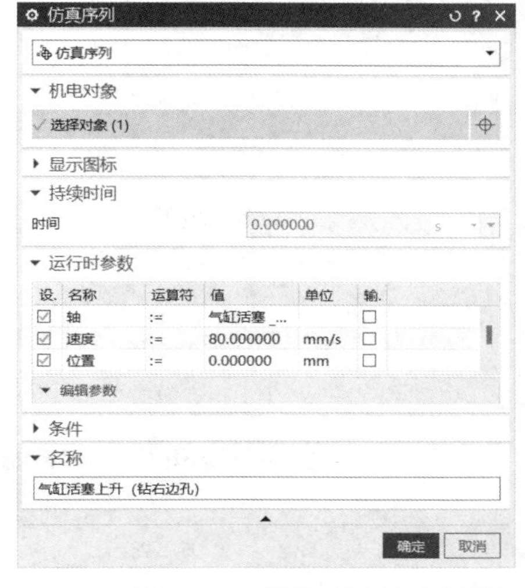

图 3－50　设置“运行时参数”

（7）“复位”仿真序列的创建如图 3－51、图 3－52 所示。

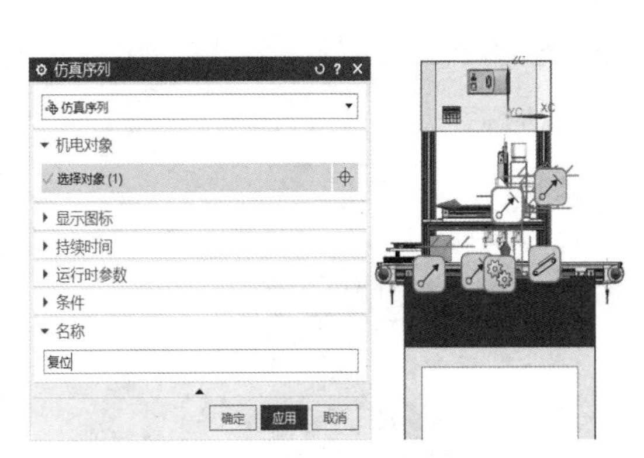

图 3－51　选择机电对象

图 3－52　设置“运行时参数”

（8）“挡块缩回”仿真序列的创建如图 3－53、图 3－54 所示。

（9）“出口传感器”仿真序列的创建如图 3－55、图 3－56 所示。

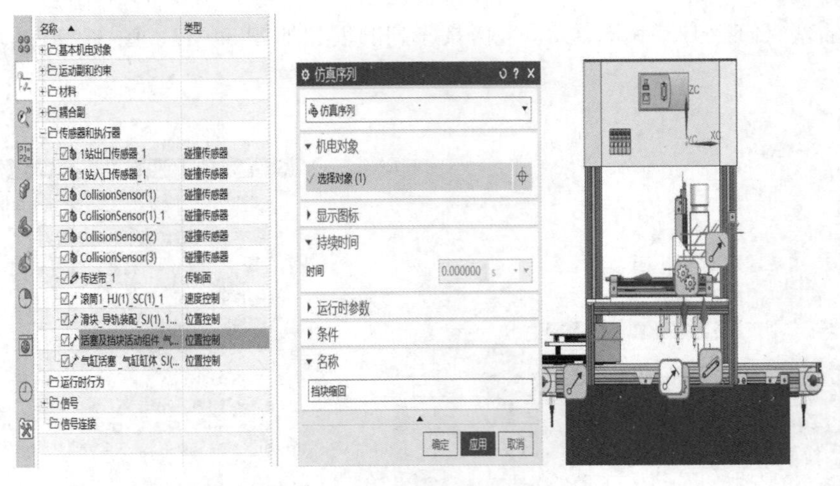

图 3－53　选择机电对象

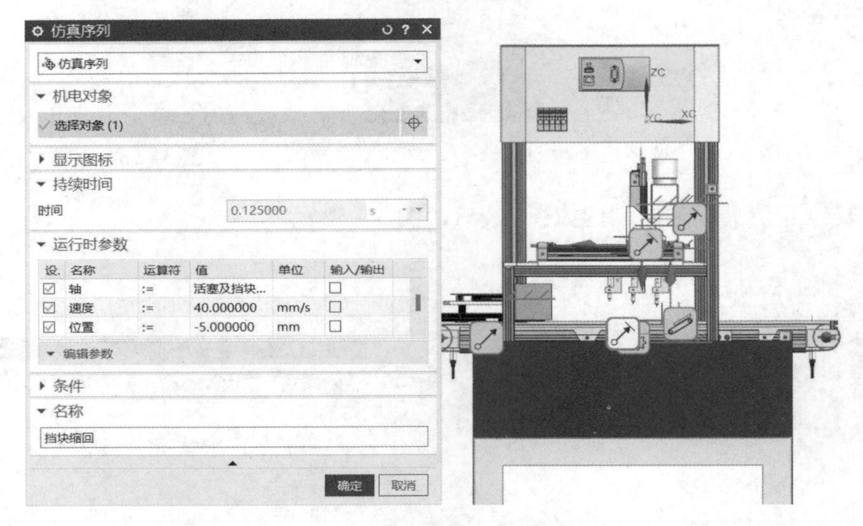

图 3－54　设置“运行时参数”

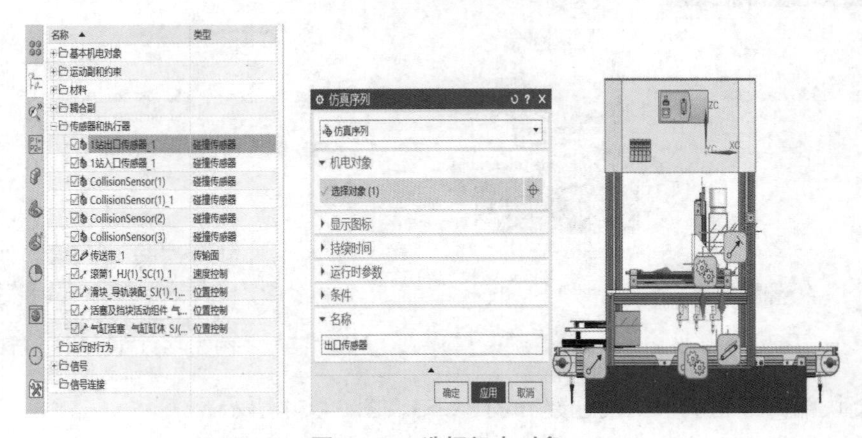

图 3－55　选择机电对象

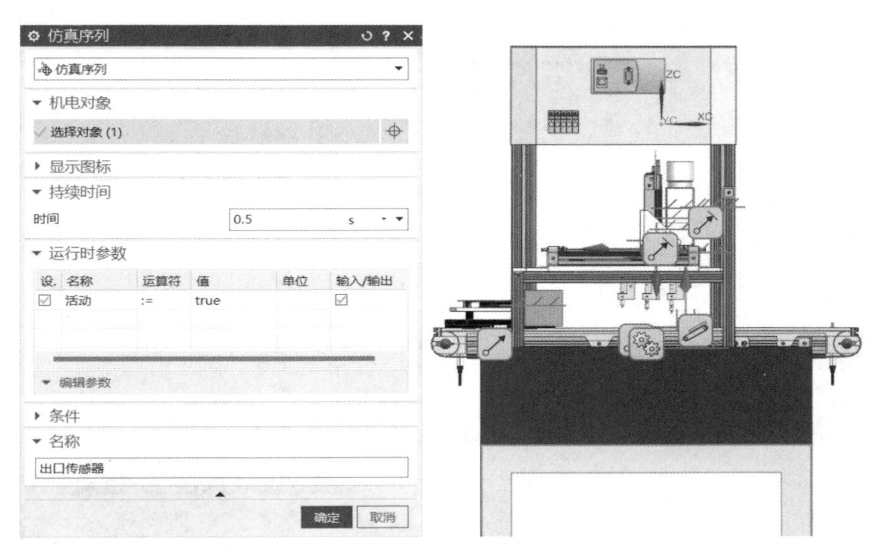

图 3-56 设置“运行时参数”

（10）钻孔单元装配仿真序列如图 3-57 所示。

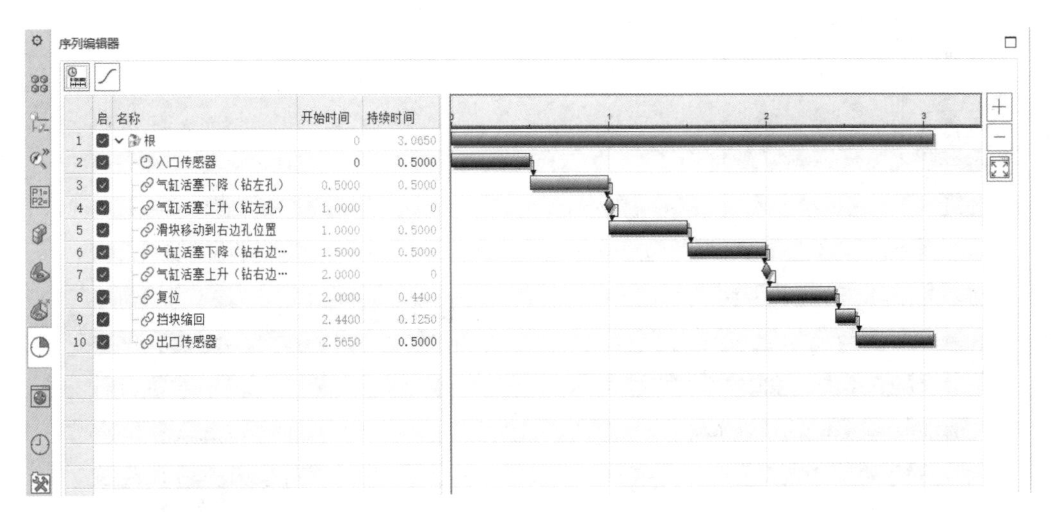

图 3-57 钻孔单元装配仿真序列

5. 站点的工艺仿真

仿真序列创建完成后，将传感器和执行器添加到“运行时察看器”中（图 3-58），通过“运行时察看器”验证仿真序列的完整性。

（1）在“机电导航器”中找到“传感器和执行器”选项，用鼠标右键单击需要的传感器和执行器，选择“添加到察看器”命令即可。

（2）在“运行时察看器”中察看仿真序列的全过程，如图 3-59、图 3-60 所示。

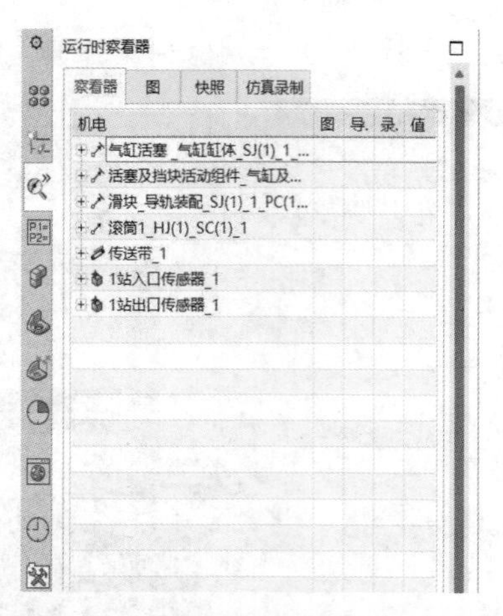

图 3-58　将传感器和执行器添加到“运行时察看器”中

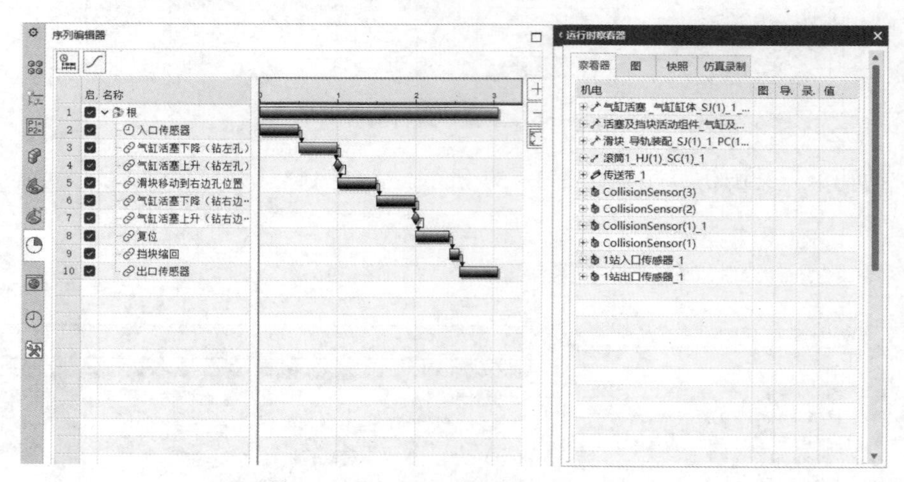

图 3-59　仿真序列（1）

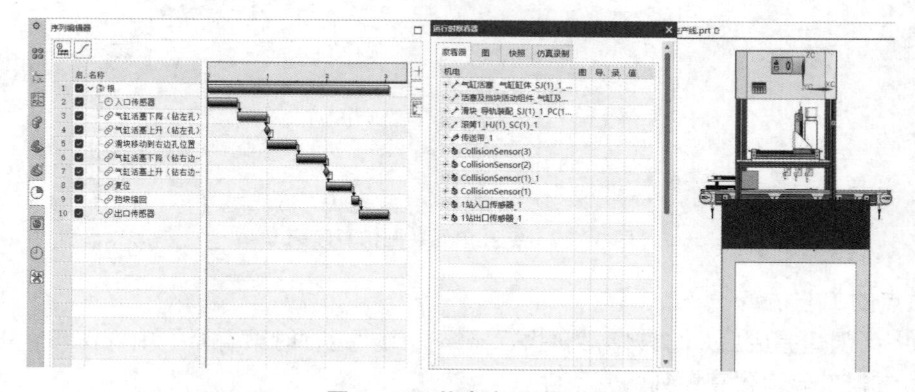

图 3-60　仿真序列（2）

3.4.5　按照客户需求下单采购设备

根据智能生产线 MCD 模型的虚拟调试情况，若 MCD 模型仿真的工艺流程正确，同时智能生产线足够稳定，且气缸、传感器、夹爪等关键元器件的参数能够达到预期的效果，那么对于该智能生产线即可按照客户需求下单采购设备。

3.4.6 智能生产线的现场调试

采购设备之后，按照智能生产线之前的设计，对其进行整体布局，然后进行设备安装工作。设备安装结束后，为设备通电，进行调试工作。

3.4.7 智能生产线的维护与维修

智能生产线的维护与维修是智能生产线体系中不可或缺的一环。随着智能生产线的长时间运行，智能生产线的设备可能由于使用过程中的磨损、故障和其他原因而需要维护与维修。下面列举了 4 种常见的维护与维修方法。

（1）定期检查和保养。

（2）准备备用零部件和工具。

（3）加强保护措施。

（4）培训维护与维修人员。

3.4.8 智能生产线设计说明书

智能生产线设计说明书见表 3－2。

表 3－2 智能生产线设计说明书

<table>
<tr><td>课程</td><td>智能生产线综合实训</td><td>项目</td><td>智能生产线的整体设计与规划</td></tr>
<tr><td>班级</td><td></td><td>时间</td><td></td></tr>
<tr><td>姓名</td><td></td><td>学号</td><td></td></tr>
<tr><td>名称</td><td colspan="3">内容</td></tr>
<tr><td>智能生产线图片</td><td colspan="3"></td></tr>
</table>

续表

名称	内容
设计目标	通过前面知识准备的学习，初步掌握了智能生产线设计的基本知识和方法，为智能生产线的整体设计打下了必要的基础。通过认识实施项目，更好地了解并掌握智能生产线设计的思路，为以后类似的智能生产线设计提供新的解决方案
设计要求	要满足智能生产线设计的系统性原则、稳定性原则、灵活性原则、标准化原则。智能生产线是一个有机整体，各个工作站之间应紧密协调，以达到利益最大化；智能生产线应该具有稳定性和可靠性，以保证产品的质量；智能生产线应该具有一定的灵活性和适应性，能够适应市场需求变化和产品结构调整；智能生产线应该根据产品的特点制定标准化流程，并严格执行
预期成果	智能生产线能够满足客户的需求，能够按照预期的工艺流程运行，布局合理，不会出现货物的“堵车”和“空巷”现象，同时具有极高的稳定性，能够保障产品的高效生产

3.5 任务评价

本项目任务评价见表 3－3。

表 3－3　项目 3 任务评价

课程	智能生产线综合实训	项目	智能生产线的整体设计与规划	姓名	
班级		时间		学号	
序号	评测指标	评分	备注		
1	能够按照客户需求，制定智能生产线的工艺流程（0～10 分）				
2	能够根据智能生产线的工艺流程，设计智能生产线的布局和进行三维建模（0～10 分）				
3	能够确定智能生产线的生产节拍，并进行智能生产线的虚拟仿真验证（0～30 分）				
4	能够根据虚拟仿真验证确定需要采购的设备（0～10 分）				
5	能够通过任务实施，撰写智能生产线设计说明书（0～40 分）				
总计					
综合评价					

3.6 任务拓展

通过本项目的学习，学生对智能生产线的设计流程、设计原则以及夹爪、气缸、传感器等关键元器件的选型有了深刻的认识。同时，通过任务实施，学生完成了智能生产线的设计，并撰写了智能生产线设计说明书，为类似智能生产线的设计提供了新的思路。

下面按照智能生产线的设计流程，完成智能工厂的整体设计与规划，撰写智能工厂设计说明书，见表 3-4。

表 3-4 智能工厂设计说明书

课程		项目	
班级		时间	
姓名		学号	
名称	内容		
智能工厂图片			
设计目标			
设计要求			
预期成果			

【科学人文素养】

吃苦耐劳是中华民族的传统美德，也是年轻人应该具备的优良品质。作为新一代年轻人，不仅要继承这一宝贵财富，更要将其落实到实际工作中，沉下心来，从琐碎的小事做起，从平凡的岗位做起，不畏艰辛，不辞辛劳，坚持下去，则必受大益。

项目 4　智能生产线的认知

4.1 项目描述

4.1.1　工作任务

智能生产线是实现智能制造的重要载体，其主要通过构建智能化生产系统、网络化分布生产设施，实现生产过程的智能化。本项目通过了解智能生产线的功能、工艺流程，掌握智能生产线的结构、关键技术、主要元器件以及智能生产线的物料流和信息流等相关知识，撰写智能生产线认知说明书。图 4－1 所示为智能生产线

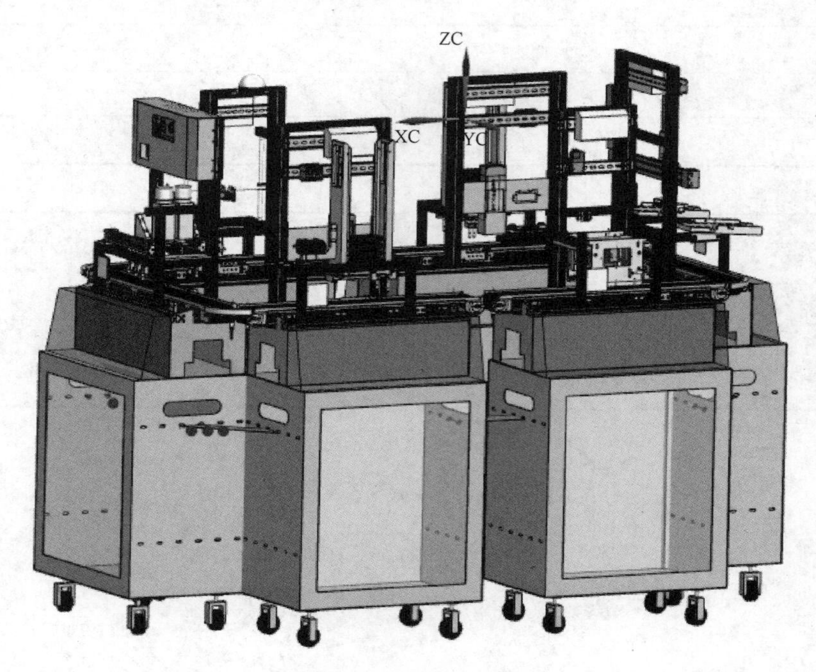

图 4－1　智能生产线

4.1.2　任务要求

（1）通过智能生产线的认知，绘制智能生产线的工艺流程图。

（2）制作智能生产线的物料流和信息流。

（3）根据智能生产线的信息，撰写智能生产线认知说明书。

4.1.3 学习成果

通过对智能生产线的整体结构和每个站点功能的了解，对智能生产线中传感器、气缸等关键元器件工作原理的理解，熟悉智能生产线的工艺流程以及物料流和信息流，从而对智能生产线有了深刻的认知，最后撰写智能生产线认知说明书。

4.1.4 学习导图

本项目学习导图如图 4-2 所示。

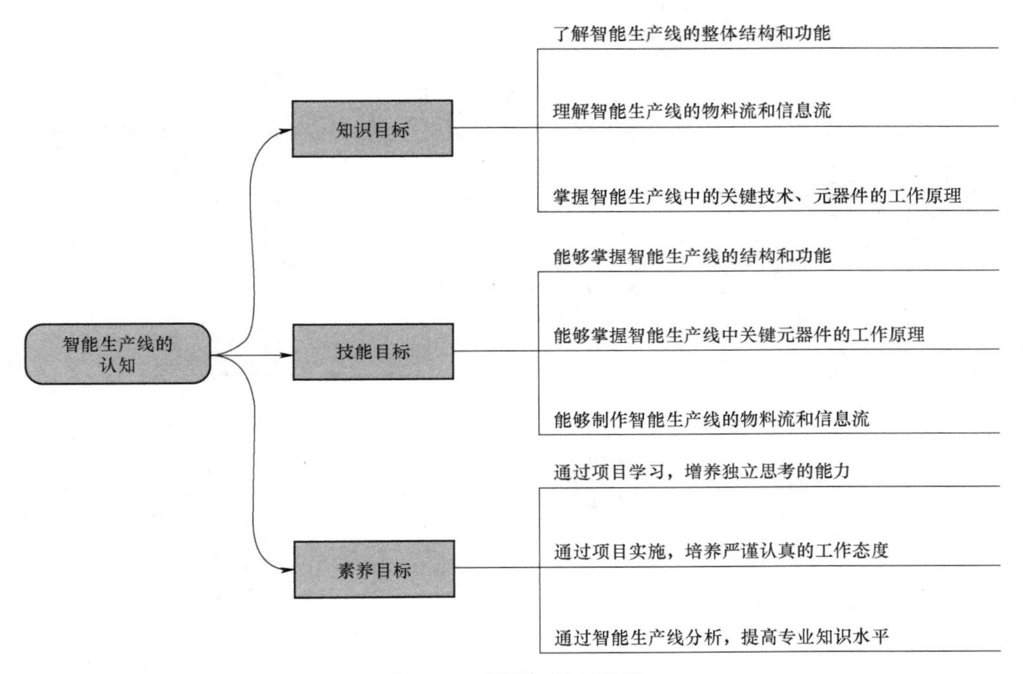

图 4-2 项目 4 学习导图

4.2 工作任务书

本项目工作任务书见表 4-1。

表 4-1 项目 4 工作任务书

课程	智能生产线综合实训	项目	智能生产线的认知
姓名		班级	
时间		学号	

续表

任务	撰写智能生产线认知说明书
任务描述/功能分析	智能生产线是实现智能制造的重要载体，其主要通过构建智能化生产系统、网络化分布生产设施，实现生产过程的智能化。本项目通过了解智能生产线的功能、工艺流程，掌握智能生产线的结构、关键技术、主要元器件以及智能生产线的物料流和信息流等相关知识，撰写智能生产线认知说明书
关键指标	1. 了解智能生产线的整体结构和每个站点的功能以及工艺流程； 2. 理解智能生产线中传感器、气缸等关键元器件的工作原理； 3. 制作智能生产线的物料流和信息流； 4. 撰写智能生产线认知说明书

4.3 知识准备

4.3.1 智能生产线功能介绍

智能生产线整体结构示意如图 4-3 所示。

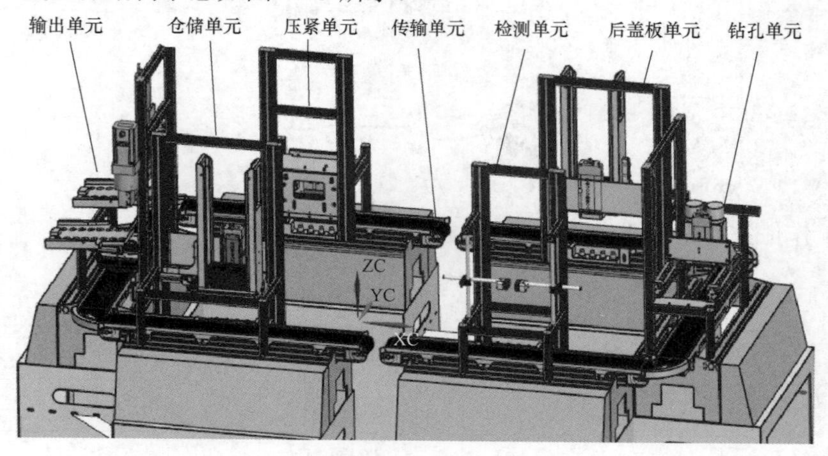

图 4-3 智能生产线整体结构示意

图 4－3 所示智能生产线集供料、检测、加工、装配于一体，由 7 个不同的单元组成，其功能分别如下。

（1）仓储单元提供工件前盖板。

（2）检测单元使用激光测距传感器进行检测。

（3）钻孔单元在前盖板上执行钻孔操作。

（4）后盖板单元提供工件后盖板。

（5）压紧单元通过压紧形成产品工件。

（6）输出单元将工件输送到辊道中储存。

（7）传输单元将物料输送到指定的工作位置。

4.3.2 智能生产线的工艺流程

智能生产线的工艺流程如图 4－4 所示。

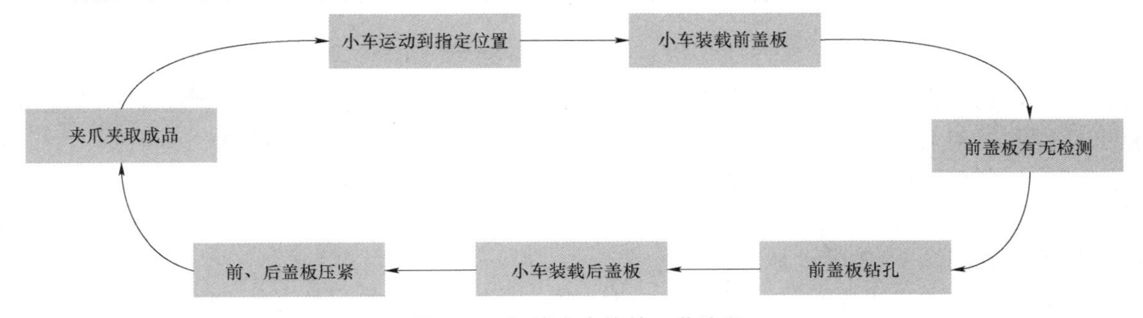

图 4－4 智能生产线的工艺流程

智能生产线工艺流程如下。小车到达仓储单元的指定位置，然后前盖板掉落到小车上，小车运动到检测单元进行高度检测，再运动到钻孔单元对前盖板进行钻孔操作。钻孔后小车运动到后盖板单元，后盖板掉落到小车上，小车运动到压紧单元将前、后盖板压紧，然后小车运动到输出单元将成品输送到辊道中储存，最后小车运动到仓储单元的指定位置继续进行循环工作。

4.4 任务实施

4.4.1 智能生产线的结构认知

1. 仓储单元功能分析

仓储单元如图 4－5 所示。

（1）仓储单元的主要元器件有气缸、电磁阀、光纤传感器、进给分离器、I/O 终端。

（2）仓储单元的功能是将工件前盖板放置到小车托盘上。

（3）料仓里控制原料逐一掉落的元器件为进给分离器，根据特性，它由 1 个电磁阀驱动，能自动控制整个分离过程。

2. 检测单元功能分析

检测单元如图 4－6 所示。

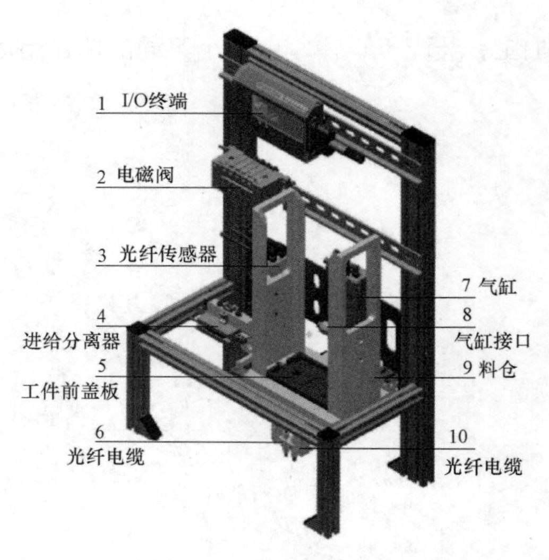

图 4-5 仓储单元

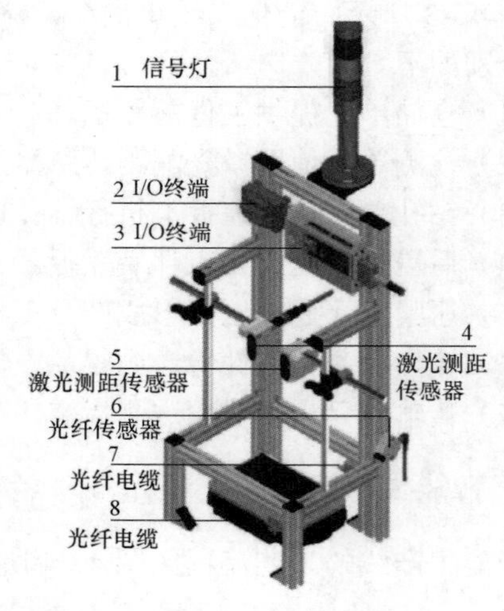

图 4-6 检测单元

（1）两个激光测距传感器可聚焦在特定工件的 2 个测量点上，两个激光测距传感器要安装在可调测量架上，检测指定两个测量点的高度差，从而进行简单的质量控制。

（2）检测单元的功能主要是检测工件的质量，其结果会通过信号灯展示。

3. 钻孔单元功能分析

钻孔单元如图 4-7 所示。

（1）钻孔单元的主要元器件有气缸、电磁阀、可编程控制器、启动电流限制器。

（2）钻孔单元的功能是在工件前盖板上钻 4 个孔。

（3）控制钻孔单元沿进给反向前进的元器件为无杆气缸，根据特性，它配置有循环滚珠轴承导向装置，并且其缓冲器为自调节型。

4. 压紧单元功能分析

压紧单元如图 4-8 所示。

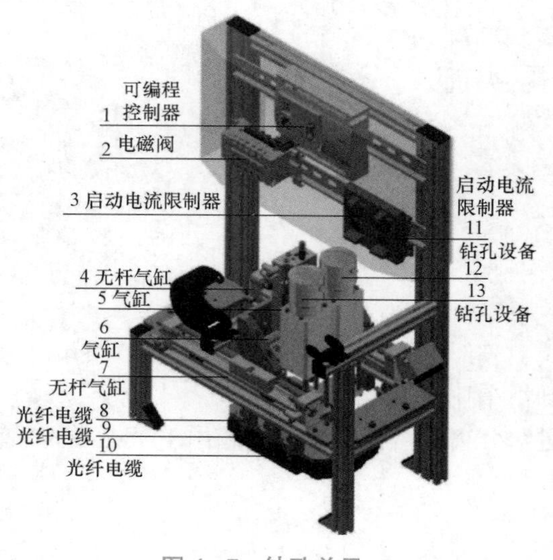

图 4-7 钻孔单元

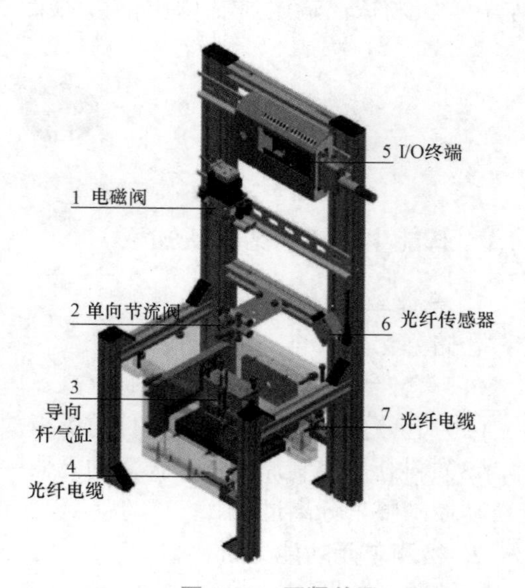

图 4-8 压紧单元

（1）压紧单元的主要元器件类型有导向杆气缸、电磁阀、光纤传感器、单向节流阀、I/O终端。

（2）压紧单元的功能是将工件前、后盖板压在一起。

（3）压紧单元中将工件前、后盖板压在一起的元器件为导向杆气缸，根据特性，它的行程为10 mm，并且配置有滑动轴承导向装置。

5. 输出单元功能分析

输出单元如图4–9所示。

（1）输出单元的主要元器件有小型滑台式气缸、电磁阀、电动机控制器、齿形带式电缸、平行抓手。

（2）输出单元的功能是使用电动、气动的两轴处理装置抓取工件，然后在两个辊道上分配工件。

（3）输出单元中控制气缸和抓手移动的元器件为齿形带式电缸，根据特性，它的行程为300 mm，并且配置有滑动轴承导向装置。

6. 传输单元功能分析

传输单元如图4–10所示。

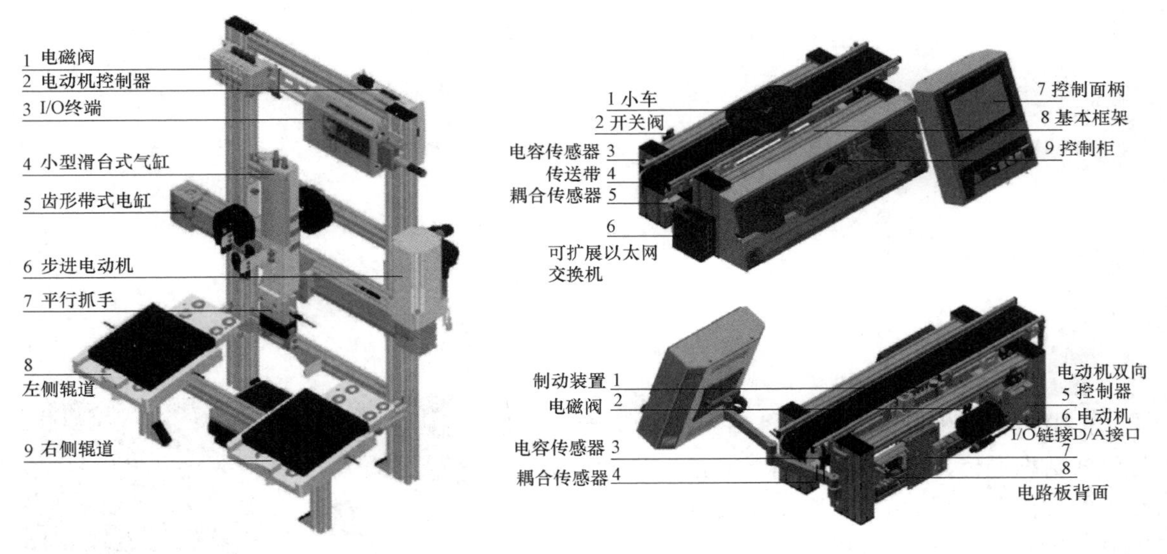

图4–9 输出单元　　图4–10 传输单元

（1）传输单元的主要元器件有电磁阀、电容/耦合传感器、电动机、控制面板、紧凑型气缸（图中未标出）、电动机双向控制器等。

（2）传输单元的功能是将托盘传送至其他传送应用模块中。

（3）传输单元中用于制动的元器件为紧凑型气缸，根据特性，它的行程为5 mm，活塞直径为16 mm。

4.4.2 智能生产线的关键技术认知

1. MES认知

MES界面示意如图4–11所示。

（1）MES 能通过信息传递对从订单下达到产品完成的整个生产过程进行优化管理。MES 可通过开放式通信接口与 PLC 直接通信，各个控制器通过 TCP/IP 与 MES 通信。

（2）MES 的功能如下：① 查看生产状态；② 管理订单、创建订单、查看计划和实际订单；③ 查看不同的工作站和已完成订单的效率报告；④ 添加、配置、删除系统中的工件、工作计划、工作站等。

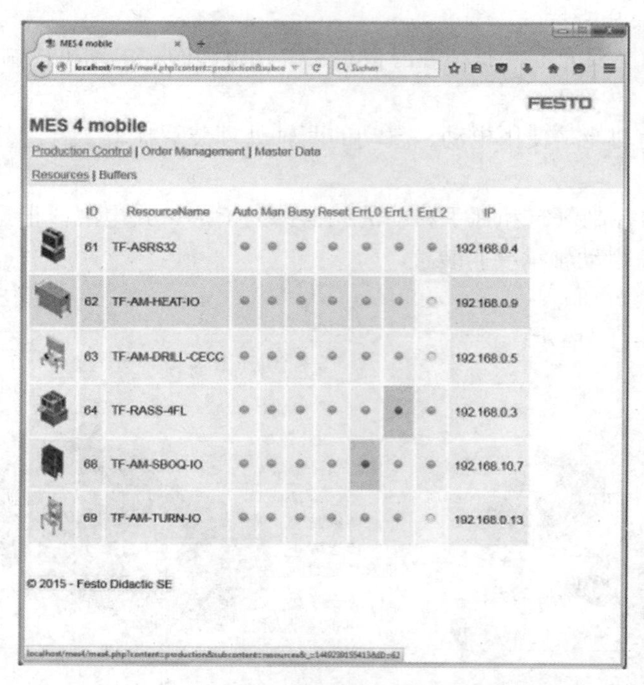

图 4－11　MES 界面示意

2. RFID 认知

RFID 技术的原理为阅读器与电子标签之间进行非接触式数据通信，达到识别目标的目的。其中，传输单元中的阅读器（图 4－12）通过读取小车上电子标签的 RFID 值来判定是否执行操作并写入新的 RFID 值。将数据写入小车的电子标签的 3 种方式为：通过外部读/写设备、通过 HMI 手动进行、使用初始化方法。完整的 RFID 系统由阅读器、电子标签和数据库管理系统三部分组成。

图 4－12　传输单元中的阅读器

1）阅读器

阅读器是将电子标签中的信息读出，或将电子标签所需要存储的信息写入电子标签的装置。根据使用的结构和技术不同，阅读器可以是读/写装置，是 RFID 系统的信息控制和处理中心。阅读器的基本构成通常包括收发天线、频率产生器、锁相环、调制电路、微处理器、存储器、解调电路和外设接口。

（1）收发天线：发送射频信号给电子标签，并接收电子标签返回的响应信号及电子标签信息。

（2）频率产生器：产生系统的工作频率。

（3）锁相环：产生所需的载波信号。

（4）调制电路：把发送至电子标签的信号加载到载波并由射频电路送出。

（5）微处理器：产生要发往电子标签的信号，同时对电子标签返回的信号进行译码，并把译码所得的数据回传给应用程序，对于加密的系统还需要进行解密操作。

（6）存储器：存储应用程序和数据。

（7）解调电路：解调电子标签返回的信号，并交给微处理器处理。

（8）外设接口：与计算机进行通信。

2）电子标签

电子标签由收发天线、AC/DC 电路、解调电路、逻辑控制电路、存储器和调制电路组成。

（1）收发天线：接收来自阅读器的信号，并把所要求的数据送回给阅读器。

（2）AC/DC 电路：利用阅读器发射的电磁场能量，经稳压电路为其他电路提供稳定的电源。

（3）解调电路：从接收的信号中去除载波，解调出原信号。

（4）逻辑控制电路：对来自阅读器的信号进行译码，并依阅读器的要求回发信号。

（5）存储器：作为系统运行及存放识别数据的位置。

（6）调制电路：逻辑控制电路所送出的数据经调制电路后加载到天线送给阅读器。

3）数据库管理系统

数据库管理系统（Database Management System，DBMS）是一种操纵和管理数据库的大型软件，用于建立、使用和维护数据库。它对数据库进行统一的管理和控制，以保证数据库的安全性和完整性。用户通过 DBMS 访问数据库中的数据，数据库管理员也通过 DBMS 进行数据库的维护工作。DBMS 可以支持多个应用程序和用户用不同的方法同时或在不同时刻建立、修改和查询数据库。

4.4.3 智能生产线的主要元器件认知

1. 传感器认知

传感器如图 4－13 所示。

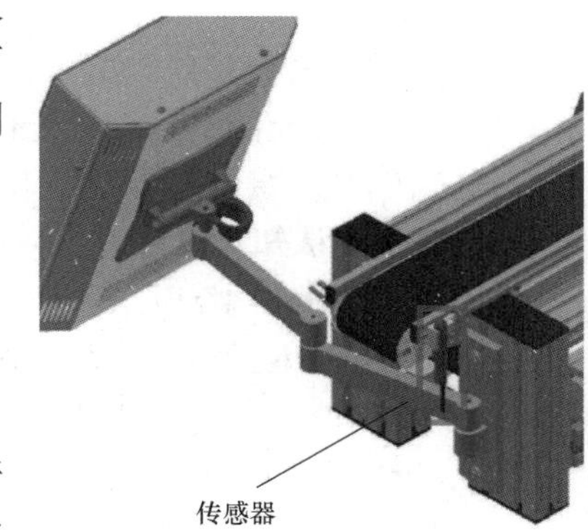

图 4－13 传感器

（1）传感器是一种检测装置，能感受被测量的信息，并能将感受到的信息按一定规律变换成为电信号或其他所需形式的信号输出，以满足信息的传输、处理、存储、显示、记录和控制等要求。

（2）在智能生产线中所用到的传感器主要有光电传感器、激光测距传感器、电容传感器、电感传感器等。

2. 机械平行抓手认知

机械平行抓手如图 4－14 所示。

（1）机械平行抓手适用于外部和内部抓取，其中椭圆形活塞在许多应用场合中为标准气爪提供了强大的抓取力，并具备耐负荷能力高并且精确的气爪夹头 T 形槽导轨，可作为双作用和单作用抓手使用。

（2）机械平行抓手的类型主要有标准平行抓手和紧凑平行抓手两种。标准平行抓手适用于在洁净环境中抓取各种不同的小工件，紧凑平行抓手适用于在严重污染和要求苛刻的环境中抓取工件。

3. 气缸认知

气缸如图 4－15 所示。

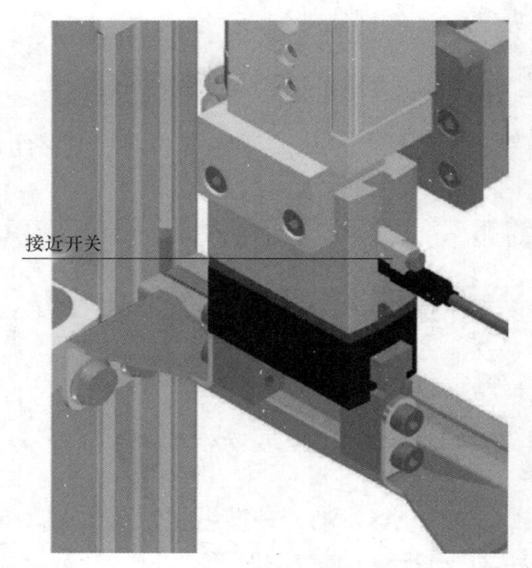

图 4－14　机械平行抓手

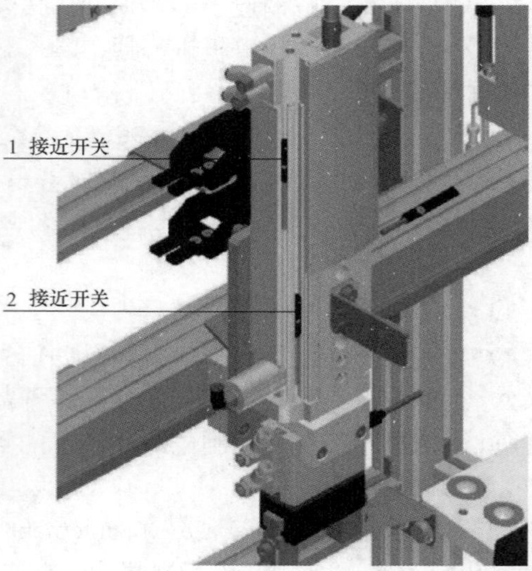

1 接近开关
2 接近开关

图 4－15　气缸

（1）气缸是指引导活塞在缸内进行直线往复运动的圆筒形金属机件，它是将压缩气体的压力转化为机械能的气动执行元件。

（2）在智能生产线中所用到的气缸主要有紧凑型气缸、无杆气缸、小型滑台式气缸等。

4. 电磁阀认知

电磁阀如图 4－16 所示。

（1）电磁线圈通电时，静铁芯对于动铁芯产生电磁吸力，使阀切换以改变气流方向的阀，称为磁控方向阀，简称电磁阀。电磁阀便于实现电、气联合控制，能实现远间隔操作。

（2）两位三通电磁阀分为常闭型和常开型两种。常闭型在线圈没通电时气路是断的，常开型在线圈没通电时气路是通的。

4.4.4　智能产线的物料流和信息流分析

（1）智能生产线的物料流如图 4－17 所示。

智能生产线的物料流运行步骤排序为④①②⑤③⑥。

（2）智能生产线的信息流如图 4－18 所示。

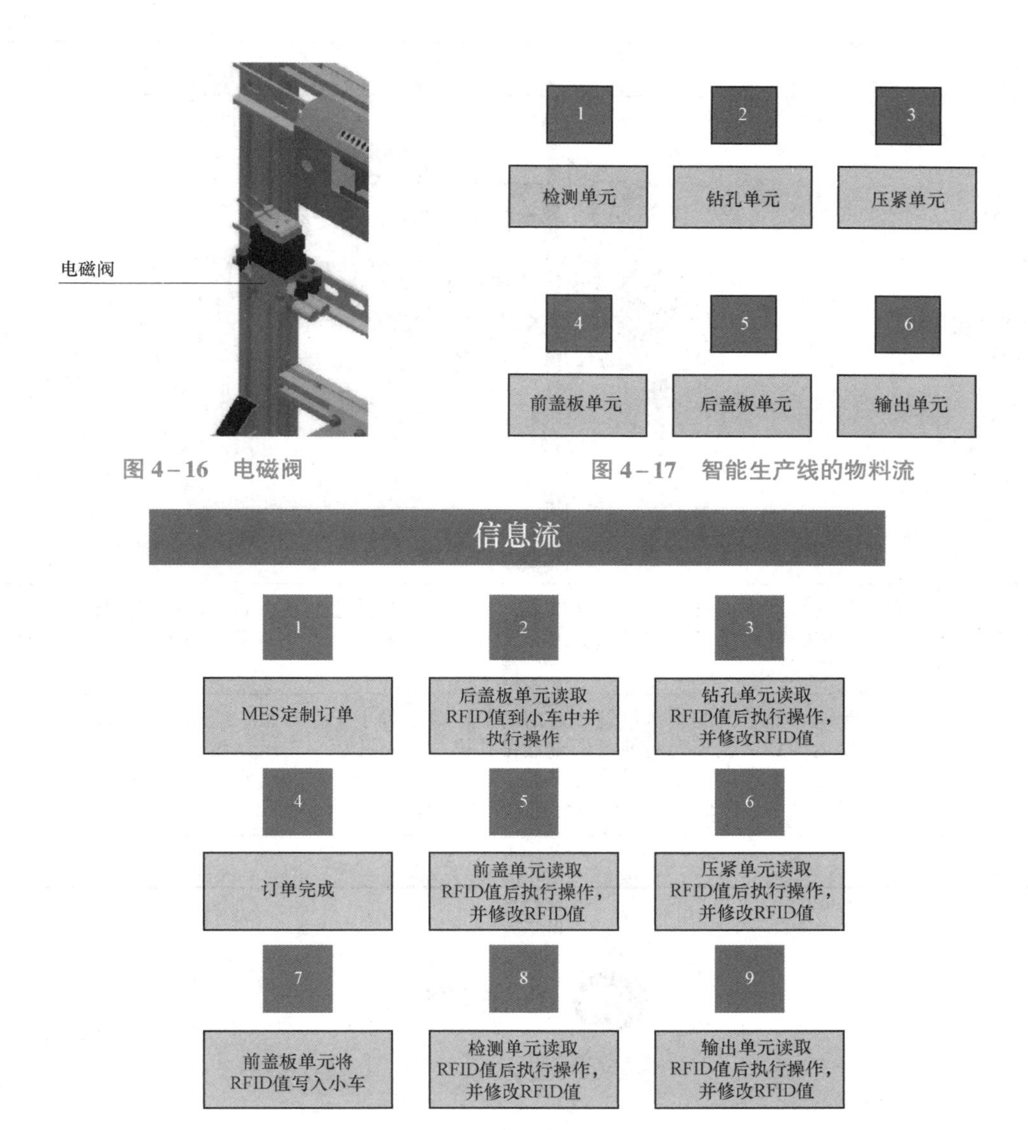

图 4-16 电磁阀

图 4-17 智能生产线的物料流

图 4-18 智能生产线的信息流

智能生产线的信息流运行步骤排序为①⑦⑤⑧③②⑥⑨④。

4.4.5 智能生产线认知说明书

智能生产线认知说明书见表 4-2。

表 4-2 智能生产线认知说明书

课程	智能生产线综合实训	项目	智能生产线的认知
班级		时间	
姓名		学号	

续表

名称	内容
智能生产线图片	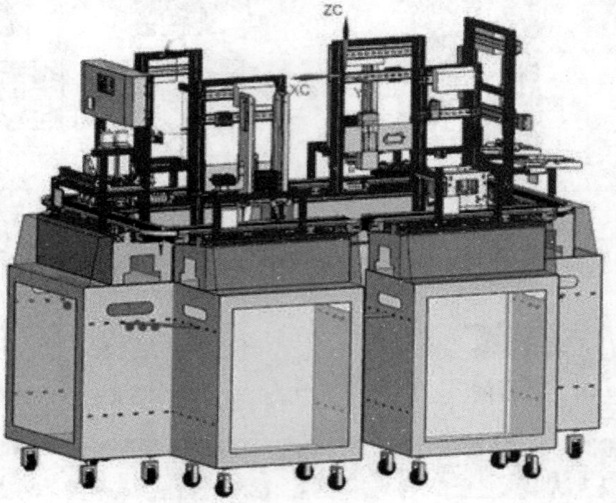
产线介绍	本项目的智能生产线主要由仓储单元、检测单元、钻孔单元、后盖板单元、压紧单元、输出单元、传输单元共 7 个工作站组成。该智能生产线是一条集供料、检测、加工、装配于一体的环形生产线
工艺流程	小车到达仓储单元的指定位置，然后前盖板掉落到小车上，小车运动到检测单元进行高度检测，再运动到钻孔单元对前盖板进行钻孔操作。钻孔后小车运动到后盖板单元，后盖板掉落到小车上，小车运动到压紧单元将前、后盖板压紧，然后运动到输出单元将成品输送到辊道中储存，最后小车运动到仓储单元的指定位置继续进行循环工作
备注	

4.5 任务评价

本项目任务评价见表 4-3。

表 4-3　项目 4 任务评价

课程	智能生产线综合实训	项目	智能生产线的认知	姓名	
班级		时间		学号	
序号	评测指标	评分	备注		
1	能够描述智能生产线由哪几个单元组成（0～10 分）				
2	能够描述智能生产线中的关键元器件及其工作原理（0～10 分）				
3	能够描述智能生产线中的关键技术（0～10 分）				

续表

序号	评测指标	评分	备注
4	能够通过智能生产线的认知，描述智能生产线的工艺流程（0～10分）		
5	能够根据智能生产线的工艺流程，制作智能生产线的物料流和信息流（0～20分）		
6	撰写智能生产线认知说明书（0～40分）		
总计			
综合评价			

4.6 任务拓展

通过本项目的学习，学生熟悉了智能生产线的结构和单元组成以及工艺流程，同时认识了智能生产线的物料流和信息流，撰写了智能生产线认知说明书。

下面按照智能生产线认知说明书的撰写格式和要求，撰写智能工厂认知说明书，见表4－4。

表4－4　智能工厂认知说明书

课程		项目	
班级		时间	
姓名		学号	
名称	内容		
智能工厂图片			
智能工厂介绍			
工艺流程			
备注			

【科学人文素养】

学习是成长的源泉，是通往成功的必经之路。不断地学习新知识、新技能，不仅可以丰富知识储备，提高竞争力，还可以开阔视野，提升人生境界。进行智能生产线认知同样要遵守这一科学原则，要认真学习智能生产线的相关知识，对智能生产线有更深刻的认识。

项目 5 智能生产线的操作

5.1 项目描述

5.1.1 工作任务

智能生产线的建设是一项综合性的系统工程，传统的集成各种设备、打通工艺流程的建设方式已经不满足现阶段柔性化、数字化乃至智能化的生产线建设要求。只有站在一个全新的高度，以闭环的管理模式、先进的信息化技术手段为依托，统筹规划诸如仓储、物流、搬运、工艺、生产以及成品转运等设备，从生产线的方案规划初期就进行自动化与信息化的深度融合、统一设计，才能使二者发挥最大的效用，从而不仅建设几条自动化生产线以满足生产需求，而是打造真正“多线一体，统一管控”的智能生产线。本项目主要进行智能生产线安全操作规程的学习以及智能生产线安全标识的认知，完成开机前的智能生产线检查，智能生产线的上电初始化操作，智能生产线的 MES、Default 两种模式的切换，智能生产线的急停操作，最后撰写智能生产线操作说明书。图 5－1 所示为智能生产线。

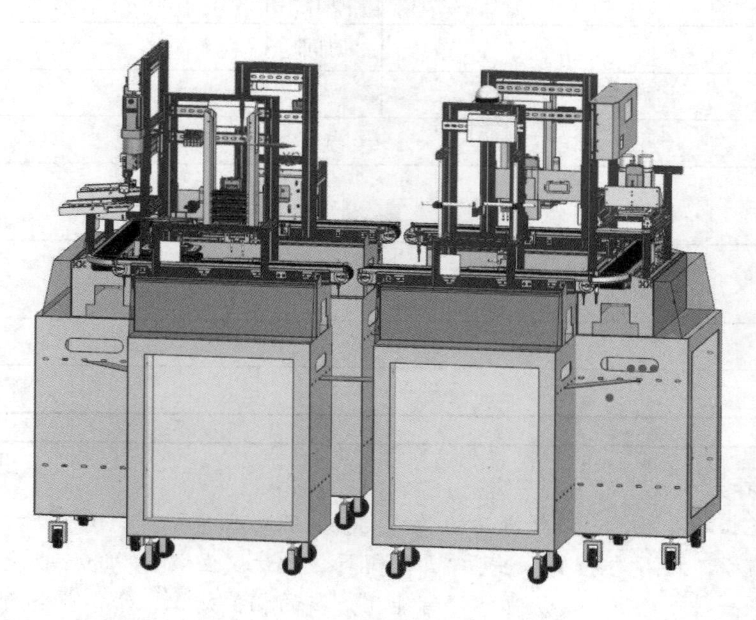

图 5－1　智能生产线

5.1.2 任务要求

（1）按照智能生产线的安全操作规程，完成智能生产线的上电初始化操作。
（2）通过 HMI 面板，实现 MES 模式与 Default 模式的切换。
（3）根据智能生产线的操作流程，撰写智能生产线操作说明书。

5.1.3 学习成果

通过了解智能生产线的安全操作规程，熟悉智能生产线的安全标识，完成智能生产线开机前的检查和上电初始化操作、急停操作以及 MES 模式和 Default 模式的切换操作，最后撰写智能生产线操作说明书。

5.1.4 学习导图

本项目学习导图如图 5－2 所示。

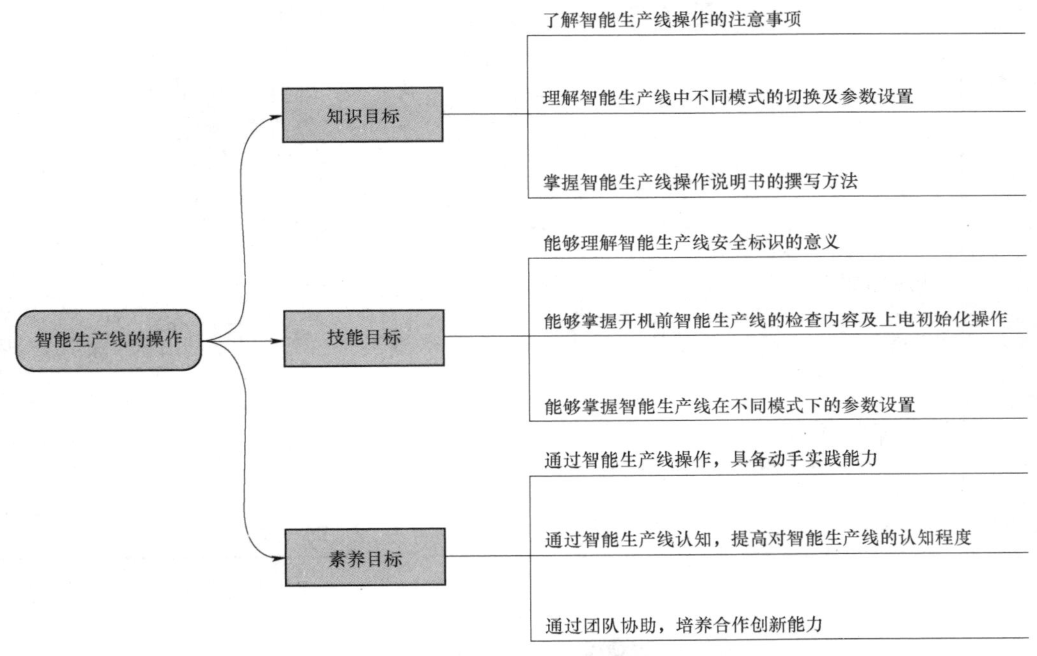

图 5－2　项目 5 学习导图

5.2 工作任务书

本项目工作任务书见表 5－1。

表 5-1 项目 5 任务书

课程	智能生产线综合实训	项目	智能生产线的操作
姓名		班级	
时间		学号	
任务	撰写智能生产线操作说明书		
任务描述/功能分析	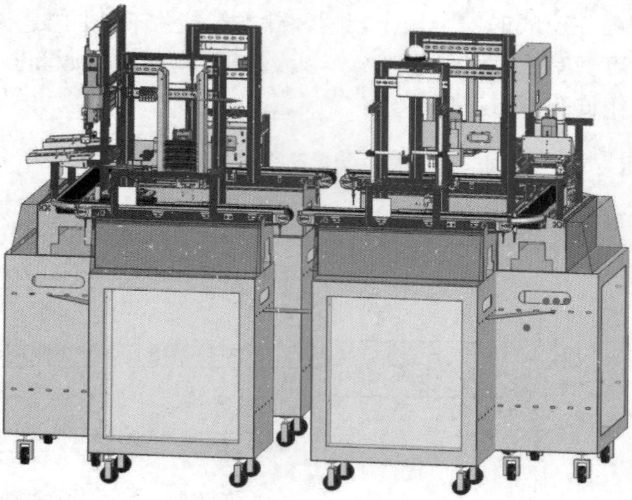 通过前面项目的学习，对智能生产线有了深刻的认知，本项目主要进行智能生产线安全操作规程的学习以及智能生产线安全标识的认知，完成开机前的智能生产线检查，智能生产线的上电初始化操作，智能生产线的 MES、Default 两种模式的切换，智能生产线的急停操作，最后撰写智能生产线操作说明书		
关键指标	1. 能够进行开机前的智能生产线检查和上电初始化操作； 2. 能够进行智能生产线不同模式的切换操作； 3. 能够进行智能生产线的急停操作； 4. 能够撰写智能生产线操作说明书		

5.3 知识准备

5.3.1 智能生产线安全操作规程

（1）进入训练场地后要听从指导教师的安排，安全着装，认真听讲，仔细观摩，严禁嬉戏打闹，保持训练场地干净整洁。

（2）必须在掌握相关仪器设备的正常使用方法后才能进行操作。

（3）严格按照智能制造开机程序开机。开机时，先开启外部设备电源，确定机器人工作半径内无障碍物后再开启机器人动力系统。

（4）在机床工作时，严禁与工件靠得太近，以防铁屑飞入眼睛，加工时严禁打开防护门。

（5）智能生产线运行过程中不能触碰工件，机器人运行导轨上严禁放置量具、工件等其他物品。

（6）在联机运行时，严禁将机器人的速度比例设置在 50%以上，且保证有一人或多人在运行现场。

（7）在调试程序时，将机器人运行速度设为低速，以免程序错误造成机器人运行碰撞人或设备其他部分。

（8）遇到紧急情况时，在第一时间按下“急停”按钮，同时报告指导教师，待正确处理后才能继续操作。

（9）严格按照关机顺序，先关闭机器人电源，再关闭外围设备电源。

（10）操作结束后，将所有设备擦净，添加润滑油，做好设备维护保养工作并清扫训练场地。

5.3.2 安全标识认识

安全标识是用来表达特定安全信息的标志，由图形符号、安全色、几何形状或文字构成。安全标识能够提醒工作人员预防危险，避免事故发生；当发生危险时，能够指示工作人员采取正确、有效、得力的措施，防止危险扩大。

（1）进给分离器处的标识如图 5－3 所示。

① 该标识提示小心压手，其意思是手靠近设备时，要防止手被设备碾压，造成伤害。

② 仓储单元中控制原料逐一掉落的元器件为进给分离器，且有气缸带动料仓整体下降。因此，在用手触碰设备时，若设备正在变换形态，则手有可能被压到，造成伤害。

（2）传送带处的标识如图 5－4 所示。

图 5－3 进给分离器处的标识

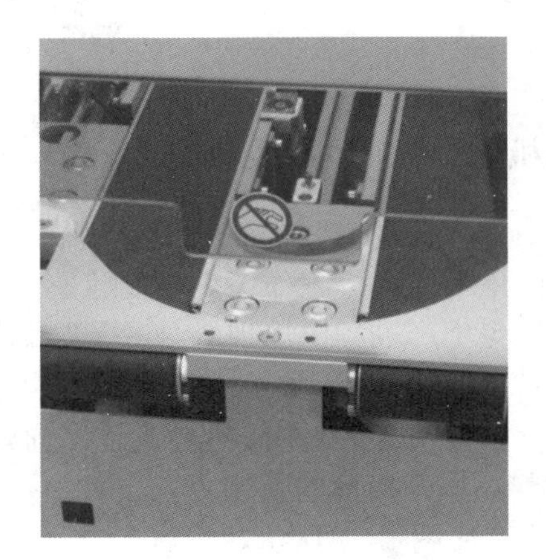

图 5－4 传送带处的标识

① 该标识表示禁止伸手，其意思是禁止将手伸入设备，以防造成伤害。

② 传输单元中的传送带是一直在转动的，托盘在传送带上行驶，将手伸进去可能影响托盘的行驶，还可能被设备撞伤，造成安全事故。

（3）气缸处的标识如图 5－5 所示。

① 该标识提示注意危险，其意思是设备在运行的过程中可能造成伤害。

② 气缸在运行时速度很快，被气缸打到或者夹伤，都会对操作人员造成伤害，因此，在对气缸进行操作时需要注意其周围的环境，确保安全。

（4）电动机处的标识如图 5－6 所示。

图 5－5　气缸处的标识

图 5－6　电动机处的标识

① 该标识提示注意高温，其意思是此设备温度较高，靠近或者接触时应注意高温，避免被烫伤。

② 电动机的高速运转必定产生大量的热量，而在散热的过程中电动机整体的温度会急剧升高，因此在操作电动机时，需要注意电动机的温度，防止被电动机烫伤。

5.4 任务实施

5.4.1 开机前的智能生产线检查

智能生产线检查是开机前的必要环节，目的是检查智能生产线各个工作站的初始状态及安全状况，以避免生产过程中出现各种异常，如智能生产线故障、缺料等问题。做好开机前的智能生产线检查工作可以避免生产过程中的许多问题。

1. 载料小车开机前的检查

载料小车如图 5－7 所示。

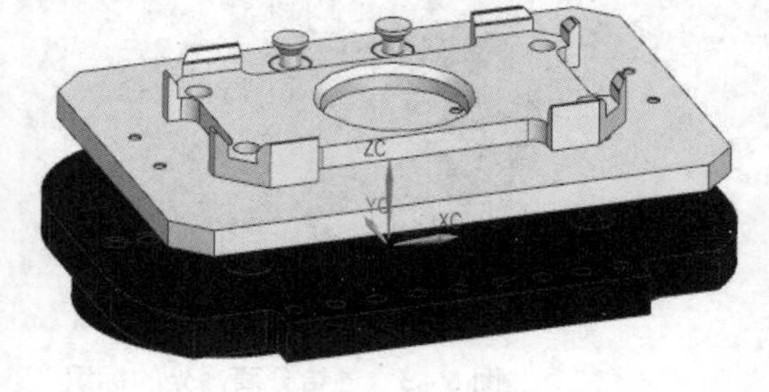

图 5－7　载料小车

在开机前应对载料小车进行检查，检查载料小车上是否有物料，保证载料小车是空载的。

2. 仓储单元开机前的检查

仓储单元如图 5－8 所示。

在开机前应对仓储单元进行检查，如检查料仓中是否有前盖板且前盖板摆放位置是否正确。要保证前盖板缺口按照图 5－8 所示放置，只有在前盖板摆放正确的时候，才能通过检测单元的检测，以及在钻孔单元完成钻孔。

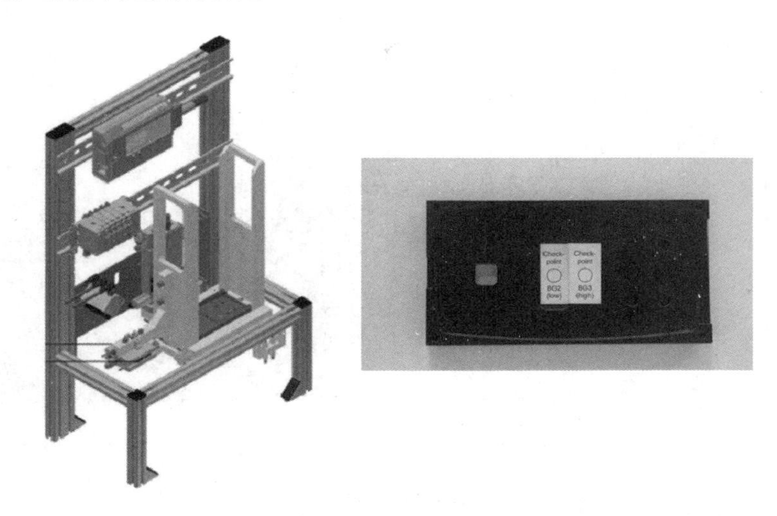

图 5-8 仓储单元

3. 检测单元开机前的检查

检测单元如图 5-9 所示。

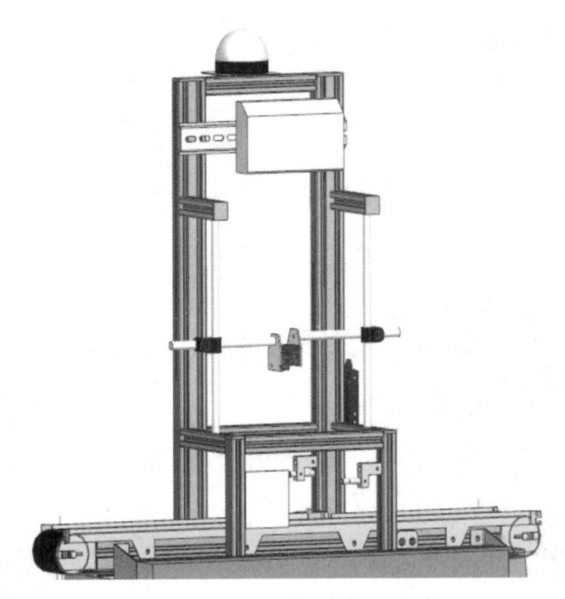

图 5-9 检测单元

在开机前应对检测单元进行检查，检查两个激光测距传感器是否处于正常状态，以及小车阻挡气缸是否处于伸出状态（初始状态）。

4. 后盖板单元开机前的检查

后盖板单元如图 5-10 所示。

在开机前应对后盖板单元进行检查，检查料仓中是否有后盖板且后盖板摆放位置是否正确。要保证后盖板的缺口朝下，只有这样才能保证后盖板与前盖板组合。

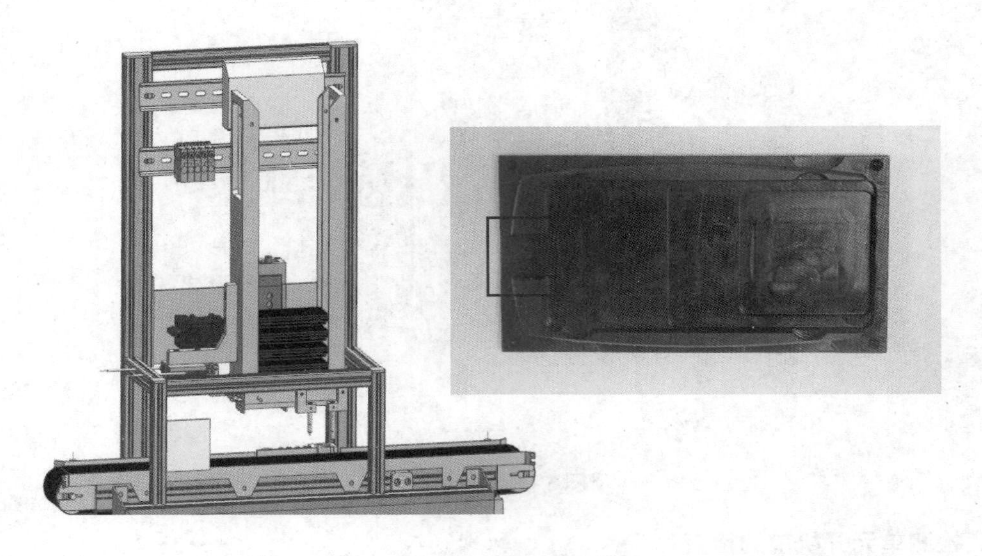

图 5－10　后盖板单元

5. 钻孔单元开机前的检查

钻孔单元如图 5－11 所示。

在开机前应对钻孔单元进行检查，钻头必须处于其上端的位置，滑动气缸必须处于其后置位置。

6. 压紧单元开机前的检查

压紧单元如图 5－12 所示。

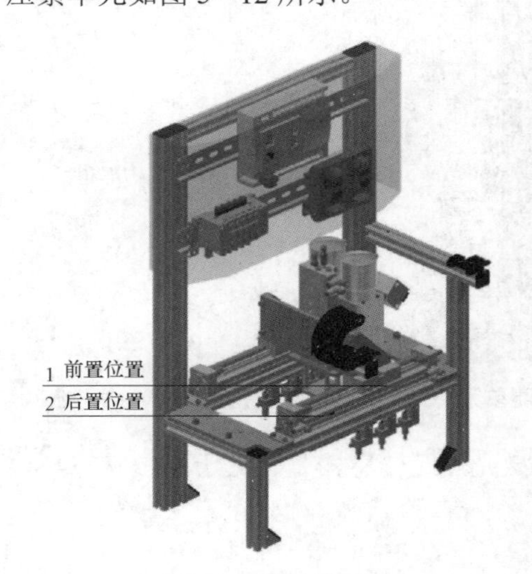

图 5－11　钻孔单元

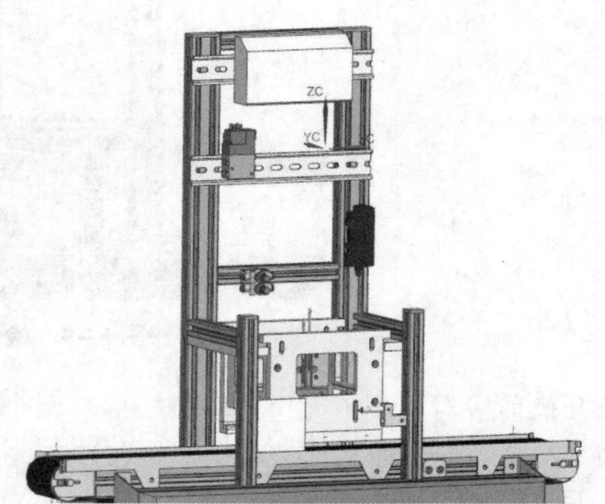

图 5－12　压紧单元

在开机前应对压紧单元进行检查，检查压紧机构的气缸是否处于缩回状态（初始状态）。

7. 输出单元开机前的检查

输出单元如图 5－13 所示。

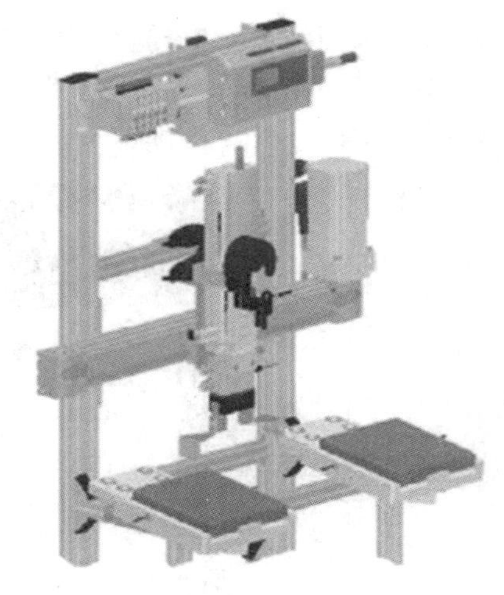

图 5－13 输出单元

在开机前应对输出单元进行检查，检查物料是否放满辊道，确保智能生产线运行时有足够的位置放置生产的工件成品。输出单元有 2 处辊道，每处辊道能够放置 2 个工件成品，若辊道都已经放满工件成品，则新完成的工件成品因无法放置而导致小车无法离开输出单元，进而导致堵塞，同时使智能生产线处于停止状态。

5.4.2 智能生产线的上电初始化操作流程

智能生产线的上电初始化主要包括电源的启动以及程序的初始化。其操作流程如下。

1. 上电

打开电箱盖后，先打开总开关，然后打开“CP－Lab/中控”开关，如图 5－14 所示。在打开总开关之后，可以看到智能生产线的传感器和指示灯点亮。

图 5－14 “CP－Lab/中控”开关

2. 打开气动开关

气动开关位于电箱的下面，如图 5－14 所示。气动开关上面有旋动方向标识，不同的旋动方向代表气动开关的启/停，只需要根据标识开启即可。气动开关用于控制智能生产线气动部分执行机构的动力源，需要在检查并调节各个工作站的气动二联件的减压阀压力为 6 bar 后执行机构才能运动。

3. 进行触摸屏复位

在刚打开气动开关时，需要对智能生产线进行复位的操作，使程序和设备处于初始化状态，智能生产线的初始化可以在每个站点的触摸屏上进行操作，如图 5－15 所示。只需要点击

"Reset"按钮即可。还有一种复位的方法，即按下站点控制柜上的"Reset"按钮。需要注意的是，如果复位不成功，则需要检查 PLC 是否正常开启，并再次对智能生产线进行检查，确保智能生产线设备无损坏。

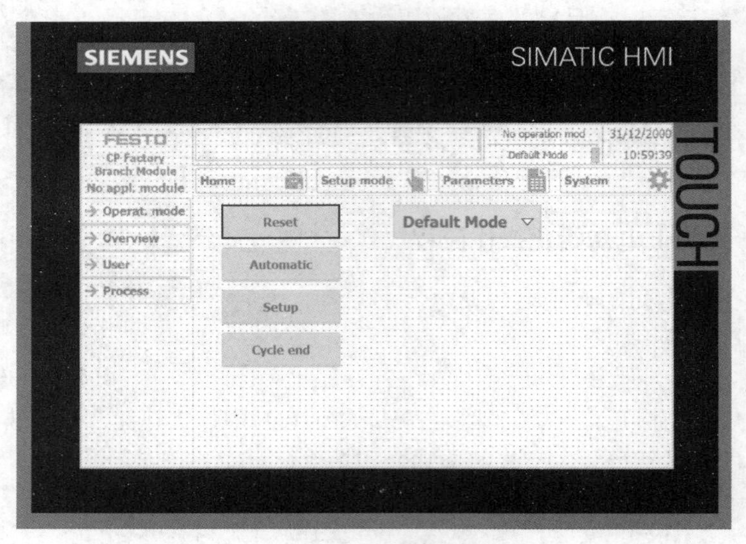

图 5-15　触摸屏复位

4. 智能生产线自动运行

当复位完毕后，如图 5-16 所示，点击"Automatic"按钮，智能生产线就会自动运行。

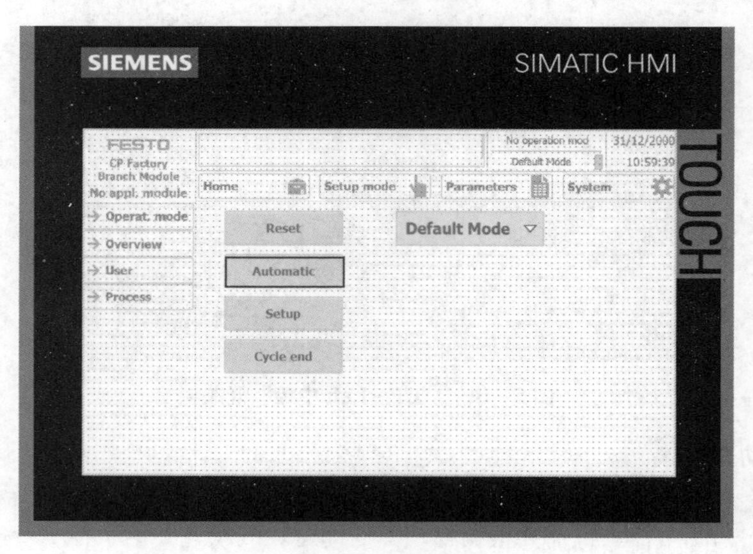

图 5-16　智能生产线自动运行

5.4.3　智能生产线的操作模式

智能生产线有 2 种操作模式，分别是 Default 模式和 MES 模式。Default 模式为默认自定义模式，在这种模式下，可以自定义参数，工作单元可以独立工作，完成相应的指令。MES

模式是在 MES 中运行的模式，在这种模式下，系统由计算机中的 MES 进行控制。

（1）在智能生产线还未运行时，可以选择需要的运行模式。如图 5－17 所示，当选择“MES Mode”选项时，点击“Automatic”按钮，那么站点就会以 MES 模式运行；当选择“Default Mode”选项时，点击“Automatic”按钮，那么站点就会以 Default 模式运行。

（2）Default 模式与 MES 模式的切换如图 5－18 所示。

① 从 Default 模式切换至 MES 模式：点击“Cycle end”按钮，结束当前状态，选择“MES Mode”选项，再点击“Automatic”按钮，站点进入 MES 模式。

② 从 MES 模式切换至 Default 模式：点击“Cycle end”按钮，选择“Default Mode”选项，再点击“Setup”按钮，站点进入 Default 模式。

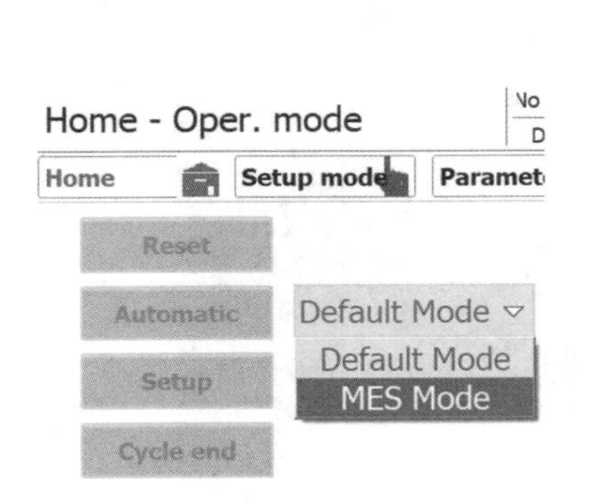

图 5－17 Default 模式与 MES 模式

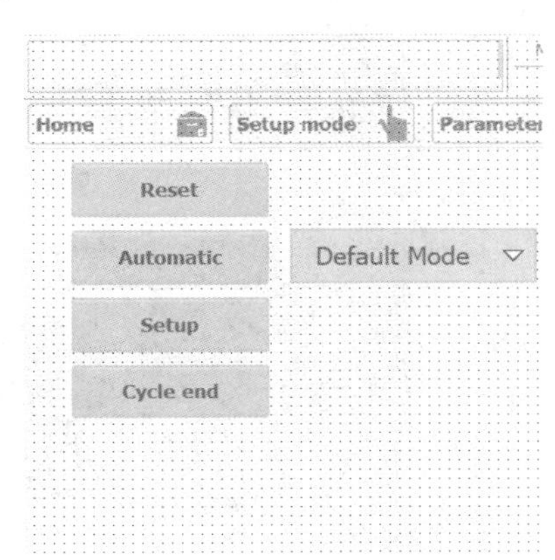

图 5－18 Default 模式与 MES 模式的切换

5.4.4 智能生产线的 Default 模式

1. Default 模式下的 Automatic 模式

Default 模式下的 Automatic 模式能通过 RFID 值读取小车信息，并决定相应单元的操作，如直接放行或加工。虽然该模式能自动运行，但能生产的产品是单一的。

下面以仓储单元为例介绍相应的操作，操作步骤如下。

（1）设置当前工作站的状态，包括 Start、Ready、InitPos、Reset、Busy、RFID－Busy、Application activated，使工作站处于准备状态，如图 5－19 所示。

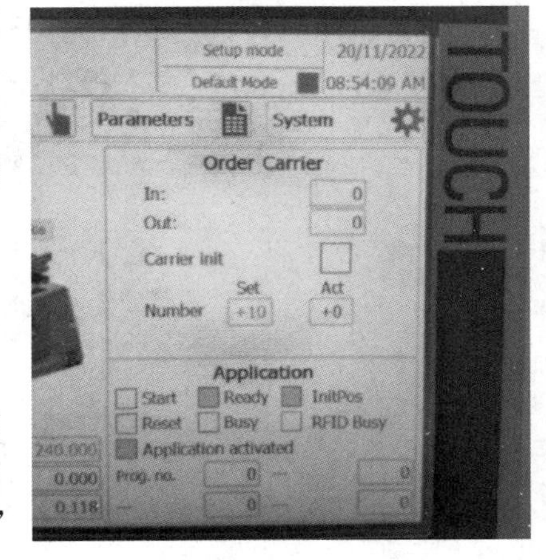

图 5－19 设置当前工作站的状态

（2）点击 HMI 中“Parameters”菜单栏中的“Transition”，将“1”一行对应的“Start condition”和“Parameter1”项都设置为“1”，并勾选“Application execute”的复选框，如图 5－20 所示。

（3）放置一辆小车到 RFID 值读取位，如图 5－21 所示。点击“Setupmode”菜单栏中的“Stopper”，将小车的“State code”写（“write”）为“1”。即与在“Start condition”项设置的数字相同，如图 5－22 所示。

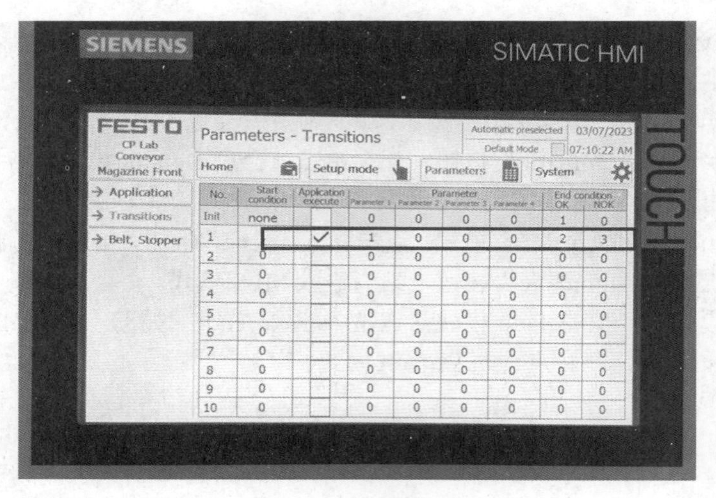

图 5－20　设置参数

图 5－21　小车读取 RFID 值

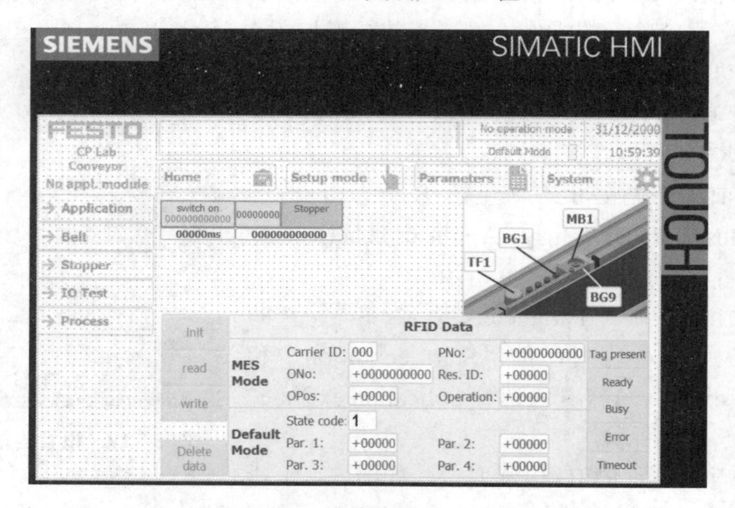

图 5－22　设置“State code”

（4）将工作站切换到 Default 模式，点击“Automatic”按钮。

（5）使设置好的小车通过仓储单元，若小车上的 RFID 值跟该工作站的目标 RFID 值相同，且传感器检测无误，则仓储单元放置一个前盖板到小车上，完成后重新为小车赋 RFID 值，并放行小车。

2. Default 模式下的点动控制

（1）选择“Default Mode”选项，点击“Setup”按钮后，工作站进入 Default 模式的点动控制状态。

（2）“Setup mode”设置

点击“Setup mode”按钮进入 HMI，将设备解锁（点击“unlock”按钮），点击“lift”按钮则压紧气缸抬升，点击“lower”按钮则压紧气缸向下运动，点击“open”按钮则放料气缸伸出放料，点击“close”按钮则放料气缸缩回阻止放料，如图 5－23 所示。

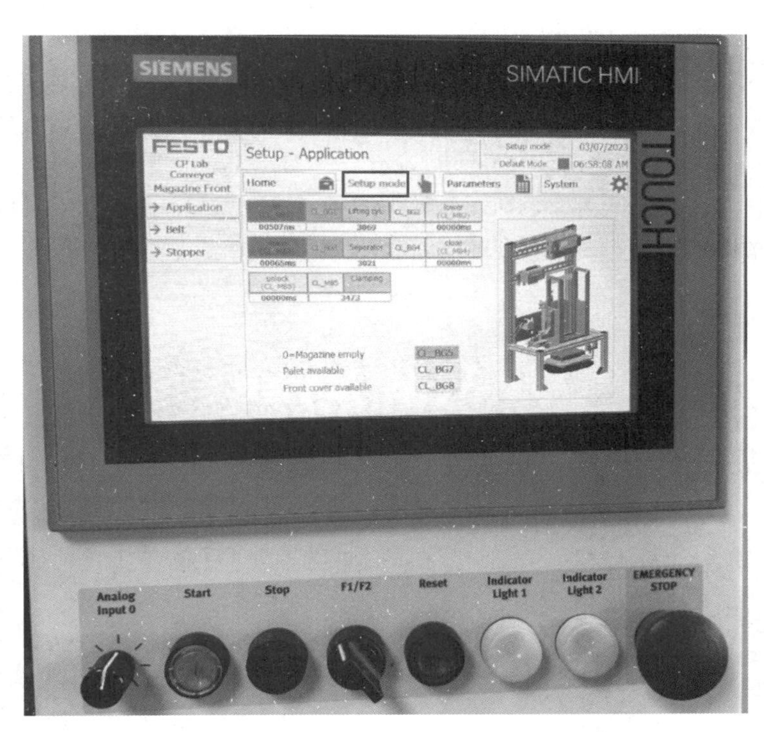

图 5－23　Default 模式的点动控制操作示意

“Setup mode”的作用是通过操作 HMI 来手动控制每个工作站的气缸、滑块等元器件的动作。

5.4.5　智能生产线的 MES 模式

MES4 主要分为 4 个模块（图 5－24），分别如下。

（1）Production Control：查看生产状态。

（2）Order Management：管理订单、创建订单、查看计划和实际订单。

（3）Quality Management：查看不同的工作站和已完成订单的效率报告。

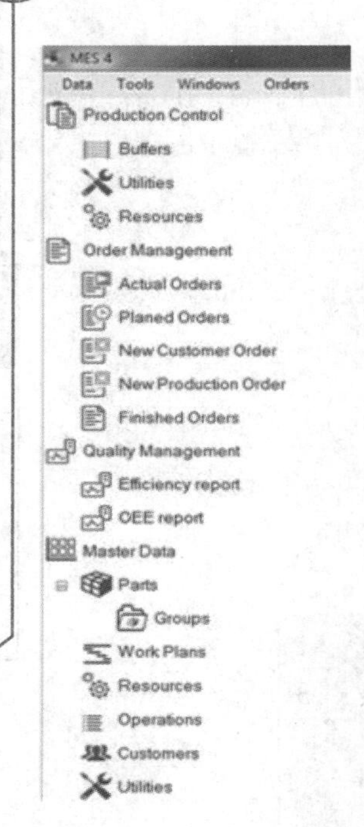

图 5-24 MES4 的模块

（4）Master Data：添加、配置、删除系统中的工件、工作计划、工作站等。

当启动 MES 模式时，需要在 MES4 中进行以下操作。

（1）定义产品。在产品界面，可以对需要的产品进行选择，如果只需要一个前盖板，那么只选择一个前盖板即可，对于后盖板，可以不进行选择。选择“Master Data”→“Parts”→“Productionpat”命令，单击“Add Part”按钮，就可以定义产品。

（2）设置工作计划。在工作计划界面，可以选择需要经过加工的工作站及其工艺。例如在钻孔单元中，可以选择左、右侧钻孔，还可以选择单个左侧钻孔或者单个右侧钻孔。如果只需要前盖板，那么对于后盖板和压紧单元可以不选择在工作计划中。选择“Master Data”→“Work Plans”命令可以查看现有的工作计划并使用“Add Work Plan”按钮添加上述工作计划。

（3）新建加工订单/客户订单。在设置完工作计划后，就可以建立产品订单了。每个产品都有自己的产品号，选择需要的产品号即可。选择“Order Management”→“New Production Order”命令并单击“Add Position”按钮，在弹出的对话框中填写订单需求，“Part”决定要生产的产品，“Quantity”决定生产的数量，如图 5-25 所示。

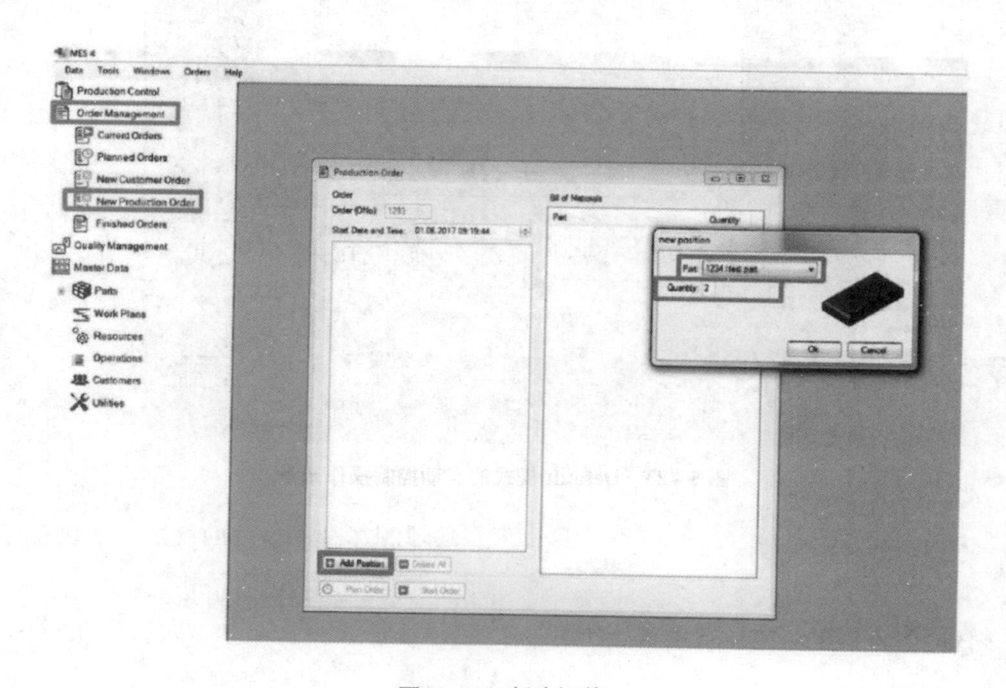

图 5-25 新建订单

（4）执行订单。在确定加工订单后，就可以单击“Start Order”按钮来执行订单，如图 5-26 所示，可以看到智能生产线开始运行。

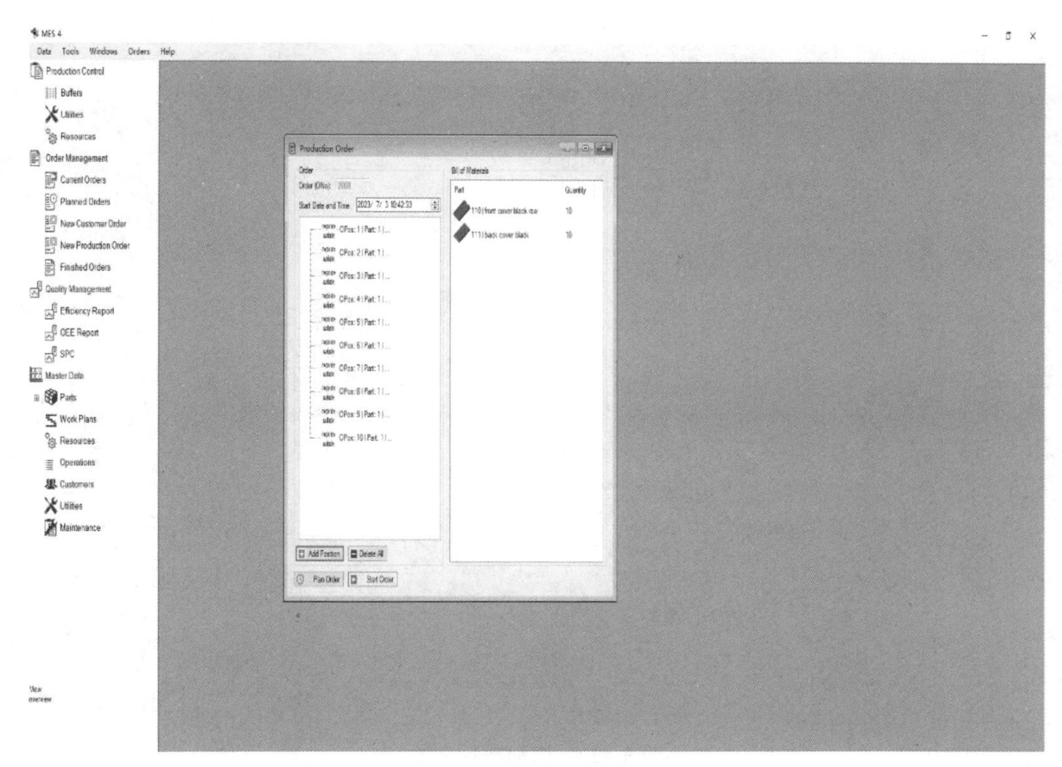

图 5-26　执行订单

需要注意的是，在 MES4 中，产品和工作计划可以重复使用，可以直接新建加工订单/客户订单，并执行订单，然后进行生产，以减少重复工作。既可以利用系统中定义好的 Work Plan 下单，也可以使用 MES4 个性化定制 Work Plan，然后通过系统下发来生产自定义的订单。下面具体介绍这两种下单方式。

（1）利用系统定义的 Work Plan 下单，操作步骤如下。

① 进入 MES4 界面，然后选择“Order Management”→“New Production Order”命令，如下图 5-27 所示。

图 5-27　生成新的订单

② 单击“Add Position”按钮添加产品订单，如图 5-28 所示。

③ 打开下单对话框后在“Part”下拉列表中选择系统定义的工作计划，然后在“Quantity”栏中定义产品数量，单击“OK”按钮，然后单击“Start Order”按钮即可完成下单操作，

如图 5－29、图 5－30 所示。

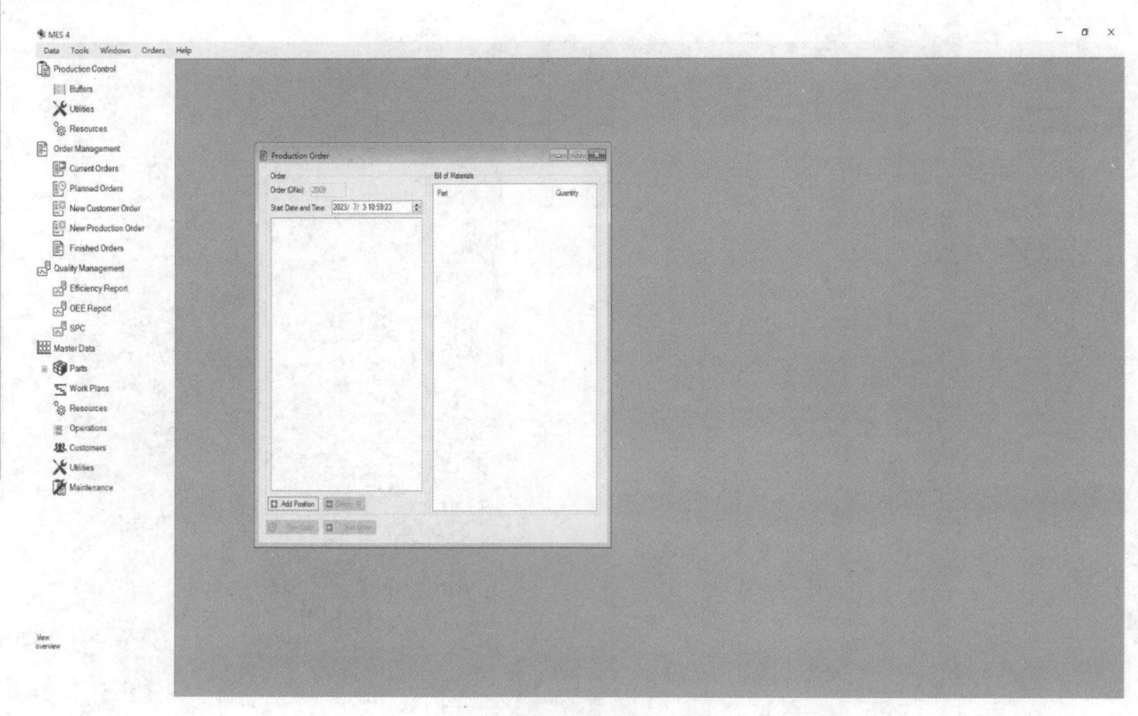

图 5－28　添加产品订单

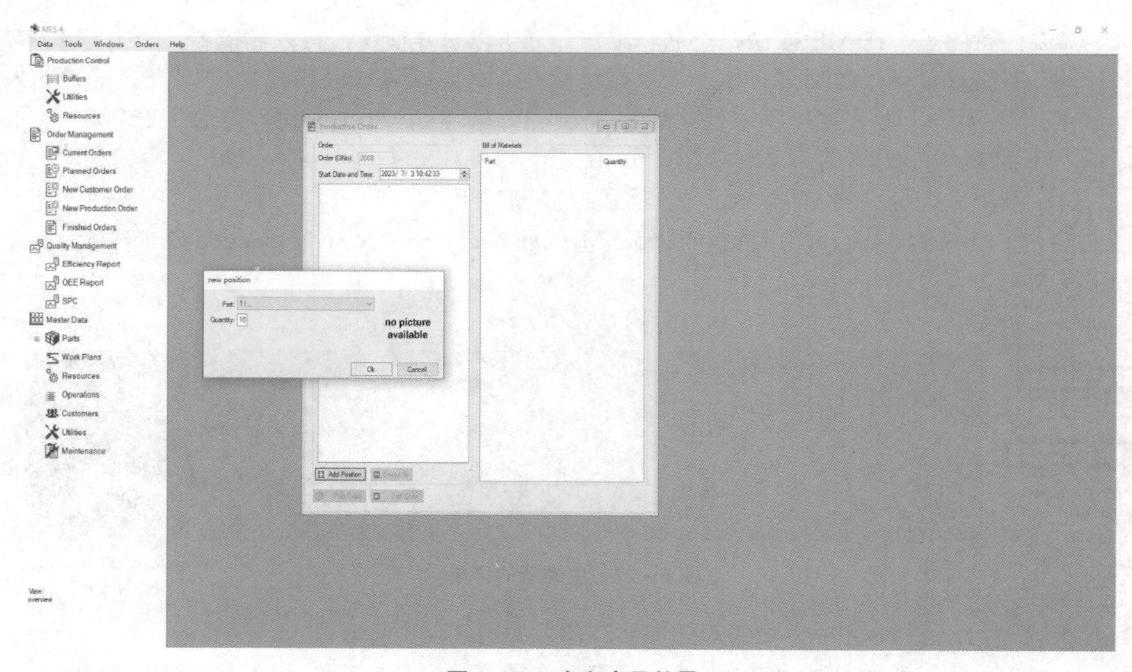

图 5－29　定义产品数量

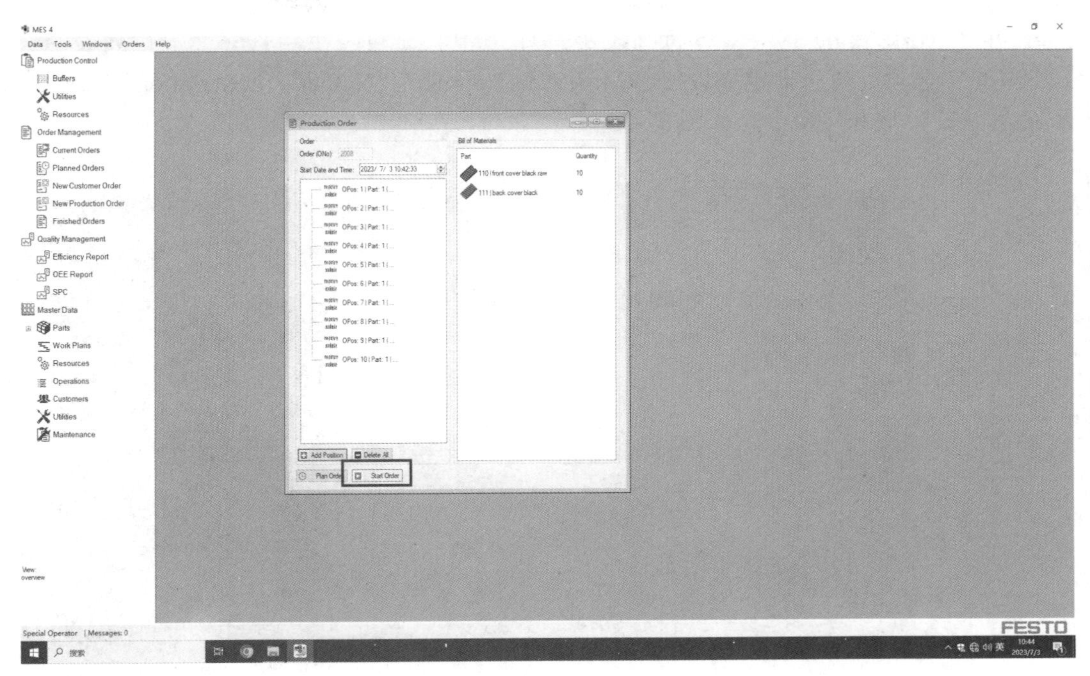

图 5-30　完成下单

（2）使用 MES4 个性化定制 Work Plan 下单，操作步骤如下。

① 进入 MES4 界面，然后选择“Master Data”→“Work Plans”命令，打开“Workplans”对话框，如图 5-31 所示。

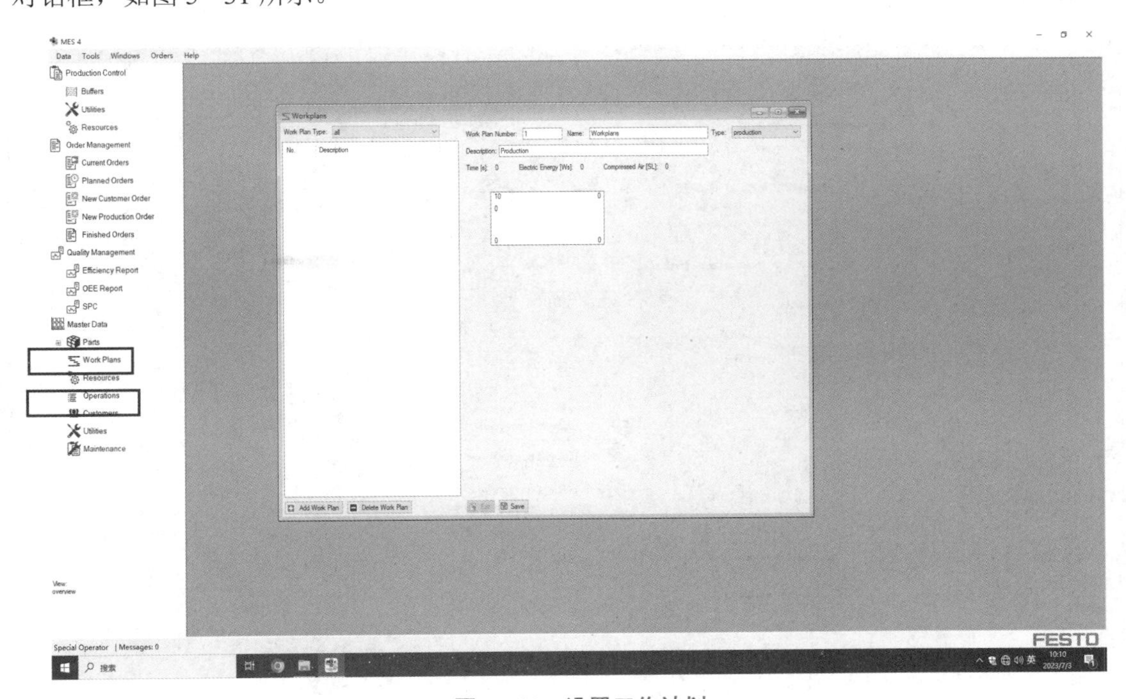

图 5-31　设置工作计划

② 在“Work Plan Type”下拉列表中选择“all”选项，在“Type”下拉列表中选择“Production”选项，可以自定义设置“Work Plan Number”“Name”“Description”，然后单击鼠标右键，选择“edit”命令，如图 5-32 所示。

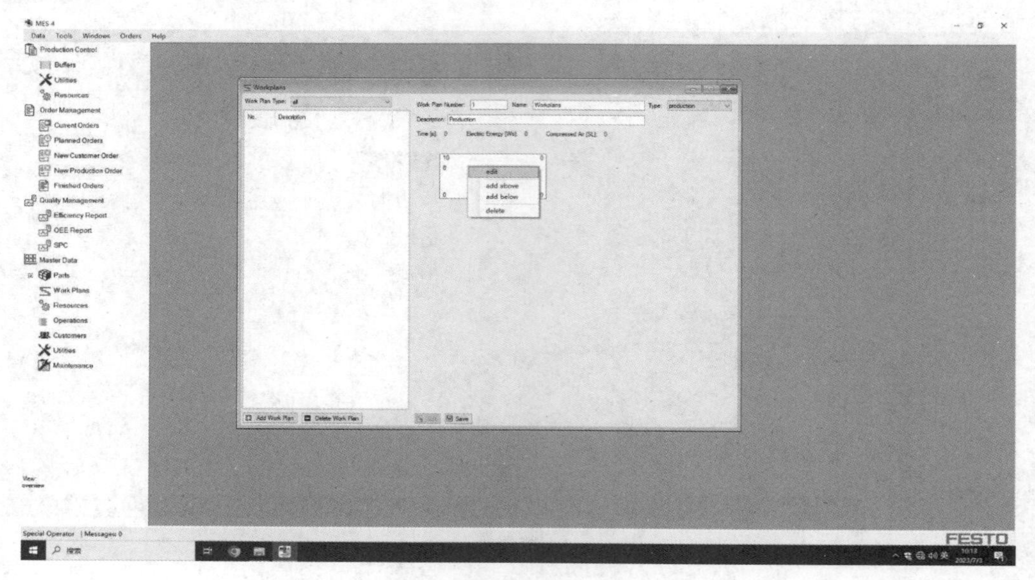

图 5-32 填写工作计划信息

③ 添加工作计划步骤，注意添加工作计划第一步时要勾选“First Step”复选框，对于其他步骤不需要勾选，如图 5-33 所示。

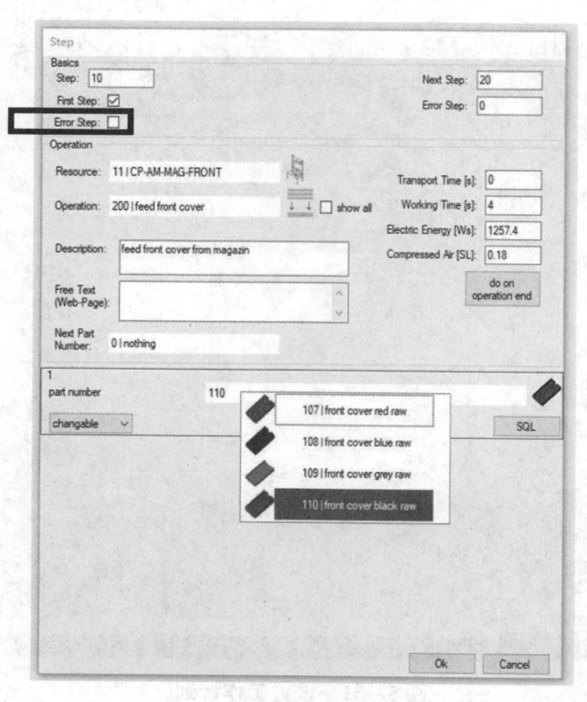

图 5-33 添加工作计划步骤

全部工作计划步骤如图 5-34 所示。

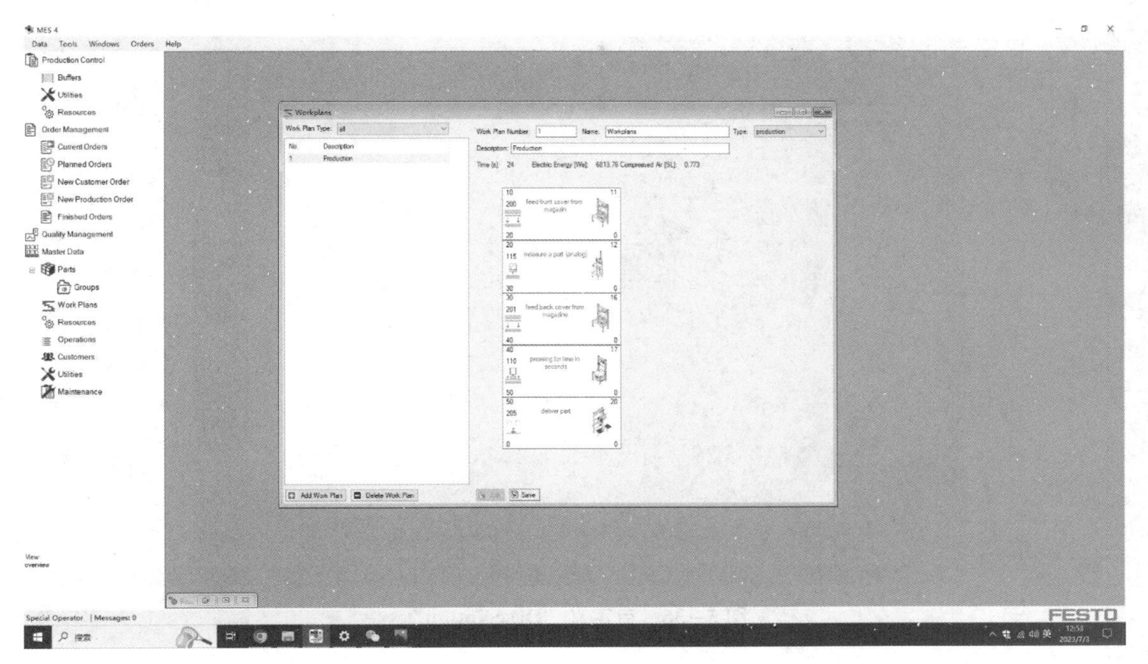

图 5-34　全部工作计划步骤

④ 选择“Master Data”→“Parts”命令，打开“Parts”对话框，单击“Add Part”按钮，然后选择“Parts”→“Production Part”选项，如图 5-35 所示。

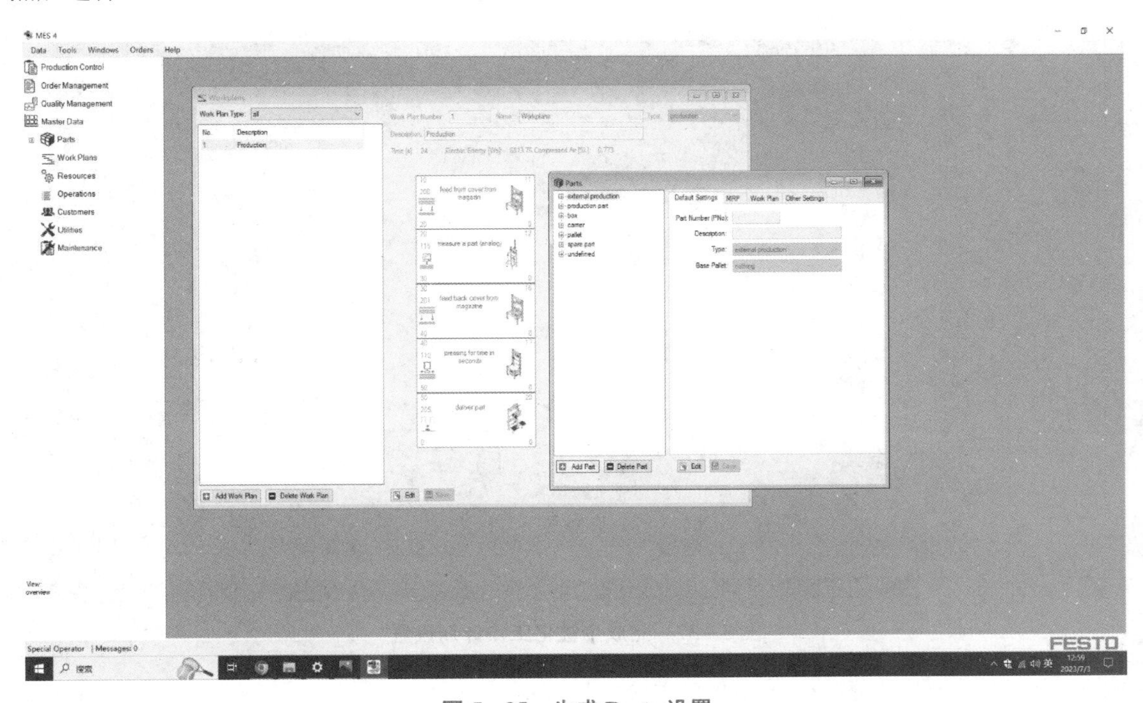

图 5-35　生成 Parts 设置

⑤ 在“Default Setting”选项卡中进行自定义“Description”，如图 5-36 所示。

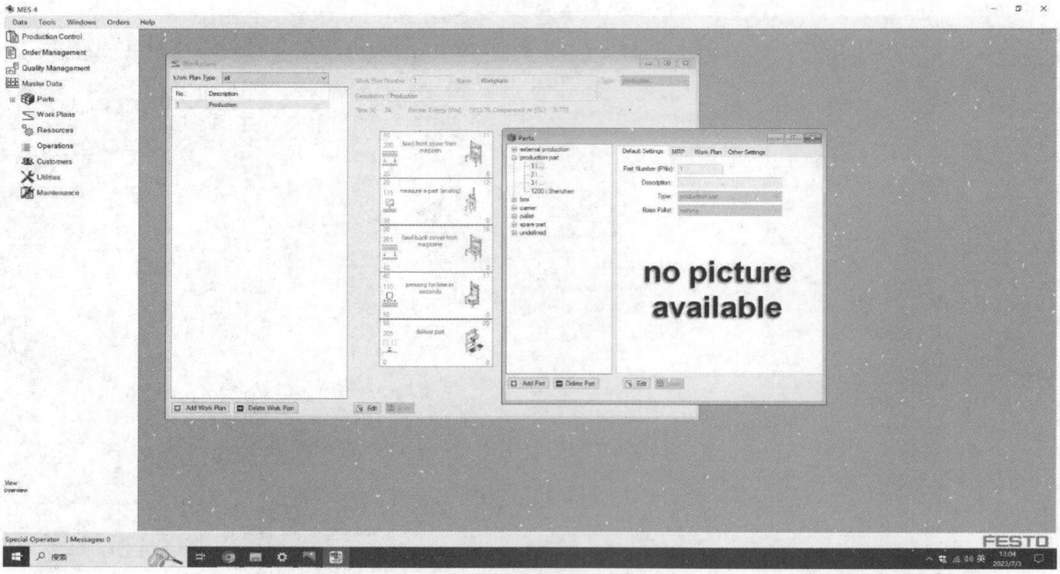

图 5-36　自定义“Description”

⑥ 在“Work Plan”选项卡的“Work Plan”下拉列表中选择自定义的工作计划名（Workplans），即可显示前盖板和后盖板的信息，然后单击“Save”按钮关闭对话框，即可完成个性化工作计划设置，如图 5-37 所示。

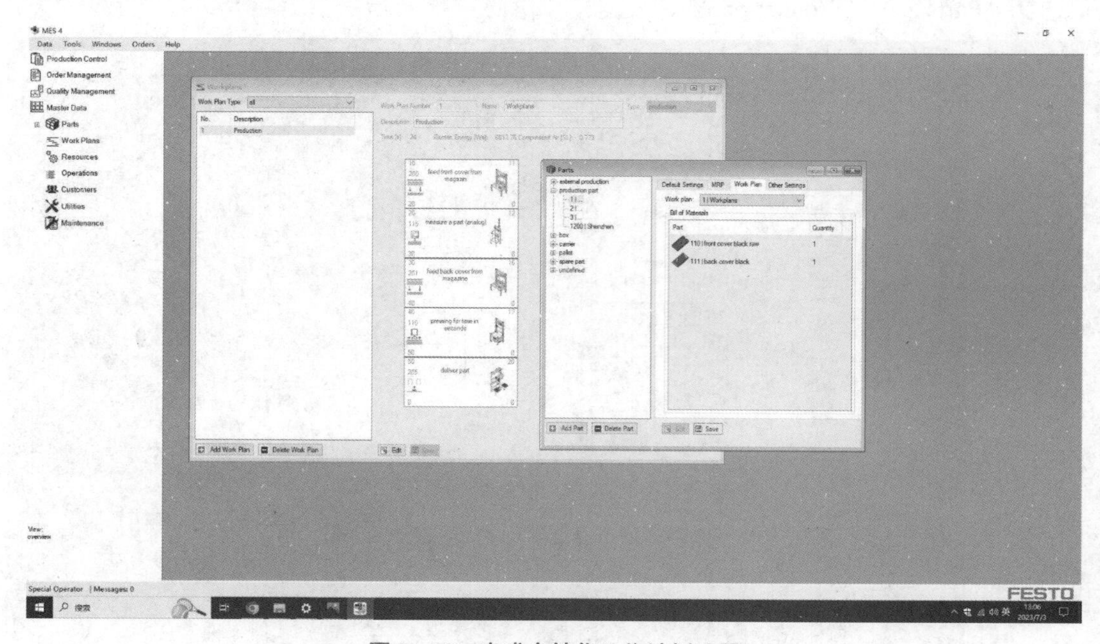

图 5-37　完成个性化工作计划设置

⑦ 选择“Order Management”→“New Production Order”命令，如图 5-38 所示。

图 5-38　新建产品订单

⑧ 单击“Add Position”按钮添加产品订单，如图 5-39 所示。

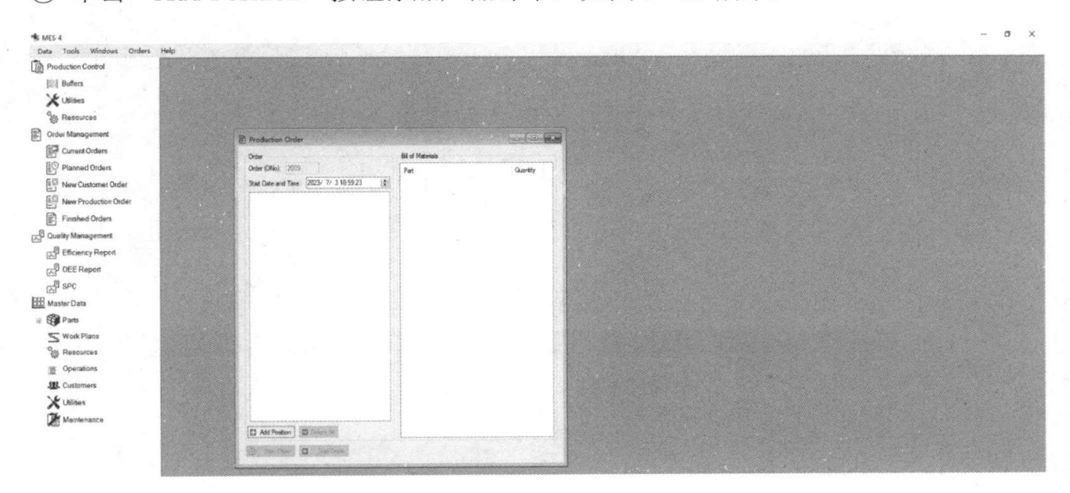

图 5-39　添加产品订单

⑨ 打开下单对话框后在“Part”下拉列表中选择个性化工作计划，然后在“Quantity”栏中定义产品数量，单击“OK”按钮，然后单击“Start Order”按钮，完成下单操作，如图 5-40、图 5-41 所示。

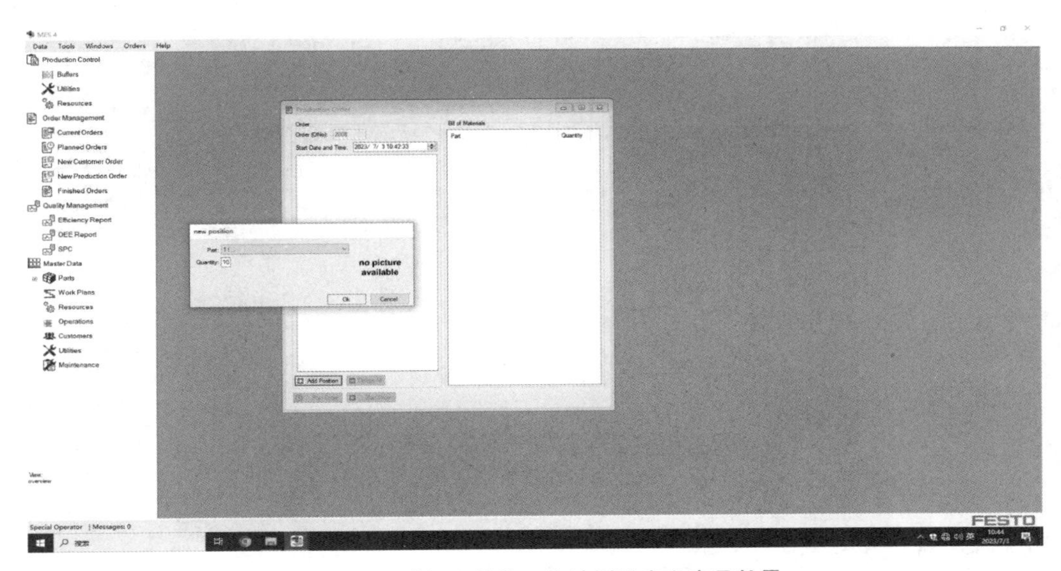

图 5-40　选择个性化工作计划及定义产品数量

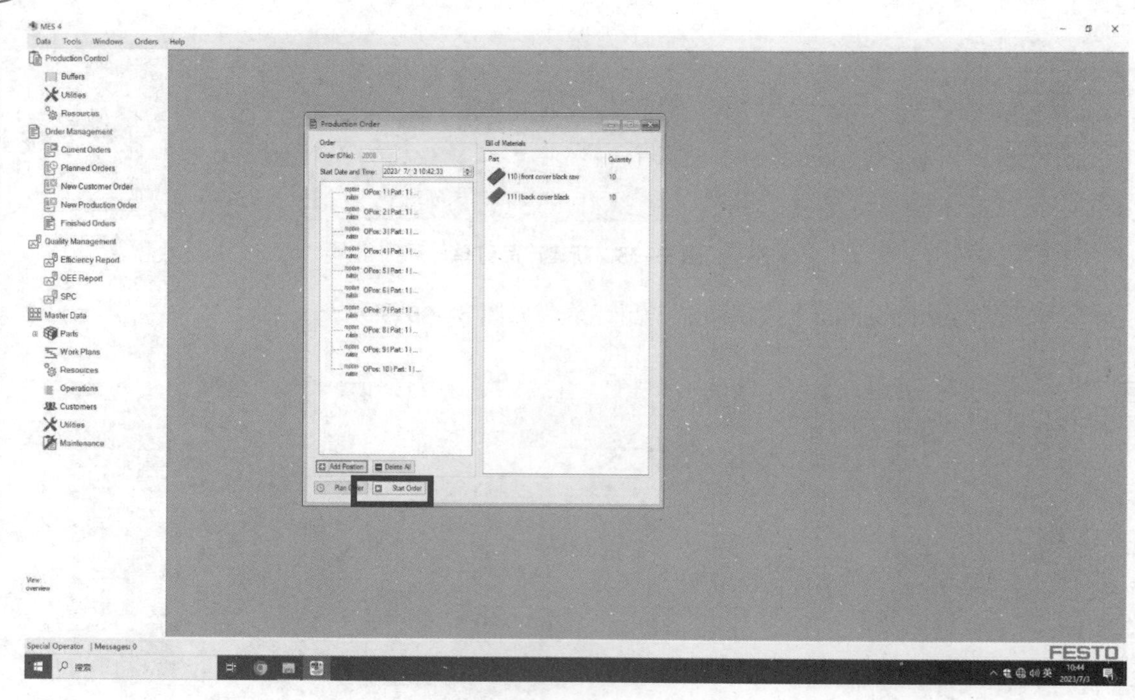

图 5-41 完成下单操作

5.4.6 智能生产线的急停操作流程

智能生产线报警提示有两种，一种是“警告”，另一种是“报警”。智能生产线发生警告时，通过设置可以继续运行，而发生报警时则不能继续运行，此时需要按下智能生产线的“急停”按钮，以预防危险的发生。当发生紧急情况时操作人员可以通过快速按下“急停”按钮来达到保护智能生产线的目的，如图 5-42～图 5-44 所示。

图 5-42 智能生产线发生警告

图 5-43　智能生产线发生报警

在按下“急停”按钮后，当前工作站的设备停止运行，而智能生产线上其余工作站设备的运行情况不会受到影响。急停后的处理措施如下。

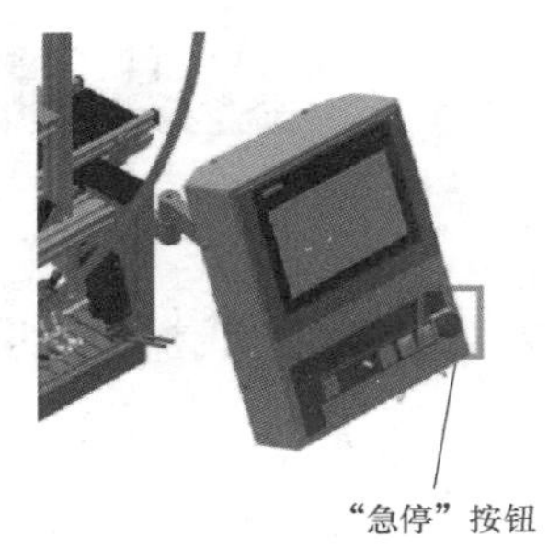

图 5-44　“急停”按钮

（1）观察并确定当前工作站的故障原因，如物料缺失、传感器信号不正确、气缸未在规定时间伸出或缩回。

（2）记录并修复故障，如果是物料缺失，就补充物料；对于传感器，检查传感器的位置，再确定接线是否正确；对于气缸，检查气源和气缸状态，确保气缸工作无误。

（3）将“急停”按钮复位，如图 5-45 所示。

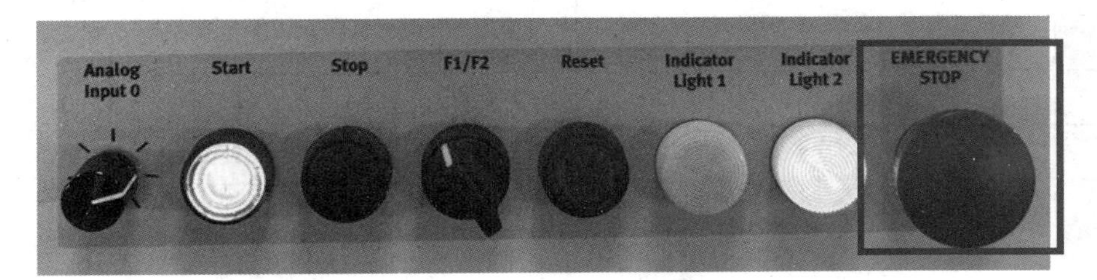

图 5-45　将“急停”按钮复位

（4）在 HMI 上消除报警或者警告信息，然后按下“Reset”按钮对工作站进行复位操作，如图 5-46 所示。

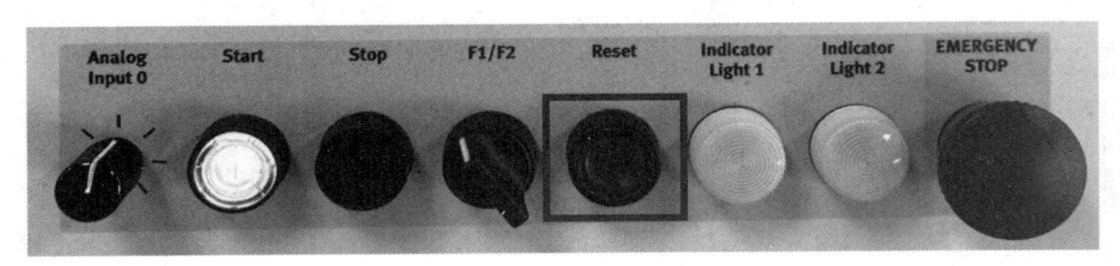

图 5-46　“Reset”按钮

（5）完成复位操作后，再开启自动模式，如图 5－47 所示。

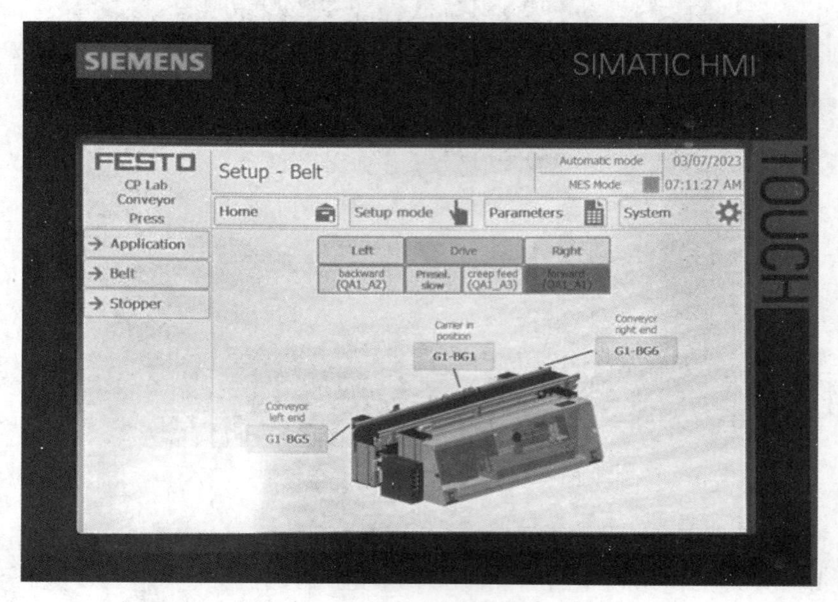

图 5－47　开启自动模式

5.4.7　智能生产线操作说明书

智能生产线操作说明书见表 5－2。

表 5－2　智能生产线操作说明书

课程	智能生产线综合实训	项目	智能生产线的操作
班级		时间	
姓名		学号	
名称	内容		
智能生产线图片			

续表

名称	内容
智能生产线检查	在开启智能生产线之前要做好检查工作，检查各个工作站的初始状态及安全状况，同时检查仓储单元是否缺料，载料小车是否装载物料，做好开机前的智能生产线检查工作可以避免生产过程中的许多问题
智能生产线操作	首先开启智能生产线的电源，进行上电初始化操作；然后使用含有 MES 的计算机按照预定的生产计划进行下单操作，下单完成后智能生产线就会自动运行
备注	

5.5 任务评价

本项目任务评价见表 5－3。

表 5－3　项目 5 任务评价

课程	智能生产线综合实训	项目	智能生产线的操作	姓名	
班级		时间		学号	
序号	评测指标	评分	备注		
1	能够完成智能生产线开机前的物料检查（0～10 分）				
2	能够完成智能生产线的上电初始化操作（0～10 分）				
3	能够完成智能生产线 MES 模式的切换（0～10 分）				
4	能够完成智能生产线 Default 模式的切换（0～10 分）				
5	能够完成智能生产线的急停操作（0～10 分）				
6	能够撰写智能生产线操作说明书（0～50 分）				
总计					
综合评价					

5.6 任务拓展

通过本项目的学习，学生熟悉了智能生产线安全操作规程，认识了智能生产线安全标识，完成了智能生产线的操作，撰写了智能生产线操作说明书。

下面按照智能生产线的操作要求，完成智能工厂的操作，并撰写智能工厂操作说明书，见表 5–4。

表 5–4　智能工厂操作说明书

课　程		项　目	
班　级		时　间	
姓　名		学　号	
名　称	内容		
智能工厂图片			
智能工厂检查			
智能工厂操作			
备注			

【科学人文素养】

“周到细致”是周恩来对国防科技工作者的寄语，也是周恩来严细精神的具体内容。在对智能生产线进行操作时同样要遵守这一科学原则，要遵守生产线安全操作规程，在智能生产线运行之前，要仔细检查设备的安全情况，在对智能生产线进行操作时要做到严谨认真，周到细致。

项目6 智能生产线的安装

6.1 项目描述

6.1.1 工作任务

智能生产线使用数字孪生技术对生产线进行整体数字化升级，需要通过虚拟世界的模型、数据和算法进行优化、迭代，对现实状态进行预测，从而通过虚拟世界对现实世界产生影响，对真实生产线的生产进行优化分析和调度指挥。本项目的主要任务是完成智能生产线输出单元的安装。通过熟悉智能生产线的结构和布局，了解传感器、气缸、电磁阀等关键元器件的安装注意事项，从而完成智能生产线输出单元的安装。本项目在MCD中完成输出单元的安装，最后提交输出单元组装过程的仿真动画。图6－1所示为智能生产线输出单元。

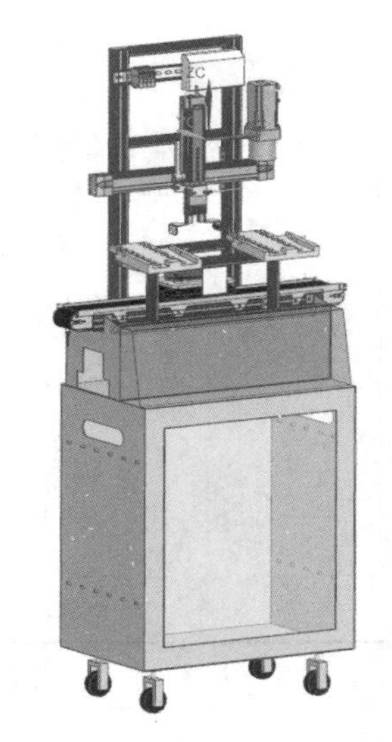

图6－1 智能生产线输出单元

6.1.2 任务要求

（1）将输出单元的三维模型导入MCD。

（2）按照真实设备的装配要求，定义输出单元各个组件的机电对象。

（3）根据输出单元的装配顺序，完成输出单元的装配过程时序仿真。

6.1.3 学习成果

通过熟悉智能生产线及其各类传感器、各类气缸、电磁阀安装的注意事项，理解智能生产线的结构及布局，掌握智能生产线的装配原则，在MCD中完成智能生产线输出单元的安装，最后以输出单元的MCD模型仿真动画进行呈现。

6.1.4 学习导图

本项目学习导图如图6－2所示。

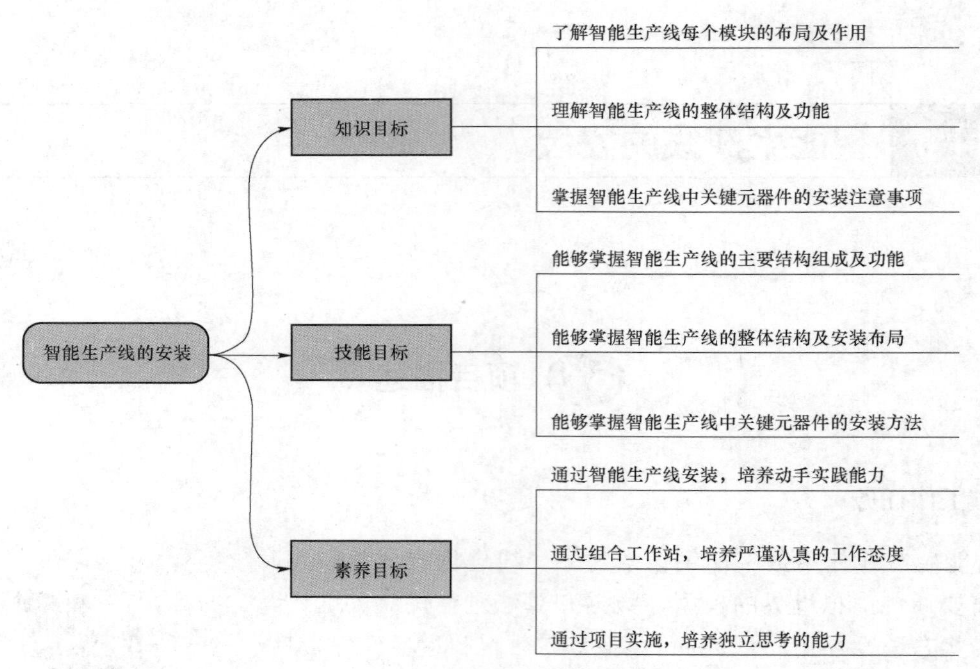

图 6-2 项目 6 学习导图

6.2 工作任务书

本项目工作任务书见表 6-1。

表 6-1 项目 6 任务书

课程	智能生产线综合实训	项目	智能生产线的安装
姓名		班级	
时间		学号	
任务	完成智能生产线输出单元的 MCD 模型装配，并以仿真动画的形式呈现		
任务描述/功能分析	本项目的主要任务是完成智能生产线输出单元的安装。通过熟悉智能生产线的结构和布局，了解传感器、气缸、电磁阀等关键元器件的安装注意事项，从而完成智能生产线输出单元的安装。在 MCD 中完成输出单元的安装，最后提交输出单元组装过程的仿真动画		

续表

关键指标	1. 了解智能生产线的整体结构及布局； 2. 熟悉智能生产线的装配原则； 3. 能够完成输出单元 MCD 模型的装配约束； 4. 能够完成输出单元的安装，并用仿真动画模拟验证

6.3 知识准备

6.3.1 智能生产线的主要部件

智能生产线的整体结构及各组成单元的作用见 4.3.1 节，这里不再赘述。

智能生产线的主要部件如下。

（1）机械部分：料仓机构、钻孔机构、装配机构、压紧机构、测量机构、传输机构。

（2）传感器：光纤传感器、对射传感器、激光测距传感器、电容传感器。

（3）控制系统：西门子 S7－1500 PLC。

（4）气动系统：两位五通单电控电磁阀、两位三通单电控电磁阀、单向节流阀。

（5）射频通信：费斯公司的 RFID 设备。

6.3.2 各类传感器的安装注意事项

1. 光纤传感器

（1）确保接线准确。一定要注意电源的正、负极不要接反，因为供电电源是直流 24 V，一般红色（棕色）线代表正极，蓝色代表负极，正、负极接反会损坏光纤传感器。

（2）确保安装时位置准确。先将光纤单元和放大器单元各自安装到位，然后用光纤线连接；将光纤线插入放大器单元的位置，如不完全插入可能引起检测距离减小；光纤线不能过度弯折；不要用汽油、丙酮等油类进行清洁。

2. 对射传感器

（1）确保接线准确。一定要注意电源的正、负极，一般红色（棕色）线代表正极，蓝色代表负极，正、负极接反会损坏对射传感器。

（2）确保安装时位置准确。在进行安装时，要确保发射器和接收器在同一水平线上，同时确保发射器和接收器对射时不出现信号闪烁，出现信号闪烁说明发射器或接收器表面有污渍，要及时用干抹布擦拭干净。

3. 激光测距传感器

（1）保证供电电源为直流电源，正、负极不要接反，正、负极接反会损坏激光测距传感器。

（2）保证供电电压值在正常范围内。

（3）保证安装温度在－20～＋60 ℃范围内。

（4）保证安装环境的防护等级在 IP67 以上。

（5）安装环境不能太潮湿，否则影响使用寿命。

（6）对于反射性很强的物体，必须以大角度安装（与 Z 轴成一定角度）。

（7）室内不能有强光直射，否则会导致数据读取错误。

（8）激光测距传感器不具备防摔功能，因此要轻拿轻放，以免损坏内置激光头，影响使用。

4. 电容传感器

（1）确保接线准确。确保供电电源为直流电源，正、负极不要接反，正、负极接反会损坏电容传感器。同时，保证供电电压值在正常范围内。

（2）安装环境符合下面的要求。

① 安装温度在 −25～+70 ℃范围内。

② 安装环境的防护等级在 IP65 以上。

③ 安装环境不能太潮湿，否则影响使用寿命。

④ 开关频率不能超过 25 Hz。

⑤ 在安装过程中要轻拿轻放，注意防摔。

6.3.3 各类气缸的安装注意事项

（1）连接的气源压力范围为 1.3～10 bar①。

（2）压缩空气要符合 ISO8573—1：2010［7:4:4］标准。

（3）对机械组件进行可见故障（裂缝、松动连接等）方面的检查。

（4）检查电气连接是否准确，特别是与电磁阀的连接是否准确。

（5）无论采用何种安装形式都要保证缸体不变形。

（6）气缸安装完成后，在工作压力范围内，无负载运行 2～3 次，检查气缸是否正常运作。

（7）测试气缸安装位置是否满足功能要求。

6.3.4 电磁阀的安装注意事项

（1）电磁阀的线圈、插座、电磁管及连接部分严禁击打碰撞，以免损坏。

（2）电磁阀的实际电源电压不能超出公差范围。

（3）必须保证气源洁净，以防堵塞电磁阀或气缸活塞。

（4）电磁阀的线圈带电时禁止取下，以防止触电。

（5）电磁阀的线圈正常工作时发热量较大，请勿触摸。

6.4 任务实施

6.4.1 打开模型并进入“机电概念设计”应用模块

（1）打开模型。打开 NX 软件，找到模型文件的存放路径以及需要打开的模型文件，

① 1 bar = 10^5 Pa。

如图 6-3 所示。

（2）进入“机电概念设计”应用模块。在“应用模块”功能选项卡“设计”区域选择“更多”→“机电概念设计”选项，进入“机电概念设计”应用模块，如图 6-4 所示。

图 6-3　模型存放路径

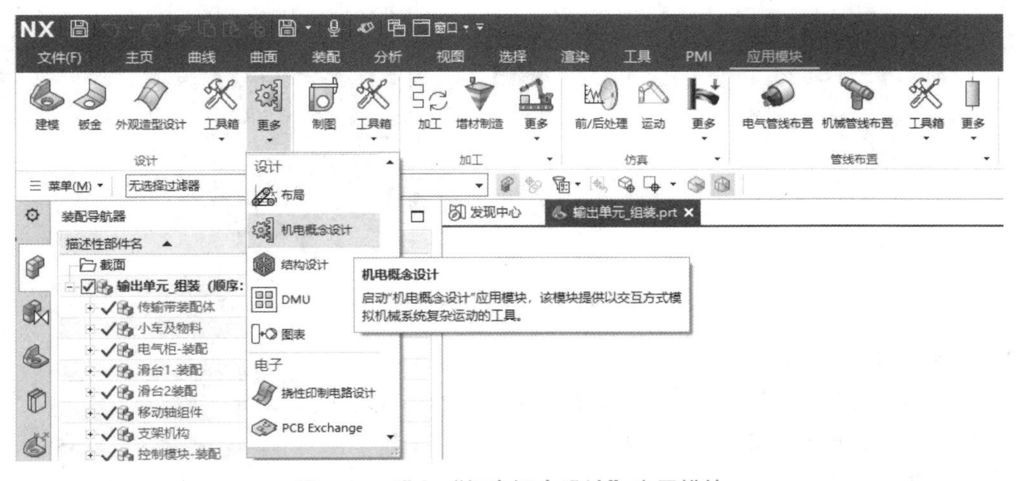

图 6-4　进入“机电概念设计”应用模块

6.4.2　电气柜的组装

1. 模型的显示与隐藏

（1）模型的隐藏。打开“装配导航器”，在“装配导航器”中取消勾选“输出单元_组装”复选框，这时会隐藏所有模型，如图 6-5 所示。

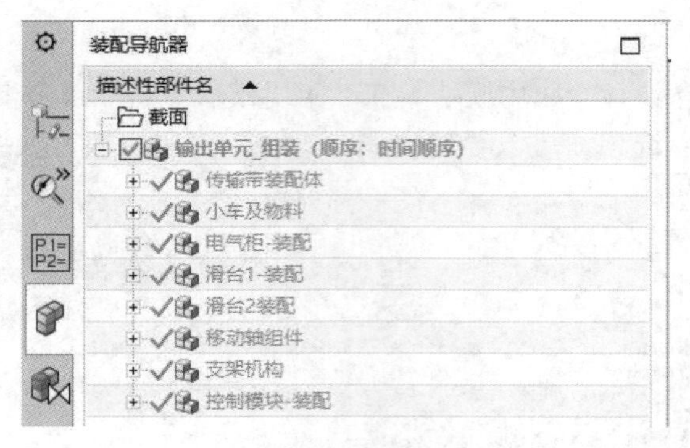

图 6-5　隐藏所有模型

（2）模型的显示。在“装配导航器”中，单击“电气柜－装配”前面的灰色“√”符号，这时“√”符号会变成红色，同时显示电气柜装配图中的所有模型，如图 6-6 所示。

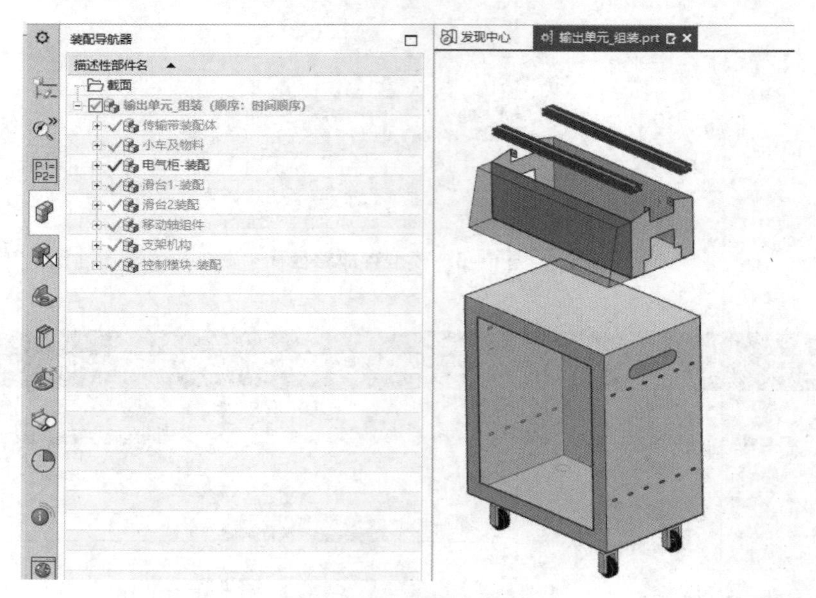

图 6-6　显示所有模型

2. 创建刚体

（1）打开“机电导航器”，之后创建的机电对象会在该导航器中显示，并且 NX 软件会自动分好类别，如图 6-7 所示。

图 6-7　“机电导航器”

（2）创建电气台的刚体。在“主页”功能选项卡“机械”区域单击“刚体”按钮，系统会弹出“刚体”对话框。在“刚体”对话框中，“刚体对象”选择电气台的三维模型，“名称”输入“电气柜－电气台”，其余保持默认选项，单击“确定”按钮，如图 6-8 所示。

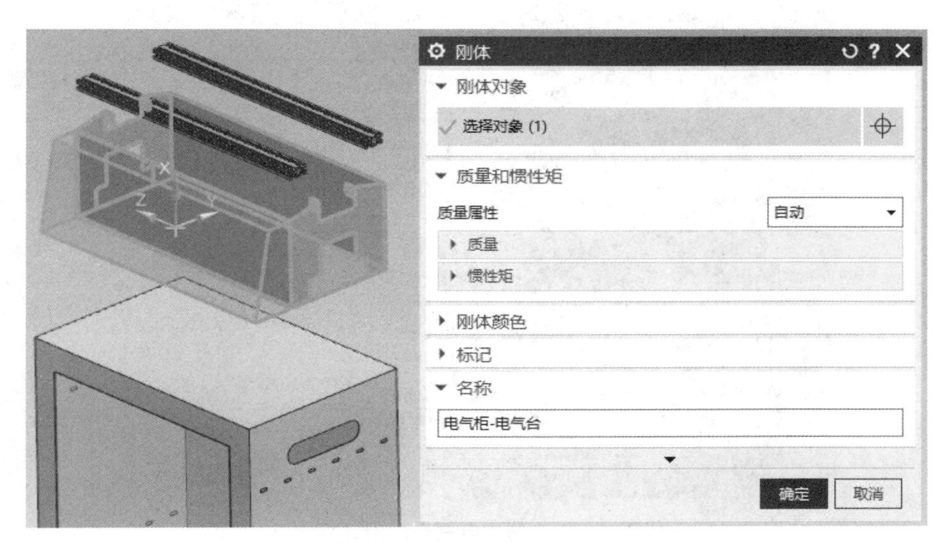

图 6-8 创建电气台的刚体

（3）创建电气台型材的刚体。打开“刚体”对话框，“刚体对象”选择电气台的任意一根型材，“名称”输入“电气台型材 1”，其余保持默认选项，单击“确定”按钮，如图 6-9 所示。用同样的方式创建另一根电气台型材的刚体，“名称”输入“电气台型材 2”。

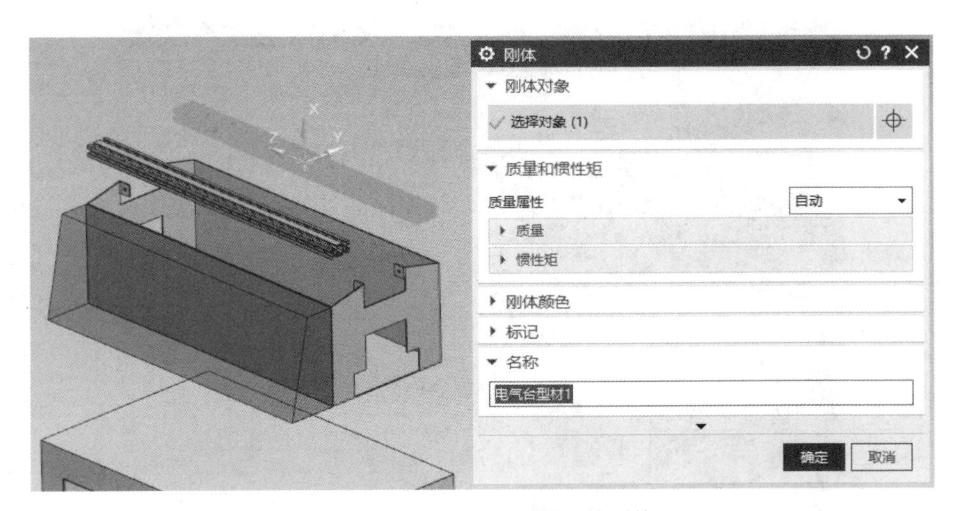

图 6-9 创建电气台型材/的刚体

3. 创建滑动副

（1）创建电气台的滑动副。在“主页”功能选项卡“机械”区域单击“基本运动副”按钮，系统会弹出“基本运动副”对话框。在“基本运动副”对话框中，运动副类型选择“滑动副”，“选择连接体”选择电气台的刚体，“指定轴矢量”选择如图 6-10 所示的矢量方向，“名称”输入“电气台”，其余保持默认选项，单击“确定”按钮。

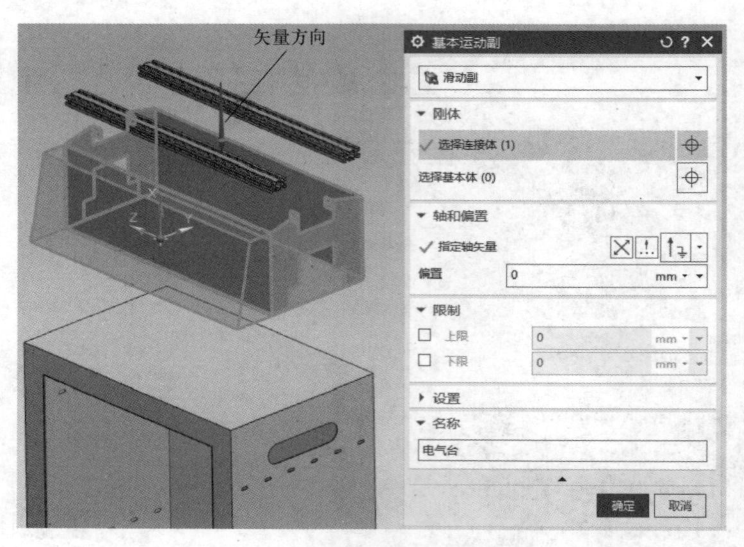

图 6-10　创建电气台的滑动副

（2）创建电气台型材的滑动副。在“基本运动副”对话框中，运动副类型选择“滑动副”，“选择连接体”选择电气台型材 1 的刚体，“选择基本体”选择电气台型材 1 的刚体，“指定轴矢量”选择图 6-11 所示的矢量方向，“名称”输入“电气台型材 1”，其余保持默认选项，单击“确定”按钮。用同样的方式创建电气台型材 2 的滑动副。

图 6-11　创建电气台型材/的滑动副

4. 创建位置控制

（1）创建电气台的位置控制。在“主页”功能选项卡“电气”区域单击“位置控制”按钮，系统会弹出“位置控制”对话框。在“位置控制”对话框中，“机电对象”选择电气台的滑动副，“目标”输入“0”，“速度”输入“200”，“名称”输入“电气台”，其余保持默认选项，单击“确定”按钮，如图 6-12 所示。

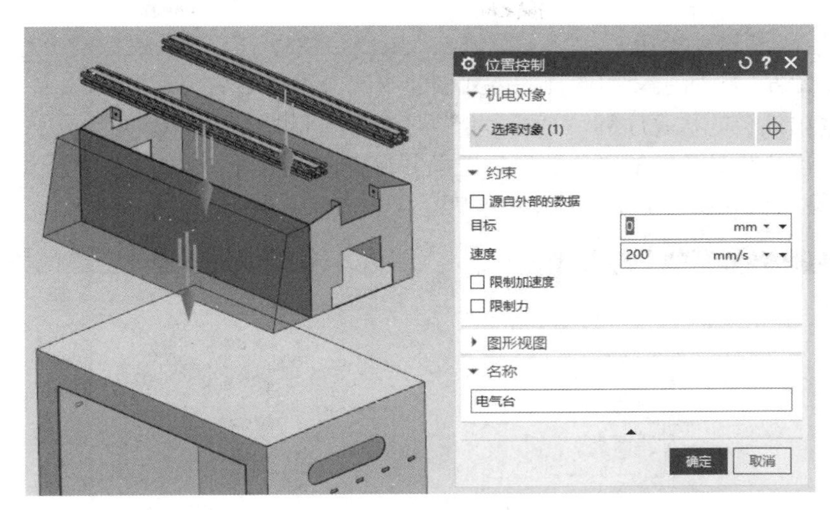

图 6－12　创建电气台的位置控制

（2）创建电气台型材的位置控制。打开“位置控制”对话框，“机电对象”选择电气台型材 1 的滑动副，“目标”输入“0”，“速度”输入“100”，“名称”输入“电气台型材 1”，其余保持默认选项，单击“确定”按钮，如图 6－13 所示。用同样的方式创建电气台型材 2 的位置控制。

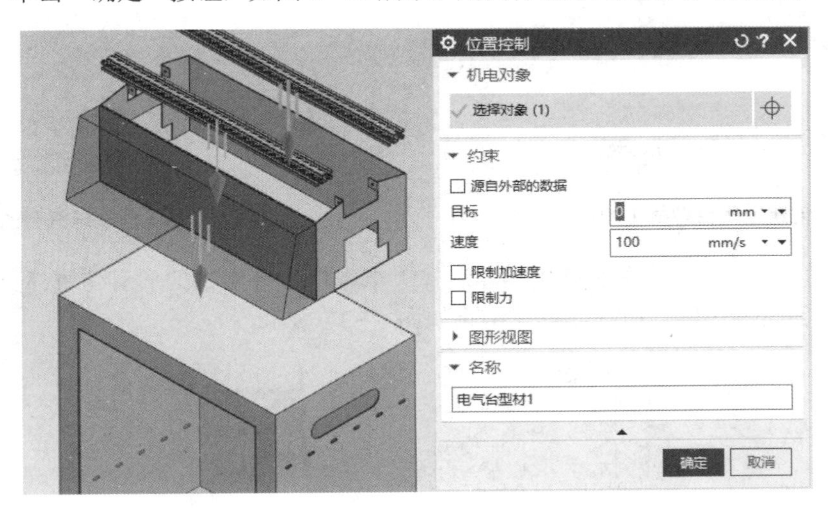

图 6－13　创建电气台型材 1 的位置控制

5. 创建仿真序列

（1）创建“电气柜”分组。打开“序列编辑器”，在空白处单击鼠标右键，选择“创建组”命令，并双击将其重命名为“电气柜”，如图 6－14 所示。

图 6－14　创建“电气柜”分组

（2）创建电气台型材的仿真序列。在“主页”功能选项卡“自动化”区域单击“仿真序列”按钮，系统会弹出“仿真序列”对话框。在“仿真序列”对话框中，“机电对象”选择电气台型材 1 的位置控制，勾选“运行时参数”的“位置”

复选框并将“值”更改为“100”，“名称”输入“电气台型材 1”，其余保持默认选项，单击“确定”按钮，如图 6-15 所示。用同样的方式创建电气台型材 2 的仿真序列。

（3）创建电气台的仿真序列。打开“仿真序列”对话框，“机电对象”选择电气台的位置控制，勾选“运行时参数”的“位置”复选框并将“值”更改为“200”，“名称”输入“电气台”，其余保持默认选项，单击“确定”按钮，如图 6-16 所示。

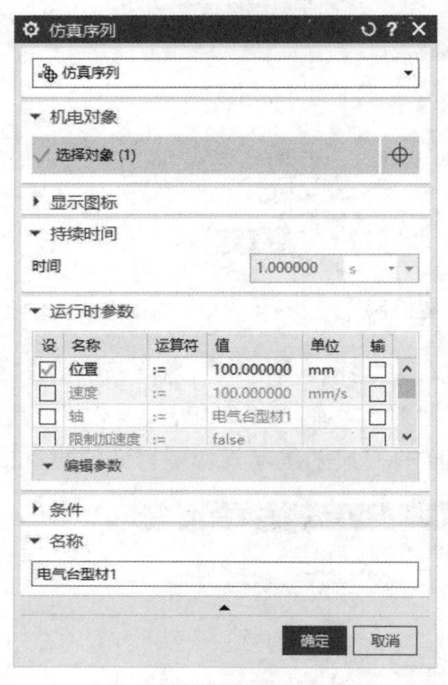

图 6-15 创建电气台型材 1 的仿真序列

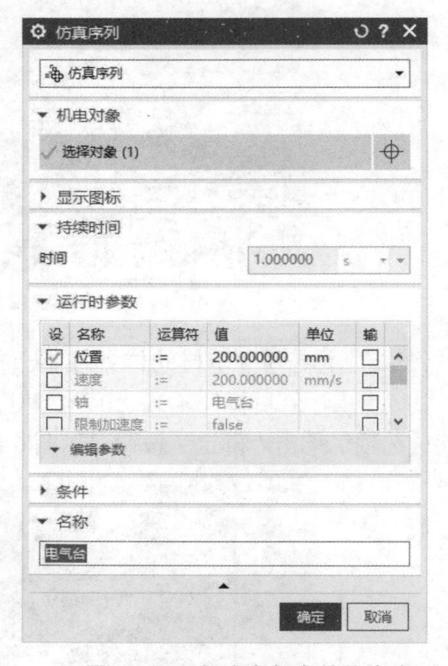

图 6-16 创建电气台的仿真序列

（4）创建电气柜组装动作的链接器。选择“电气柜”分组中的所有仿真序列，单击鼠标右键，选择“创建链接器”命令，创建结果如图 6-17 所示。

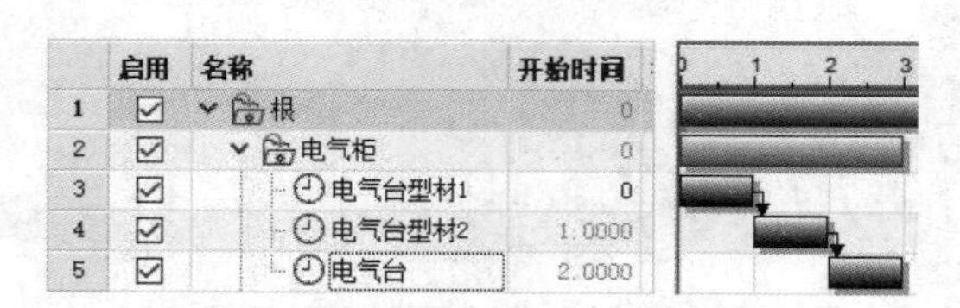

图 6-17 创建电气柜组装动作的链接器

6.4.3 传输带的组装

1. 模型的显示与隐藏

（1）模型的隐藏。打开“装配导航器”，单击“电气柜－装配”前面的红色“√”符号，这时“√”符号会变成灰色，同时隐藏电气柜装配图中的所有模型。

（2）模型的显示。在“装配导航器”中，单击“传输带装配体”前面的灰色“√”符号，这时“√”符号会变成红色，同时显示传输带装配图中的所有模型，如图 6-18 所示。

图 6–18　显示传输带装配图中的所有模型

2. 创建刚体

（1）打开“机电导航器”。

（2）创建型材部分的刚体。创建图 6–19 所示的刚体，名称分别为“传输带型材”“防位移块左”和“防位移块右”。

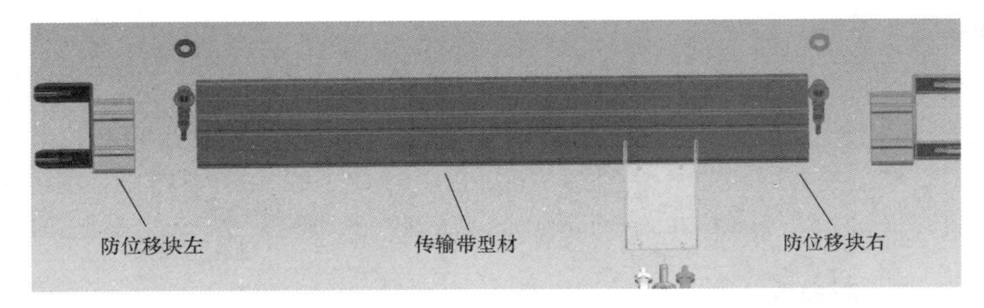

图 6–19　创建型材部分的刚体

（3）创建左侧滚筒部分的刚体。创建图 6–20 所示的刚体，名称分别为“轴挡板左”“滚筒左”“安装销左 1”和“安装销左 2”。用同样的方式创建右侧滚筒部分的组件，名称分别为“轴挡板右”“滚筒右”“安装销右 1”和“安装销右 2”

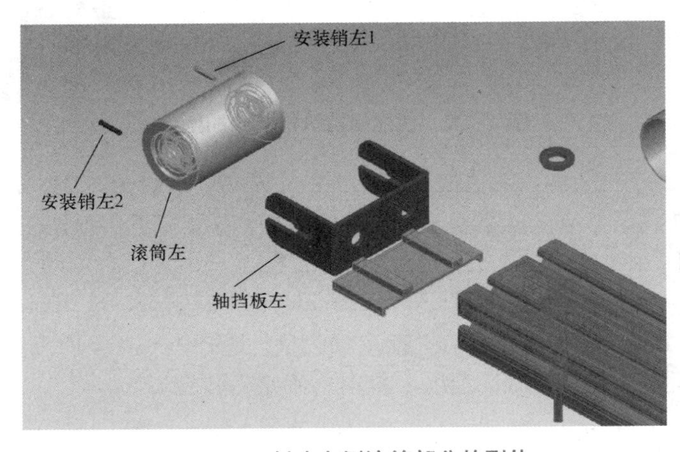

图 6–20　创建左侧滚筒部分的刚体

（4）创建皮带转动部分的刚体。创建图 6-21 所示的刚体，名称分别为“挡圈”“沙片”“电机[①]前挡板”“小轴 1”“小轴 2”“大轴”“电机下挡板”“皮带”和“电机后挡板”。

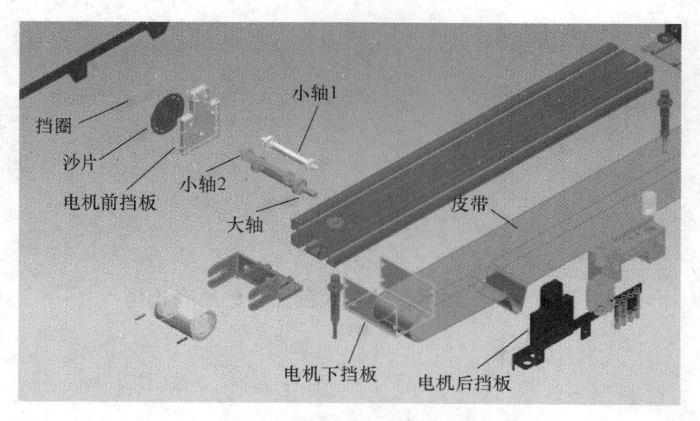

图 6-21　创建皮带转动部分的刚体

（5）创建阻挡机构部分的刚体。创建图 6-22 所示的刚体，名称分别为“传感器”“读写头”和“传输带传感器安装块”。

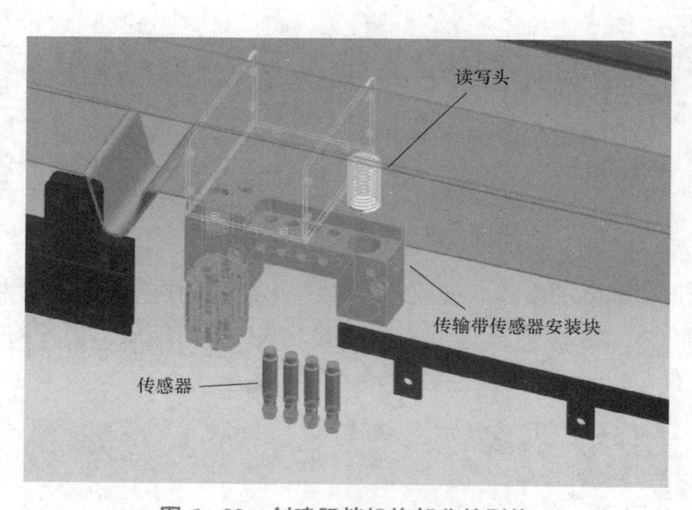

图 6-22　创建阻挡机构部分的刚体

（6）创建围栏部分的刚体。创建图 6-23 所示的刚体，名称分别为“长围栏”“围栏左侧”“围栏右侧”“传感器左”“传感器左安装螺丝”“传感器右”和“传感器右安装螺丝”。

3. 创建滑动副

（1）创建传输带型材的滑动副。打开“基本运动副”对话框，运动副类型选择“滑动副”，“选择连接体”选择传输带型材的刚体，“指定轴矢量”选择图 6-24 所示的矢量方向，“名称”输入“传输带型材”，其余保持默认选项，单击“确定”按钮。

① 此处“电机”指电动机，余同，不再赘述。

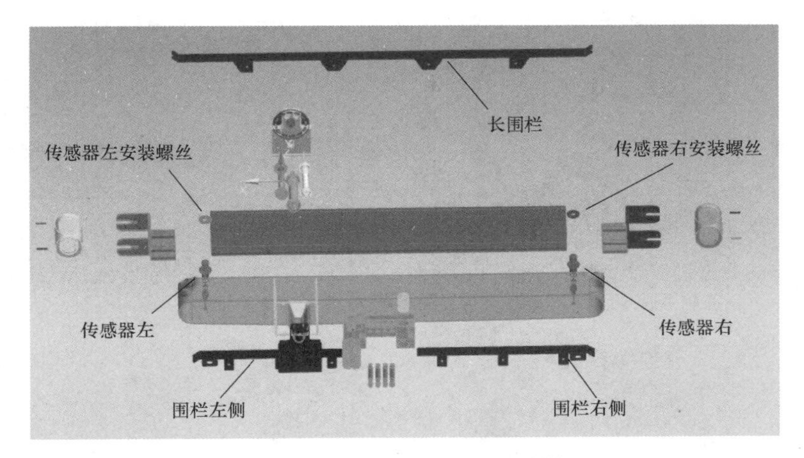

图6-23 创建围栏部分的刚体

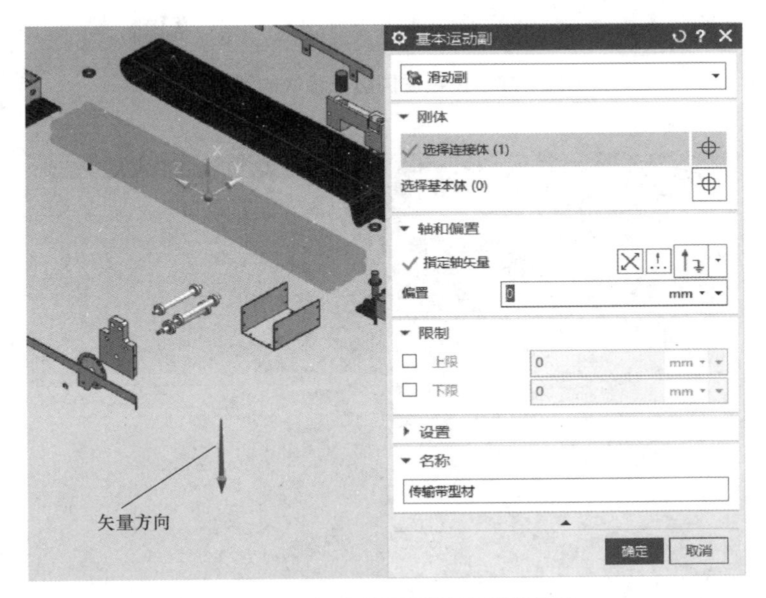

图6-24 创建传输带型材的滑动副

（2）创建防位移块的滑动副。打开“基本运动副”对话框，“选择连接体”选择左侧防位移块的刚体，“选择基本体”选择传输带型材的刚体，“指定轴矢量”选择图6-25所示的矢量方向，“名称”输入“防位移块左”，其余保持默认选项，单击“确定”按钮。用同样的方式创建右侧防位移块的滑动副，“名称”输入“防位移块右”，矢量方向与左侧防位移块相反。

（3）创建轴挡板的滑动副。打开“基本运动副”对话框，“选择连接体”选择右侧轴挡板的刚体，“选择基本体”选择传输带型材的刚体，“指定轴矢量”选择图6-26所示的矢量方向，“名称”输入“轴挡板右”，其余保持默认选项，单击“确定”按钮。用同样的方式创建左侧轴挡板的滑动副，“名称”输入“轴挡板左”，矢量方向与右侧轴挡板相反。

图 6-25　创建左侧防位移块的滑动副

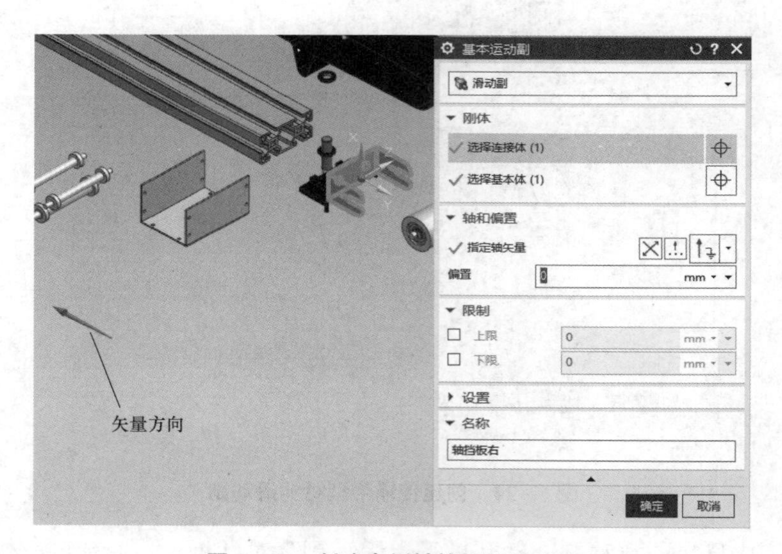

图 6-26　创建右侧轴挡板的滑动副

（4）创建滚筒的滑动副。打开“基本运动副”对话框，“选择连接体”选择右侧滚筒的刚体，“选择基本体”选择传输带型材的刚体，“指定轴矢量”选择图 6-27 所示的矢量方向，“名称”输入“滚筒右”，其余保持默认选项，单击“确定”按钮。用同样的方式创建左侧滚筒的滑动副，“名称”输入“滚筒左”，矢量方向与右侧滚筒相反。

（5）创建安装销的滑动副。打开“基本运动副”对话框，“选择连接体”选择右侧安装销 2 的刚体，“选择基本体”选择传输带型材的刚体，“指定轴矢量”选择图 6-28 所示的矢量方向，“名称”输入“安装销右 2”，其余保持默认选项，单击“确定”按钮。用同样的方式创建右侧安装销 1 和左侧两个安装销的滑动副，名称分别输入“安装销右 1”“安装销左 1”和“安装销左 2”，矢量方向左右相反。

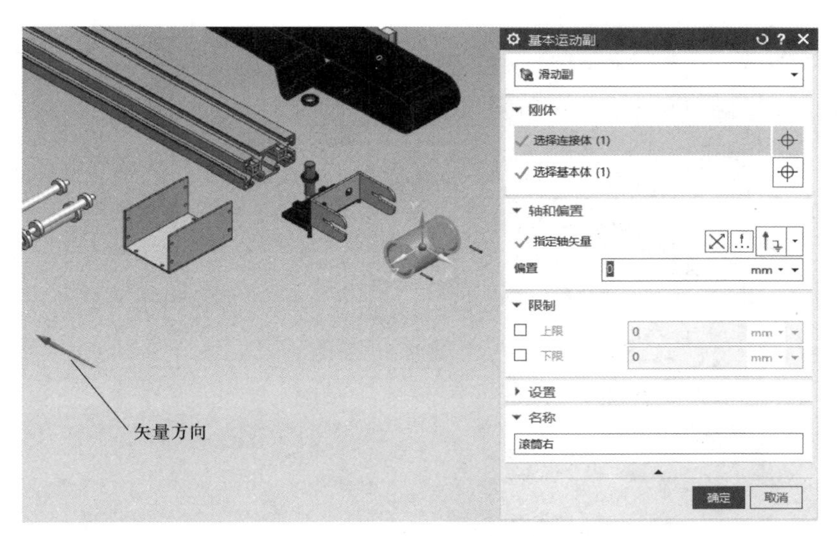

图 6－27 创建右侧滚筒的滑动副

图 6－28 创建右侧安装销 2 的滑动副

（6）创建轴的滑动副。打开“基本运动副”对话框，“选择连接体”选择大轴的刚体，“选择基本体”选择电动机前挡板的刚体，“指定轴矢量”选择图 6－29 所示的矢量方向，“名称”输入“大轴”，其余保持默认选项，单击“确定”按钮。用同样的方式创建两个小轴的滑动副，“名称”输入“小轴 1”和“小轴 2”，矢量方向与大轴相同。

（7）创建电动机前、后挡板的滑动副。打开“基本运动副”对话框，“选择连接体”选择电动机前挡板的刚体，“选择基本体”选择传输带型材的刚体，“指定轴矢量”选择图 6－30

所示的矢量方向，“名称”输入“电机前挡板”，其余保持默认选项，单击“确定”按钮。用同样的方式创建电动机后挡板的滑动副，“名称”输入“电机后挡板”，矢量方向与电动机前挡板相反。

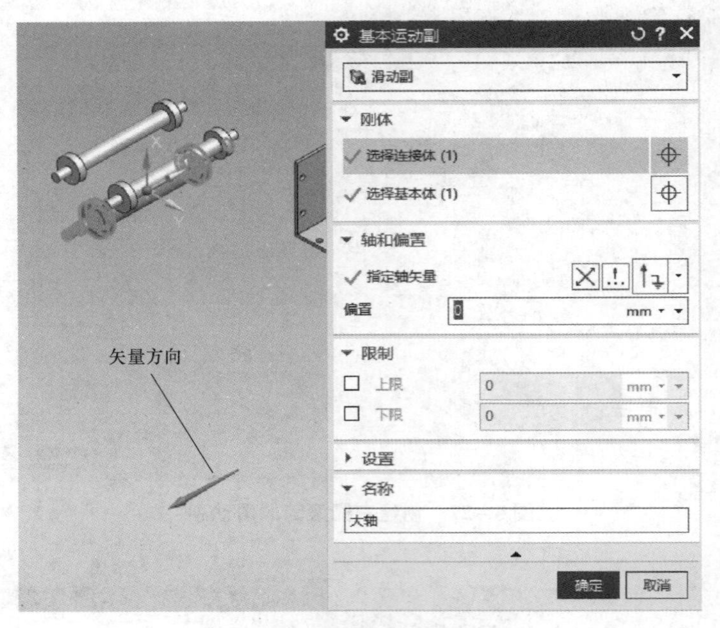

图 6-29 创建大轴的滑动副

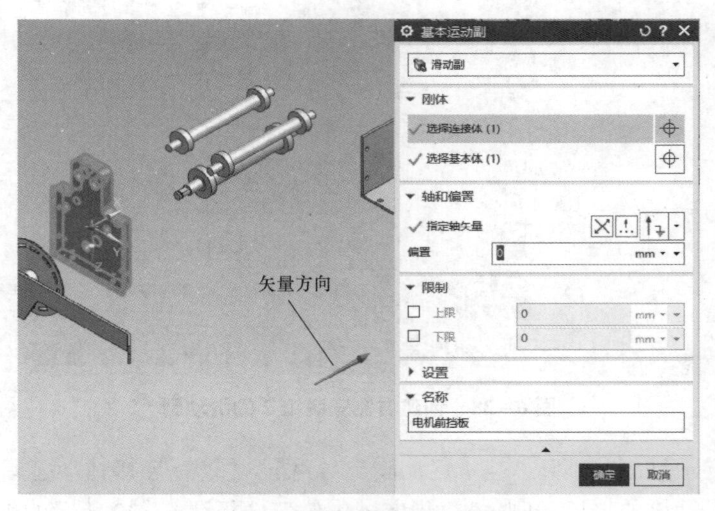

图 6-30 创建电动机前挡板的滑动副

（8）创建电动机下挡板的滑动副。打开“基本运动副”对话框，“选择连接体”选择电动机下挡板的刚体，“选择基本体”选择传输带型材的刚体，“指定轴矢量”选择图 6-31 所示的矢量方向，“名称”输入“电机下挡板”，其余保持默认选项，单击“确定”按钮。

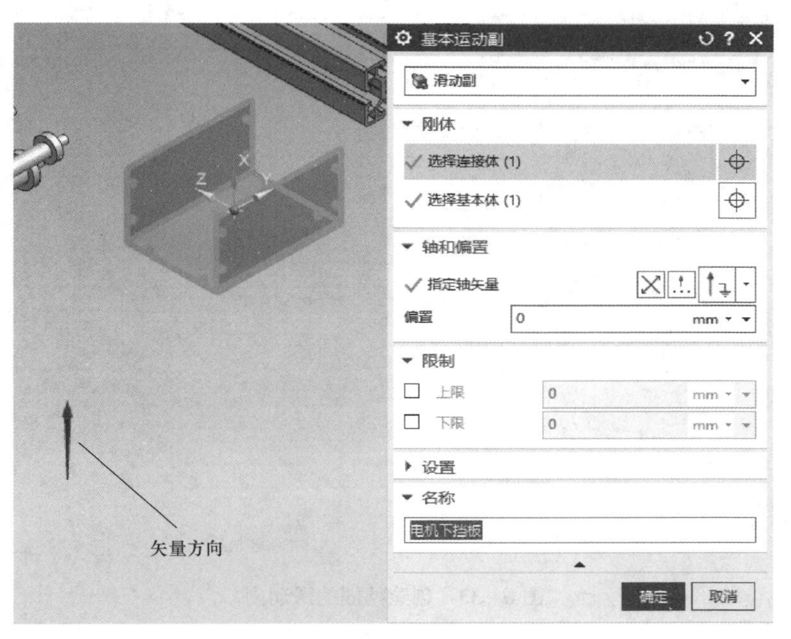

图 6－31　创建电动机下挡板的滑动副

（9）创建沙片的滑动副。打开“基本运动副”对话框，“选择连接体”选择沙片的刚体，“选择基本体”选择电动机前挡板的刚体，“指定轴矢量”选择图 6－32 所示的矢量方向，“名称”输入“沙片”，其余保持默认选项，单击“确定”按钮。

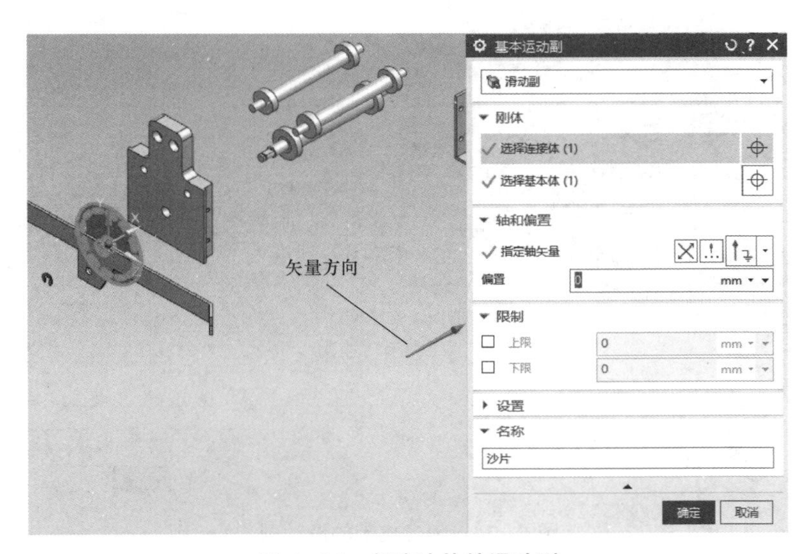

图 6－32　创建沙片的滑动副

（10）创建挡圈的滑动副。打开“基本运动副”对话框，“选择连接体”选择挡圈的刚体，“选择基本体”选择电动机前挡板的刚体，“指定轴矢量”选择图 6－33 所示的矢量方向，“名称”输入“挡圈”，其余保持默认选项，单击“确定”按钮。

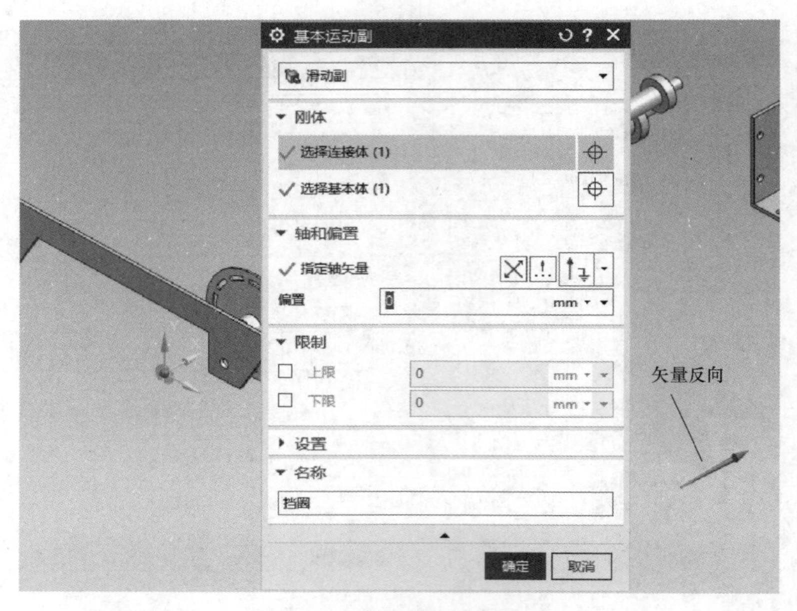

图 6-33　创建挡圈的滑动副

（11）创建皮带的滑动副。打开“基本运动副”对话框，“选择连接体”选择皮带的刚体，“选择基本体”选择传输带型材的刚体，“指定轴矢量”选择图 6-34 所示的矢量方向，“名称”输入“皮带”，其余保持默认选项，单击“确定”按钮。

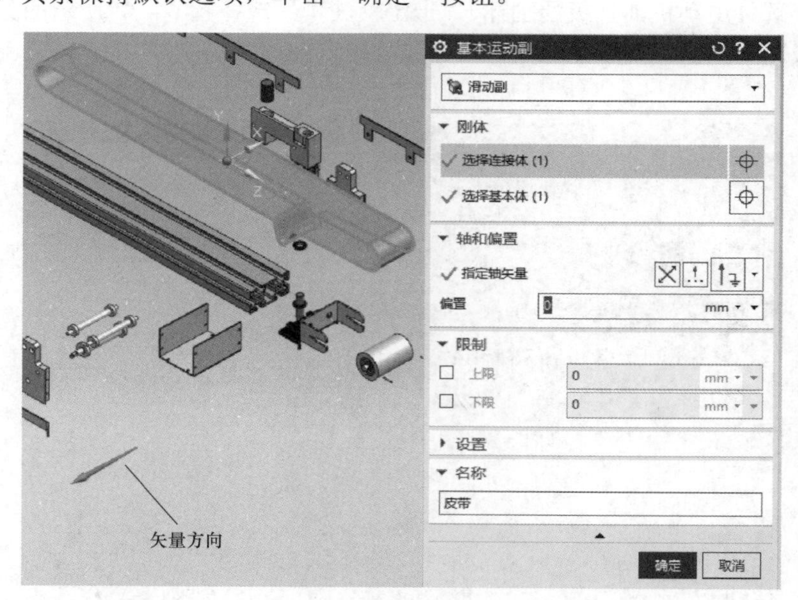

图 6-34　创建皮带的滑动副

（12）创建读写头的滑动副。打开“基本运动副”对话框，“选择连接体”选择读写头的刚体，“选择基本体”选择传输带传感器安装块的刚体，“指定轴矢量”选择图 6-35 所示的矢量方向，“名称”输入“读写头”，其余保持默认选项，单击“确定”按钮。

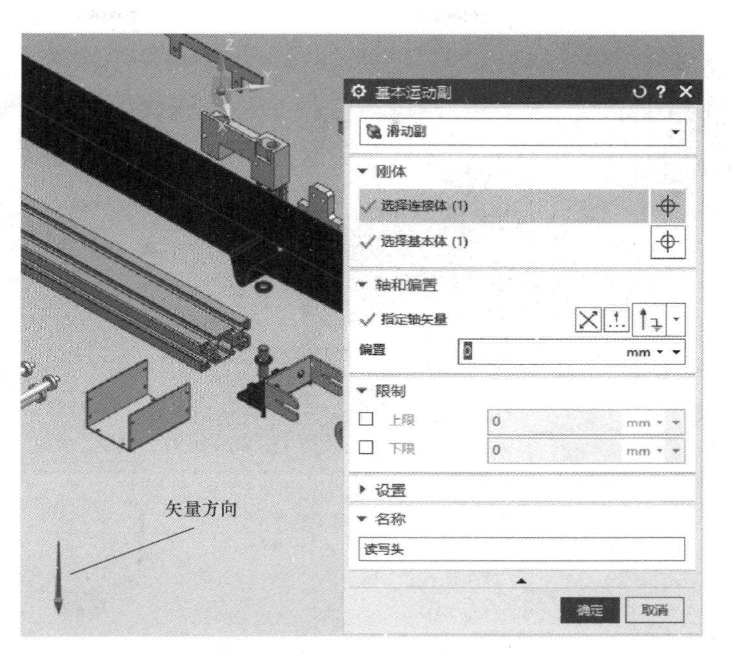

图 6-35 创建读写头的滑动副

（13）创建传输带传感器安装块的滑动副。打开“基本运动副”对话框，“选择连接体”选择传输带传感器安装块的刚体，“选择基本体”选择传输带型材的刚体，“指定轴矢量”选择图 6-36 所示的矢量方向，“名称”输入“传输带传感器安装块”，其余保持默认选项，单击“确定”按钮。

图 6-36 创建传输带传感器安装块的滑动副

（14）创建传感器的滑动副。打开“基本运动副”对话框，“选择连接体”选择传感器的刚体，“选择基本体”选择传输带传感器安装块的刚体，“指定轴矢量”选择图 6-37 所示的矢量方向，“名称”输入“传感器”，其余保持默认选项，单击“确定”按钮。

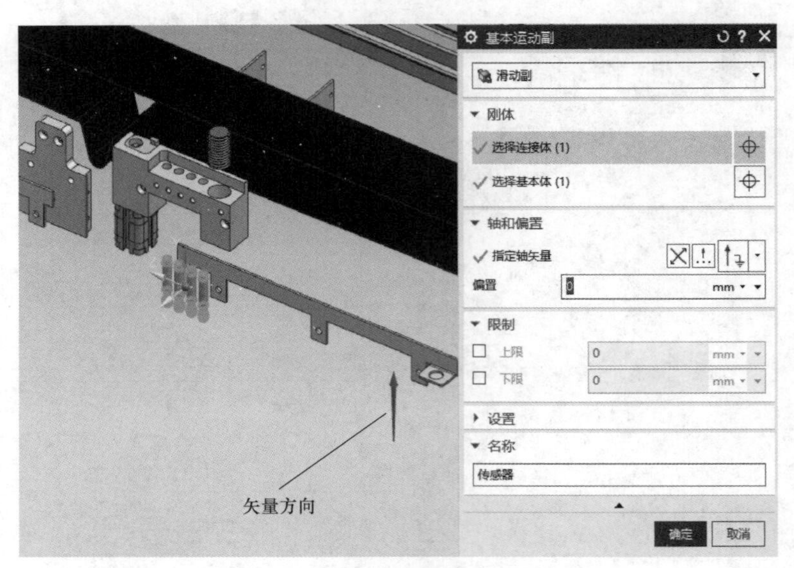

图 6-37 创建传感器的滑动副

（15）创建一侧两个短围栏的滑动副。打开“基本运动副”对话框，“选择连接体”选择围栏右侧的刚体，“选择基本体”选择传输带型材的刚体，“指定轴矢量”选择图 6-38 所示的矢量方向，“名称”输入“围栏右侧”，其余保持默认选项，单击“确定”按钮。用同样的方式创建左侧短围栏的滑动副，“名称”输入“围栏左侧”，矢量方向与右侧短围栏相同。

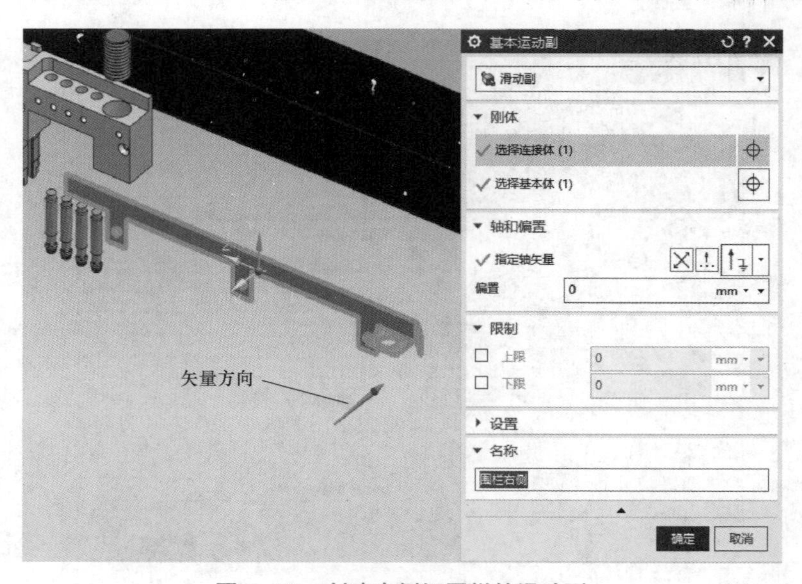

图 6-38 创建右侧短围栏的滑动副

（16）创建另一侧长围栏的滑动副。打开“基本运动副”对话框，“选择连接体”选择长围栏的刚体，“选择基本体”选择传输带型材的刚体，“指定轴矢量”选择图 6-39 所示的矢量方向，“名称”输入“长围栏”，其余保持默认选项，单击“确定”按钮。

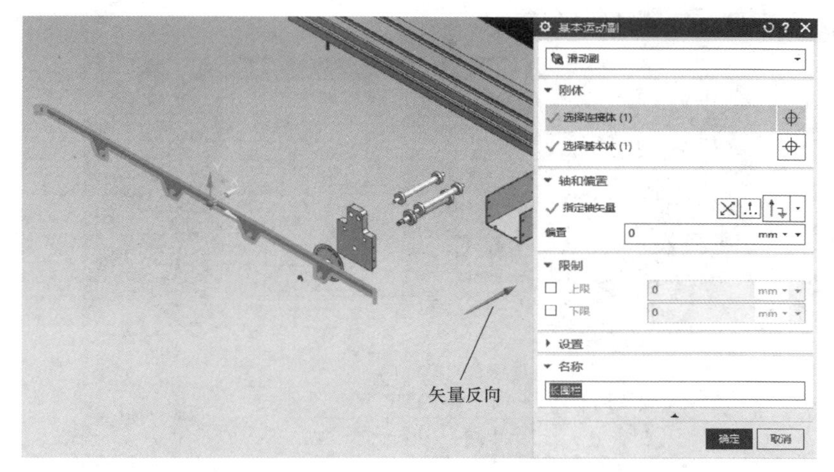

图 6-39　创建长围栏的滑动副

（17）创建传输带传感器的滑动副。打开“基本运动副”对话框，“选择连接体”选择传输带左侧传感器的刚体，“选择基本体”选择传输带型材的刚体，“指定轴矢量”选择图 6-40 所示的矢量方向，“名称”输入“传感器左”，其余保持默认选项，单击“确定”按钮。用同样的方式创建传输带右侧传感器的滑动副，“名称”输入“传感器右”，矢量方向与传输带左侧传感器相同。

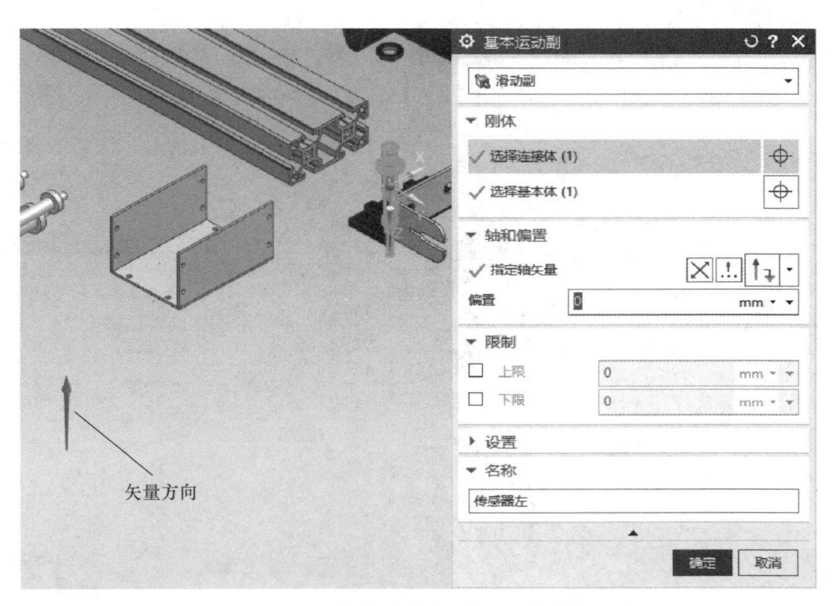

图 6-40　创建传输带左侧传感器的滑动副

（18）创建传输带传感器安装螺丝的滑动副。打开“基本运动副”对话框，“选择连接体”选择传输带传感器左安装螺丝的刚体，“选择基本体”选择传输带型材的刚体，“指定轴矢量”选择图 6-41 所示的矢量方向，“名称”输入“传感器左安装螺丝”，其余保持默认选项，单击

“确定”按钮。用同样的方式创建传输带传感器右安装螺丝的滑动副，“名称”输入“传感器右安装螺丝”，矢量方向与传输带传感器左安装螺丝相反。

图 6－41　创建输送带左传安装螺丝的滑动副

4. 创建位置控制

（1）创建传输带型材的位置控制。打开“位置控制”对话框，“机电对象”选择传输带型材的滑动副，“目标”输入“0”，“速度”输入“800”，“名称”输入“传输带型材”，其余保持默认选项，单击“确定”按钮，如图 6－42 所示（注意：创建位置控制时，只需要为指定的滑动副输入相应的速度值，因此图示基本相同，本任务后续的位置控制均不附图）。

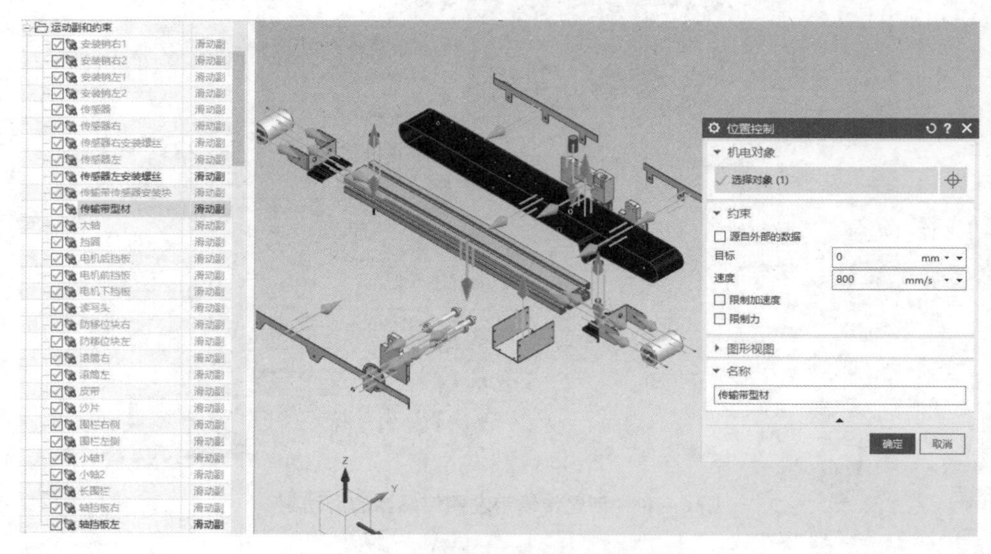

图 6－42　创建传输带型材的位置控制

（2）创建防位移块的位置控制。打开“位置控制”对话框，“机电对象”选择左侧防移位块的滑动副，“目标”输入“0”，“速度”输入“100”，“名称”输入“防移位块左”，其余保持默认选项，单击“确定”按钮。用同样的方式创建右侧防移位块的位置控制，“名称”输入“防移位块右”。

（3）创建轴挡板的位置控制。打开“位置控制”对话框，“机电对象”选择右侧轴挡板的滑动副，“目标”输入“0”，“速度”输入“100”，“名称”输入“轴挡板右”，其余保持默认选项，单击“确定”按钮。用同样的方式创建左侧轴挡板的位置控制，“名称”输入“轴挡板左”。

（4）创建滚筒的位置控制。打开“位置控制”对话框，“机电对象”选择右侧滚筒的滑动副，“目标”输入“0”，“速度”输入“200”，“名称”输入“滚筒右”，其余保持默认选项，单击“确定”按钮。用同样的方式创建左侧滚筒的位置控制，“名称”输入“滚筒左”。

（5）创建安装销的位置控制。打开“位置控制”对话框，“机电对象”选择右侧安装销 2 的滑动副，“目标”输入“0”，“速度”输入“250”，“名称”输入“安装销右 2”，其余保持默认选项，单击“确定”按钮。用同样的方式创建右侧安装销 1 和左侧两个安装销的位置控制，“名称”分别输入“安装销右 1”“安装销左 1”和“安装销左 2”。

（6）创建轴的位置控制。打开“位置控制”对话框，“机电对象”选择大轴的滑动副，“目标”输入“0”，“速度”输入“100”，“名称”输入“大轴”，其余保持默认选项，单击“确定”按钮。用同样的方式创建两个小轴的位置控制，“名称”分别输入“小轴 1”和“小轴 2”。

（7）创建电动机前、后挡板的位置控制。打开“位置控制对话框，“机电对象”选择电动机前挡板的滑动副，“目标”输入“0”，“速度”输入“300”，“名称”输入“电机前挡板”，其余保持默认选项，单击“确定”按钮。用同样的方式创建电动机后挡板的位置控制，“名称”输入“电机后挡板”。

（8）创建电动机下挡板的位置控制。打开“位置控制”对话框，“机电对象”选择电动机下挡板的滑动副，“目标”输入“0”，“速度”输入“100”，“名称”输入“电机下挡板”，其余保持默认选项，单击“确定”按钮。

（9）创建沙片的位置控制。打开“位置控制”对话框，“机电对象”选择沙片的滑动副，“目标”输入“0”，“速度”输入“50”，“名称”输入“沙片”，其余保持默认选项，单击“确定”按钮。

（10）创建挡圈的位置控制。打开“位置控制”对话框，“机电对象”选择挡圈的滑动副，“目标”输入“0”，“速度”输入“100”，“名称”输入“挡圈”，其余保持默认选项，单击“确定”按钮。

（11）创建皮带的位置控制。打开“位置控制”对话框，“机电对象”选择皮带的滑动副，“目标”输入“0”，“速度”输入“200”，“名称”输入“皮带”，其余保持默认选项，单击“确定”按钮。

（12）创建读写头的位置控制。打开“位置控制”对话框，“机电对象”选择读写头的滑动副，“目标”输入“0”，“速度”输入“50”，“名称”输入“读写头”，其余保持默认选项，单击“确定”按钮。

（13）创建传输带传感器安装块的位置控制。打开“位置控制”对话框，“机电对象”选择传输带传感器安装块的滑动副，“目标”输入“0”，“速度”输入“250”，“名称”输入“传输带传感器安装块”，其余保持默认选项，单击“确定”按钮。

（14）创建传感器的位置控制。打开“位置控制”对话框，“机电对象”选择传感器的滑动副，“目标”输入“0”，“速度”输入“100”，“名称”输入“传感器”，其余保持默认选项，单击“确定”按钮。

（15）创建一侧两个短围栏的位置控制。打开“位置控制”对话框，“机电对象”选择右侧短围栏的滑动副，“目标”输入“0”，“速度”输入“350”，“名称”输入“围栏右侧”，其余保持默认选项，单击“确定”按钮。用同样的方式创建左侧短围栏的位置控制，“名称”输入“围栏左侧”。

（16）创建另一侧长围栏的位置控制。打开“位置控制”对话框，“机电对象”选择长围栏的滑动副，“目标”输入“0”，“速度”输入“450”，“名称”输入“长围栏”，其余保持默认选项，单击“确定”按钮。

（17）创建传输带传感器的位置控制。打开“位置控制”对话框，“机电对象”选择传输带左侧传感器的滑动副，“目标”输入“0”，“速度”输入“50”，“名称”输入“传感器左”，其余保持默认选项，单击“确定”按钮。用同样的方式创建传输带右侧传感器的位置控制，“名称”输入“传感器右”。

（18）创建传输送传感器安装螺丝的位置控制。打开“位置控制”对话框，“机电对象”选择传输带传感器左安装螺丝的滑动副，“目标”输入“0”，“速度”输入“50”，“名称”输入“传感器左安装螺丝”，其余保持默认选项，单击“确定”按钮。用同样的方式创建传输带传感器右安装螺丝的位置控制，“名称”输入“传感器右安装螺丝”。

5. 创建仿真序列

（1）创建“传输带”分组。打开“序列编辑器”，在空白处单击鼠标右键，选择“创建组”命令，并双击将其重命名为“传输带”。

（2）创建防位移块的仿真序列。打开“仿真序列”对话框，“机电对象”选择右侧防位移块的位置控制，勾选“运行时参数”的“位置”复选框并将“值”更改为“100”，“名称”输入“防位移块右”，其余保持默认选项，单击“确定”按钮，如图 6－43 所示（注意：创建仿真序列时，只需要为指定的位置控制输入相应的位置值，因此图示基本相同，本任务后续的仿真序列均不附图）。用同样的方式创建左侧防位移块的仿真序列。

图 6－43　创建防位移块右的仿真序列

（3）创建右侧轴挡板的仿真序列。打开“仿真序列”对话框，“机电对象”选择右侧轴挡板的位置控制，勾选“运行时参数”的“位置”复选框并将“值”更改为“100”，“名称”输入“轴挡板右”，其余保持默认选项，单击“确定”按钮。

（4）创建右侧滚筒的仿真序列。打开“仿真序列”对话框，“机电对象”选择右侧滚筒的位置控制，勾选“运行时参数”的“位置”复选框并将“值”更改为“200”，“名称”输入“滚筒右”，其余保持默认选项，单击“确定”按钮。

（5）创建安装销的仿真序列。打开“仿真序列”对话框，“机电对象”选择右侧安装销 1 的位置控制，勾选“运行时参数”的“位置”复选框并将“值”更改为“100”，“名称”输入“安装销右 1”，其余保持默认选项，单击“确定”按钮。用同样的方式创建右侧安装销 2 的仿真序列。

（6）按照步骤（3）～（5）创建“轴挡板左”“滚筒左”“安装销左 2”和“安装销左 1”仿真序列。

（7）创建轴的仿真序列。打开“仿真序列”对话框，“机电对象”选择小轴 1 的位置控制，勾选“运行时参数”的“位置”复选框并将“值”更改为“100”，“名称”输入“小轴 1”，其余保持默认选项，单击“确定”按钮。用同样的方式创建小轴 2 和大轴的仿真序列。

（8）创建沙片的仿真序列。打开“仿真序列”对话框，“机电对象”选择沙片的位置控制，勾选“运行时参数”的“位置”复选框并将“值”更改为“50”，“名称”输入“沙片”，其余保持默认选项，单击“确定”按钮。

（9）创建挡圈的仿真序列。打开“仿真序列”对话框，“机电对象”选择挡圈的位置控制，勾选“运行时参数”的“位置”复选框并将“值”更改为“100”，“名称”输入“挡圈”，其余保持默认选项，单击“确定”按钮。

（10）创建电动机前挡板的仿真序列。打开“仿真序列”对话框，“机电对象”选择电动机前挡板的位置控制，勾选“运行时参数”的“位置”复选框并将“值”更改为“300”，“名称”输入“电机前挡板”，其余保持默认选项，单击“确定”按钮。

（11）创建皮带的仿真序列。打开“仿真序列”对话框，“机电对象”选择皮带的位置控制，勾选“运行时参数”的“位置”复选框并将“值”更改为“200”，“名称”输入“皮带”，其余保持默认选项，单击“确定”按钮。

（12）创建电动机后挡板的仿真序列。打开“仿真序列”对话框，“机电对象”选择电动机后挡板的位置控制，勾选“运行时参数”的“位置”复选框并将“值”更改为“250”，“名称”输入“电机后挡板”，其余保持默认选项，单击“确定”按钮。

（13）创建电动机下挡板的仿真序列。打开“仿真序列”对话框，“机电对象”选择电动机下挡板的位置控制，勾选“运行时参数”的“位置”复选框并将“值”更改为“100”，“名称”输入“电机下挡板”，其余保持默认选项，单击“确定”按钮。

（14）创建读写头的仿真序列。打开“仿真序列”对话框，“机电对象”选择读写头的位置控制，勾选“运行时参数”的“位置”复选框并将“值”更改为“50”，“名称”输入“读写头”，其余保持默认选项，单击“确定”按钮。

（15）创建传感器的仿真序列。打开“仿真序列”对话框，“机电对象”选择传感器的位置控制，勾选“运行时参数”的“位置”复选框并将“值”更改为“100”，“名称”输入“传感器”，其余保持默认选项，单击“确定”按钮。

（16）创建传输带传感器安装块的仿真序列。打开“仿真序列”对话框，“机电对象”选择传输带传感器安装块的位置控制，勾选“运行时参数”的“位置”复选框并将“值”更改为“250”，“名称”输入“传输带传感器安装块”，其余保持默认选项，单击“确定”按钮。

（17）创建一侧两个短围栏的仿真序列。打开“仿真序列”对话框，“机电对象”选择右侧短围栏的位置控制，勾选“运行时参数”的“位置”复选框并将“值”更改为“350”，“名称”输入“围栏右侧”，其余保持默认选项，单击“确定”按钮。用同样的方式创建左侧短围栏的仿真序列。

（18）创建传输带传感器及安装螺丝的仿真序列。打开“仿真序列”对话框，“机电对象”选择传输带右侧传感器的位置控制，勾选“运行时参数”的“位置”复选框并将“值”更改为“50”，“名称”输入“传感器右”，其余保持默认选项，单击“确定”按钮。用同样的方式创建“传感器右安装螺丝”“传感器左”“传感器左安装螺丝”仿真序列。

（19）创建长围栏的仿真序列。打开“仿真序列”对话框，“机电对象”选择长围栏的位置控制，勾选“运行时参数”的“位置”复选框并将“值”更改为“450”，“名称”输入“长围栏”，其余保持默认选项，单击“确定”按钮。

（20）创建传输带组装动作的链接器。选择“传输带”分组中的所有仿真序列，单击鼠标右键，选择“创建链接器”命令，创建结果如图 6-44 所示。

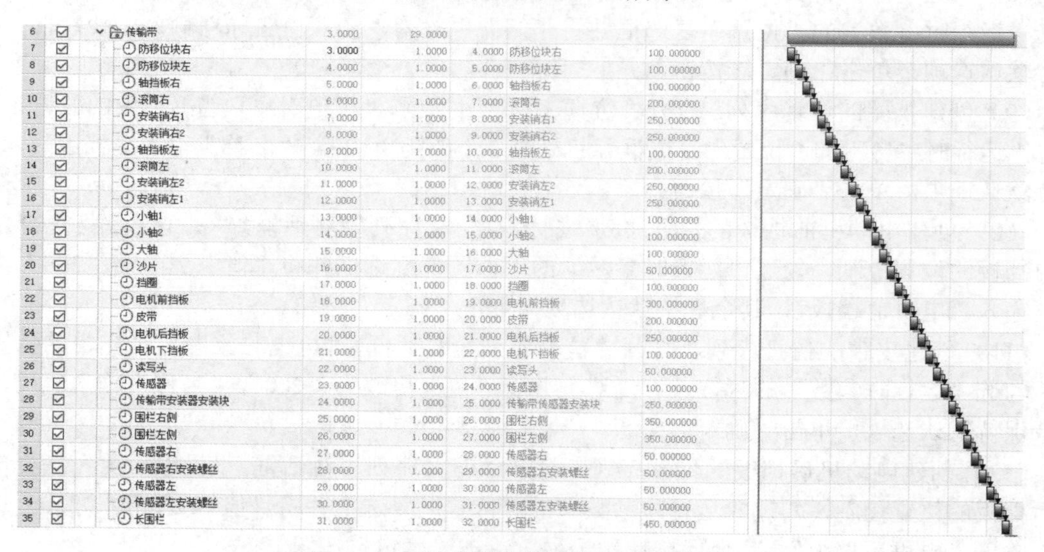

图 6-44　创建传输带组装动作的链接器

6.4.4　支架机构的组装

1. 模型的显示与隐藏

（1）模型的隐藏。打开“装配导航器”，单击“传输带装配体”前面的红色“ √ ”符号，这时“ √ ”符号会变成灰色，同时隐藏传输带装配图中的所有模型。

（2）模型的显示。在“装配导航器”中，单击“支架机构”前面的灰色“ √ ”符号，这时“ √ ”符号会变成红色，同时显示支架机构装配图中的所有模型，如图 6-45 所示。

2. 创建刚体

（1）打开“装配导航器”。

（2）创建图 6－46 所示的刚体，名称分别为“安装支架”和“展示牌”。

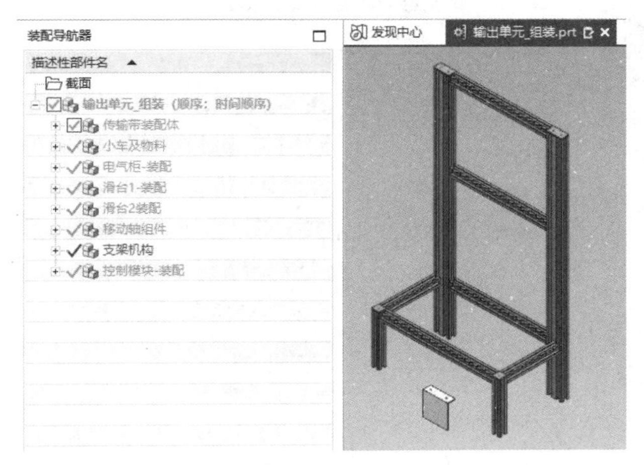

图 6－45　显示支架机构装配图中的所有模型

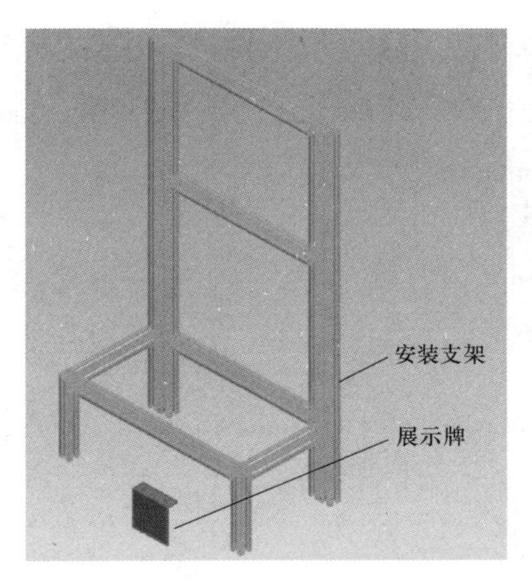

图 6－46　创建支架机构的刚体

3. 创建滑动副

（1）创建安装支架的滑动副。打开“基本运动副”对话框，运动副类型选择“滑动副”，“选择连接体”选择安装支架的刚体，“指定轴矢量”选择图 6－47 所示的矢量方向，“名称”输入“安装支架”，其余保持默认选项，单击“确定”按钮。

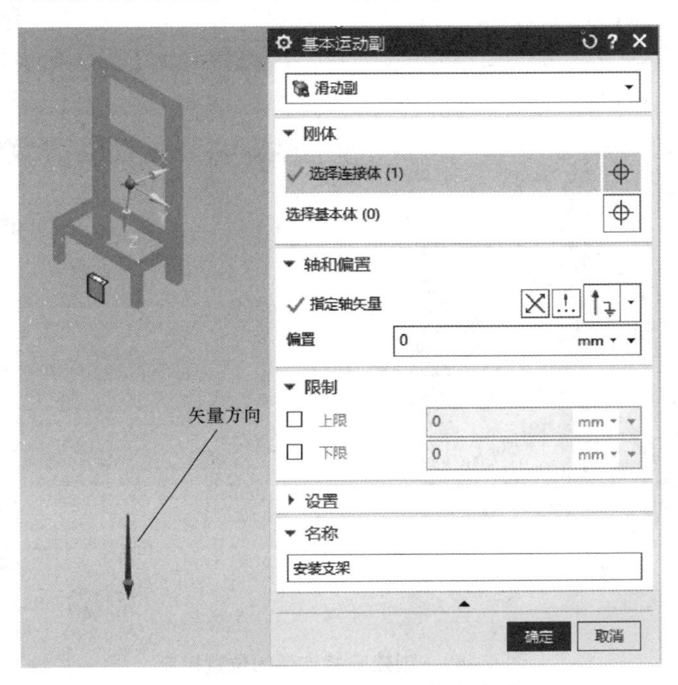

图 6－47　创建安装支架的滑动副

（2）创建展示牌的滑动副。打开“基本运动副”对话框，“选择连接体”选择展示牌的刚体，“选择基本体”选择安装支架的刚体，“指定轴矢量”选择图 6－48 所示的矢量方向，“名称”输入“展示牌”，其余保持默认选项，单击“确定”按钮。

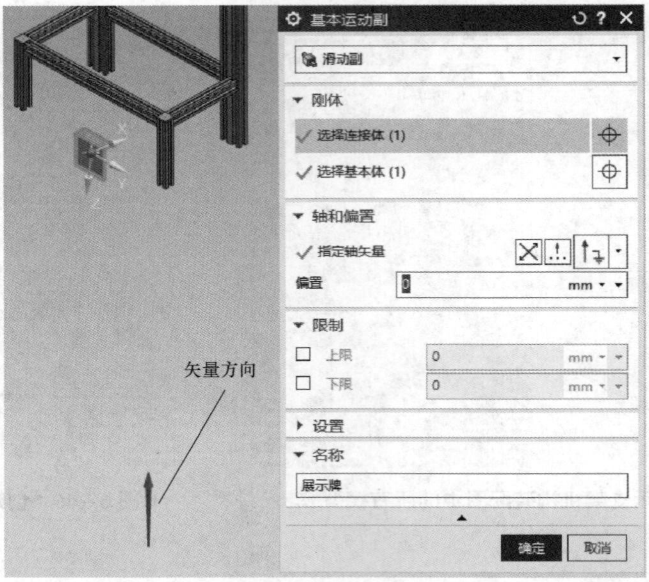

图 6-48 创建展示牌的滑动副

4. 创建位置控制

（1）创建安装支架的位置控制。打开“位置控制”对话框，“机电对象”选择安装支架的滑动副，“目标”输入“0”，“速度”输入“1200”，“名称”输入“安装支架”，其余保持默认选项，单击“确定”按钮，如图 6-49 所示。

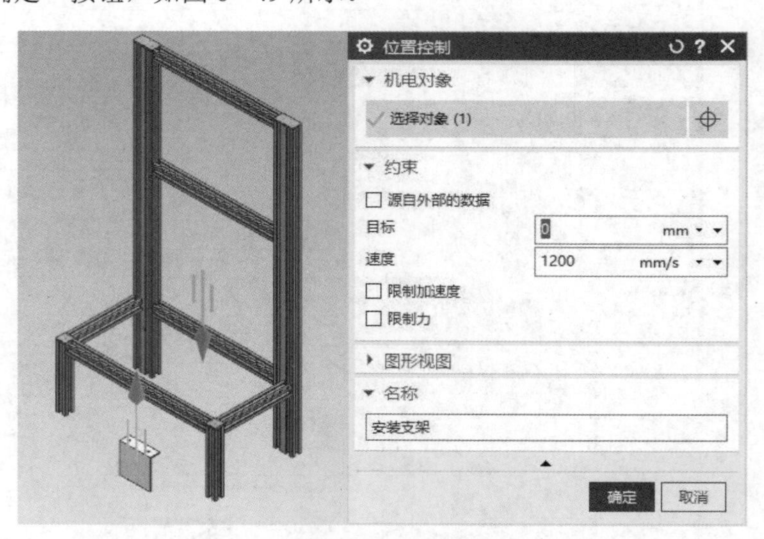

图 6-49 创建安装支架的位置控制

（2）创建展示牌的位置控制。打开“位置控制”对话框，“机电对象”选择展示牌的滑动副，“目标”输入“0”，“速度”输入“100”，“名称”输入“展示牌”，其余保持默认选项，单击“确定”按钮，如图 6-50 所示。

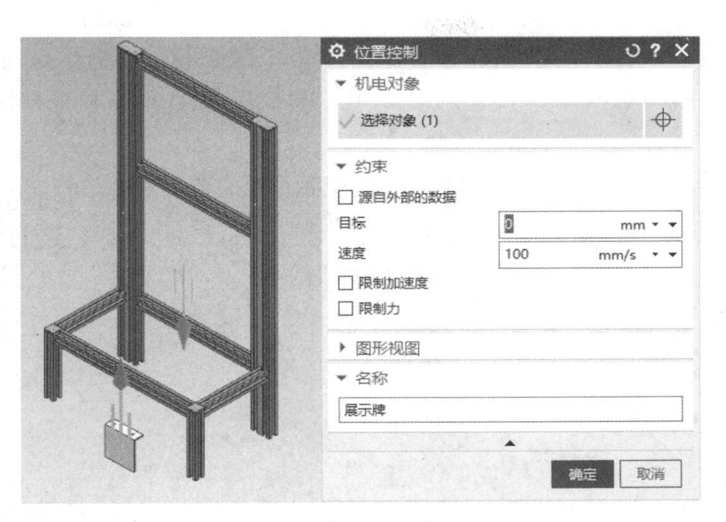

图 6－50　创建展示牌的位置控制

5. 创建仿真序列

（1）创建“支架机构”分组。打开“序列编辑器”，在空白处单击鼠标右键选择“创建组”命令，并双击将其重命名为“支架机构”。

（2）创建展示牌的仿真序列。打开“仿真序列”对话框，“机电对象”选择展示牌的位置控制，勾选“运行时参数”的“位置”复选框并将“值”更改为“100”，“名称”输入“展示牌”，其余保持默认选项，单击“确定”按钮，如图 6－51 所示。

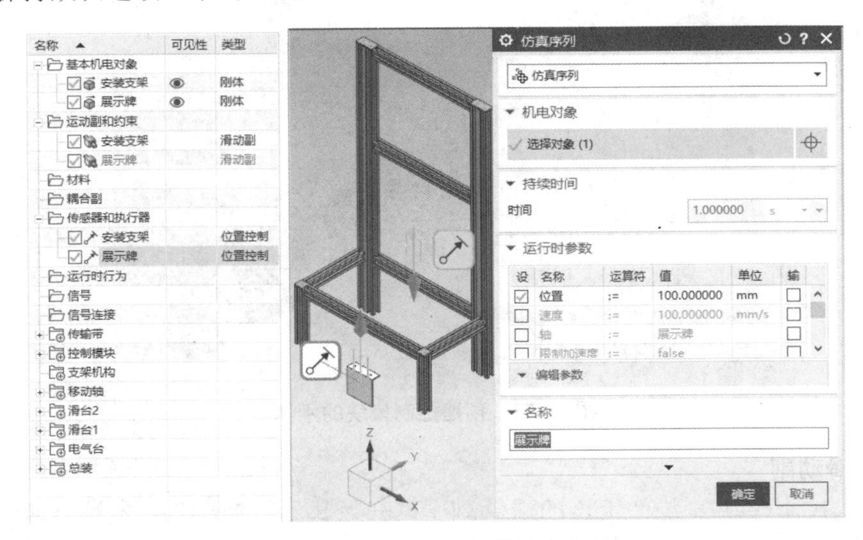

图 6－51　创建展示牌的仿真序列

6.4.5　控制模块的组装

1. 模型的显示与隐藏

（1）模型的隐藏。打开“装配导航器”，单击“支架机构”前面的红色“ √ ”符号，这时“ √ ”符号会变成灰色，同时隐藏支架机构装配图中的所有模型。

（2）模型的显示。在“装配导航器”中，单击“控制模块－装配”前面的灰色“√”符号，这时“√”符号会变成红色，同时显示控制模块装配图中的所有模型，如图6－52所示。

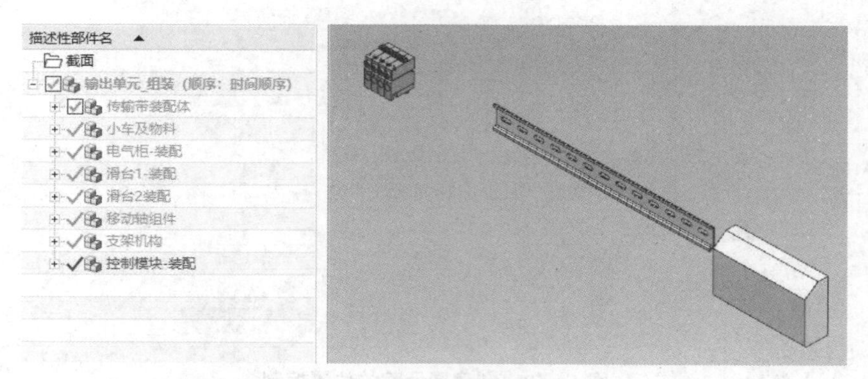

图6－52　显示控制模块装配图中的所有模型

2. 创建刚体

（1）打开“机电导航器”。

（2）创建图6－53所示的刚体，名称分别为“阀组”“IO模块”和“控制模块安装件钣金”。

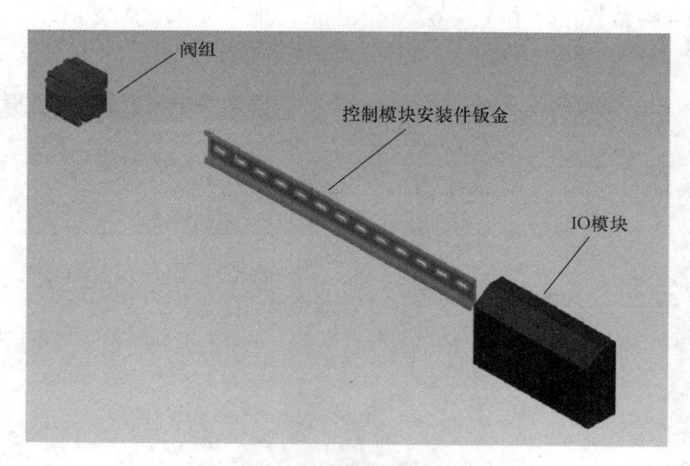

图6－53　创建控制模块的刚体

3. 创建滑动副

（1）创建控制模块安装件钣金的滑动副。打开“基本运动副”对话框，运动副类型选择“滑动副”，“选择连接体”选择控制模块安装件钣金的刚体，“指定轴矢量”选择图6－54所示的矢量方向，“名称”输入“控制模块安装件钣金”，其余保持默认选项，单击“确定”按钮。

（2）创建IO模块和阀组的滑动副。打开“基本运动副”对话框，“选择连接体”选择IO模块的刚体，“选择基本体”选择控制模块安装件钣金的刚体，“指定轴矢量”选择图6－55所示的矢量方向，“名称”输入“IO模块”，其余保持默认选项，单击“确定”按钮。用同样的方式创建阀组的滑动副，“名称”输入“阀组”，矢量方向与IO模块相反。

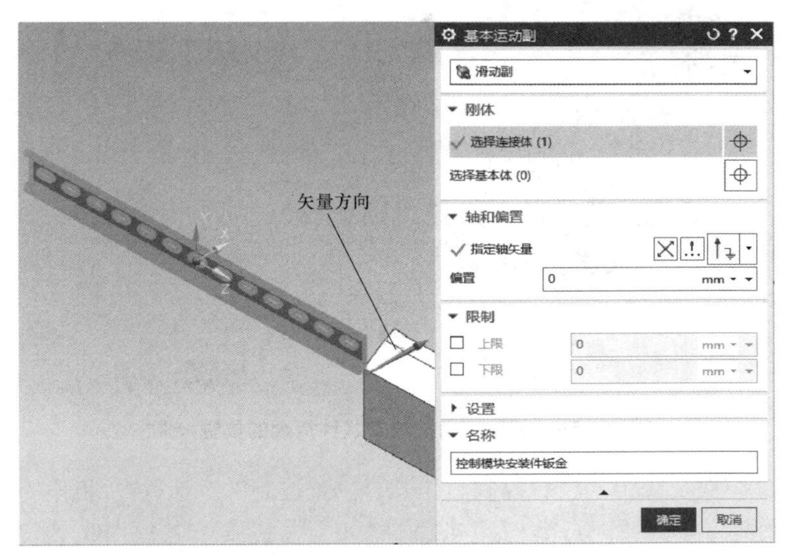

图 6－54　创建控制模块安装件钣金的滑动副

图 6－55　创建 IO 模块的滑动副

4. 创建位置控制

（1）创建控制模块安装件钣金的位置控制。打开“位置控制”对话框，“机电对象”选择控制模块安装件钣金的滑动副，“目标”输入“0”，“速度”输入“200”，“名称”输入“控制模块安装件钣金”，其余保持默认选项，单击“确定”按钮，如图 6－56 所示。

图 6-56　创建控制模块安装件钣金的位置控制

（2）创建 IO 模块及阀组的位置控制。打开“位置控制”对话框，“机电对象”选择 IO 模块的滑动副，“目标”输入“0”，“速度”输入“200”，“名称”输入“IO 模块”，其余保持默认选项，单击“确定”按钮，如图 6-57 所示。用同样的方式创建阀组的位置控制，“名称”输入“阀组”。

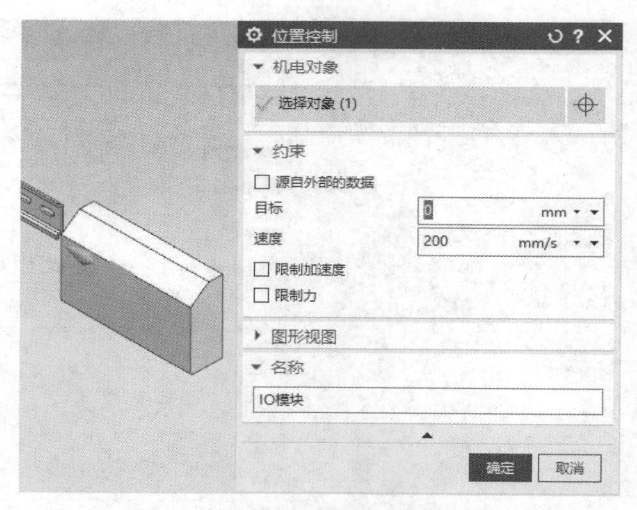

图 6-57　创建 IO 模块的位置控制

5. 创建仿真序列

（1）创建“控制模块”分组。打开“序列编辑器”，在空白处单击鼠标右键，选择“创建组”命令，并双击将其重命名为“控制模块”。

（2）创建 IO 模块的仿真序列。打开“仿真序列”对话框，“机电对象”选择 IO 模块的位置控制，勾选“运行时参数”的“位置”复选框并将“值”更改为“200”，“名称”输入“IO 模块”，其余保持默认选项，单击“确定”按钮。用同样的方式创建阀组的仿真序列。

（3）创建控制模块组装动作的链接器。选择“控制模块”分组中的所有仿真序列，单击鼠标右键，选择“创建链接器”命令，创建结果如图 6－58 所示。

38	☑	控制模块	33.0000	2.0000		
39	☑	IO模块	33.0000	1.0000	34.0000	IO模块
40	☑	阀组	34.0000	1.0000	35.0000	阀组

图 6－58　创建控制模块组装动作的链接器

6.4.6　滑台的组装

1. 模型的显示与隐藏

（1）模型的隐藏。打开“装配导航器”，单击“控制模块－装配”前面的红色“ √ ”符号，这时“ √ ”符号会变成灰色，同时隐藏控制模块配图中的所有模型。

（2）模型的显示。在“装配导航器”中，单击“滑台 1－装配”前面的灰色“ √ ”符号，这时“ √ ”符号会变成红色，同时显示滑台 1 装配图中的所有模型，如图 6－59 所示。

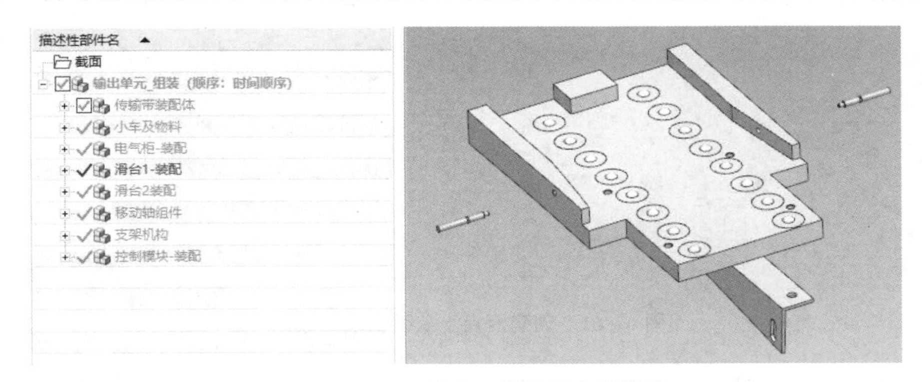

图 6－59　显示滑台 1 装配图中的模型

2. 创建刚体

（1）打开“机电导航器”。

（2）创建图 6－60 所示的刚体，名称分别为“滑台 1”“滑台 1 安装板”“滑台 1 传感器右”和“滑台 1 传感器左”。

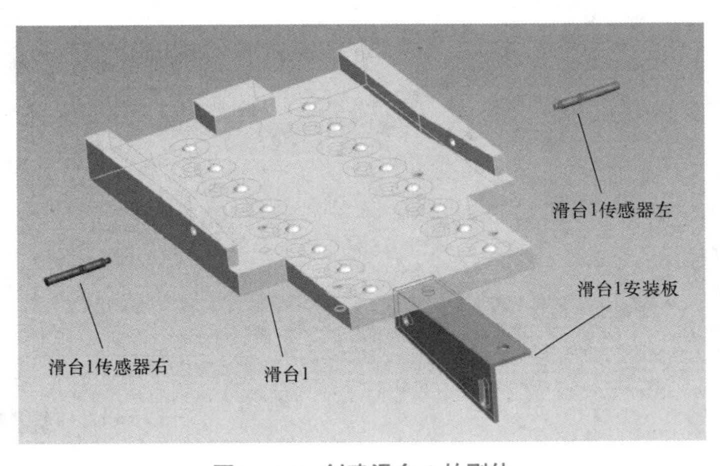

图 6－60　创建滑台 1 的刚体

3. 创建滑动副

（1）创建滑台 1 安装板的滑动副。打开“基本运动副”对话框，“选择连接体”选择滑台 1 安装板的刚体，“指定轴矢量”选择图 6－61 所示的矢量方向，“名称”输入“滑台 1 安装板”，其余保持默认选项，单击“确定”按钮。

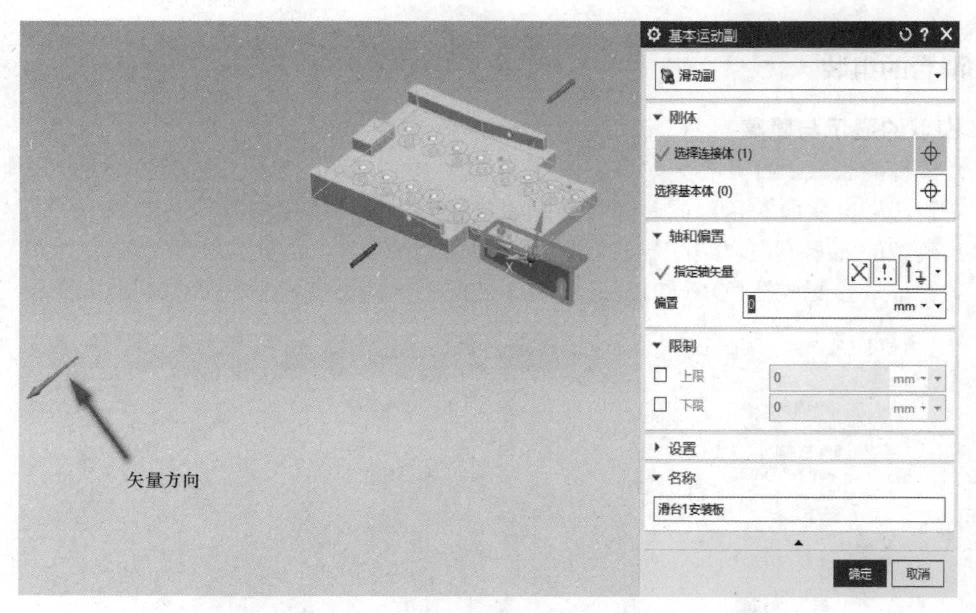

图 6－61　创建滑台 1 安装板的滑动副

（2）创建滑台 1 的滑动副。打开“基本运动副”对话框，运动副类型选择“滑动副”，“选择连接体”选择滑台 1 的刚体，“选择基本体”选择滑台 1 安装板的刚体，“指定轴矢量”选择图 6－62 所示的矢量方向，“名称”输入“滑台 1”，其余保持默认选项，单击“确定”按钮。

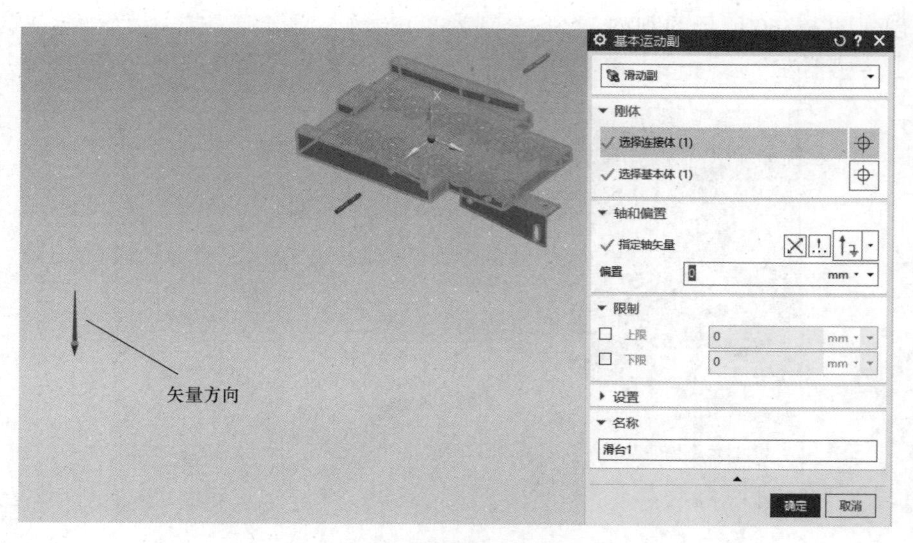

图 6－62　创建滑台 1 的滑动副

（3）创建滑台 1 传感器的滑动副。打开“基本运动副”对话框，“选择连接体”选择滑台 1 传感器右的刚体，“选择基本体”选择滑台 1 安装板的刚体，“指定轴矢量”选择图 6－63 所示的矢量方向，“名称”输入“滑台 1 传感器右”，其余保持默认选项，单击“确定”按钮。用同样的方式创建滑台 1 传感器左的滑动副，“名称”输入“滑台 1 传感器左”，矢量方向与滑台 1 传感器右相反。

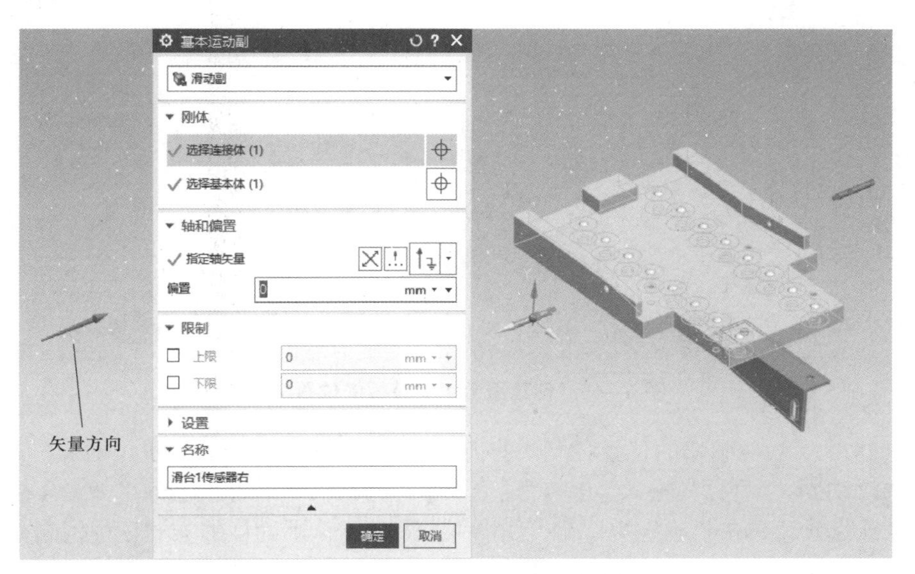

图 6－63　创建滑台 1 传感器右的滑动副

4. 创建位置控制

（1）创建滑台 1 的位置控制。打开“位置控制”对话框，“机电对象”选择滑台 1 的滑动副，“目标”输入“0”，“速度”输入“50”，“名称”输入“滑台 1”，其余保持默认选项，单击“确定”按钮，如图 6－64 所示。

图 6－64　创建滑台 1 的位置控制

（2）创建滑台 1 安装板的位置控制。打开“位置控制”对话框，“机电对象”选择滑台 1

安装板的滑动副，“目标”输入“0”，“速度”输入“400”，“名称”输入“滑台 1 安装板”，其余保持默认选项，单击“确定”按钮，如图 6－65 所示。

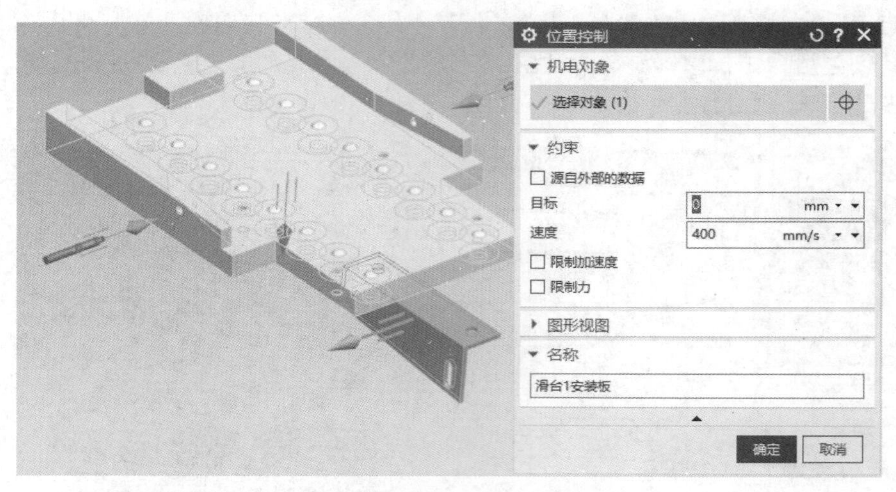

图 6－65　创建滑台 1 安装板的位置控制

（3）创建滑台 1 传感器的位置控制。打开“位置控制”对话框，“机电对象”选择滑台 1 传感器右的滑动副，“目标”输入“0”，“速度”输入“50”，“名称”输入“滑台 1 传感器右”，其余保持默认选项，单击“确定”按钮，如图 6－66 所示。用同样的方式创建滑台 1 传感器左的位置控制，“名称”输入“滑台 1 传感器左”。

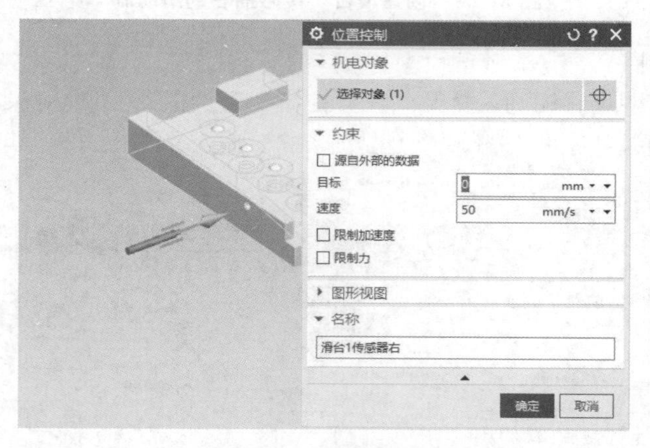

图 6－66　创建滑台 1 传感器右的位置控制

5. 创建仿真序列

（1）创建“滑台 1”分组。打开“序列编辑器”，在空白处单击鼠标右键，选择“创建组”命令，并双击将其重命名为“滑台 1”。

（2）创建滑台 1 传感器的仿真序列。打开“仿真序列”对话框，“机电对象”选择滑台 1 传感器左的位置控制，勾选“运行时参数”的“位置”复选框并将“值”更改为“50”，“名称”输入“滑台 1 传感器左”，其余保持默认选项，单击“确定”按钮，如图 6－67 所示。用同样的方式创建滑台 1 传感器右和滑台 1 的仿真序列。

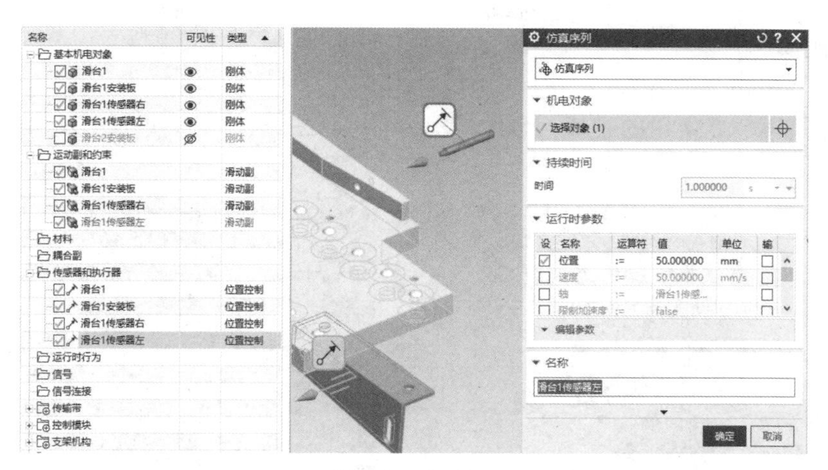

图 6-67　创建滑台 1 传感器左的仿真序列

（3）创建滑台 1 组装动作的链接器。选择“滑台 1”分组中的所有仿真序列，单击鼠标右键，选择“创建链接器”命令，创建结果如图 6-68 所示。

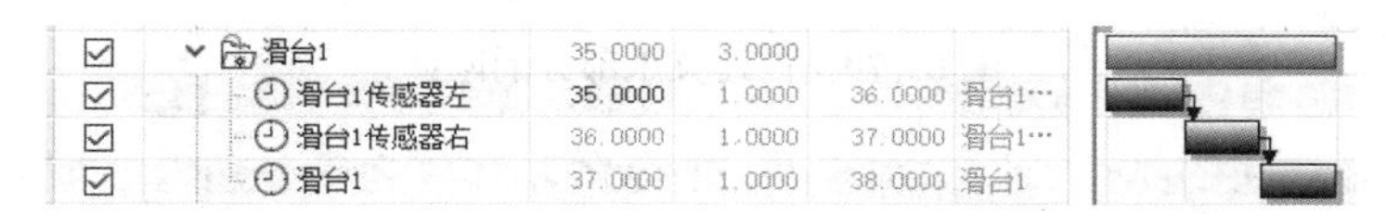

图 6-68　创建滑台 1 组装动作的链接器

6. 创建滑台 2 的虚拟仿真

因为滑台 2 和滑台 1 的结构相同，只是位置相反，所以其创建过程中可参照上述步骤，这里不再赘述。

6.4.7　移动轴的组装

1. 模型的显示与隐藏

（1）模型的隐藏。打开“装配导航器”，单击“滑台 2 装配”前面的红色“ √ ”符号，这时“ √ ”符号会变成灰色，同时隐藏滑台 2 装配图中的所有模型。

（2）模型的显示。在“装配导航器”中，单击“移动轴组件”前面的灰色“ √ ”符号，这时“ √ ”符号会变成红色，同时显示移动轴组件装配图中的所有模型，如图 6-69 所示。

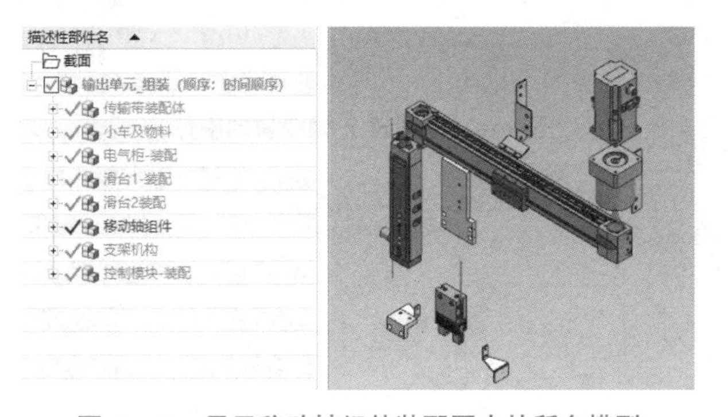

图 6-69　显示移动轴组件装配图中的所有模型

2. 创建刚体

（1）打开“机电导航器”。

（2）创建图 6－70 所示的刚体，名称分别为“夹爪安装板”“夹爪气缸”“夹爪 1”和“夹爪 2”。

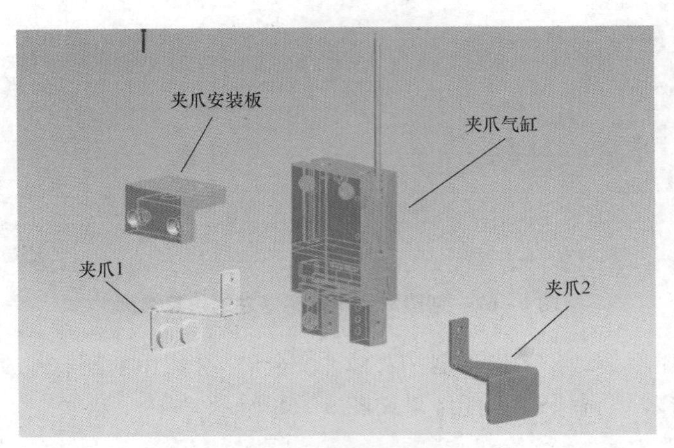

图 6－70　创建夹爪部分的刚体

（3）创建 Z 轴模块的刚体。创建图 6－71 所示的刚体，名称分别为“Z 轴组件”和“Z 轴安装板”。

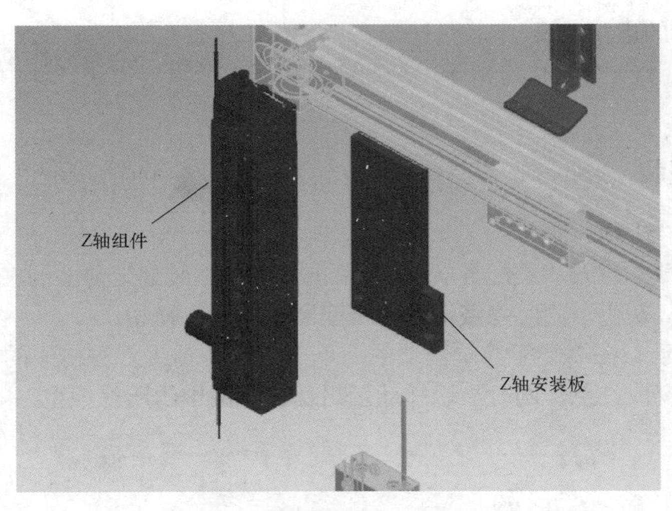

图 6－71　创建 Z 轴模块的刚体

（4）创建 X 轴模块的刚体。创建图 6－72 所示的刚体，名称分别为“X 轴组件”“轴限位板”“X 轴电机”“X 轴减速器”“螺丝”和“X 轴安装板”。

3. 创建滑动副

（1）创建夹爪的滑动副。打开“基本运动副”对话框，运动副类型选择“滑动副”，“选择连接体”选择夹爪 1 的刚体，“选择基本体”选择夹爪气缸的刚体，“指定轴矢量”选择图 6－73 所示的矢量方向，“名称”输入“夹爪 1”，其余保持默认选项，单击“确定”按钮。用同样的方式创建夹爪 2 的滑动副，“名称”输入“夹爪 2”，矢量方向与夹爪 1 相反。

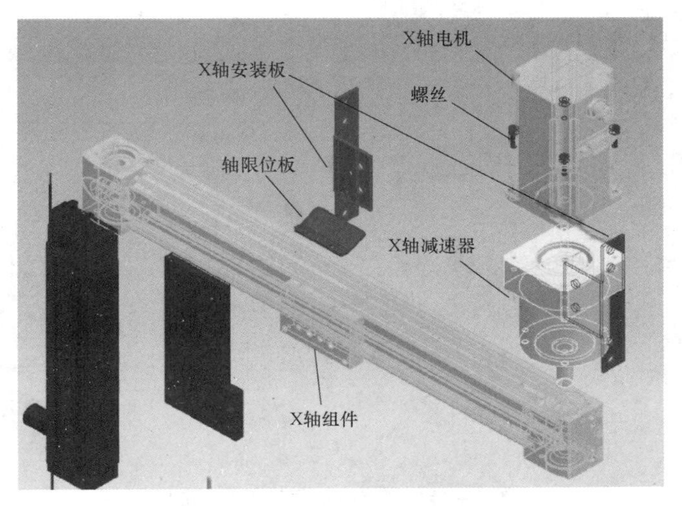

图 6－72　创建 X 轴模块的刚体

（2）创建夹爪气缸的滑动副。打开“基本运动副”对话框，“选择连接体”选择夹爪气缸的刚体，“选择基本体”选择夹爪安装板的刚体，“指定轴矢量”选择图 6－74 所示的矢量方向，“名称”输入“夹爪气缸”，其余保持默认选项，单击“确定”按钮。

图 6－73　创建夹爪 1 的滑动副

（3）创建夹爪安装板的滑动副。打开“基本运动副”对话框，“选择连接体”选择夹爪安装板的刚体，“选择基本体”选择 Z 轴组件的刚体，“指定轴矢量”选择图 6－75 所示的矢量方向，“名称”输入“夹爪安装板”，其余保持默认选项，单击“确定”按钮。

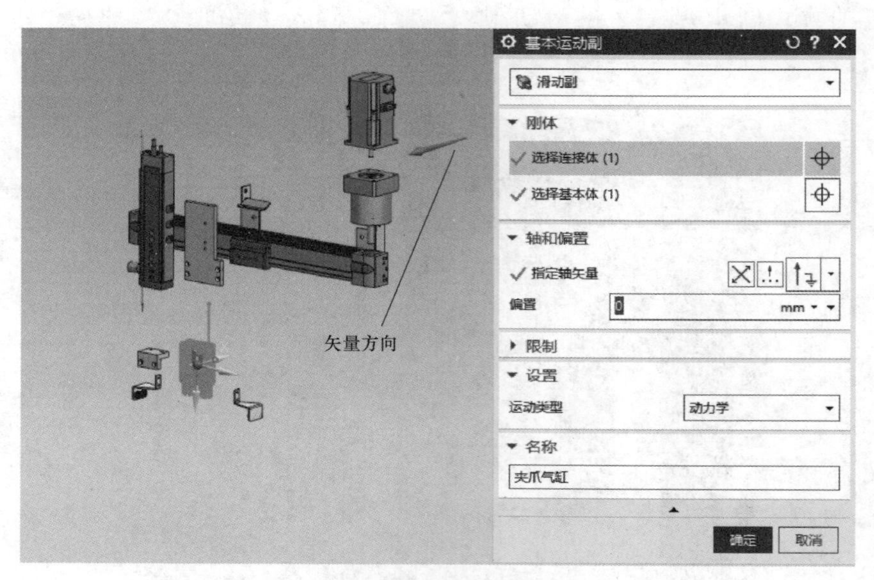

图 6-74　创建夹爪气缸的滑动副

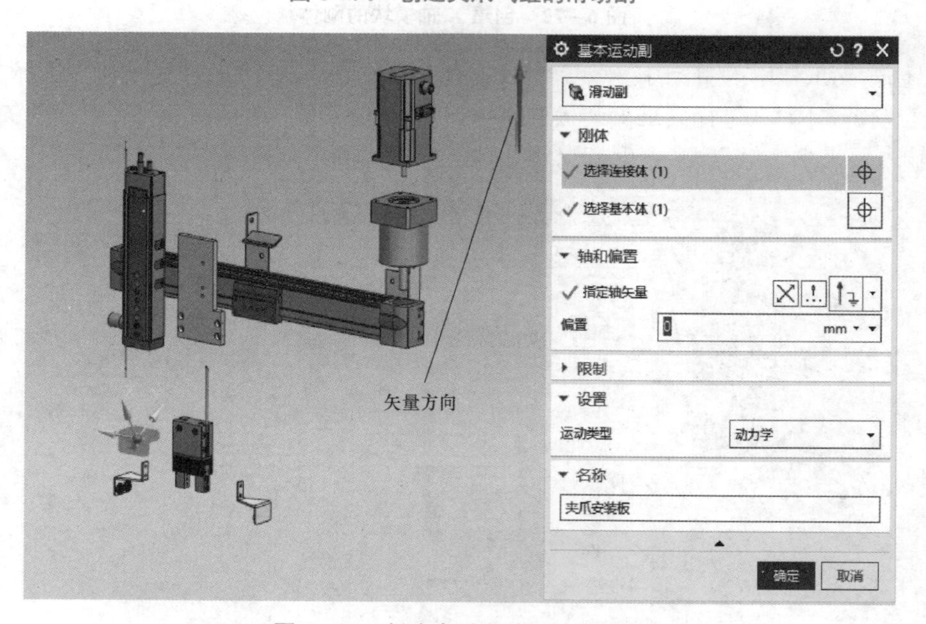

图 6-75　创建夹爪安装板的滑动副

（4）创建 Z 轴组件的滑动副。打开“基本运动副”对话框，“选择连接体”选择 Z 轴组件的刚体，“选择基本体”选择 Z 安装板的刚体，“指定轴矢量”选择图 6-76 所示的矢量方向，“名称”输入“Z 轴组件”，其余保持默认选项，单击“确定”按钮。

（5）创建轴限位板的滑动副。打开“基本运动副”对话框，“选择连接体”选择轴限位板的刚体，“选择基本体”选择 X 轴组件的刚体，“指定轴矢量”选择图 6-77 所示的矢量方向，“名称”输入“轴限位板”，其余保持默认选项，单击“确定”按钮。

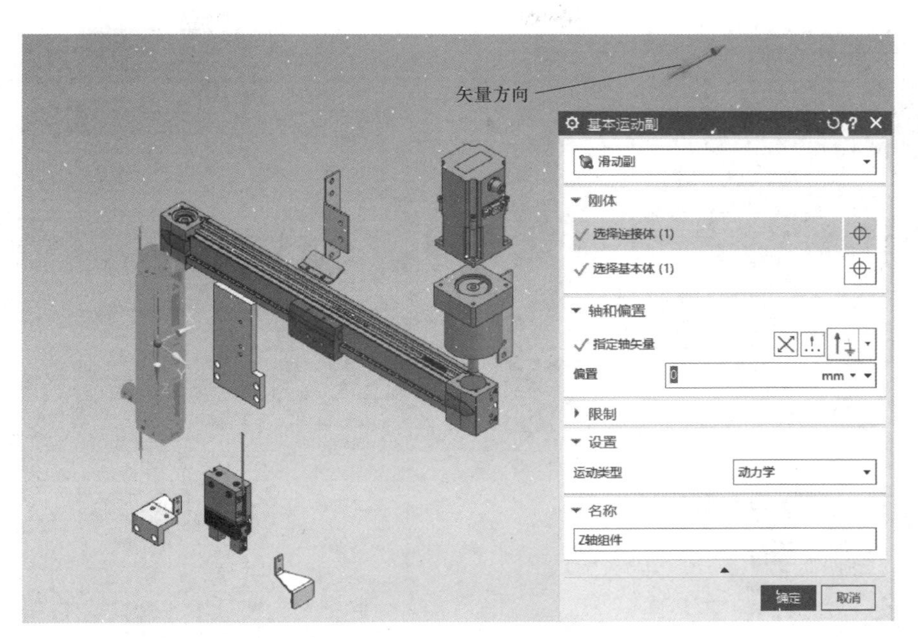

图 6-76　创建 Z 轴组件的滑动副

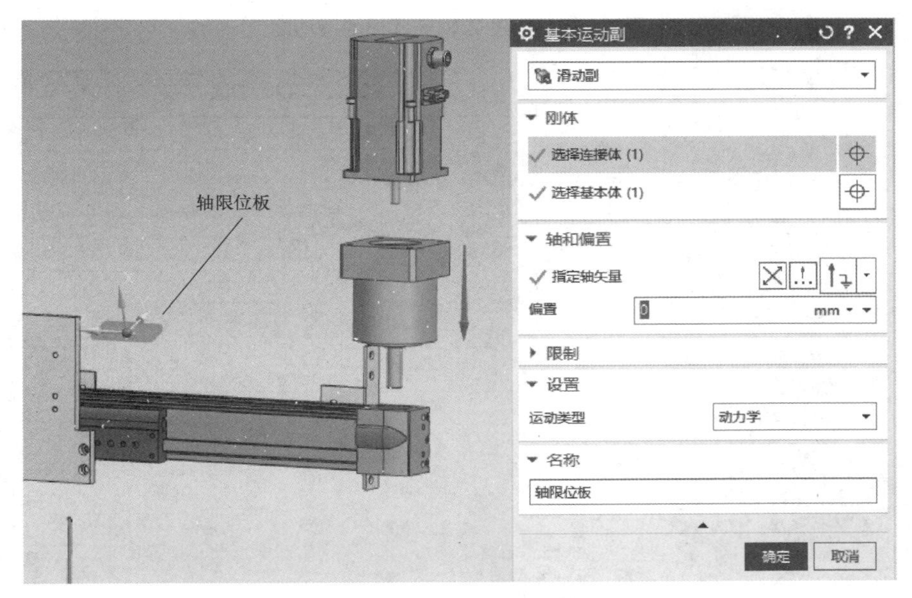

图 6-77　创建轴限位板的滑动副

（6）创建 Z 轴安装板的滑动副。打开“基本运动副”对话框，“选择连接体”选择 Z 轴安装板的刚体，“选择基本体”选择 X 轴组件的刚体，“指定轴矢量”选择图 6-78 所示的矢量方向，“名称”输入“Z 轴安装板”，其余保持默认选项，单击“确定”按钮。

（7）创建 X 轴电动机的滑动副。打开“基本运动副”对话框，“选择连接体”选择 X 轴电动机的刚体，“选择基本体”选择 X 轴减速器的刚体，“指定轴矢量”选择图 6-79 所示的矢量方向，“名称”输入“X 轴电机”，其余保持默认选项，单击“确定”按钮。

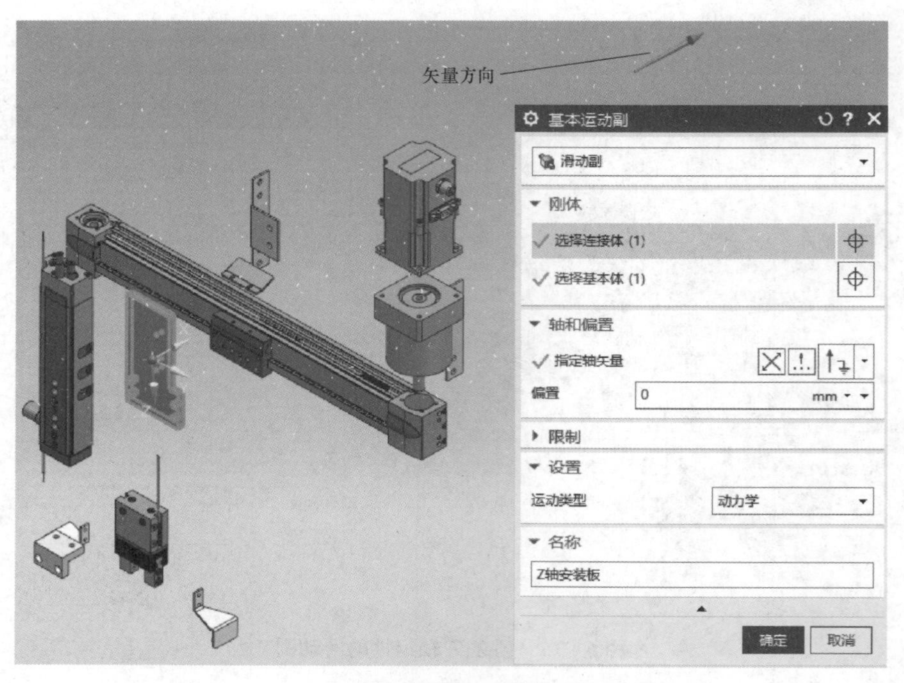

图 6-78　创建 Z 轴安装板的滑动副

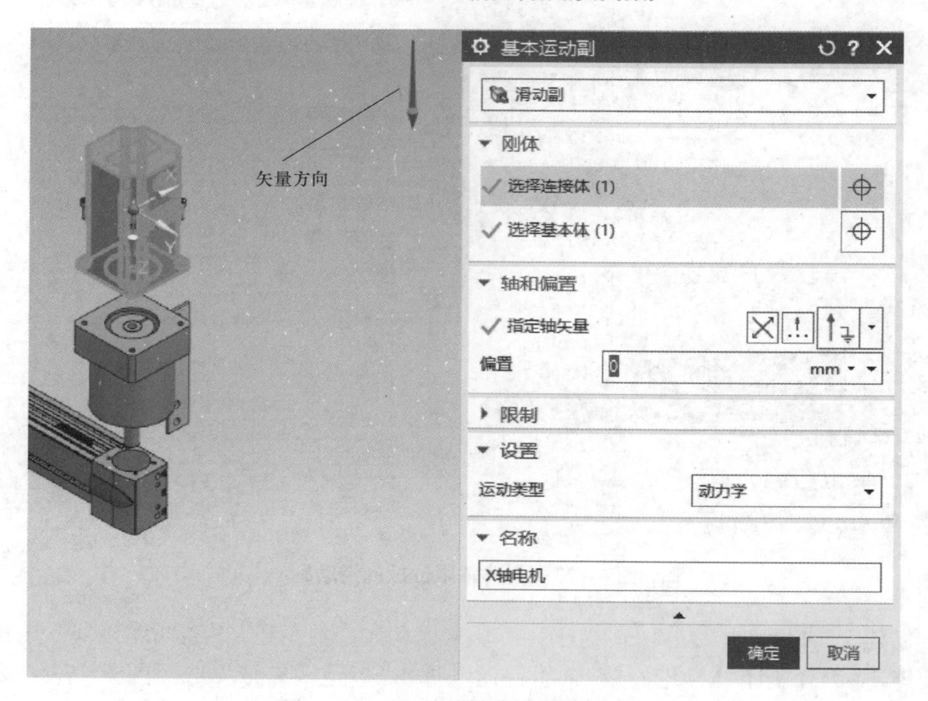

图 6-79　创建 X 轴电动机的滑动副

（8）创建螺丝的滑动副。打开“基本运动副”对话框，“选择连接体”选择螺丝的刚体，“选择基本体”选择 X 轴减速器的刚体，“指定轴矢量”选择图 6-80 所示的矢量方向，“名称”输入“螺丝”，其余保持默认选项，单击“确定”按钮。

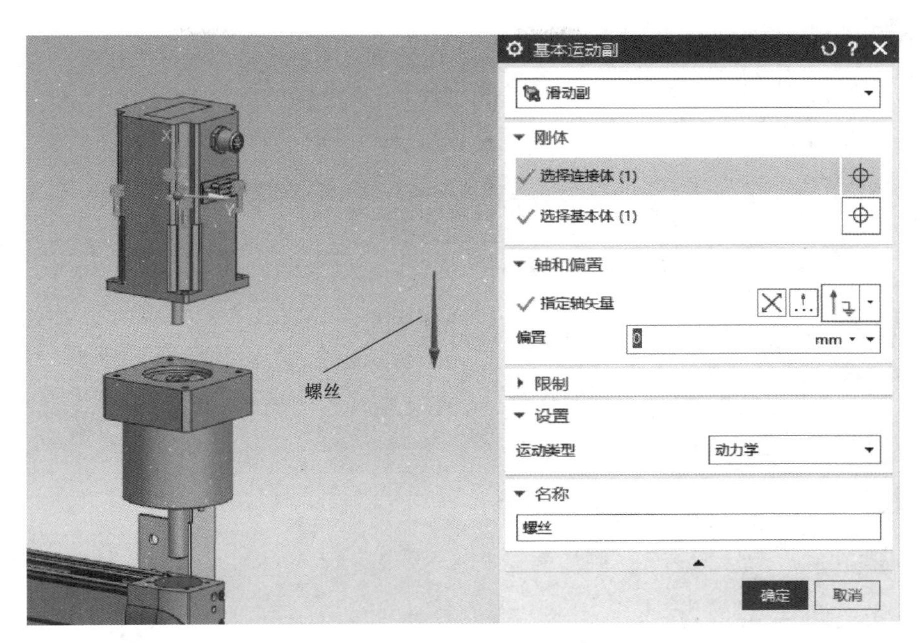

图 6-80 创建螺丝的滑动副

（9）创建 X 轴减速器的滑动副。打开“基本运动副”对话框，“选择连接体”选择 X 轴减速器的刚体，“选择基本体”选择 X 轴组件的刚体，“指定轴矢量”选择图 6-81 所示的矢量方向，“名称”输入“X 轴减速器”，其余保持默认选项，单击“确定”按钮。

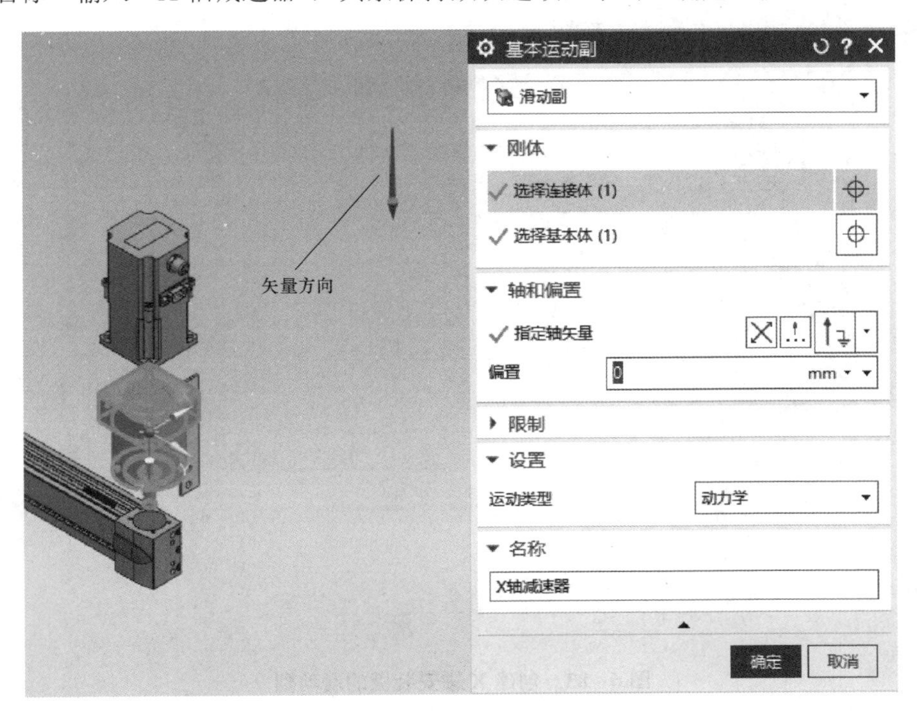

图 6-81 创建 X 轴减速器的滑动副

（10）创建 X 轴组件的滑动副。打开“基本运动副”对话框，“选择连接体”选择 X 轴组件的刚体，“选择基本体”选择 X 轴安装板的刚体，“指定轴矢量”选择图 6－82 所示的矢量方向，“名称”输入“X 轴组件”，其余保持默认选项，单击“确定”按钮。

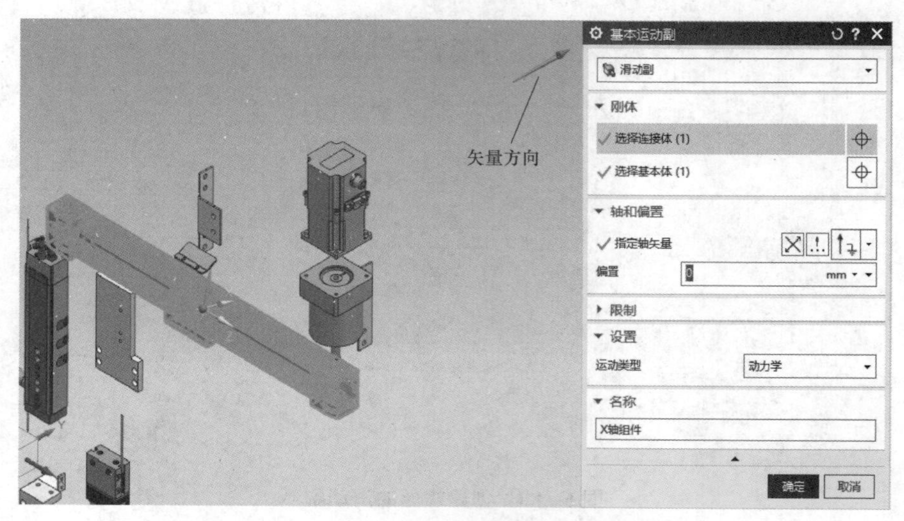

图 6－82　创建 X 轴组件的滑动副

（11）创建 X 轴安装板的滑动副。打开“基本运动副”对话框，“选择连接体”选择 X 轴安装板的刚体，“指定轴矢量”选择图 6－83 所示的矢量方向，“名称”输入“X 轴安装板”，其余保持默认选项，单击“确定”按钮。

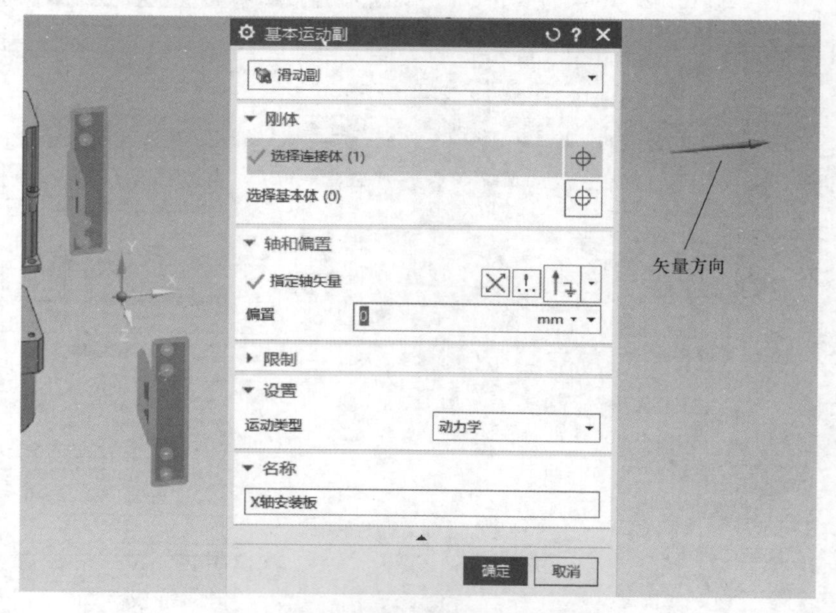

图 6－83　创建 X 轴安装板的滑动副

4. 创建位置控制

（1）创建夹爪的位置控制。打开“位置控制”对话框，“机电对象”选择安装夹爪 1 的滑动副，“目标”输入“0”，“速度”输入“50”，“名称”输入“夹爪 1”，其余保持默认选项，单击“确定”按钮，如图 6－84 所示（注意：创建位置控制时，只需要为指定的滑动副输入相应的速度值，因此图示基本相同，本任务后续的位置控制均不附图）。用同样的方式创建夹爪 2 的位置控制，“名称”输入“夹爪 2”。

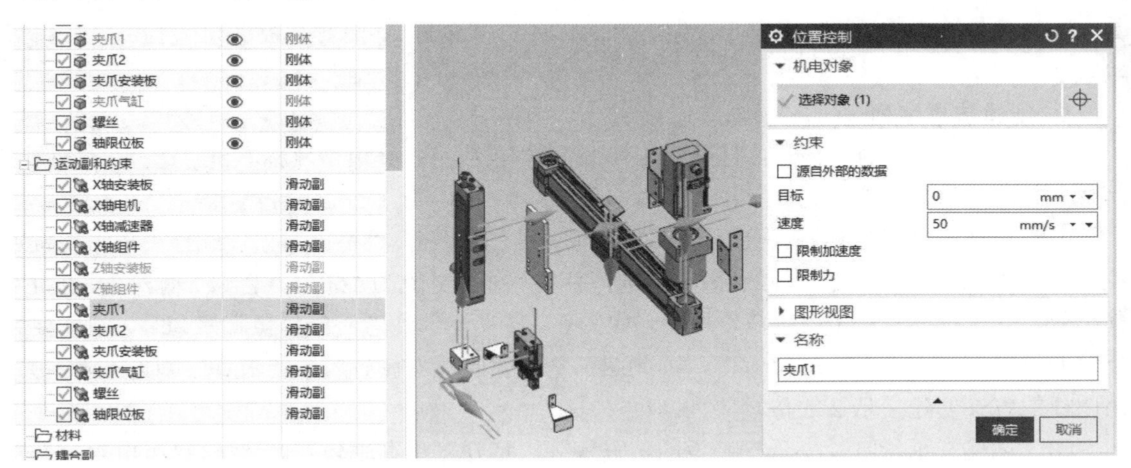

图 6－84　创建夹爪 1 的位置控制

（2）创建夹爪气缸及夹爪安装板的位置控制。打开“位置控制”对话框，“机电对象”选择夹爪气缸的滑动副，“目标”输入“0”，“速度”输入“100”，“名称”输入“夹爪气缸”，其余保持默认选项，单击“确定”按钮。用同样的方式创建夹爪安装板的位置控制，“名称”输入“夹爪安装板”。

（3）创建 Z 轴组件的位置控制。打开“位置控制”对话框，“机电对象”选择 Z 轴组件的滑动副，“目标”输入“0”，“速度”输入“100”，“名称”输入“Z 轴组件”，其余保持默认选项，单击“确定”按钮。

（4）创建轴限位板的位置控制。打开“位置控制”对话框，“机电对象”选择轴限位板的滑动副，“目标”输入“0”，“速度”输入“50”，“名称”输入“轴限位板”，其余保持默认选项，单击“确定”按钮。

（5）创建 Z 轴安装板的位置控制。打开“位置控制”对话框，“机电对象”选择 Z 轴安装板的滑动副，“目标”输入“0”，“速度”输入“100”，“名称”输入“Z 轴安装板”，其余保持默认选项，单击“确定”按钮。

（6）创建 X 轴电动机的位置控制。打开“位置控制”对话框，“机电对象”选择 X 轴电动机的滑动副，“目标”输入“0”，“速度”输入“50”，“名称”输入“X 轴电机”，其余保持默认选项，单击“确定”按钮。

（7）创建螺丝的位置控制。打开“位置控制”对话框，“机电对象”选择螺丝的滑动副，“目标”输入“0”，“速度”输入“100”，“名称”输入“螺丝”，其余保持默认选项，单击“确定”按钮。

（8）创建 X 轴减速器的位置控制。打开“位置控制”对话框，“机电对象”选择 X 轴减速器的滑动副，“目标”输入“0”，“速度”输入“50”，“名称”输入“X 轴减速器”，其余保持默认选项，单击“确定”按钮。

（9）创建 X 轴组件及 X 轴安装板的位置控制。打开“位置控制”对话框，“机电对象”选择 X 轴组件的滑动副，“目标”输入“0”，“速度”输入“100”，“名称”输入“X 轴组件”，其余保持默认选项，单击“确定”按钮。用同样的方式创建 X 轴安装板的位置控制，“名称”输入“X 轴安装板”。

5. 创建仿真序列

（1）创建“移动轴”分组。打开“序列编辑器”，在空白处单击鼠标右键，选择“创建组”命令，并双击将其重命名为“移动轴”。

（2）创建夹爪 1 的仿真序列。打开“仿真序列”对话框，“机电对象”选择夹爪 1 的位置控制，勾选“运行时参数”的“位置”复选框并将“值”更改为“50”，“名称”输入“夹爪 1”，其余保持默认选项，单击“确定”按钮，如图 6－85 所示（注意：创建仿真序列时，只需要为指定的位置控制输入相应的位置值，因此图示基本相同，本任务后续的仿真序列均不附图）。用同样的方式创建夹爪 2 的仿真序列。

（3）创建夹爪气缸及夹爪安装板的仿真序列。打开“仿真序列”对话框，“机电对象”选择夹爪气缸的位置控制，勾选“运行时参数”的“位置”复选框并将“值”更改为“100”，“名称”输入“夹爪气缸”，其余保持默认选项，单击“确定”按钮。用同样的方式创建夹爪安装板的仿真序列。

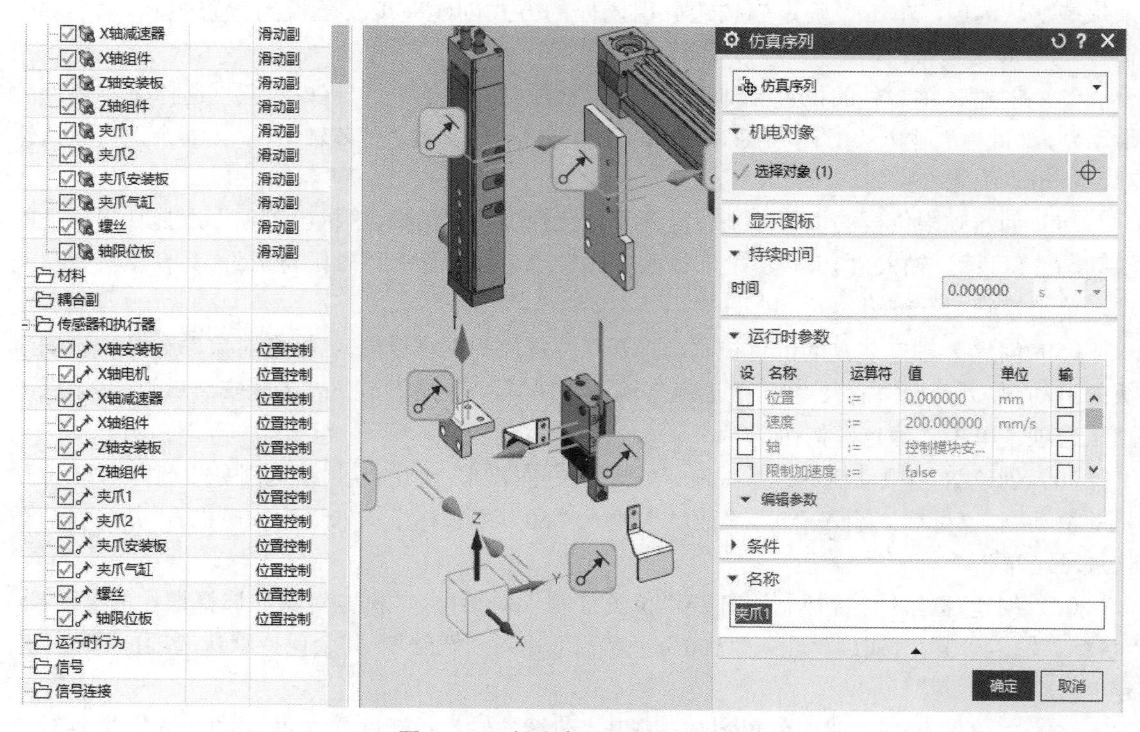

图 6－85　创建夹爪 1 的仿真序列

（4）创建Z轴组件的仿真序列。打开“仿真序列”对话框，“机电对象”选择Z轴组件的位置控制，勾选“运行时参数”的“位置”复选框并将“值”更改为“100”，“名称”输入“Z轴组件”，其余保持默认选项，单击“确定”按钮。

（5）创建轴限位板的仿真序列。打开“仿真序列”对话框，“机电对象”选择轴限位板的位置控制，勾选“运行时参数”的“位置”复选框并将“值”更改为“50”，“名称”输入“轴限位板”，其余保持默认选项，单击“确定”按钮。

（6）创建Z轴安装板的仿真序列。打开“仿真序列”对话框，“机电对象”选择Z轴安装板的位置控制，勾选“运行时参数”的“位置”复选框并将“值”更改为“100”，“名称”输入“Z轴安装板”，其余保持默认选项，单击“确定”按钮。

（7）创建X轴电动机的仿真序列。打开“仿真序列”对话框，“机电对象”选择X轴电动机的位置控制，勾选“运行时参数”的“位置”复选框并将“值”更改为“50”，“名称”输入“X轴电机”，其余保持默认选项，单击“确定”按钮。

（8）创建螺丝的仿真序列。打开“仿真序列”对话框，“机电对象”选择螺丝的位置控制，勾选“运行时参数”的“位置”复选框并将“值”更改为“100”，“名称”输入“螺丝”，其余保持默认选项，单击“确定”按钮。

（9）创建X轴减速器及X轴组件的仿真序列。打开“仿真序列”对话框，“机电对象”选择X轴减速器的位置控制，勾选“运行时参数”的“位置”复选框并将“值”更改为“100”，“名称”输入“X轴减速器”，其余保持默认选项，单击“确定”按钮。用同样的方式创建X轴组件的仿真序列。

（10）创建移动轴组装动作的链接器。选择“移动轴”分组中的所有仿真序列，单击鼠标右键，选择“创建链接器”命令，创建结果如图6-86所示。

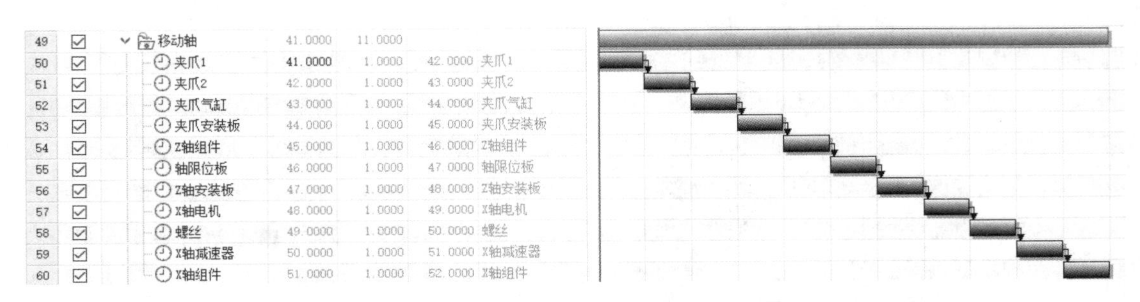

图6-86　创建移动轴组装动作的链接器

6.4.8　输出单元的整体组装

1. 模型的显示

打开“装配导航器”，在“装配导航器”中勾选下将“输出单元_组装”复选框，这时会显示所有模型，如图6-87所示。

2. 创建刚体

（1）打开“机电导航器”。

（2）创建图6-88所示的刚体，“名称”输入“小车及物料”。

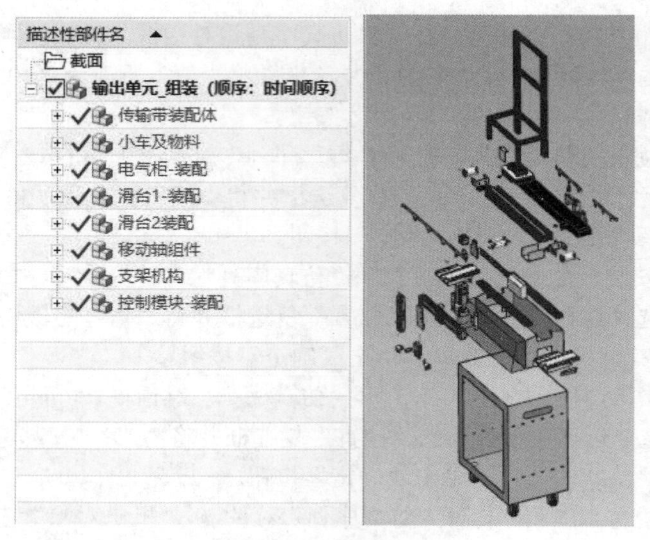

图 6-87　显示所有模型

3. 创建滑动副

打开“基本运动副”对话框，运动副类型选择“滑动副”，“选择连接体”选择小车及物料的刚体，“指定轴矢量”选择图 6-89 所示的矢量方向，“名称”输入“小车及物料”，其余保持默认选项，单击“确定”按钮。

图 6-88　创建小车及物料的刚体

4. 创建位置控制

打开“位置控制”对话框，“机电对象”选择小车及物料的滑动副，“目标”输入“0”，“速度”输入“1000”，“名称”输入“小车及物料”，其余保持默认选项，单击“确定”按钮，如图 6-90 所示。

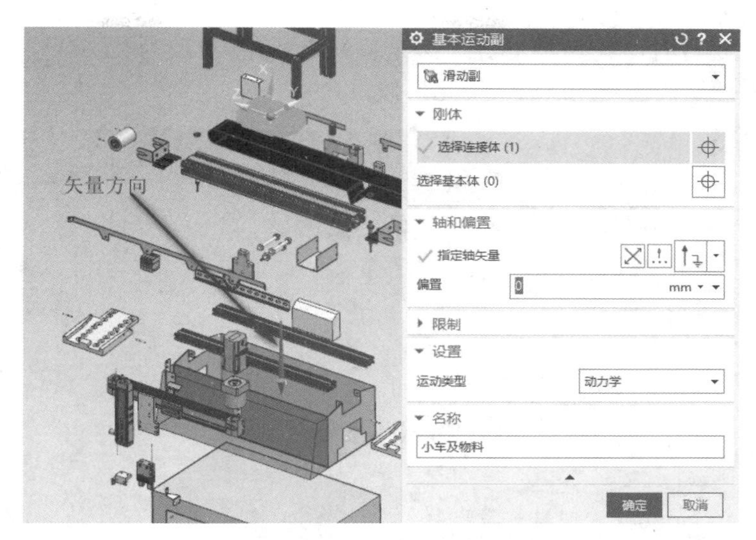

图 6-89　创建小车及物料的滑动副

5. 创建仿真序列

（1）创建“部件装配”分组。打开“序列编辑器”，在空白处单击鼠标右键，选择“创建组”命令，并双击将其重命名为“部件装配”。

（2）创建传输带机构的仿真序列。打开“仿真序列”对话框，“机电对象”选择传输带型材的位置控制，勾选“运行时参数”的“位置”复选框并将“值”更改为“800”，“名称”输入“输送带”，其余保持默认选项，单击“确定”按钮，如下图 6-91 所示（注意：创建仿真序列时，只需要为指定的位置控制输入相应的位置值，因此图示基本相同，本任务后续的仿真序列均不附图）。

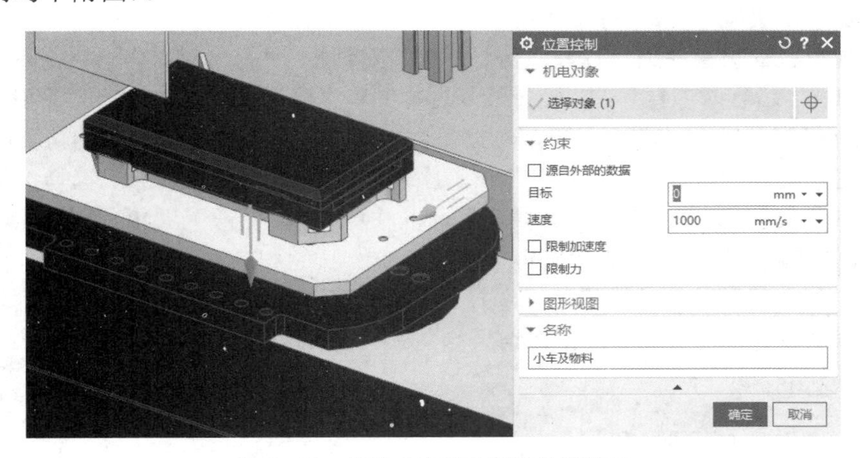

图 6-90　创建小车及物料的位置控制

（3）创建小车及物料的仿真序列。打开“仿真序列”对话框，“机电对象”选择小车及物料的位置控制，勾选“运行时参数”的“位置”复选框并将“值”更改为“1000”，“名称”输入“小车及物料”，其余保持默认选项，单击“确定”按钮。

（4）创建安装支架的仿真序列。打开“仿真序列”对话框，“机电对象”选择安装支架的位置控制，勾选“运行时参数”的“位置”复选框并将“值”更改为“1200”，“名称”输入“安装支架”，其余保持默认选项，单击“确定”按钮。

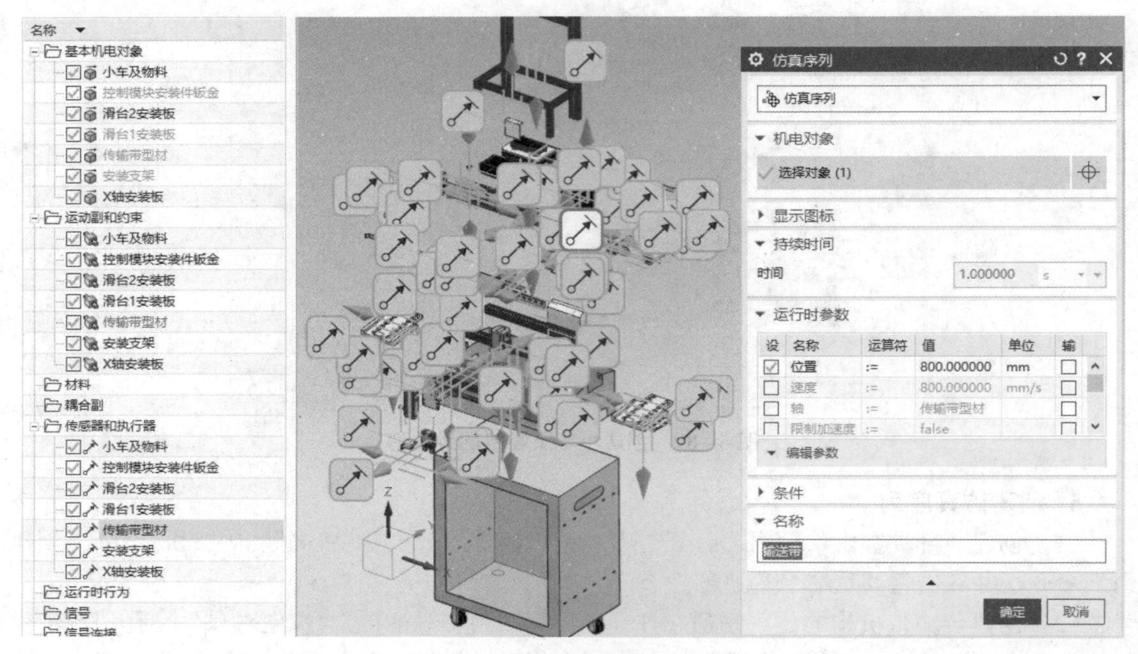

图 6-91　创建传输带机构的仿真序列

（5）创建控制模块的仿真序列。打开“仿真序列”对话框，“机电对象”选择控制模块安装件钣金的位置控制，勾选“运行时参数”的“位置”复选框并将“值”更改为“200”，“名称”输入“控制模块”，其余保持默认选项，单击“确定”按钮。

（6）创建滑台的仿真序列。打开“仿真序列”对话框，“机电对象”选择滑台 1 安装板的位置控制，勾选“运行时参数”的“位置”复选框并将“值”更改为“400”，“名称”输入“滑台 1”，其余保持默认选项，单击“确定”按钮。用同样的方式创建滑台 2 的仿真序列。

（7）创建移动轴的仿真序列。打开“仿真序列”对话框，“机电对象”选择 X 轴安装板的位置控制，勾选“运行时参数”的“位置”复选框并将“值”更改为“400”，“名称”输入“移动轴”，其余保持默认选项，单击“确定”按钮。

（8）创建部件装配动作的链接器。选择“部件装配”分组中的所有仿真序列，单击鼠标右键，选择“创建链接器”命令，创建结果如图 6-92 所示。

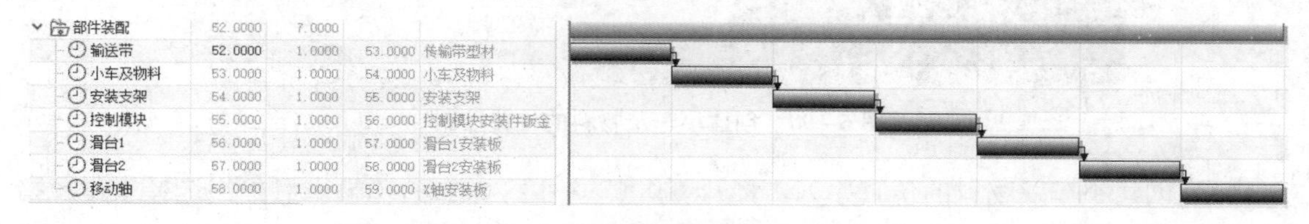

图 6-92　创建部件装配动作的链接器

（9）更改仿真序列的开始时间。选择“传输带”分组下的“防位移块右”仿真序列，将开始时间改为 3，如图 6-93 所示。用同样的方式将“支架机构”分组下“展示牌”仿真序列的开始时间改为 32，将“控制模块”分组下“IO 模块”仿真序列的开始时间改为 33，将“滑台 1”分组下“滑台 1 传感器左”仿真序列的开始时间改为 35，将“滑台 2”分组下“滑台 2 传感器左”仿真序列的开始时间改为 38，将“移动轴”分组下“夹爪 1”仿真序列的开始时间改为 41，将“部件装配”分组下“输送带”仿真序列的开始时间改为 52。

	启用	名称	开始时间	持续时间	结束时间	机电对象
1	☑	根	0	59.0000		
2	☑	电气柜	0	3.0000		
3	☑	电气台型材1	0	1.0000	1.0000	电气台型材1
4	☑	电气台型材2	1.0000	1.0000	2.0000	电气台型材2
5	☑	电气台	2.0000	1.0000	3.0000	电气台
6	☑	传输带	3.0000	29.0000		
7	☑	防移位块右	3.0000	1.0000	4.0000	防移位块右
8	☑	防移位块左	4.0000	1.0000	5.0000	防移位块左
9	☑	轴挡板右	5.0000	1.0000	6.0000	轴挡板右
10	☑	滚筒右	6.0000	1.0000	7.0000	滚筒右
11	☑	安装销右1	7.0000	1.0000	8.0000	安装销右1
12	☑	安装销右2	8.0000	1.0000	9.0000	安装销右2

更改此开始时间

图 6－93　更改“防位移块右”仿真序列的开始时间

6. 仿真

（1）开始仿真。在“主页”功能选项卡“仿真”区域单击“播放”按钮，如图 6－94 所示。系统开始仿真，如图 6－95 所示。

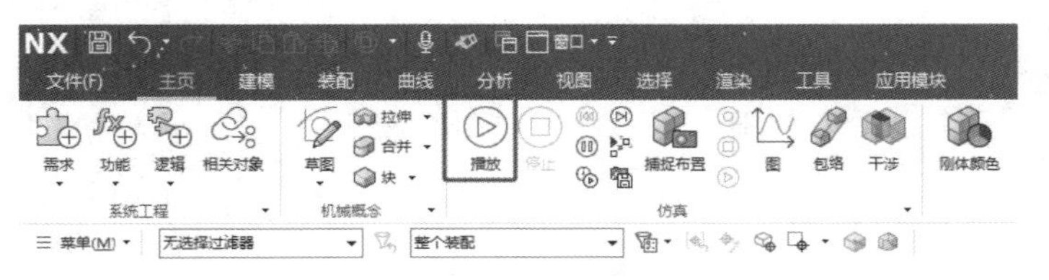

图 6－94　开始仿真

图 6－95　输出单元组装的仿真

（2）结束仿真。仿真验证完成后，在“主页”功能选项卡“仿真”区域单击“停止”按钮，系统停止仿真，如图 6-96 所示。

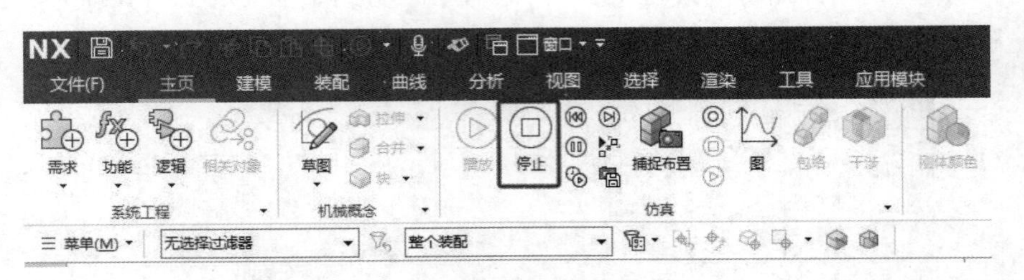

图 6-96　停止仿真

（3）保存模型并关闭 NX 软件。结束仿真后，在“文件”功能选项卡“保存”区域单击“保存”按钮，保存模型，如图 6-97 所示，然后便可以关闭 NX 软件。

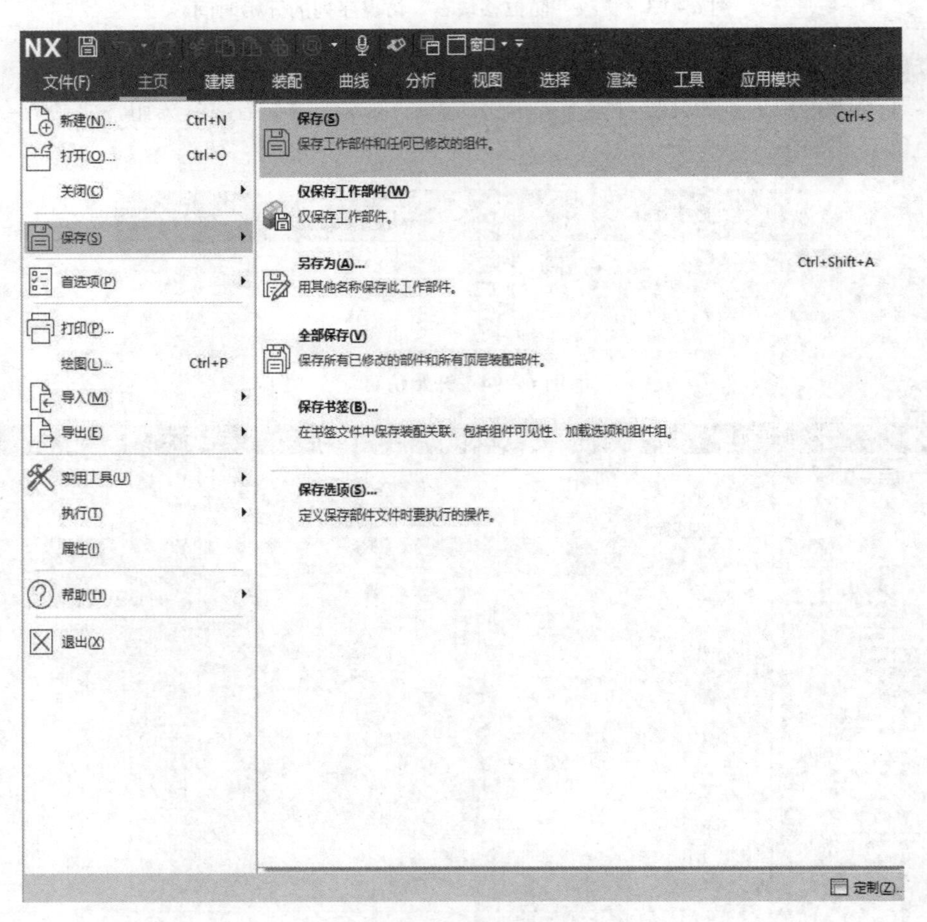

图 6-97　保存模型

6.5 任务评价

本项目任务评价见表6-2。

表6-2 项目6任务评价

课程	智能生产线综合实训	项目	智能生产线的安装	姓名	
班级		时间		学号	
序号	评测指标	评分	备注		
1	能够正确打开提供的NX模型（0～5分）				
2	能够将模型导入“机电概念设计”应用模块（0～5分）				
3	能够在NX软件中完成电气柜的装配（0～5分）				
4	能够在NX软件中完成传输带的装配（0～5分）				
5	能够在NX软件中完成支架机构的装配（0～10分）				
6	能够在NX软件中完成控制模块的装配（0～10分）				
7	能够在NX软件中完成滑台部分的装配（0～10分）				
8	能够在NX软件中完成移动轴的装配（0～10分）				
9	能够在NX软件中完成输出单元的整体装配（0～10分）				
10	能够根据输出单元的装配顺序，完成输出单元的装配仿真（0～30分）				
总计					
综合评价					

6.6 任务拓展

通过本项目的学习，学生对智能生产线安装的相关知识有了深刻认识，通过任务实施，完成了输出单元的安装。

下面按照输出单元的安装思路，完成智能工厂的安装。智能工厂装配图如图 6-98 所示。

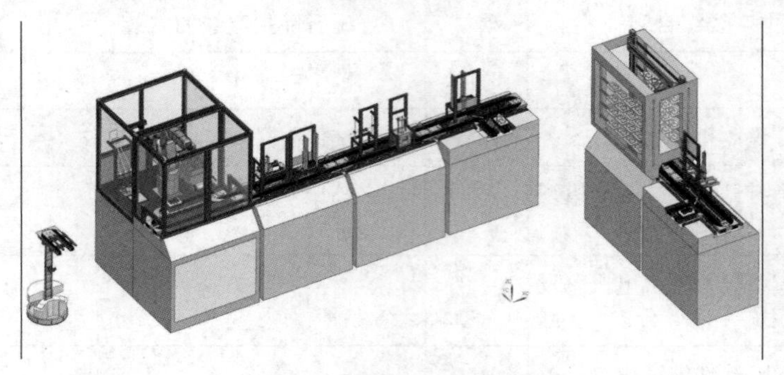

图 6-98 智能工厂装配图

【科学人文素养】

科学严谨是马克思主义最重要的理论品质。它体现了科学方法的严格性和可靠性，同时必须遵循科学的原则和规律，保证研究结果的准确性和可靠性。在对智能生产线进行安装时同样要遵守这一科学原则，要充分了解实际智能生产线的布局情况，按照装配顺序和工艺流程对智能生产线进行安装。

项目 7　智能生产线调试准备

7.1　项目描述

7.1.1　工作任务

在智能生产线调试前，需要进行前期准备工作，前期准备工作的质量直接决定了生产的实际效果。本项目的主要任务是完成智能生产线调试前的准备工作。通过熟悉智能生产线调试的工作流程，对智能生产线进行安全检查，明确智能生产线内部信号和外部设备之间的对应关系，对信号进行点位测试，完成智能生产线调试前的准备工作，最后撰写智能生产线调试准备手册。图 7－1 所示为智能生产线调试设备。

图 7－1　智能生产线调试设备

7.1.2　任务要求

（1）根据智能生产线调试要求，做好智能生产线的安全检查和资料准备。

（2）在智能生产线调试前，进行信号点位测试。

（3）根据智能生产线调试前的准备工作，撰写智能生产线调试准备手册。

7.1.3 学习成果

通过熟悉智能生产线调试的工作流程，对智能生产线进行安全检查，明确智能生产线内部信号和外部设备之间的对应关系，对信号进行点位测试，完成智能生产线调试前的准备工作，最后撰写智能生产线调试准备手册。

7.1.4 学习导图

本项目学习导图如图 7-2 所示。

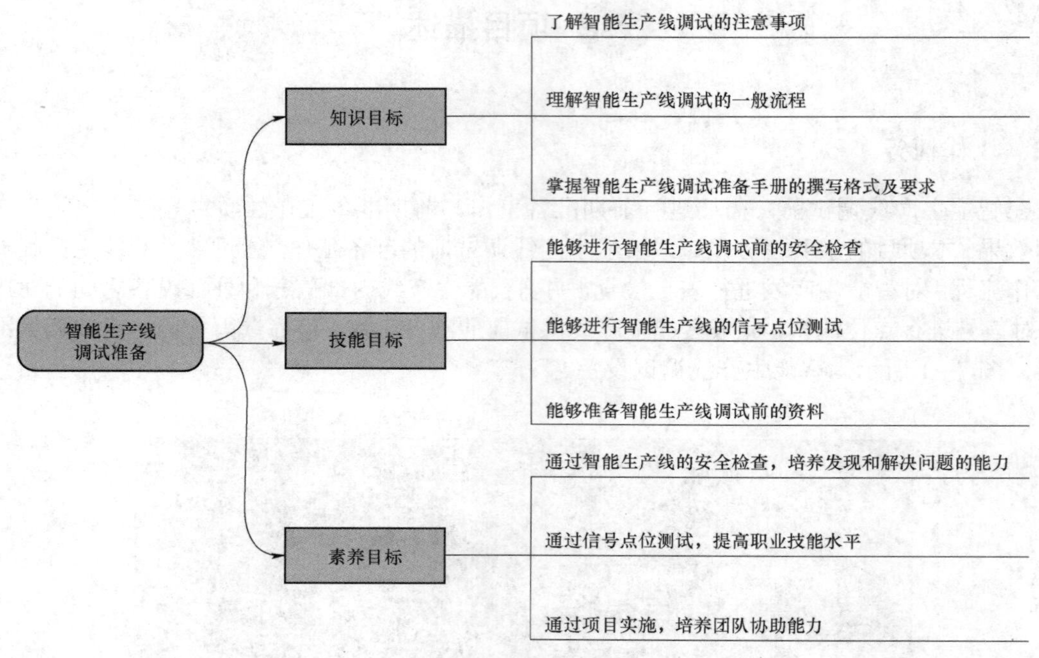

图 7-2 项目 7 学习导图

7.2 工作任务书

本项目工作任务书见表 7-1。

表 7-1 项目 7 工作任务书

课程	智能生产线综合实训	项目	智能生产线调试准备
姓名		班级	
时间		学号	
任务	撰写智能生产线调试准备手册		

续表

<table>
<tr><td>任务描述/功能分析</td><td>
在智能生产线调试前，需要进行前期准备工作。本项目的主要任务是完成智能生产线调试前的准备工作。通过熟悉智能生产线调试的工作流程，对智能生产线进行安全检查，明确智能生产线内部信号和外部设备之间的对应关系，对信号进行点位测试，完成智能生产线调试前的准备工作，最后撰写智能生产线调试准备手册</td></tr>
<tr><td>关键指标</td><td>1. 能够对智能生产线进行安全检查；
2. 掌握智能生产线的 BOM 表和工艺流程图；
3. 明确智能生产线内部信号和外部设备之间的对应关系；
4. 能够撰写智能生产线调试准备手册</td></tr>
</table>

7.3 知识准备

7.3.1 智能生产线信号点位测试

智能生产线设备安装完成后，需要对设备进行信号点位测试，具体操作步骤如下。

（1）根据图纸检查电路（无电源状态）。

（2）检查图纸设计是否包括各部件且各部件的容量是否合理。首先确保电路中没有短路；其次确保强电流和弱电流不混合，因为 PLC 的电源是 24 V，一旦 220 V 因电路故障接入 PLC，则 PLC 或扩展模块就容易烧毁。

（3）电路测试完成后，根据 I/O 表进行信号点位测试，I/O 点需要逐个检测，包括操作按钮、“急停”按钮、操作指示灯、气缸及其限位开关等。

（4）创建信号点位测试表，也就是在测试后做标记。在实施过程中如发现接线错误应立即处理。

7.3.2 智能生产线调试的流程说明

智能生产线调试一般可分为 3 个阶段，分别为空转试验、负荷试验、精度试验。

1. 空转试验

空转试验的目的是考核设备安装精度的保持性、设备的稳固性，以及检查传动、操纵、控制、润滑、液压等系统是否正常。一定时间的空负荷运转是新设备运行前必不可少的一项操作。

2. 负荷试验

对设备在多个标准负荷工况下进行试验，在某些情况下可结合生产进行试验。在负荷试验中应按规范检查轴承的温升，考核气压、传动、操纵、控制、安全等系统的工作是否达到出厂的标准，是否正常、安全、可靠。不同负荷状态下的试运转也是新设备进行磨合所必须进行的工作。磨合的质量如何对于设备使用寿命的影响极大，因此负荷试验也是十分重要的。

3. 精度试验

一般应在负荷试验后按说明书的规定进行精度试验，既要检查设备本身的几何精度，也要检查其工作（加工产品）的精度。

7.4 任务实施

7.4.1 智能生产线调试前的安全检查

在智能生产线调试前必须进行目视检查，主要包括以下内容。

（1）电气连接。

（2）压缩空气供应的配合状况。

（3）机械组件的可见故障（裂缝、松动连接等）。

（4）急停功能的设置。

（5）触摸屏的信号控制。

7.4.2 智能生产线调试前的资料准备

（1）智能生产线检测单元的 BOM 表如图 7－3 所示。

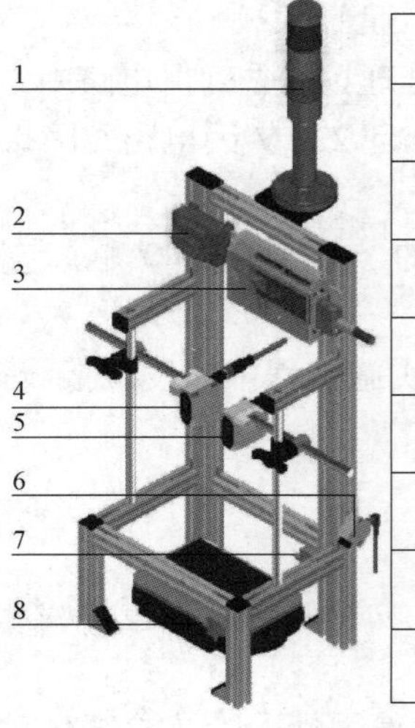

位置	名字	序列号	订货号
1	信号灯	—	549843
2	I/O终端	—	526213
3	I/O终端	—	526213
4	激光测距传感器	SOEL-RTD-Q50-PP-S-7L	537823
5	激光测距传感器	SOEL-RTD-Q50-PP-S-7L	537823
6	光纤传感器	SOEL-L-Q30-P-A-S-2L	165327
7	光纤电缆	SOEZ-LLK-SE-2,0-M4	165360
8	光纤电缆	SOEZ-LLK-SE-2,0-M4	165360

图 7－3　智能生产线检测单元 BOM 表

（2）可以通过下面的工艺，了解整个钻孔单元的运行情况，为调试做好准备。

① 当应用激活时，如果将带有工件的载料小车运送到止动器，则载料小车将停止并启动自动序列。

② 对工件进行询问时，载物架上必须有前盖板，前盖板上不得有后盖板，前盖板在载物架中的位置必须正确。

③ 钻孔机已打开。根据钻孔程序 X 轴向左移动。

④ 钻孔单元向下移动并在下部外壳部分钻两个孔。

⑤ 钻孔单元再次向上移动。

⑥ X 轴移动到正确的位置，具体取决于钻孔程序。

⑦ 钻孔单元向下移动并将孔 3 和孔 4 钻入下部外壳部分。

⑧ 钻孔单元再次向上移动，钻孔机关闭。

⑨ 根据钻孔程序，X 轴返回到其初始位置。

⑩ 钻孔程序完成，塞子向下切换，载料小车离开工作站。

7.4.3 智能生产线调试前的信号点位测试

I/O 点位图如图 7－4 所示。

I/O盒XMA2		
名称	设备标识符	应用系统链路
高度测量1/Q1	BG2.Q1	XMA2:XS15
高度测量1/Q2	BG2.Q2	XMA2:XS16
高度测量2/Q1	BG3.Q3	XMA2:XS17
高度测量2/Q2	BG3.Q4	XMA2:XS18
坏成品	PF1	XMA2:XS1
好成品	PF3	XMA2:XS3

I/O终端XMA1	
应用系统链路	控制单元入口/出口
XMA1:XS15	I61.2/50K2:1.4
XMA1:XS16	I61.3/50K2:2.4
XMA1:XS17	I61.4/50K2:3.1
XMA1:XS18	I61.5/50K2:4.1
XMA1:XS1	Q61.0/50K4:1.1
XMA1:XS3	Q61.1/50K4:1.4

图 7－4 I/O 点位图

I/O 点设备标识符如图 7－5 所示。

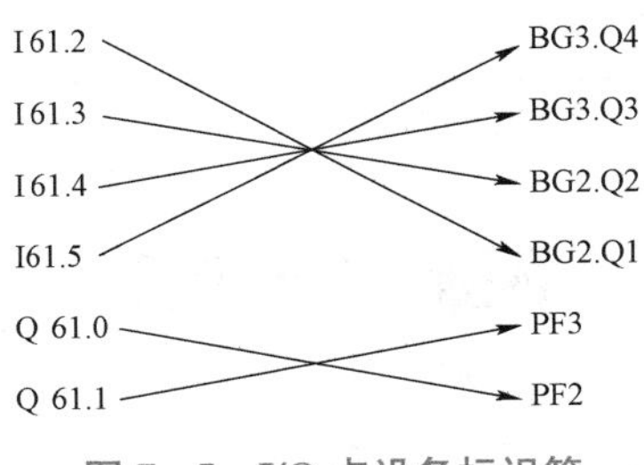

图 7－5 I/O 点设备标识符

根据端子排的线号标识，设备与 I/O 点的对应关系分别为 I61.2 – BG2.Q1、I61.3 – BG2.Q2、I61.4 – BG3.Q3、I61.5 – BG3.Q4、Q61.0 – PF2、Q61.1 – PF3。

7.4.4 智能生产线调试准备手册

智能生产线调试准备手册见表 7 – 2。

表 7 – 2 智能生产线调试准备手册

课程	智能生产线综合实训	项目	智能生产线调试准备
班级		时间	
姓名		学号	
	内容		
调试对象			
调试准备工作	资料准备		设备状态检查
	需要准备的资料主要包括 MCD 调试的模型载体、生产线控制程序、虚拟 PLC、映射所需的信号		设备处于稳定状态；各工作站的 HMI 没有出现警告或者报警；各类传感器显示正常，能够实时反馈和控制；传输带能够稳定运行；各个气缸的压力显示正常
备注			

7.5 任务评价

本项目任务评价见表 7 – 3。

表 7-3 项目 7 任务评价

课程	智能生产线综合实训	项目	智能生产线调试准备	姓名	
班级		时间		学号	
序号	评测指标	评分	备注		
1	能够完成智能生产线调试前的安全检查（0～10 分）				
2	能够完成智能生产线调试前的资料准备（0～10 分）				
3	能够根据设备的运行动作，在 TIA 博途软件中找到对应的信号（0～10 分）				
4	能够完成信号点位测试（0～20 分）				
5	能够撰写智能生产线调试准备手册（0～50 分）				
总计					
综合评价					

7.6 任务拓展

通过本项目的学习，学生熟悉了智能生产线调试前的准备工作，为智能生产线的调试提供了保障，撰写了智能生产线调试准备手册。

下面按照智能生产线调试准备手册的格式和要求，撰写智能工厂调试准备手册，见表 7-4。

表 7-4 智能工厂调试准备手册

课程		项目	
班级		时间	
姓名		学号	
	内容		
调试对象			
调试准备工作	资料准备	设备状态检查	
备注			

【科学人文素养】

党的十八大以来，以习近平同志为核心的党中央始终坚持底线思维，积极作为、未雨绸缪，见微知著、防微杜渐，下好先手棋、打好主动仗，成功应对重大挑战、抵御重大风险、克服重大阻力、解决重大矛盾，推动党和国家事业取得历史性成就、发生历史性变革。在进行智能生产线调试准备工作时同样要遵守这一科学原则，在智能生产线调试前做好相关准备工作，确保智能生产线调试能够顺利完成。

项目 8 智能生产线单站点调试

8.1 项目描述

8.1.1 工作任务

在设备的设计开发过程中很难预测设备在生产和使用过程中是否会出现问题。虚拟调试的好处之一就是能够验证设备的可行性。虚拟调试允许设计者在设备投入运行之前进行任何修改和优化，而不会造成硬件资源的浪费。这样可以节省时间，因为用户在测试过程中可以修复错误，及时对程序进行编程改进。本项目的主要任务是完成智能生产线单站点调试。单站点调试主要以钻孔单元为例进行讲解。通过熟悉智能生产线虚拟调试的步骤，完成 MCD 环境的搭建、虚拟 PLC 的建立、TIA 博途环境的搭建、外部信号通信，最后实现钻孔单元的虚拟调试，并提交 PLC 控制程序和 MCD 中钻孔单元的最终模型。图 8-1 所示为智能生产线钻孔单元的虚拟调试示意。

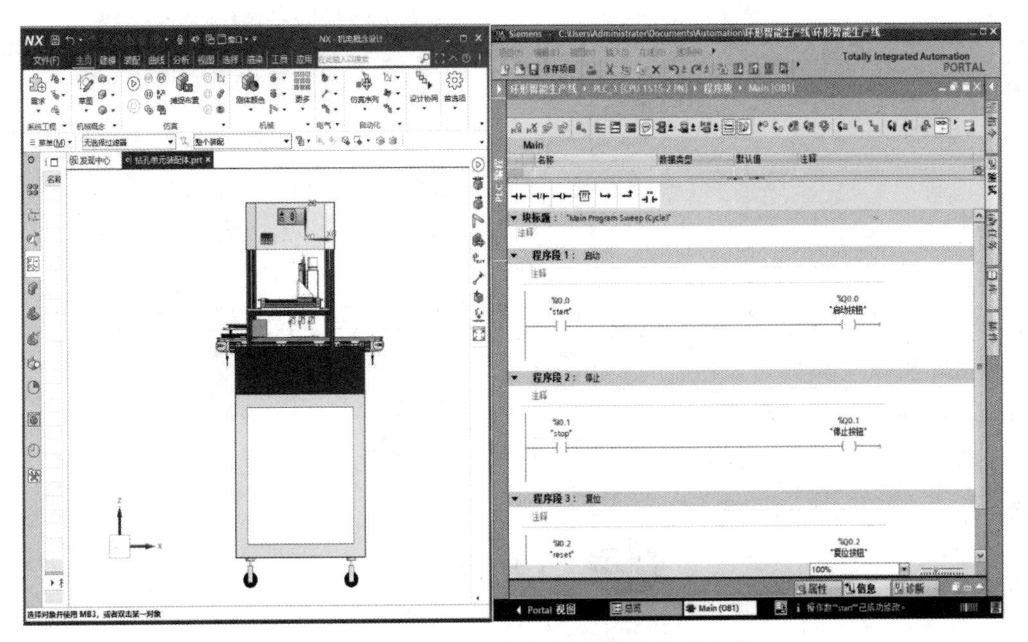

图 8-1　智能生产线钻孔单元的虚拟调试示意

8.1.2 任务要求

（1）根据钻孔单元要实现的功能，完成钻孔单元的 MCD 模型参数设置。

（2）根据钻孔单元的动作逻辑，编写 PLC 控制程序。

（3）通过建立虚拟 PLC，实现 TIA 博途与 MCD 信号的实时通信。

（4）通过 TIA 博途软件和 NX 软件分屏操作，实现钻孔单元的虚拟调试。

8.1.3 学习成果

本项目通过熟悉智能生产线虚拟调试的一般步骤，掌握 TIA 博途软件、NX 软件的使用方法，完成智能生产线钻孔单元的 MCD 设置、虚拟 PLC 的建立、TIA 博途环境的搭建、外部信号通信及信号映射，最后完成钻孔单元的虚拟调试。

8.1.4 学习导图

本项目学习导图如图 8-2 所示。

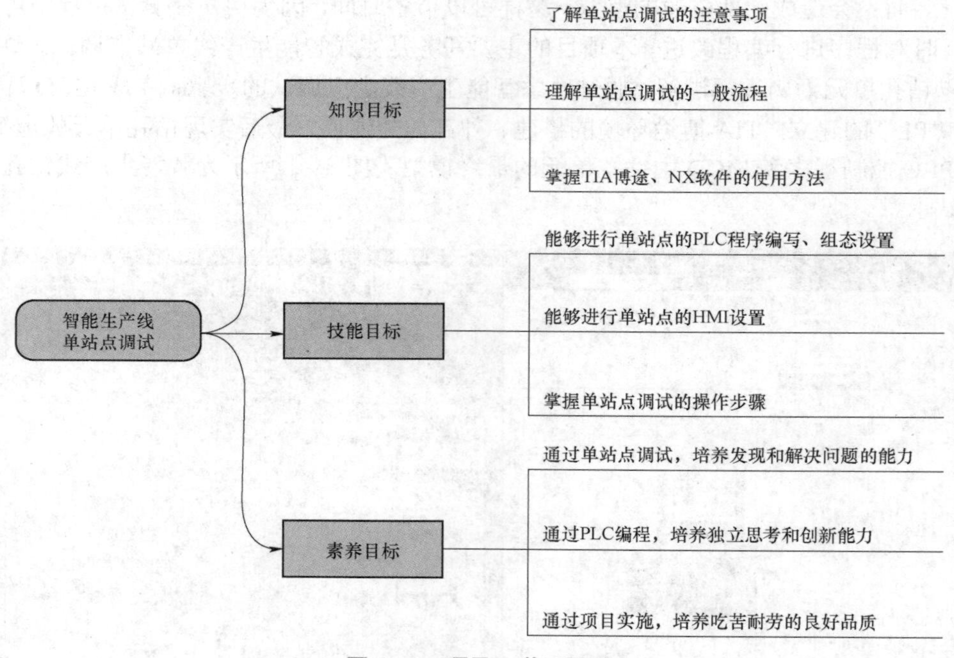

图 8-2 项目 8 学习导图

8.2 工作任务书

本项目工作任务书见表 8-1。

表 8-1 项目 8 工作任务书

课程	智能生产线综合实训	项目	智能生产线单站点调试
姓名		班级	
时间		学号	
任务	完成钻孔单元的虚拟调试		
任务描述/功能分析	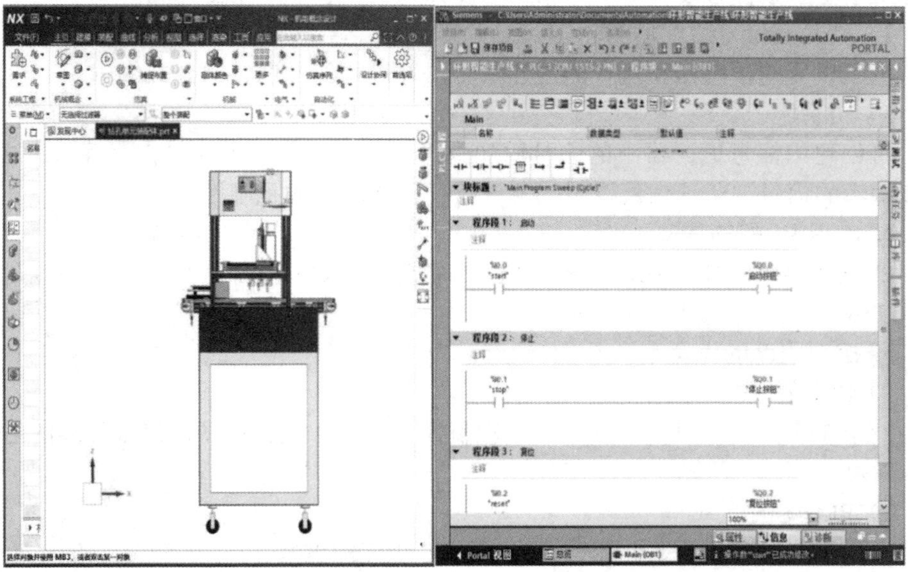 通过前面项目的学习，完成了智能生产线调试前的准备工作。本项目的主要任务是完成智能生产线钻孔单元的虚拟调试。通过熟悉智能生产线虚拟调试的步骤，完成 MCD 环境的搭建、虚拟 PLC 的建立、TIA 博途环境的搭建、外部信号通信，最后实现钻孔单元的虚拟调试，并提交 PLC 控制程序和 MCD 中钻孔单元的最终模型		
关键指标	1. 掌握 TIA 博途、NX、S7-PLCSIM Advanced 软件的使用方法； 2. 理解 TIA 博途、NX、S7-PLCSIM Advanced 软件的对应关系； 3. 能够完成 TIA 博途和 MCD 之间的信号通信； 4. 能够实现钻孔单元真实设备和 MCD 模型的同步运动，完成钻孔单元的虚拟调试		

8.3 知识准备

通常，智能生产线虚拟调试包括以下 5 个步骤。

1. MCD 环境的搭建

1）机电对象的设置

对于智能生产线来说，首先要进行基本机电对象的定义，通过分析工作站各个机构的运动情况，完成机构刚体、碰撞体的定义。

2）运动副的创建

根据工作站的运动情况，对各个机构进行合适的运动副设置，常见的运动副主要包括滑动副、铰链副、固定副。

3）传感器及执行器的创建

完成机电对象和运动副的设置后，需要给予所设置运动副的机构位置控制或者速度控制，以便机构能够按照设定的范围和速度运动。同时，需要按照真实设备的工艺流程设置相关条件，有些工艺基于条件触发（基于传感器触发）。

4）信号及信号适配器的创建

按照设置的传感器和执行器创建信号，并进行信号逻辑的公式编辑。

5）仿真验证

将创建的信号适配器中的信号添加到“序列编辑器”中，单击“播放”按钮，然后依次单击编辑的信号，验证信号逻辑的合理性、机构动作的正确性。

2. 虚拟 PLC 的建立

打开 S7－PLCSIM Advanced，新建一个虚拟 PLC（虚拟 PLC 的命名不能是中文），目的是连接 TIA 博途程序与 MCD 中的信号。

3. 控制程序的编写

1）PLC 组态的设置

打开 TIA 博途软件后，新建一个项目，然后进入项目视图，搜索外部的 PLC 地址，转至在线即可。

2）PLC 程序的编写

按照智能生产线的工艺流程，完成 PLC 程序的编写。

3）HMI 控制面板的创建

为了达到更为真实的仿真效果，添加一个 HMI 控制面板，HMI 控制面板是根据真实设备 HMI 的按钮和功能进行制作的。

4）PLC 程序的下载及编译

PLC 程序和 HMI 控制面板创建完成后，需要将 PLC 程序进行编译和下载，一般情况程序下载时都会出现报警或者错误，若 PLC 程序出现报警或者错误，一般检查组态设置和 PLC 程序内容，检查无误后，重新下载及编译 PLC 程序。

4. 外部信号的通信

1）外部信号配置

打开 NX 软件，进入“机电概念设计”应用模块，然后进行外部信号配置。外部信号配置的主要目的是搜索 PLC 程序的信号。

2）信号映射

进行外部信号配置后，将 MCD 中的信号与 PLC 程序中的信号进行连接，完成外部信号与内部信号之间的映射。

5. 虚拟仿真验证

将 TIA 博途软件中的 PLC 程序转至在线，然后进行信号监控，同时打开 MCD 仿真模型，单击“播放”按钮，将 TIA 博途软件与 NX 软件分屏，观看智能生产线虚拟调试的情况。

8.4 任务实施

8.4.1 钻孔单元的 MCD 设置

1. 基本机电对象的定义

1）定义刚体

（1）选择“应用模块”功能选项卡中的“设计”区域，如图 8－3 所示。

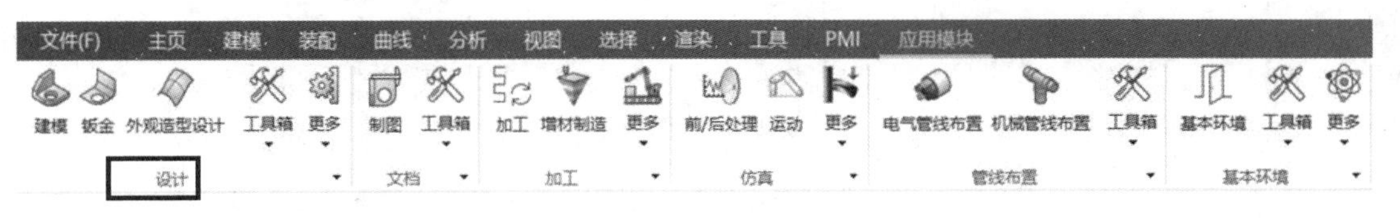

图 8－3　选择“应用模块”功能选项卡的“设计”区域

（2）选择“更多”→“机电概念设计”选项，进入“机电概念设计”应用模块，如图 8－4 所示。

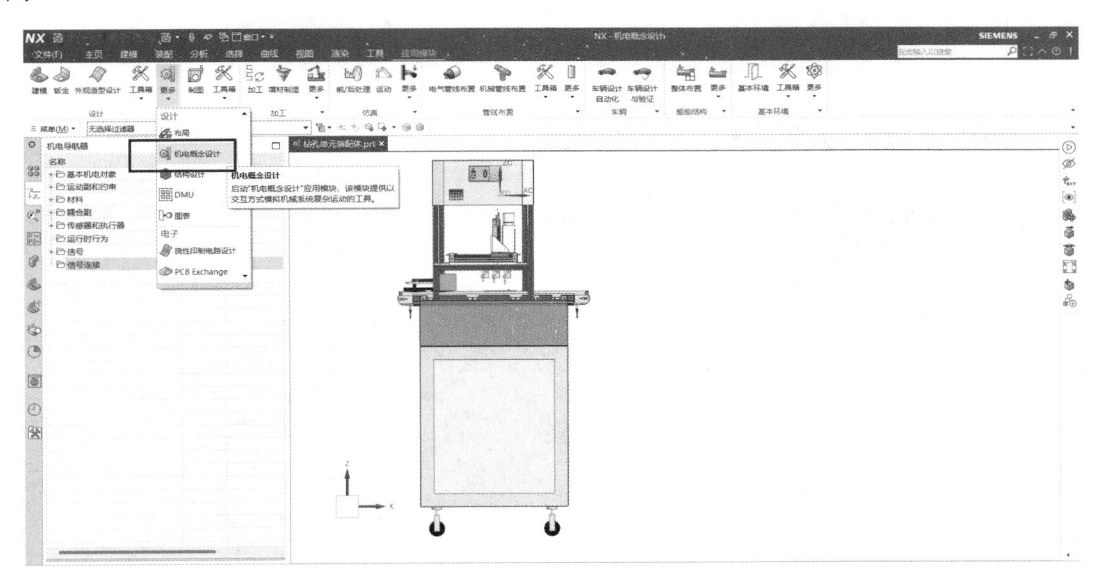

图 8－4　进入“机电概念设计”应用模块

（3）在“主页”若能选项卡的“机械”区域选择“刚体”选项组，如图 8－5 所示。

图 8－5　选择“刚体”选项组

（4）在“刚体”选项组中选择“基本机电对象”选项，并且重命名为“电机 1”，单击“确定”按钮，如图 8－6 所示。

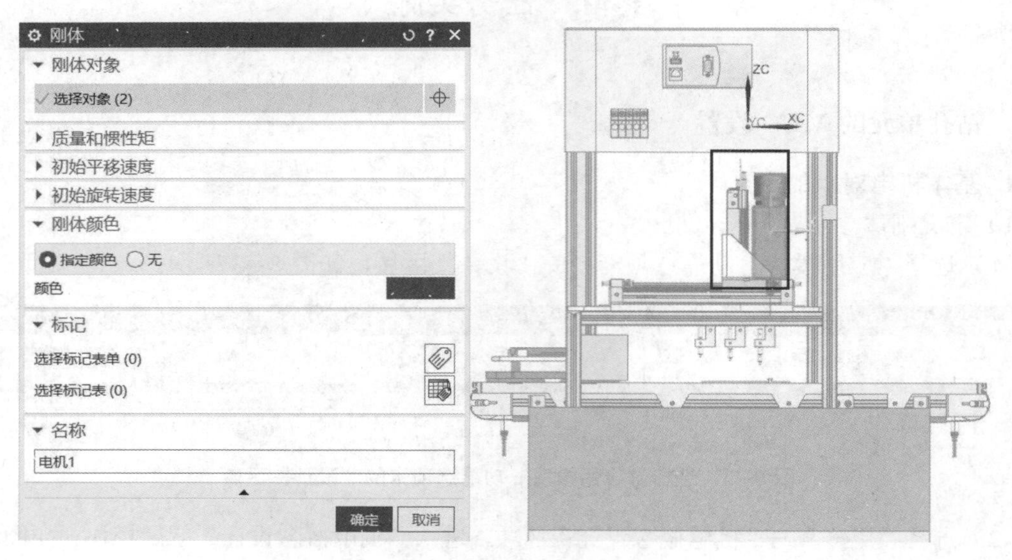

图 8－6　电机 1－刚体定义

（5）在“刚体”选项组中选择“基本机电对象”选项，并且重命名为“电机架”，单击“确定”按钮，如图 8－7 所示。

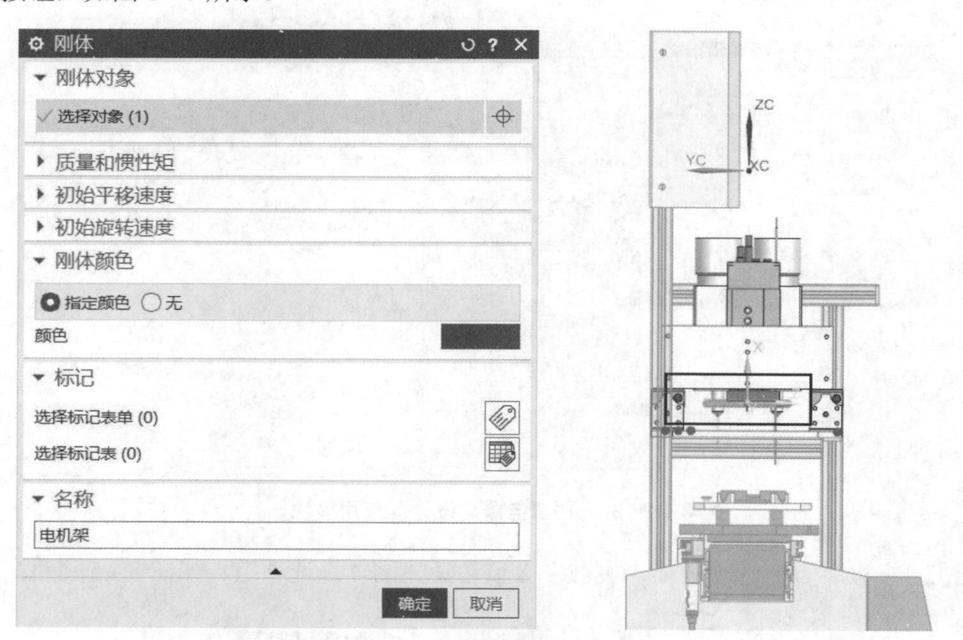

图 8－7　电机架－刚体定义

（6）在“刚体”选项组中选择“基本机电对象”选项，并且重命名为“气缸缸体”，单击“确定”按钮，如图 8－8 所示。

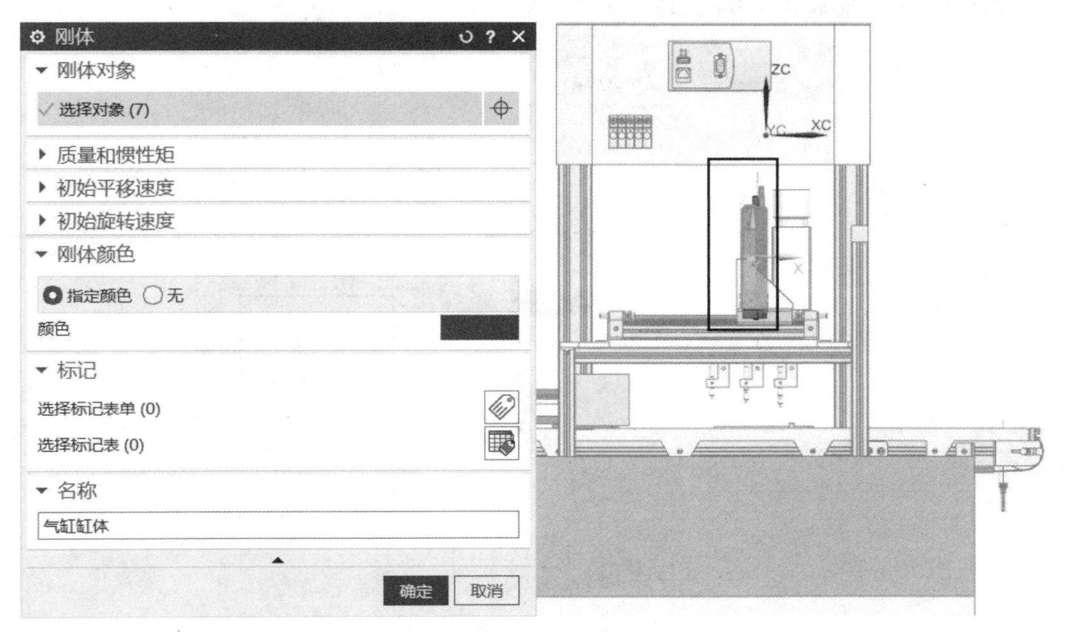

图 8-8　气缸缸体-刚体定义

（7）在“刚体”选项组中选择“基本机电对象”选项，并且重命名为“气缸活塞”，单击“确定”按钮，如图 8-9 所示。

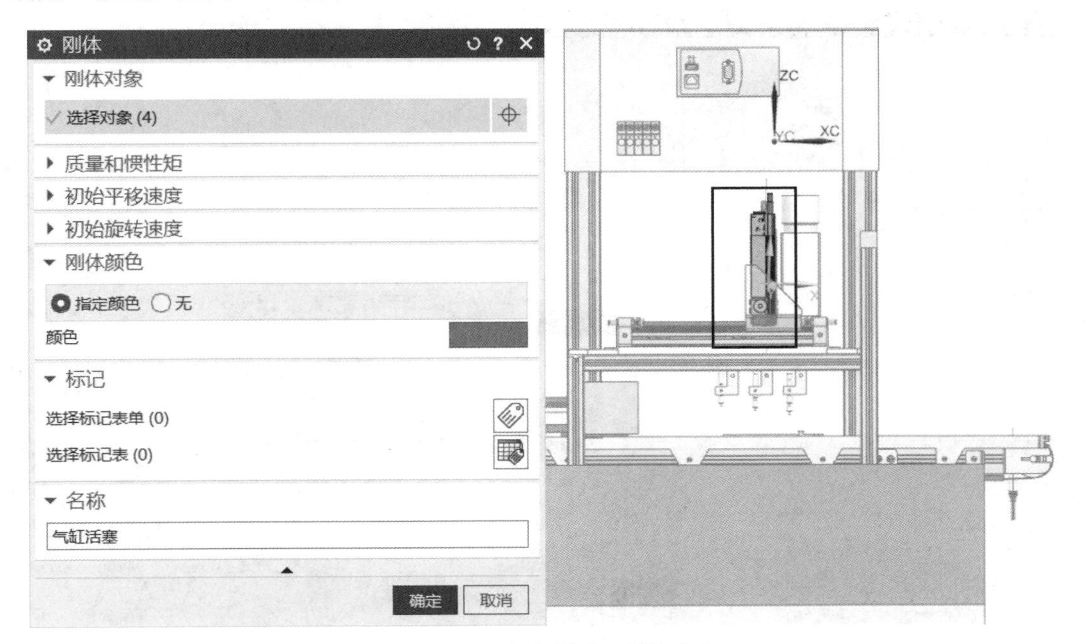

图 8-9　气缸活塞-刚体定义

（8）在“刚体”选项组中选择“基本机电对象”选项，并且重命名为“物料”，单击“确定”按钮，如图 8-10 所示。

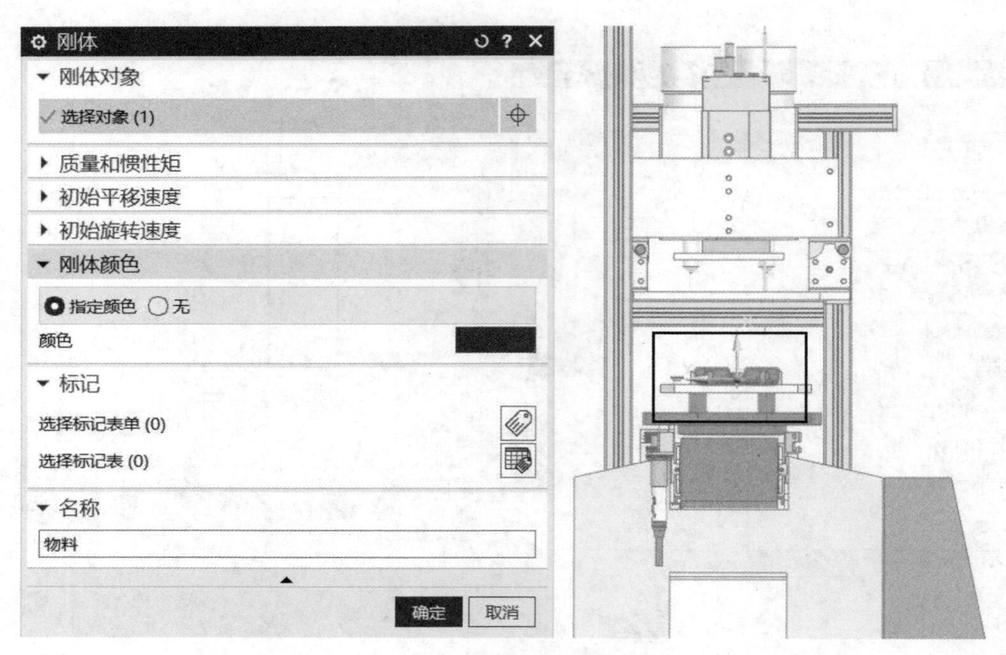

图 8－10 物料－刚体定义

（9）在“刚体”选项组中选择“基本机电对象”选项，并且重命名为“载料小车”，单击“确定”按钮，如图 8－11 所示。

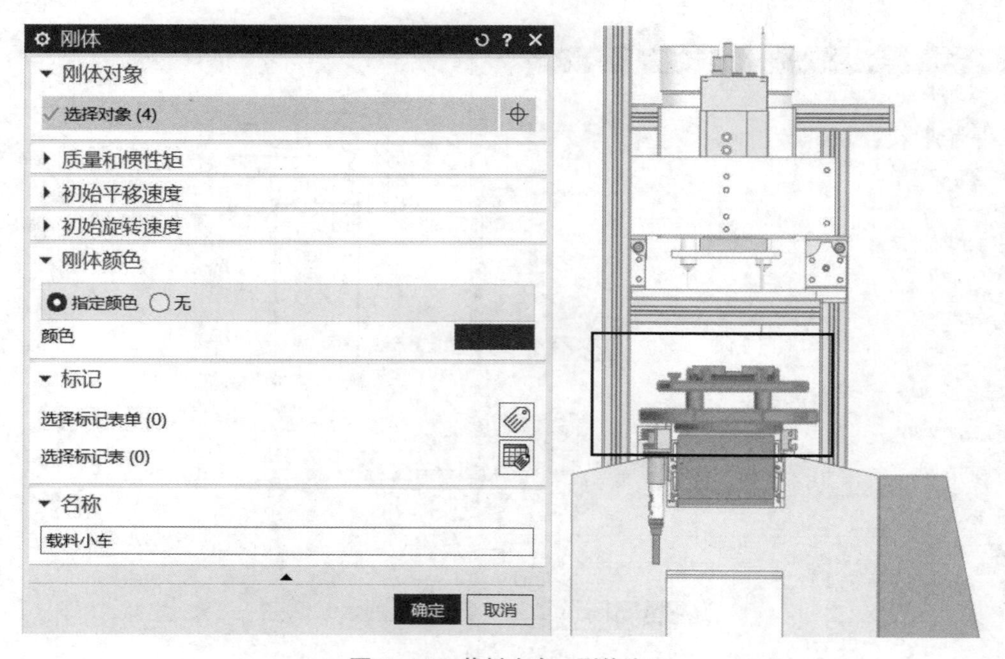

图 8－11 载料小车－刚体定义

（10）在“刚体”选项组中选择“基本机电对象”选项，并且重命名为“导轨装配 1”，单击“确定”按钮，如图 8－12 所示。

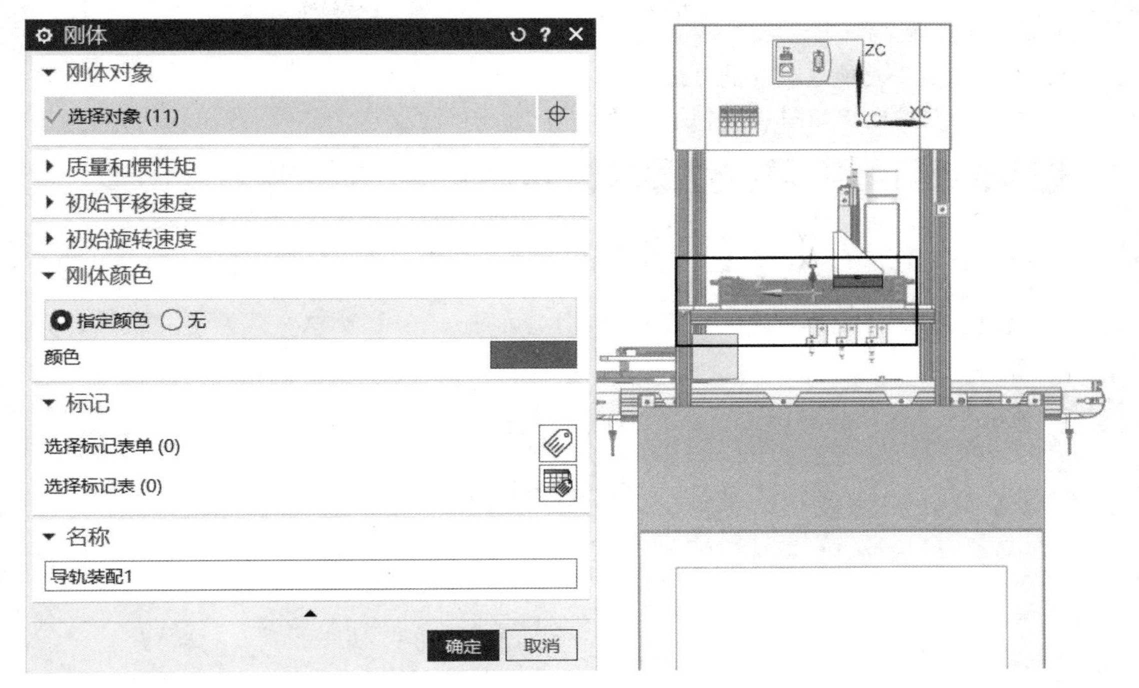

图 8-12 导轨装配 1-刚体定义

按照上面的操作步骤，完成钻孔单元的所有刚体设置，如图 8-13 所示。

机电导航器

名称	可见性	类型
基本机电对象		
传输面		碰撞体
导轨装配1	👁	刚体
导轨装配2	👁	刚体
电机1	👁	刚体
电机2	👁	刚体
电机架	👁	刚体
对象收集器		对象收集器
滚筒1	👁	刚体
滚筒2	👁	刚体
滑块1	👁	刚体
滑块2	👁	刚体
活塞及挡块活动组件	👁	刚体
肋板架	👁	刚体
气缸传感器	👁	刚体
气缸缸体	👁	刚体
气缸活塞	👁	刚体
气缸及机架静止组件	👁	刚体
物料	👁	刚体
载料小车	👁	刚体
运动副和约束		
材料		
耦合副		
传感器和执行器		
运行时行为		
信号		
信号连接		

图 8-13 钻孔单元的所有刚体设置

2）定义碰撞体

（1）在“主页”功能选项卡的“机械”区域选择“碰撞体”选项组→“碰撞体”选项，打开“碰撞体”对话框，如图 8－14 所示。

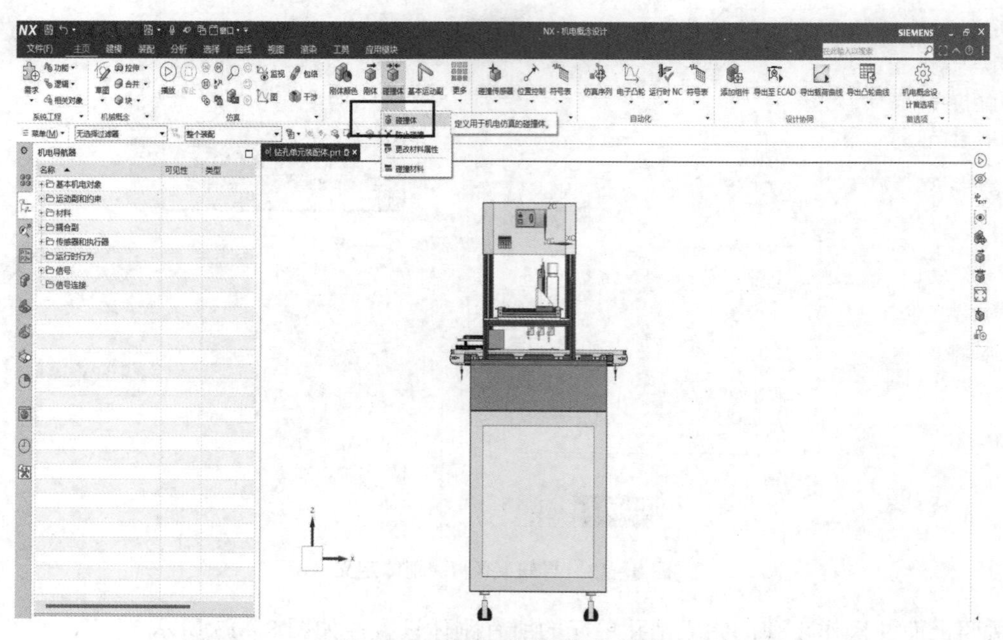

图 8－14　选择“碰撞体”选项

（2）选择“传输面”作为碰撞体对象，如图 8－15 所示。

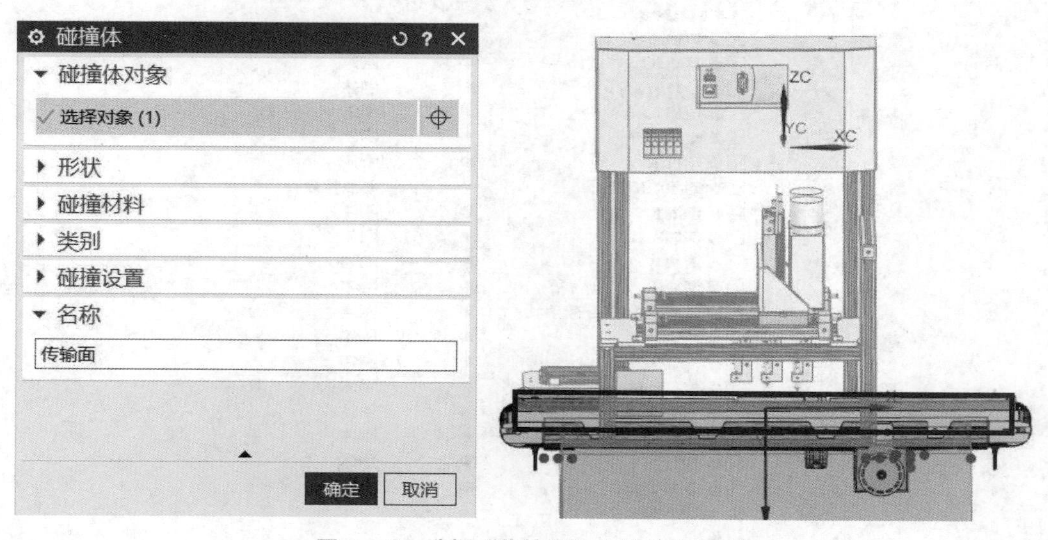

图 8－15　选择“传输面”作为碰撞体对象

（3）设置碰撞形状、碰撞材料、碰撞类别，并设置碰撞体名称。碰撞形状为“方块”，“形状属性”为“自动”，碰撞材料为默认材料，碰撞类别为“0”，并重命名为“传输面”，单击“确定”按钮，如图 8－16 所示。

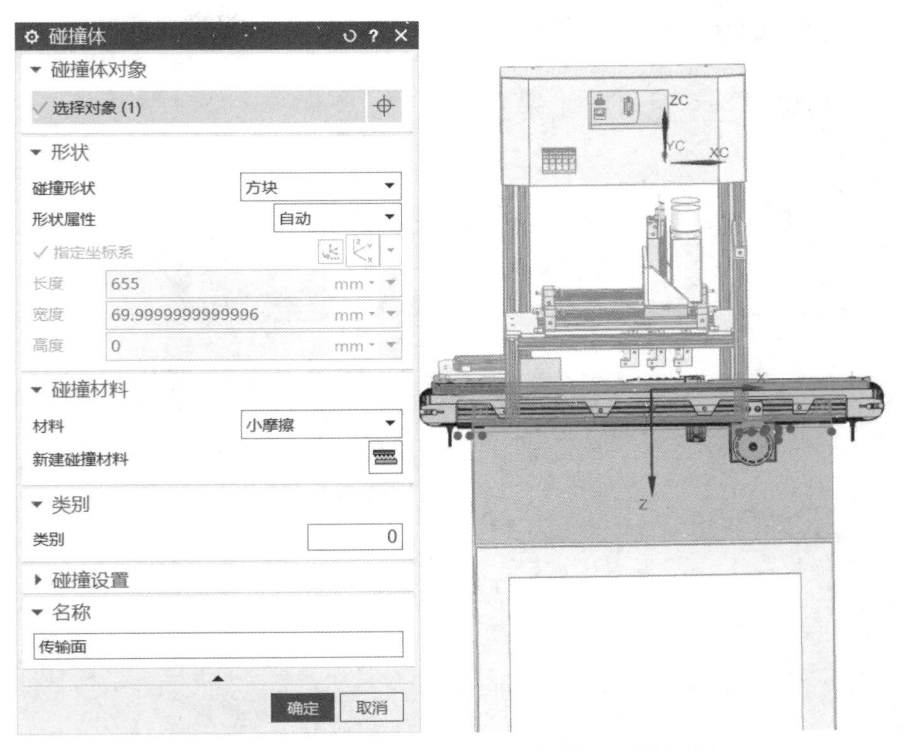

图 8-16　设置碰撞形状、碰撞材料、碰撞类别

（4）选择“物料”作为碰撞体对象，如图 8-17 所示。

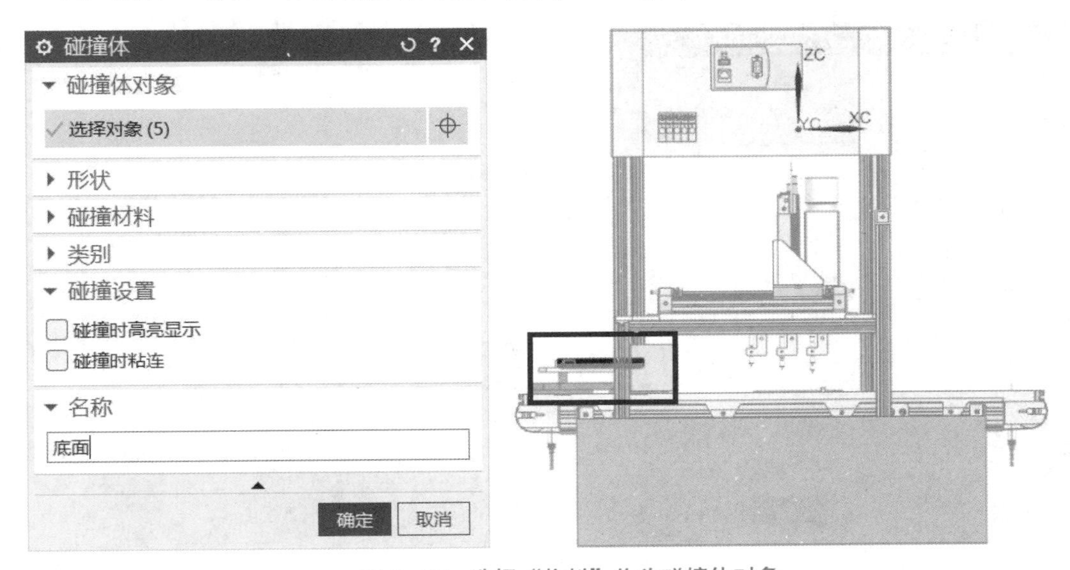

图 8-17　选择“物料”作为碰撞体对象

（5）设置碰撞形状、碰撞材料、碰撞类别，并设置碰撞体名称。碰撞形状为“凸多面体”，“凸多面体系数”为 0.1，碰撞材料为默认材料，碰撞类别为“0”，并重命名为“底面”，单击“确定”按钮，如图 8-18 所示。

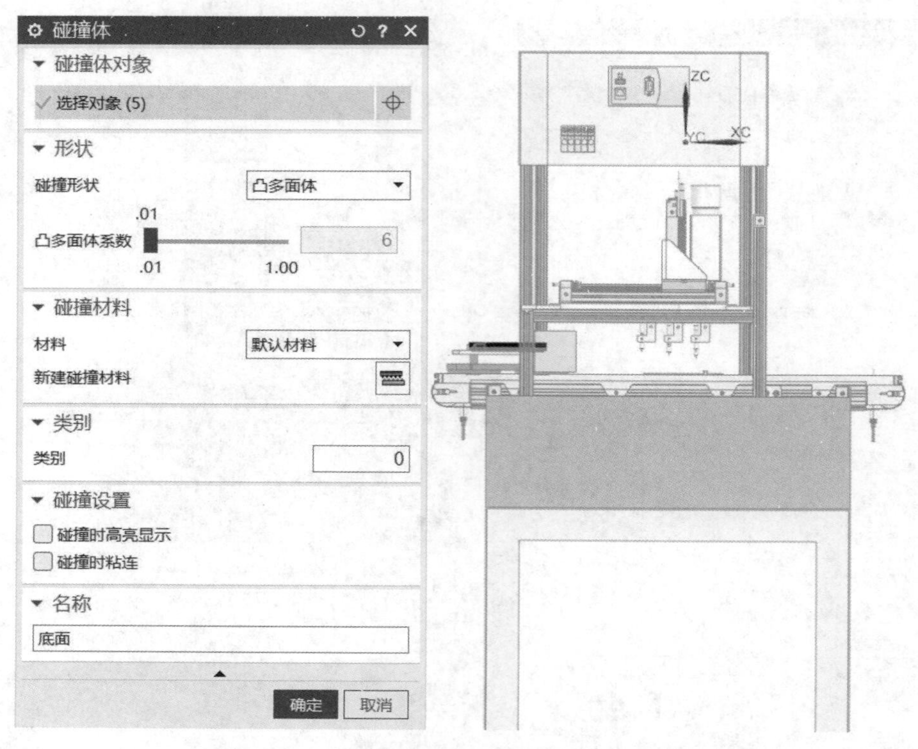

图 8－18　设置碰撞形状、碰撞材料、碰撞类别

（6）选择“物料”作为碰撞体对象，如图 8－19 所示。

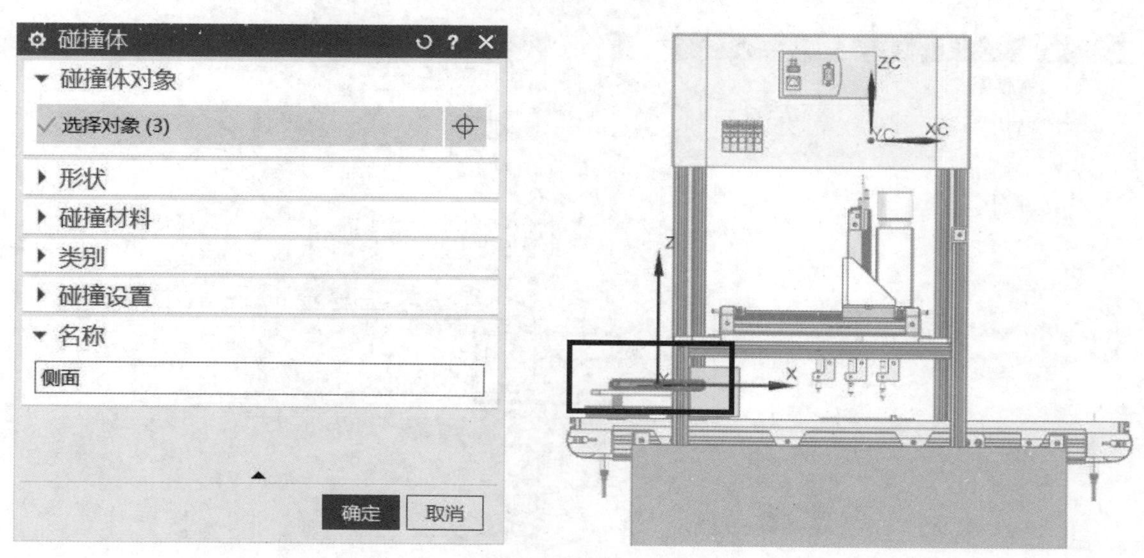

图 8－19　选择“物料”作为碰撞体对象

（7）设置碰撞形状、碰撞材料、碰撞类别，并设置碰撞体名称。碰撞形状为“方块”，形状属性为“自动”，碰撞材料为默认材料，碰撞类别为“1”，并重命名为“侧面”，单击“确定”按钮，如图 8－20 所示。

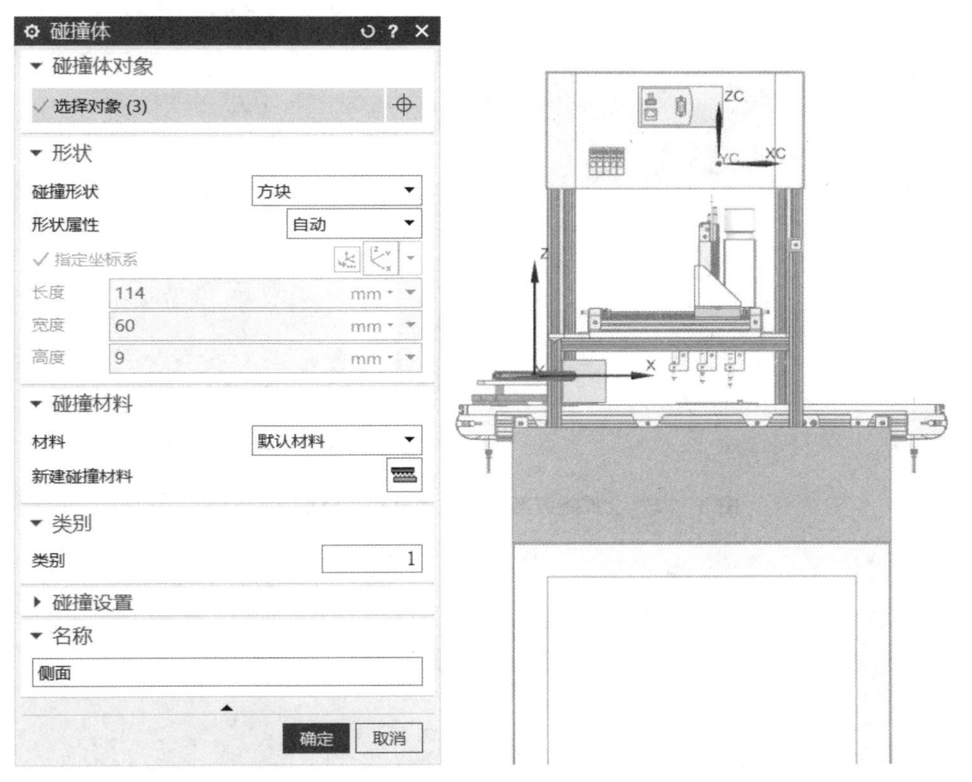

图 8－20　设置碰撞形状、碰撞材料、碰撞类别

（8）选择“物料”作为碰撞体对象，如图 8－21 所示。

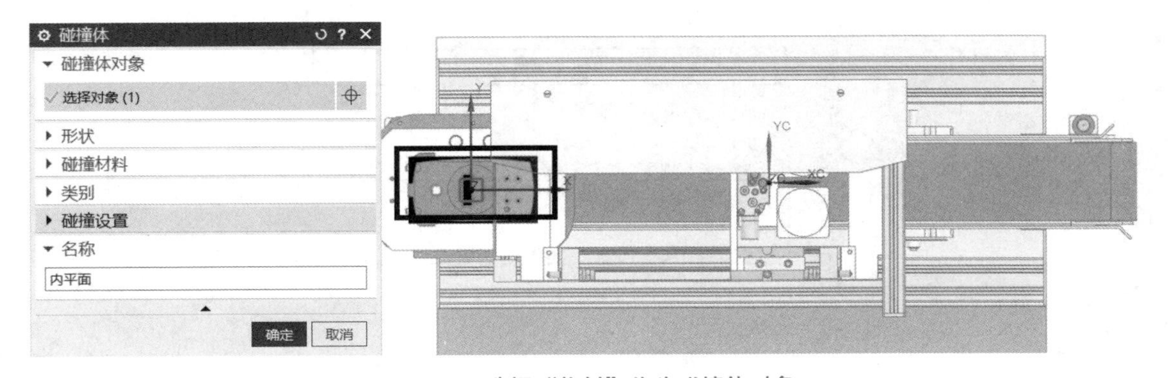

图 8－21　选择“物料”作为碰撞体对象

（9）设置碰撞形状、碰撞材料、碰撞类别，并设置碰撞体名称。碰撞形状为“方块”，形状属性为“用户定义”，长度为 20 mm，宽度为 20 mm，高度为 20 mm，碰撞材料为默认材料，碰撞类别为“5”，并重命名为“内平面”，单击“确定”按钮，如图 8－22 所示。

按照上述操作步骤，完成钻孔单元的所有碰撞体设置（其中部分碰撞体设置在“刚体”选项组中完成），如图 8－23 所示。

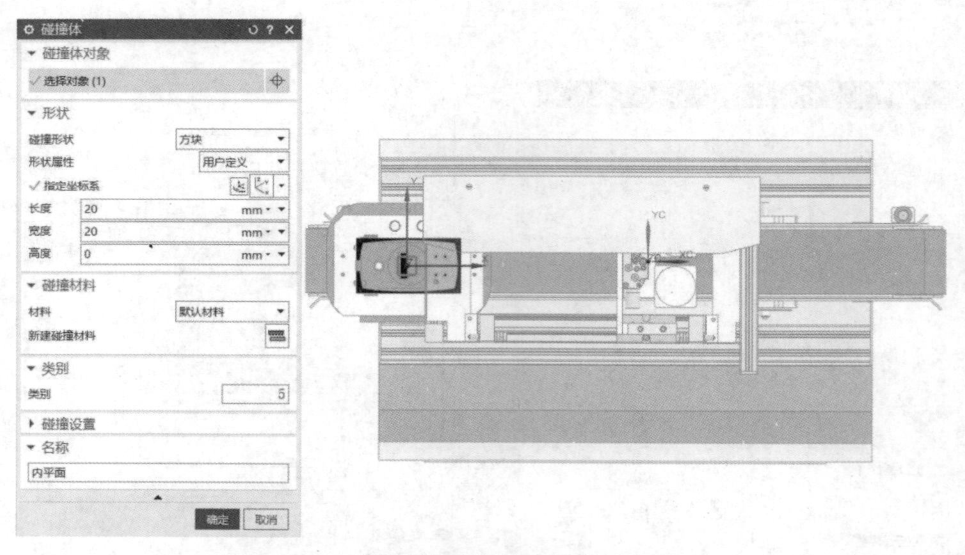

图 8-22　设置碰撞形状、碰撞材料、碰撞类别

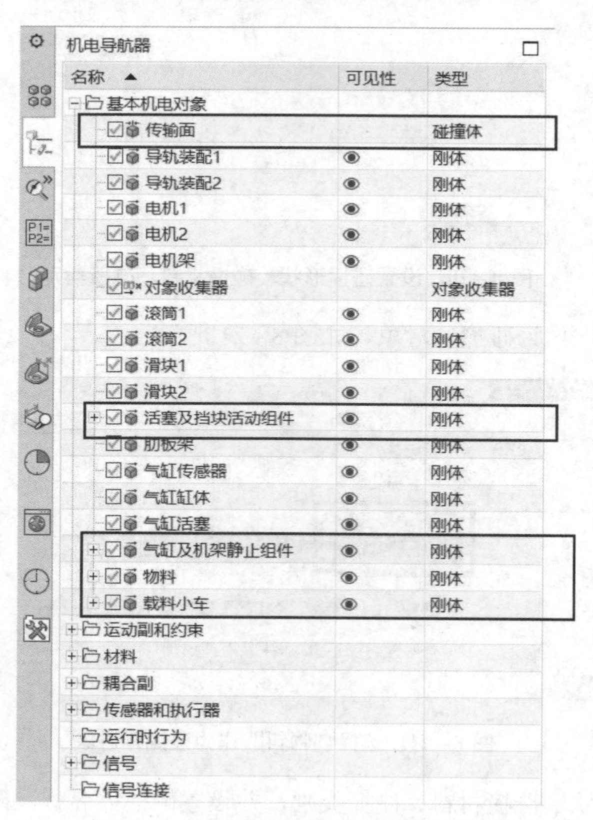

图 8-23　钻孔单元的所有碰撞体设置

2. 运动副的设置

1）定义滑动副

（1）在“主页”功能选项卡的“机械”区域选择“基本运动副”选项组→“基本运动副”

选项，打开“基本运动副”对话框，如图 8－24 所示。

图 8－24　选择“基本运动副”选项

（2）选择“滑动副”选项，设置刚体对象，连接体选择“滑块”，基本体选择“导轨装配”，如图 8－25、图 8－26 所示。

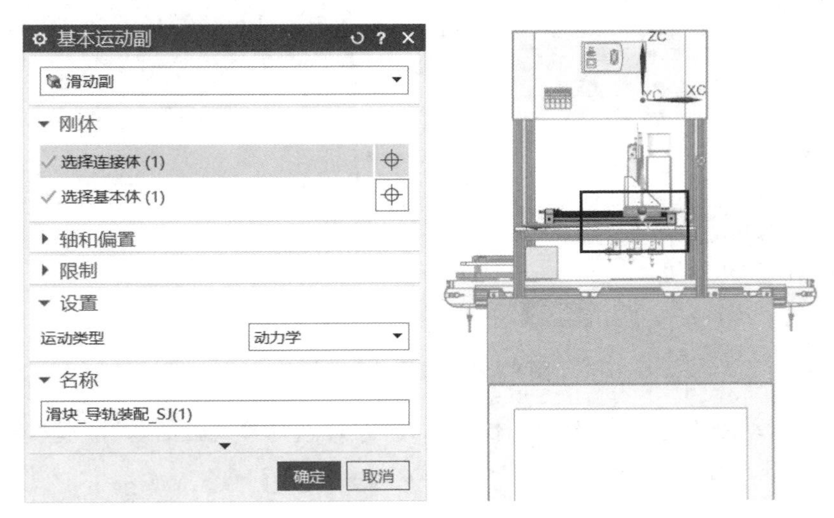

图 8－25　选择连接体

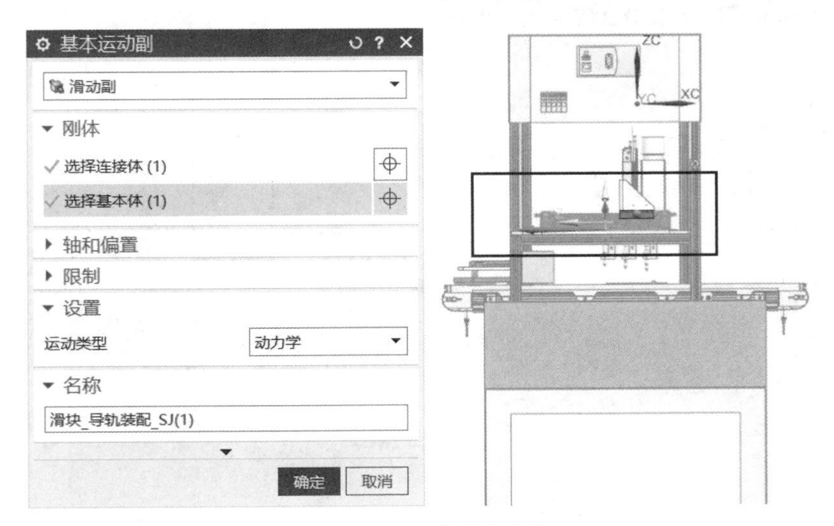

图 8－26　选择基本体

（3）设置轴和矢量，并重命名，将“偏置”设置为“0”，然后单击“确定”按钮，如图 8－27 所示。

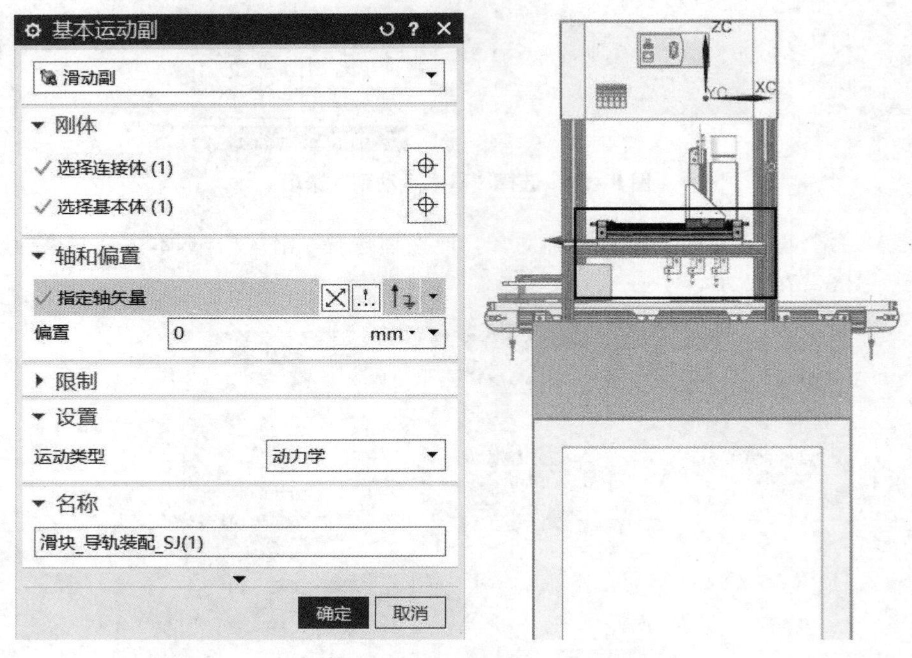

图 8－27　设置轴和矢量

（4）选择“滑动副”选项，设置刚体对象，连接体选择“气缸活塞”，基本体选择“气缸缸体”，如图 8－28、图 8－29 所示。

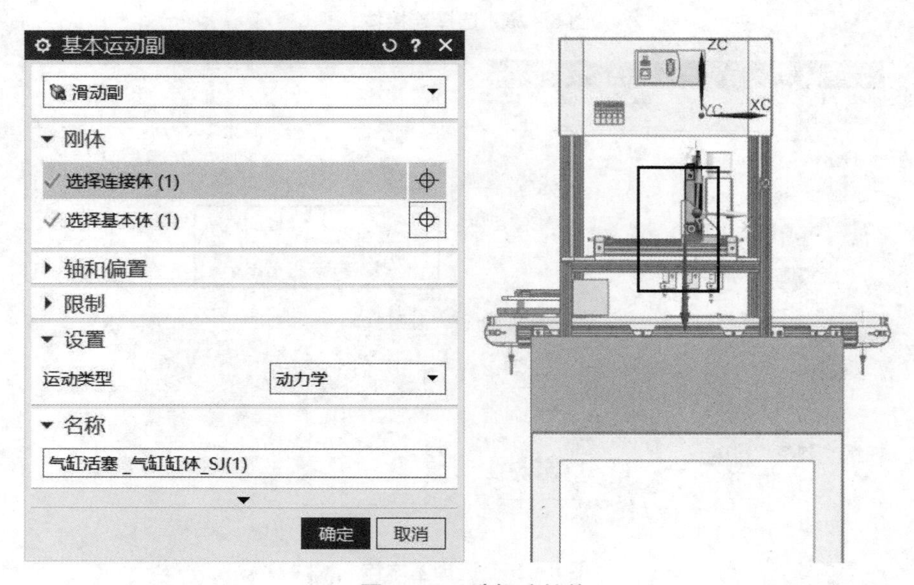

图 8－28　选择连接体

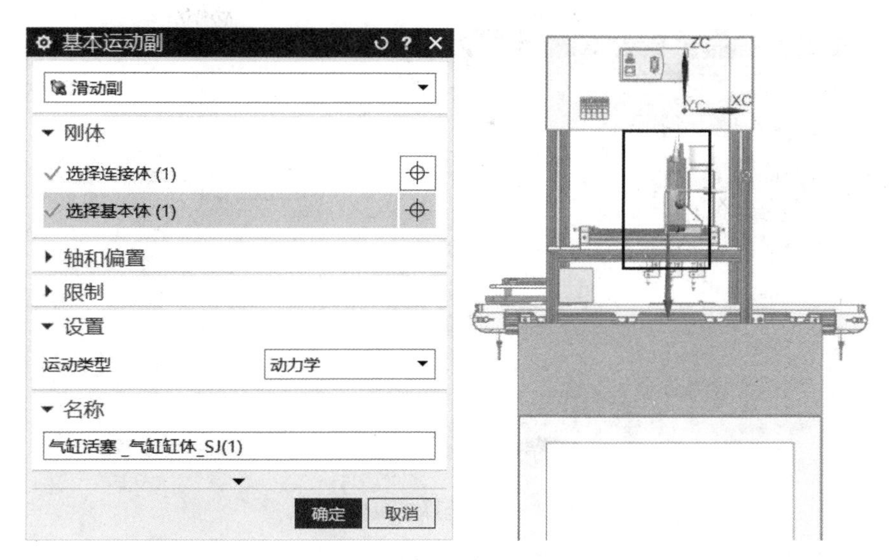

图 8-29　选择基本体

（5）设置轴和矢量，并重命名，将“偏置”设置为“0”，上限为 40 mm，下限为 0 mm，然后单击“确定”按钮，如图 8-30 所示。

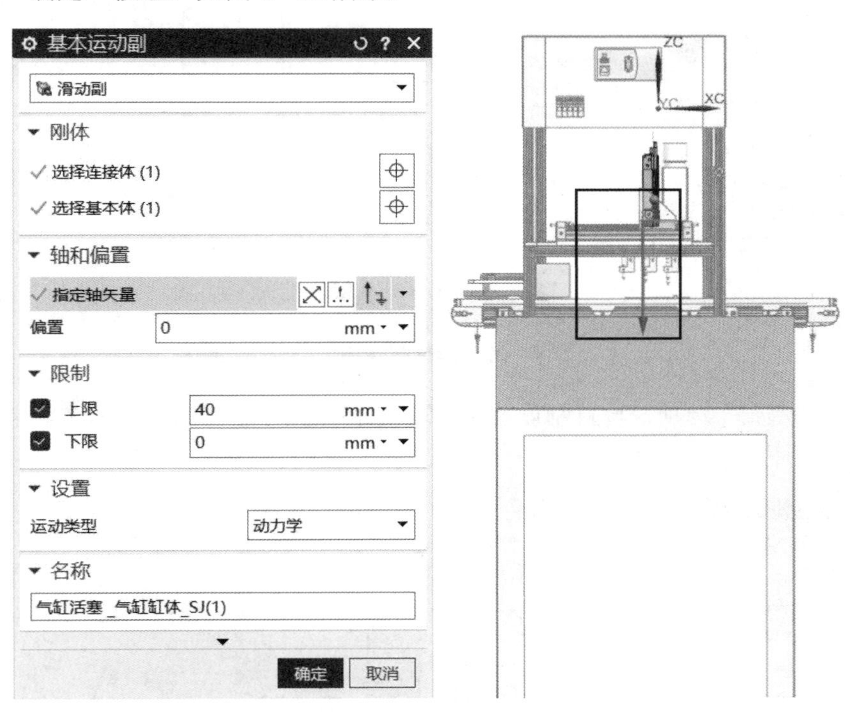

图 8-30　设置轴和矢量

2）定义固定副

（1）选择“固定副”选项，设置刚体对象，连接体选择“电机架”，基本体选择“气缸活塞”，如图 8-31、图 8-32 所示。

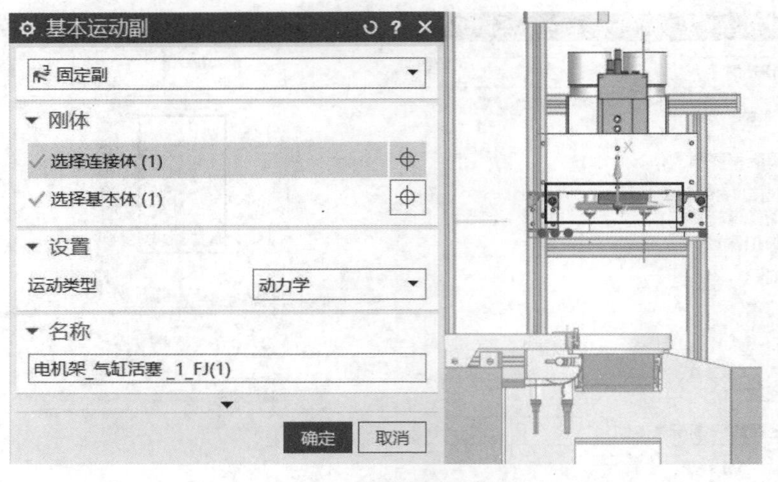

图 8-31　选择连接体

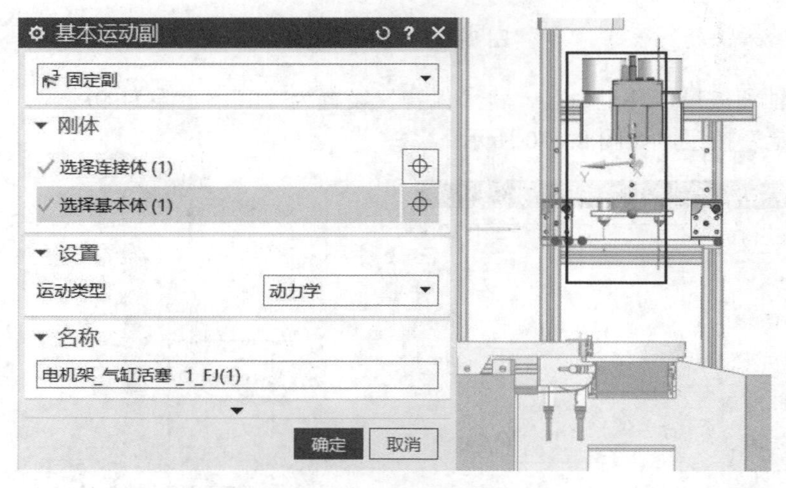

图 8-32　选择基本体

（2）选择“固定副”选项，设置刚体对象，连接体选择“气缸缸体”，基本体选择“肋板架”，如图 8-33、图 8-34 所示。

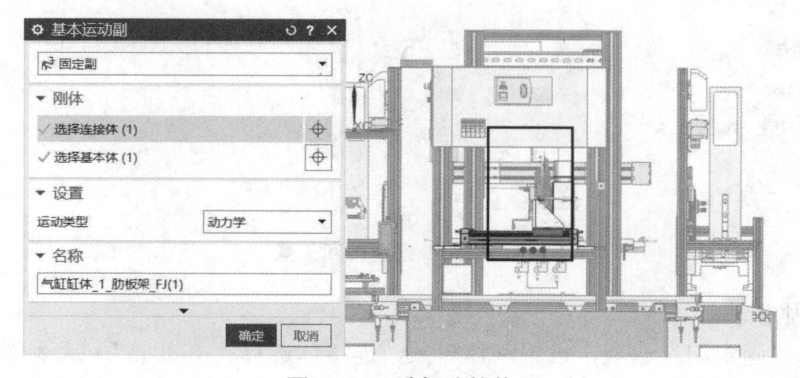

图 8-33　选择连接体

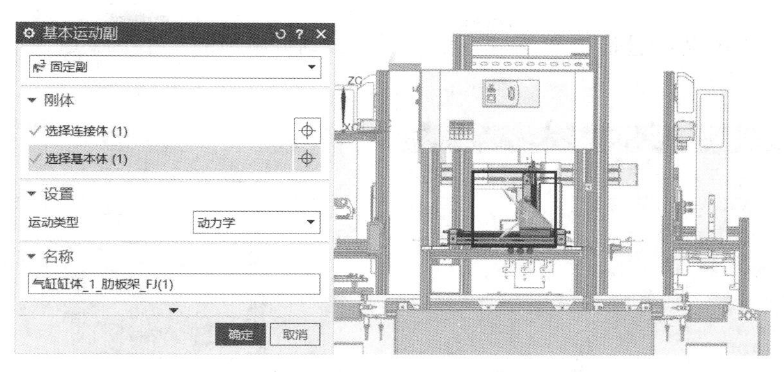

图 8－34　选择基本体

（3）选择“固定副”选项，设置刚体对象，连接体选择“导轨装配”，基本体不选，如图 8－35 所示。

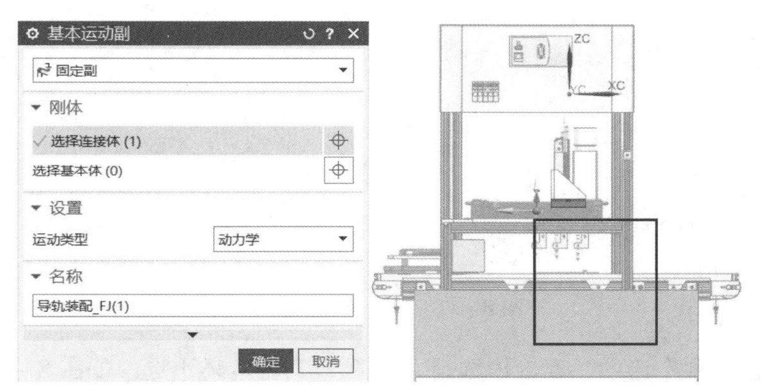

图 8－35　选择连接体

3）定义铰链副

（1）选择“铰链副”选项，连接体选择“滚筒 1”，基本体不选，如图 8－36 所示。

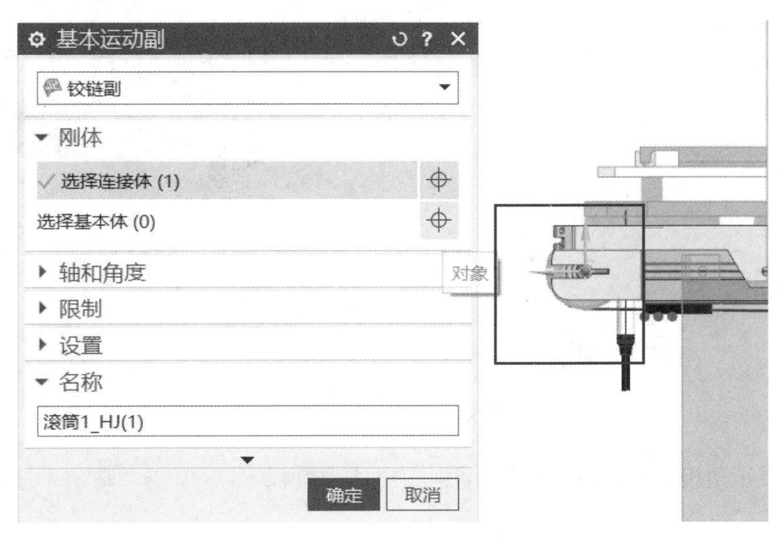

图 8－36　选择连接体

（2）设置轴和角度，起始角为0°，无上、下限限制，然后单击“确定”按钮，如图8－37所示。

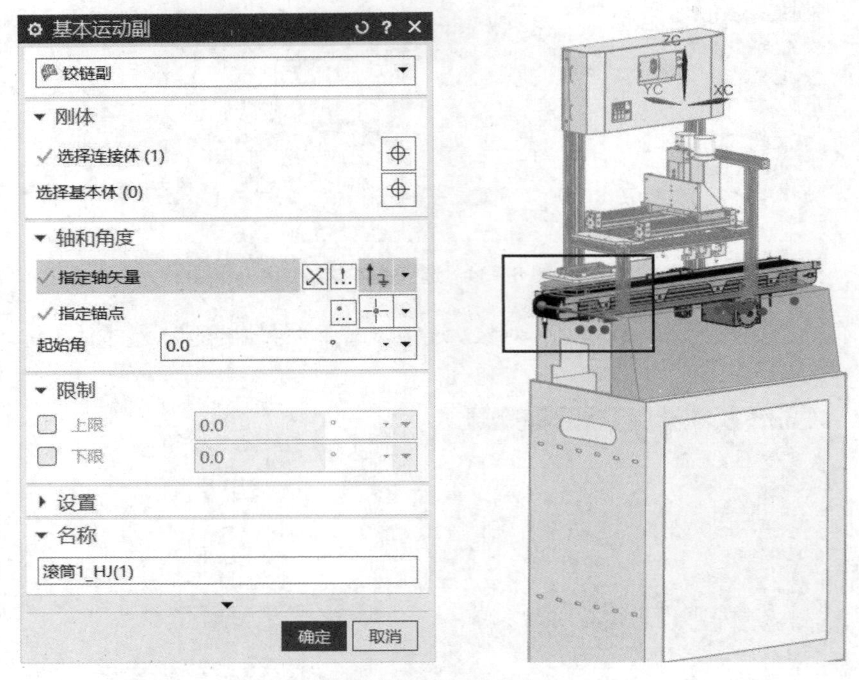

图8－37 设置轴和角度

（3）选择“铰链副”选项，连接体选择“滚筒2”，基本体不选，如图8－38所示。

图8－38 选择连接体

（4）设置轴和角度，起始角为0°，无上、下限限制，然后单击“确定”按钮，如图8－39所示。

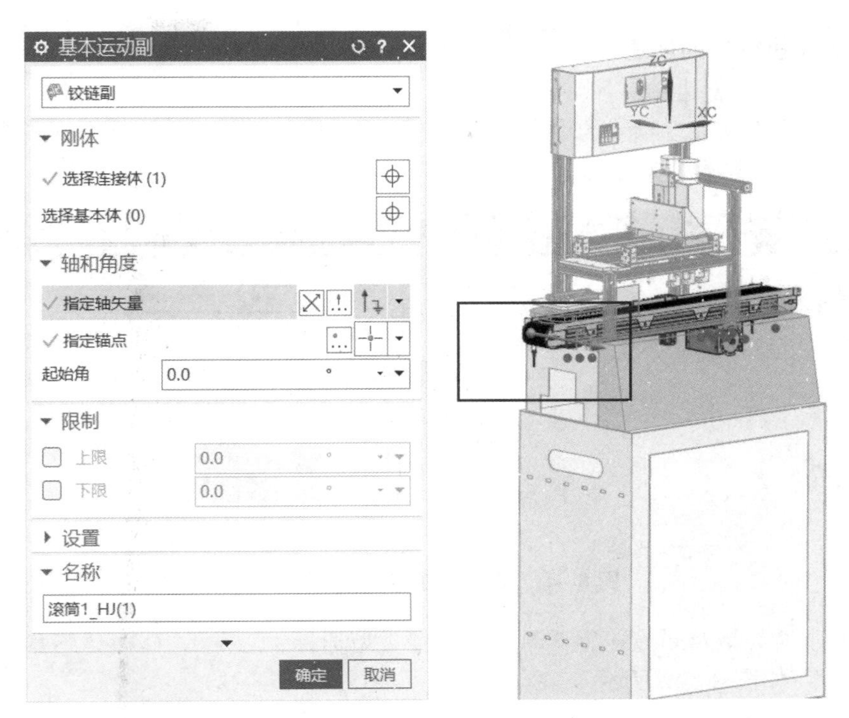

图 8-39　设置轴和角度

按照上述操作步骤，完成钻孔单元的所有运动副设置，如图 8-40 所示。

名称	可见性	类型
+ 基本机电对象		
− 运动副和约束		
导轨装配_FJ(1)_1		固定副
导轨装配_FJ(1)_1		固定副
电机_1_电机架_FJ(1)_1		固定副
电机_1_电机架_FJ(2)_1		固定副
电机架_气缸活塞_1_FJ(1)_1		固定副
滚筒1_HJ(1)_1		铰链副
滚筒2_HJ(1)_1		铰链副
滑块_导轨装配_SJ(1)_1		滑动副
滑块_导轨装配_SJ(1)_1		滑动副
活塞及挡块活动组件_气缸及机...		滑动副
肋板架_滑块_1_FJ(1)_1		固定副
气缸传感器_气缸缸体_1_FJ(1)_1		固定副
气缸缸体_1_肋板架_FJ(1)_1		固定副
气缸活塞_气缸缸体_SJ(1)_1		滑动副
气缸及机架静止组件_FJ(1)_1		固定副
物料_FJ(1)_1		固定副

图 8-40　钻孔单元的所有运动副设置

3. 传感器和执行器的创建

1）碰撞传感器的创建

（1）在“主页”功能选项卡的“电气”区域选择“碰撞传感器”选项组→“碰撞传感器”选项，打开“碰撞传感器”对话框，如图 8－41 所示。

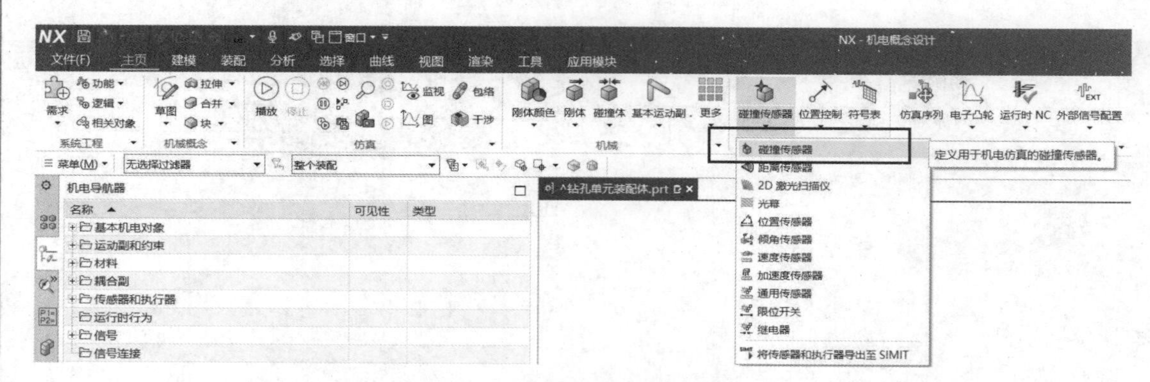

图 8－41 选择“碰撞传感器”选项

（2）选择碰撞类型及碰撞传感器对象。碰撞类型选择“触发”，碰撞传感器对象选择“1 站出口传感器”，如图 8－42 所示。

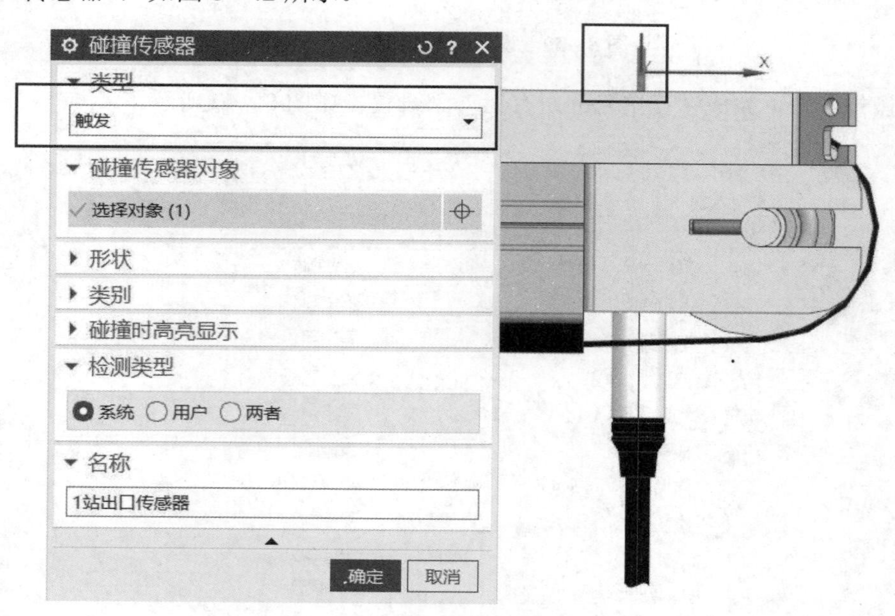

图 8－42 选择碰撞类型及碰撞传感器对象

（3）设置碰撞形状及碰撞类别。碰撞形状为“圆柱”，形状属性为“自动”，碰撞类别为“0”，然后单击“确定”按钮，如图 8－43 所示。

（4）选择碰撞类型及碰撞传感器对象。碰撞类型选择“触发”，碰撞传感器对象选择“CollisionSensor（1）”，如图 8－44 所示。

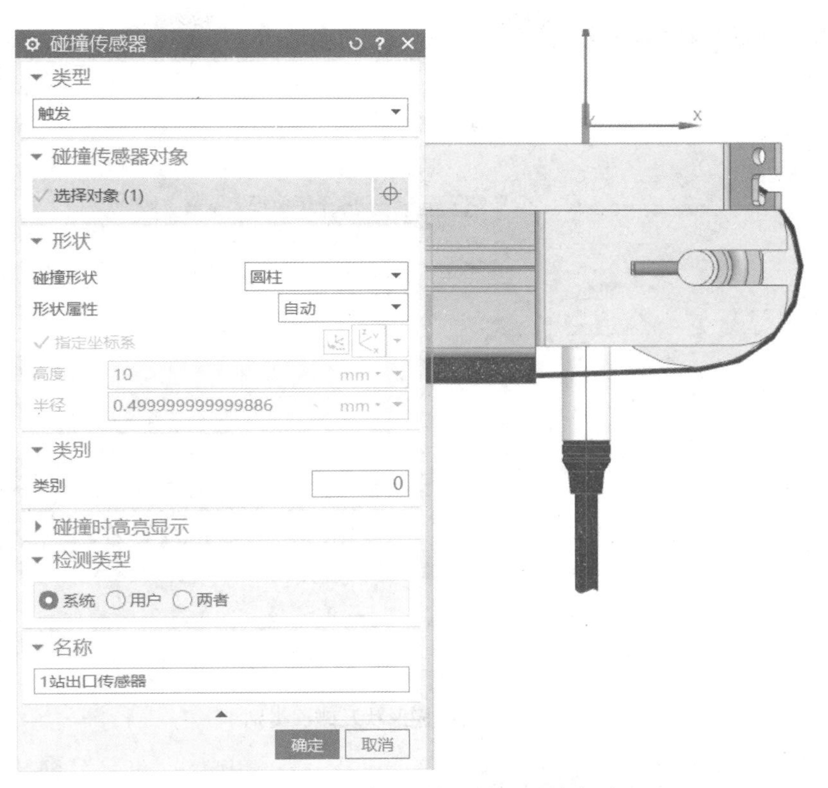

图 8-43 设置碰撞形状及碰撞类别

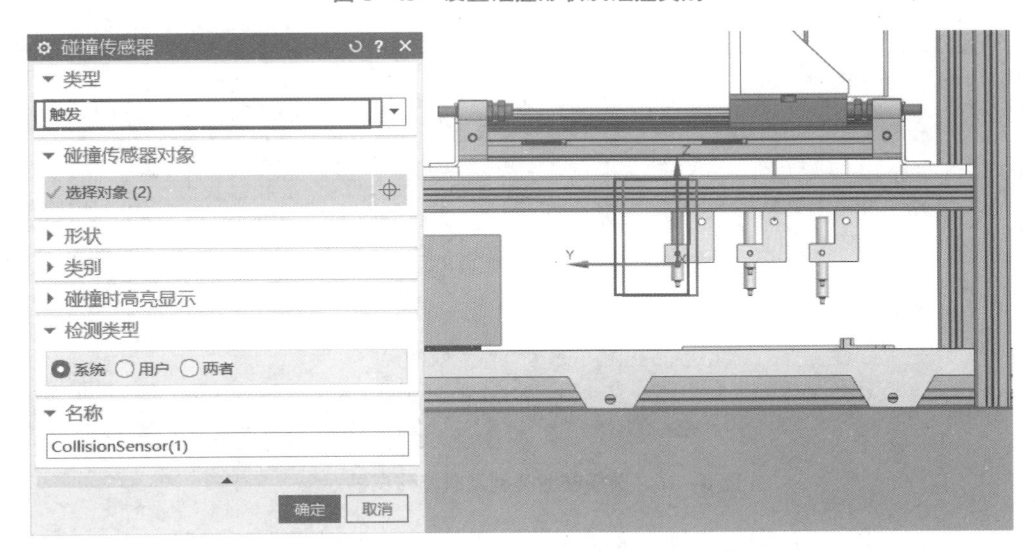

图 8-44 选择碰撞类型及碰撞传感器对象

（5）设置碰撞形状及碰撞类别。碰撞形状为“直线”，形状属性为“用户定义”，长度为 150 mm，碰撞类别为“0”，然后单击“确定”按钮，如图 8-45 所示。

（6）选择碰撞类型及碰撞传感器对象，碰撞类型选择“触发”，碰撞传感器对象选择“CollisionSensor（2）”，如图 8-46 所示。

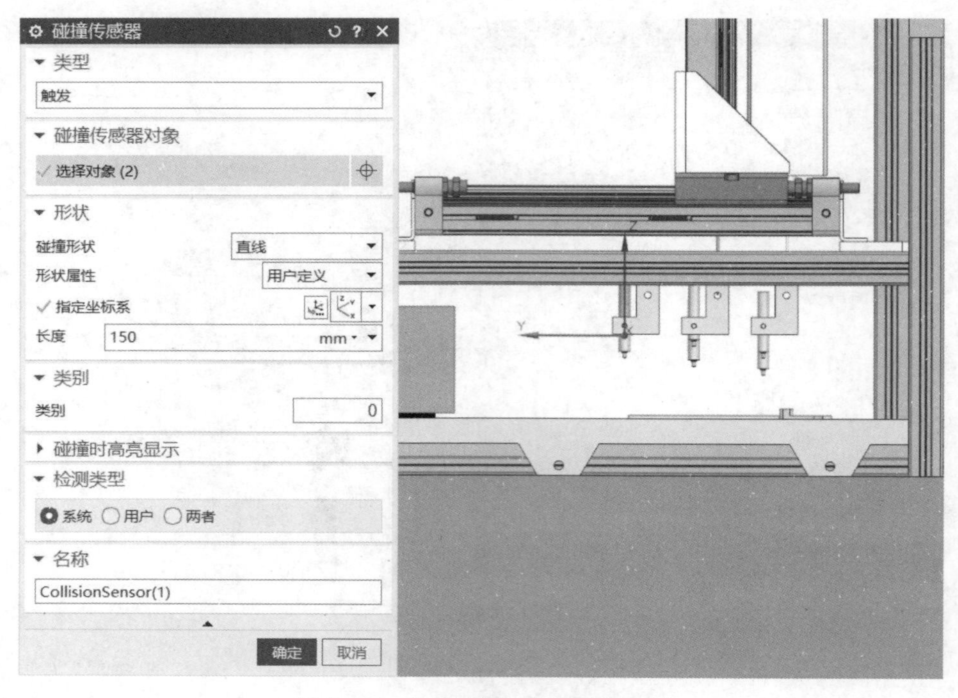

图 8-45　设置碰撞形状及碰撞类别

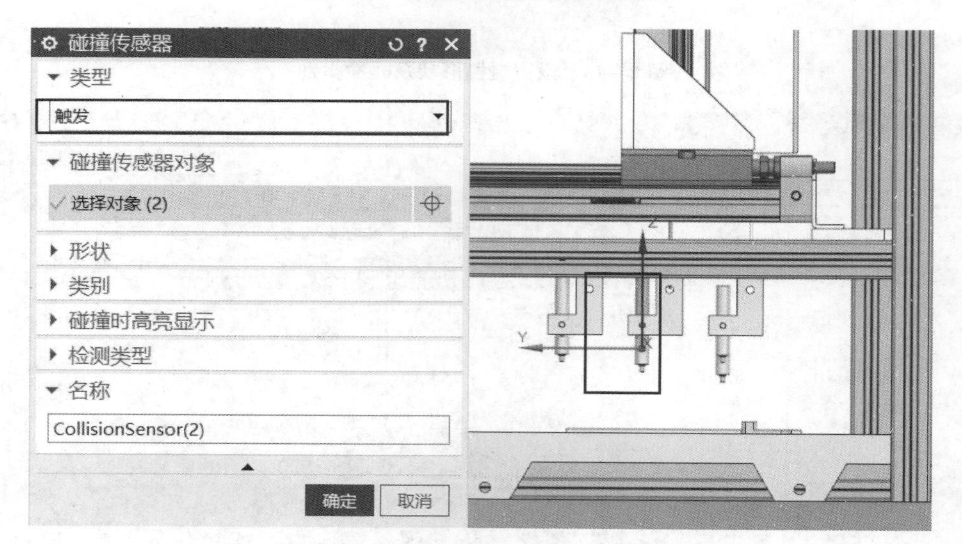

图 8-46　选择碰撞类型及碰撞传感器对象

（7）设置碰撞形状及碰撞类别，碰撞形状为“直线”，形状属性为“用户定义”，长度为150 mm，碰撞类别为“0”，然后单击“确定”按钮，如图 8-47 所示。

2）传输面设置

（1）在“主页”功能选项卡的“电气”区域选择“位置控制”选项组→“传输面”选项，打开“传输面”对话框，如图 8-48 所示。

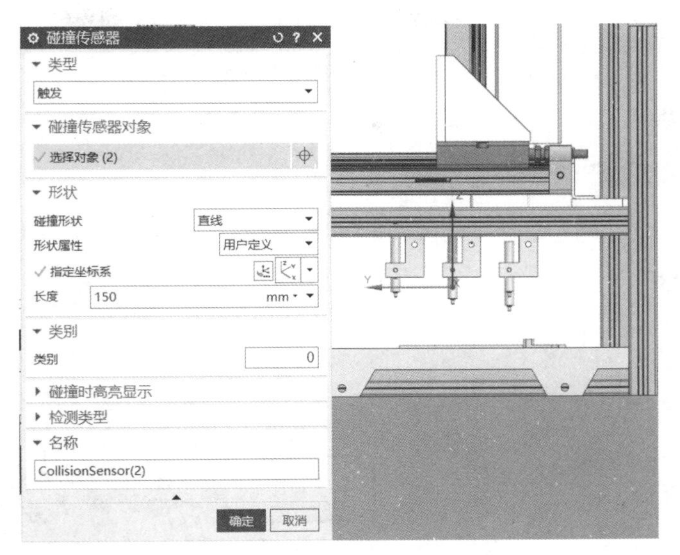

图 8-47 设置碰撞形状及碰撞类别

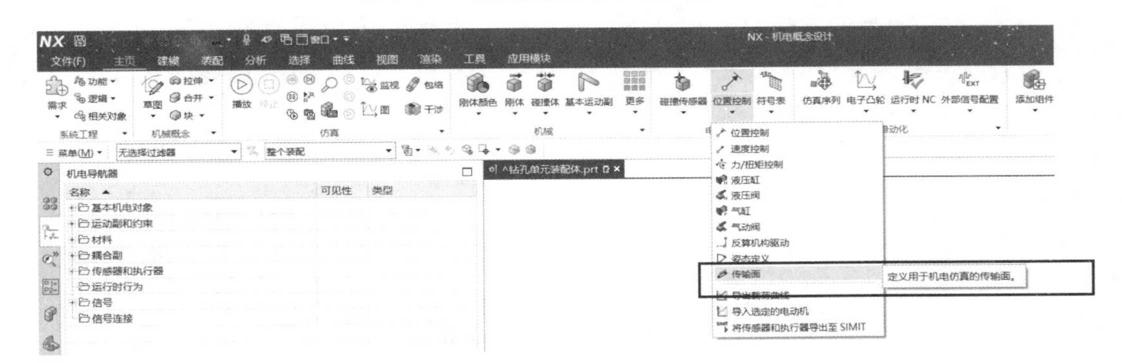

图 8-48 选择“传输面”选项

（2）选择传送带面[①]，选择面为“传输面 1”，如图 8-49 所示。

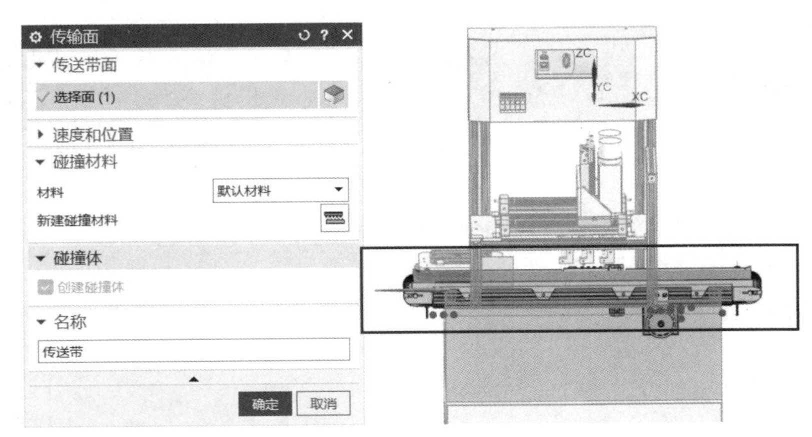

图 8-49 选择传送带面

① 注：为了叙述方便，本书在不同任务中使用了“传输带”“传送带”等表述，其含义相同，所指对象相同，特此说明。

（3）设置速度和位置。“运动类型”为“直线”，“指定矢量”为“+X 轴”方向，设置平行速度为 150 mm/s，碰撞材料默认，重命名为“传送带”，然后单击“确定”按钮，如图 8－50 所示。

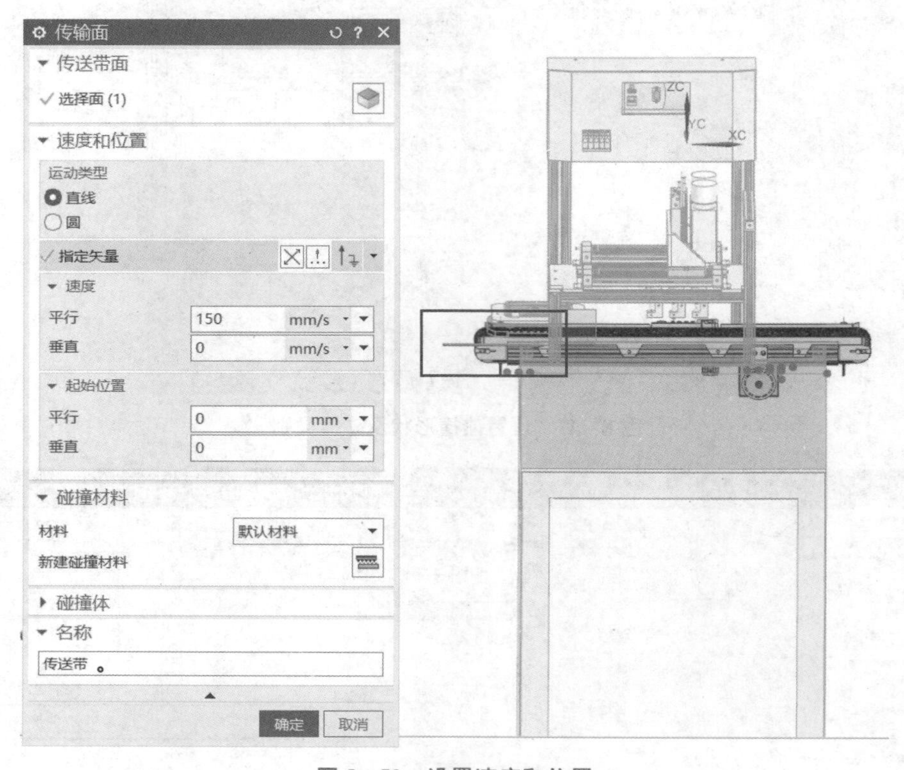

图 8－50　设置速度和位置

3）位置控制

（1）在“主页”功能选项卡的“电气”区域选择“位置控制”选项组→“位置控制”选项，打开“位置控制”对话框，如图 8－51 所示。

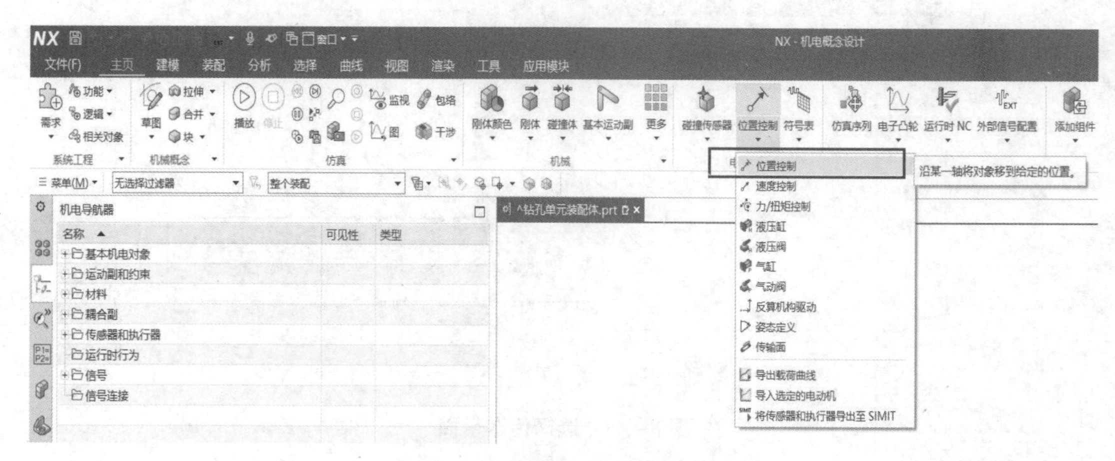

图 8－51　选择“位置控制”选项

（2）选择机电对象，设置目标和速度。机电对象选择“滑块_导轨装配_SJ（1）_1_PC（1）_1”，“目标”为“0 mm”，“速度”为“500 mm/s”，然后单击“确定”按钮，如图8－52所示。

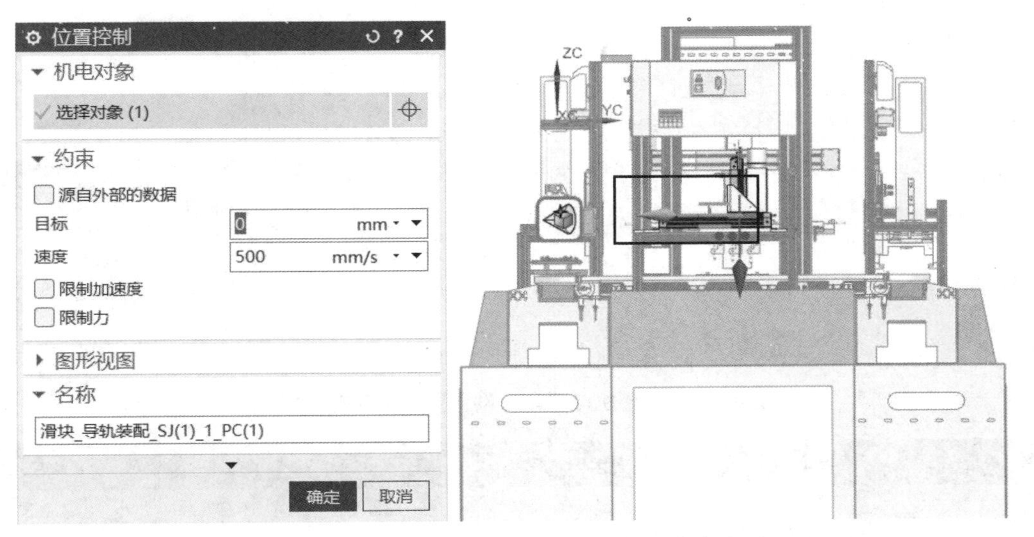

图8－52 选择机电对象，设置目标和速度（1）

（3）选择机电对象，设置目标和速度。机电对象选择“气缸活塞_气缸缸体_SJ（1）_1_PC（1）_1”，“目标”为“0 mm”，“速度”为“100 mm/s”，然后单击“确定”按钮，如图8－53所示。

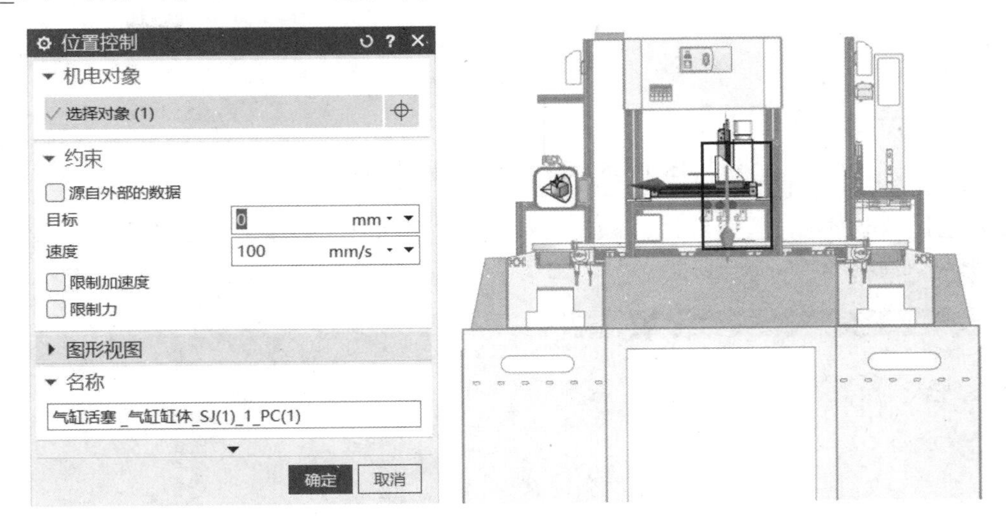

图8－53 选择机电对象，设置目标和速度（2）

（4）选择机电对象，设置目标和速度。机电对象选择“活塞及挡块活动组件_气缸及机架静止组件_SJ（1）_1”，“目标”为“0 mm”，“速度”为“80 mm/s”，然后单击“确定”按钮，如图8－54所示。

4）速度控制

（1）在“主页”功能选项卡的“电气”区域选择“位置控制”选项组→“速度控制”选项，打开“速度控制”对话框，如图8－55所示。

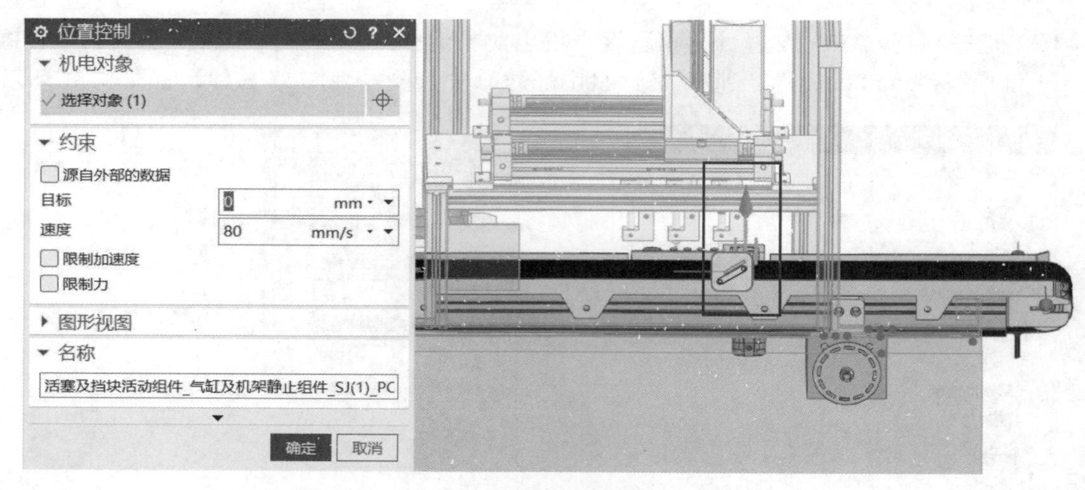

图 8－54 选择机电对象，设置目标和速度（3）

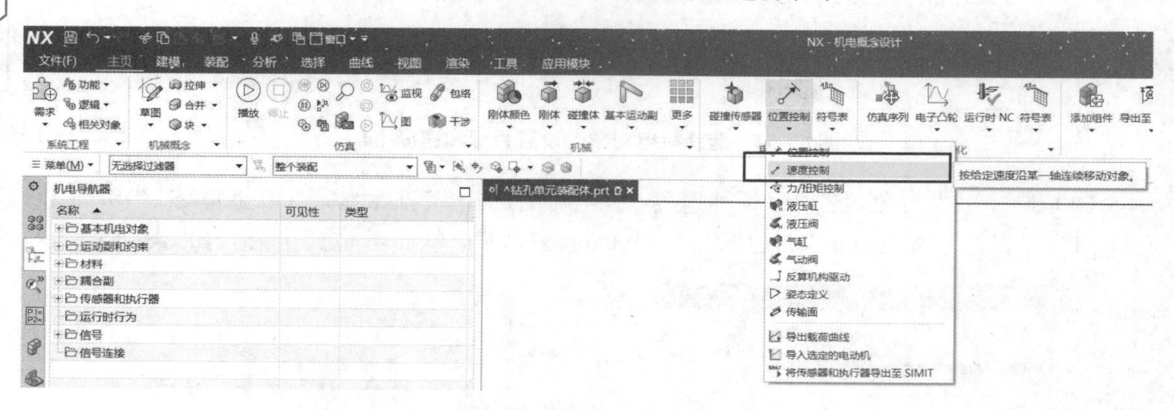

图 8－55 选择“速度控制”选项

（2）选择机电对象，设置约束。机电对象选择“滚筒 1”，“速度”为“0°/s”，然后单击“确定”按钮，如图 8－56 所示。

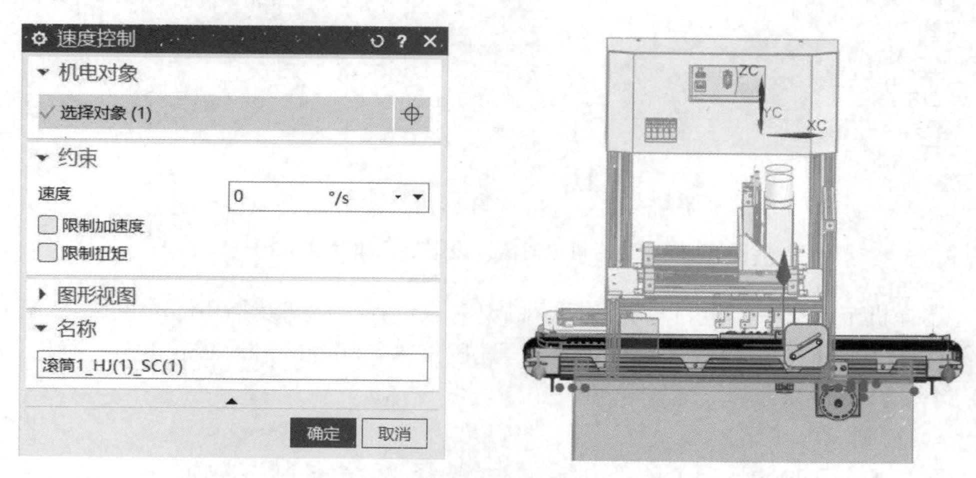

图 8－56 选择机电对象，设置约束

按照上述操作步骤，完成钻孔单元的所有传感器及执行器的创建，如图 8－57 所示。

传感器和执行器	
1站出口传感器	碰撞传感器
1站入口传感器	碰撞传感器
CollisionSensor(1)	碰撞传感器
CollisionSensor(2)	碰撞传感器
CollisionSensor(3)	碰撞传感器
CollisionSensor(4)	碰撞传感器
传送带	传输面
滚筒1_HJ(1)_SC(1)_1	速度控制
滑块_导轨装配_SJ(1)_1_PC(1)_1	位置控制
活塞及挡块活动组件_气缸及机架静止组件...	位置控制
气缸活塞 _气缸缸体_SJ(1)_1_PC(1)_1	位置控制

图 8－57　钻孔单元的所有传感器和执行器的创建

4. 信号及信号适配器的创建

1）符号表的创建

（1）在“主页”功能选项卡的“电气”区域选择“符号表”选项组→“符号表”选项，打开“符号表”对话框，如图 8－58 所示。

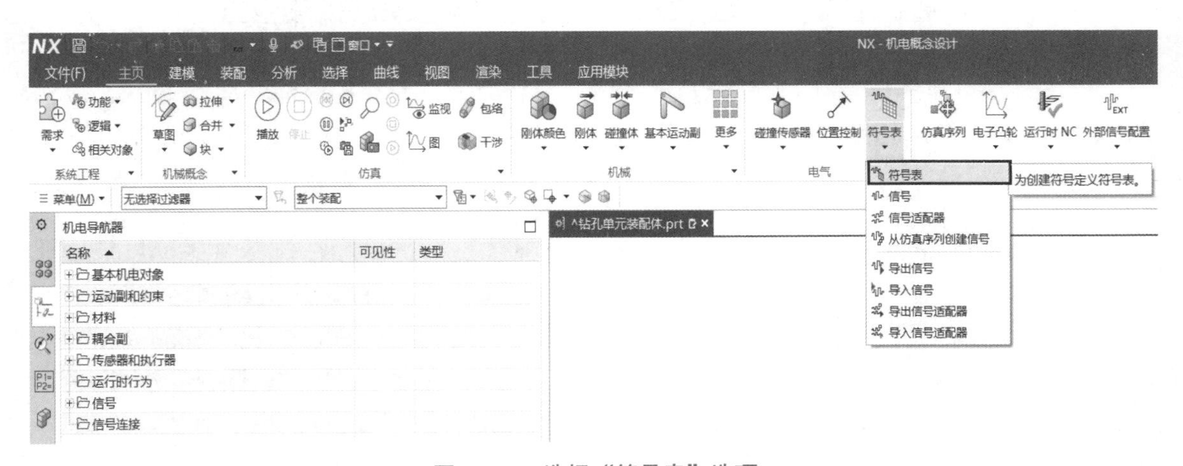

图 8－58　选择“符号表”选项

（2）新建符号。打开“符号表”对话框后，单击“新建符号”按钮，按照设备的运动情况新建信号，如图 8－59 所示。

（3）定义信号的 IO 类型和数据类型，然后对符号表进行重命名，最后单击“确定”按钮，如图 8－60、图 8－61 所示。

图 8－59　新建符号

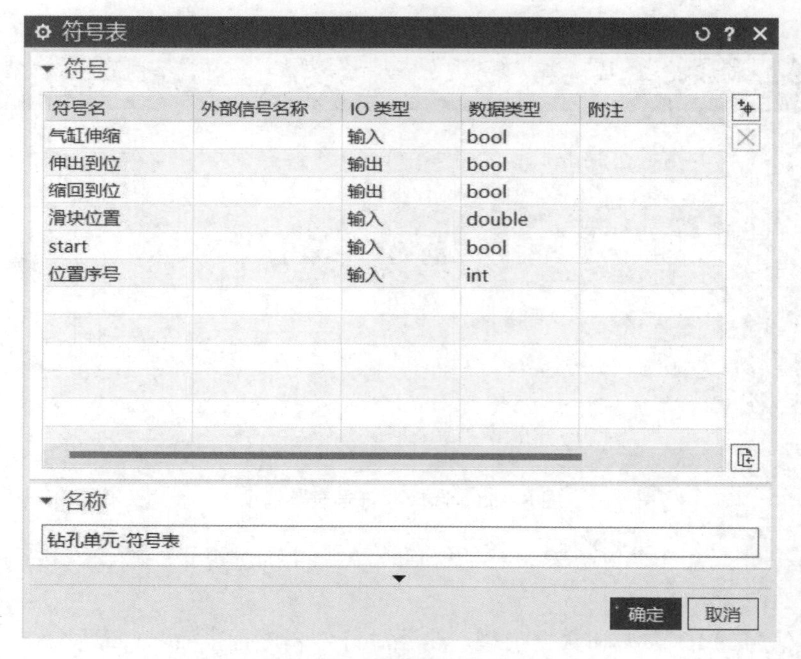

图 8－60　钻孔单元－符号表

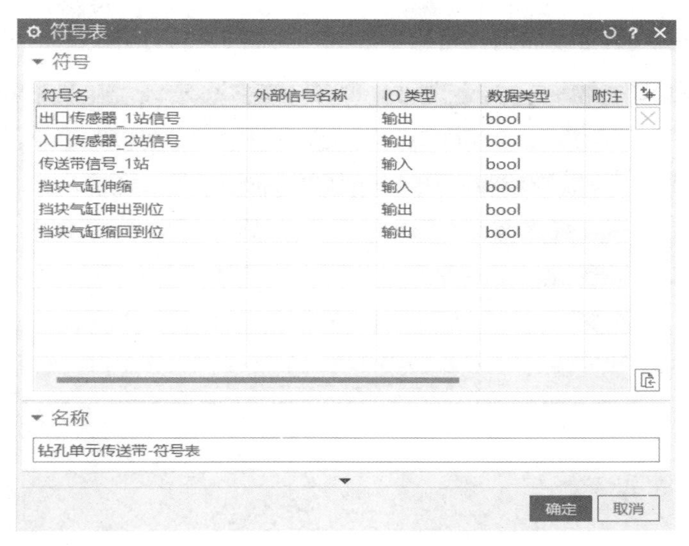

图 8－61　钻孔单元传送带－符号表

2）信号适配器的创建

（1）在“主页”功能选项卡的“电气”区域选择“符号表”选项组→“信号适配器”选项，打开“信号适配器”对话框，如图 8－62 所示。

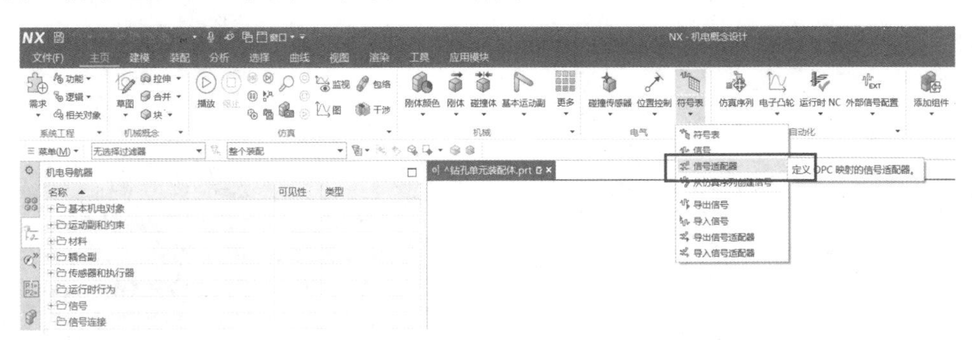

图 8－62　选择“信号适配器”选项

（2）选择机电对象，然后添加参数，如图 8－63 所示。

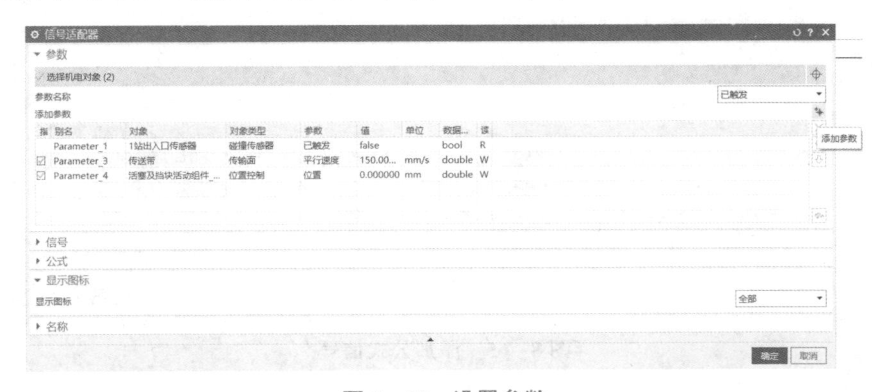

图 8－63　设置参数

（3）把符号表中的信号添加到“信号”区域，如图 8－64 所示。

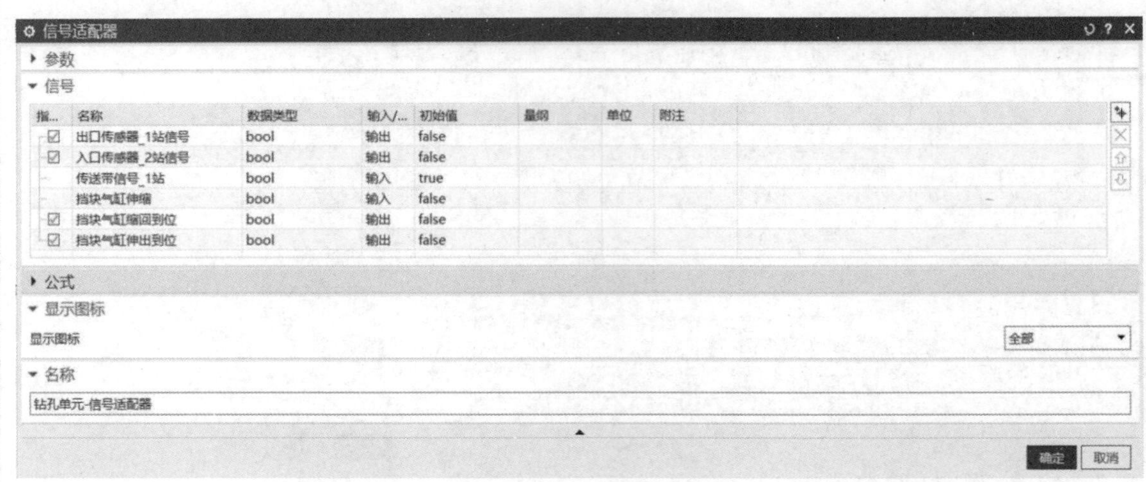

图 8－64 添加信号

（4）勾选“参数”和“信号”区域的相关复选框，将信号添加到“公式”区域，进行公式信号逻辑的编辑，然后重命名信号适配器，单击“确定”按钮，如图 8－65、图 8－66 所示。

信号适配器
参数
信号
公式
指派为
Parameter_3
Parameter_4
出口传感器_1站信号
入口传感器_2站信号
挡块气缸缩回到位
挡块气缸伸出到位
公式
显示图标
显示图标 全部
名称
钻孔单元-信号适配器
确定 取消

图 8－65 添加公式信号

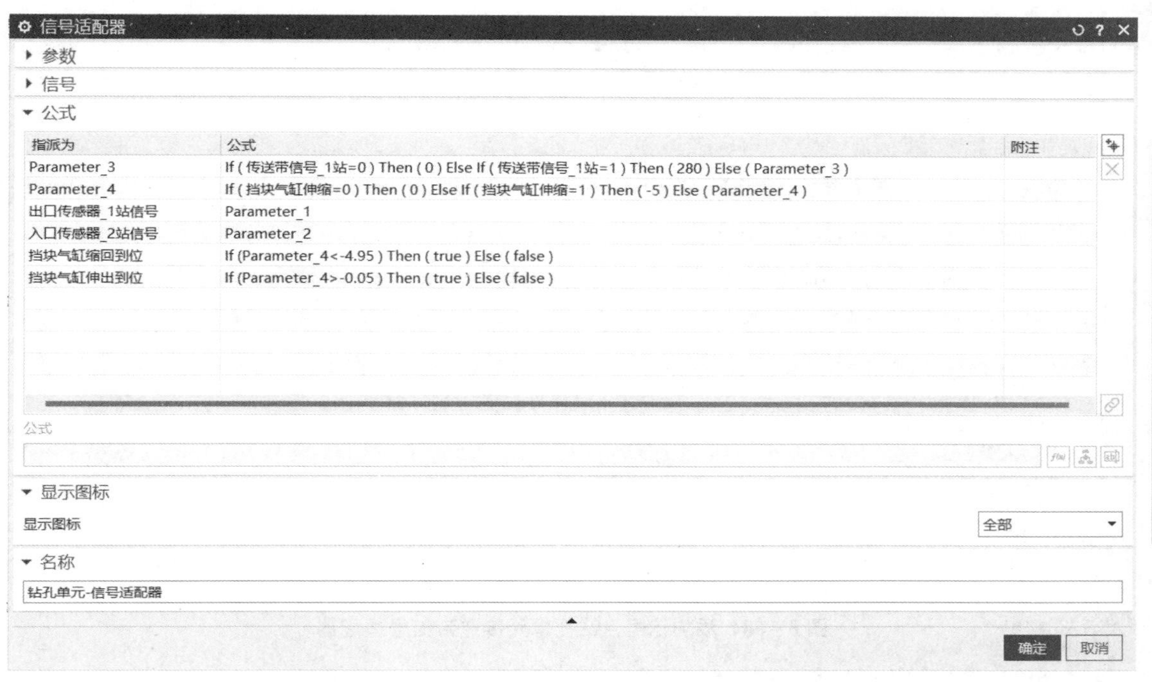

图 8-66 编辑公式信号逻辑

按照上述操作步骤完成钻孔单元传送带信号适配器的创建，如图 8-67～图 8-69 所示。

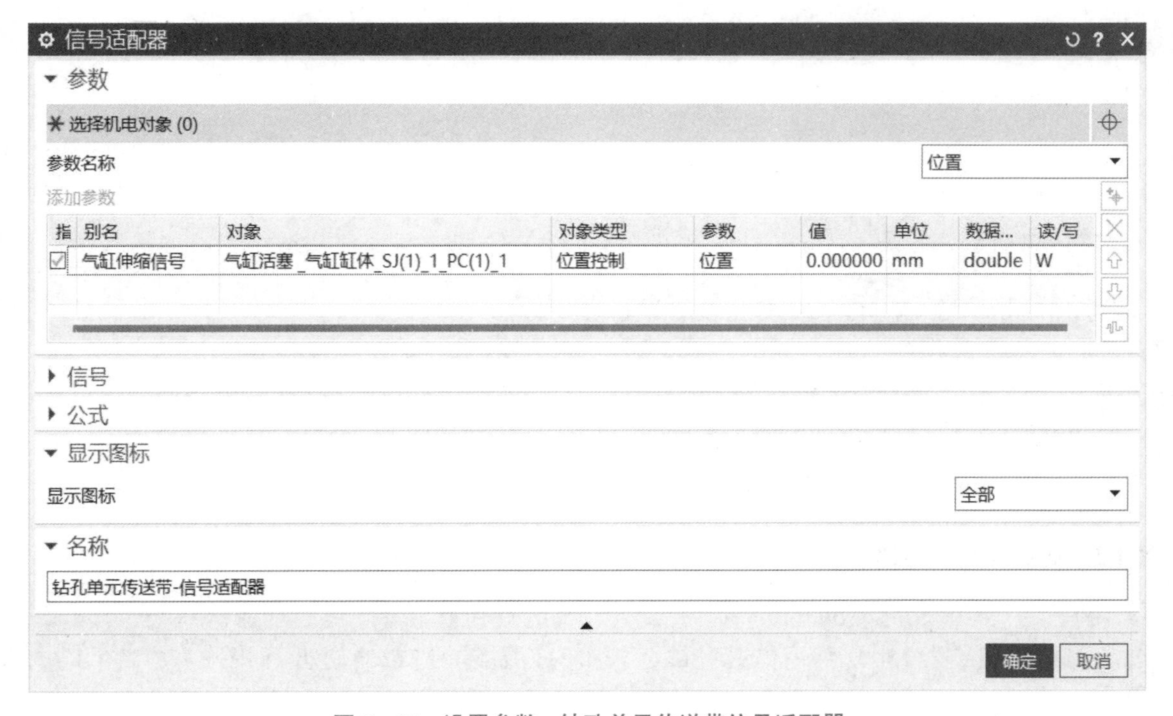

图 8-67 设置参数-钻孔单元传送带信号适配器

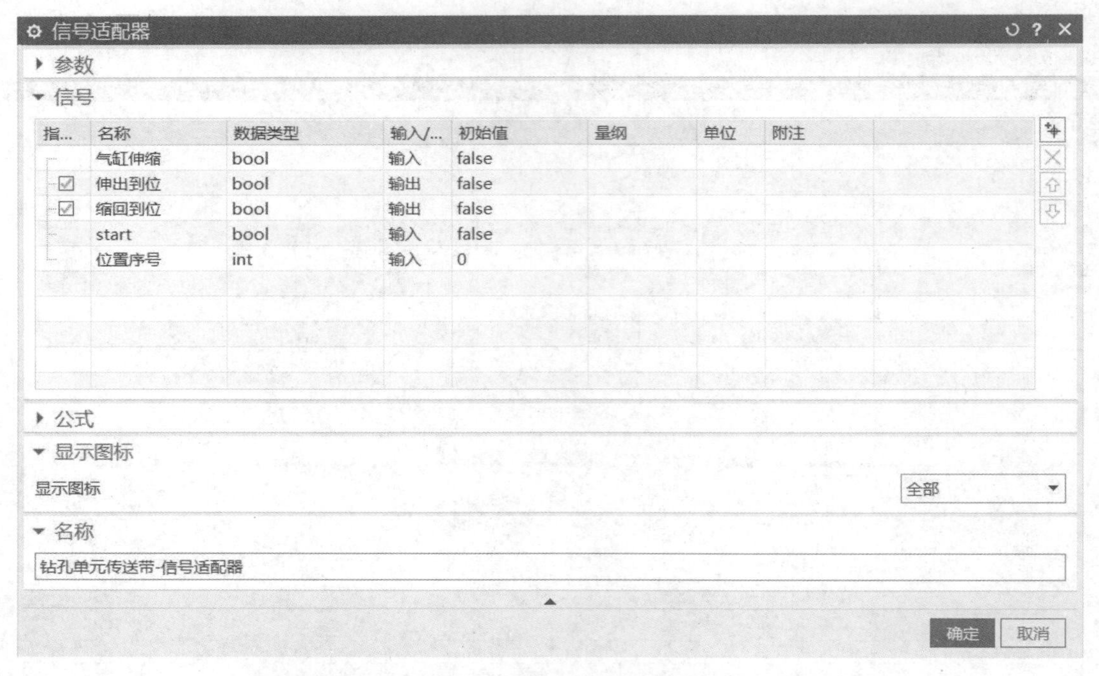

图 8-68 添加信号-钻孔单元传送带信号适配器

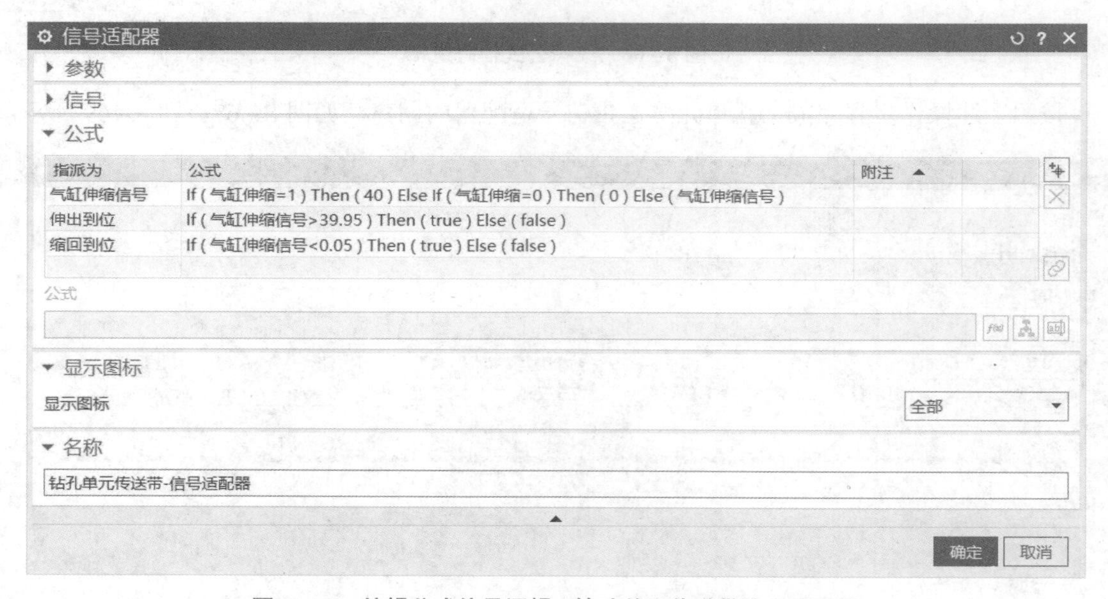

图 8-69 编辑公式信号逻辑-钻孔单元传送带信号适配器

8.4.2 虚拟 PLC 的建立

打开 S7-PLCSIM Advanced 软件，新建一个虚拟 PLC（虚拟 PLC 的命名不能是中文），选择 PLC 的型号为 1500，然后单击“Start”按钮，完成虚拟 PLC 的创建，如图 8-70、图 8-71 所示。

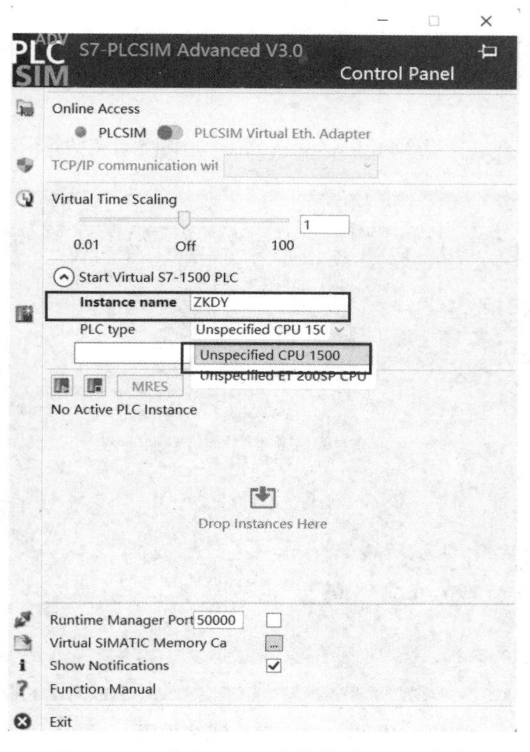

图 8-70　选择 PLC 型号及为 PLC 命名

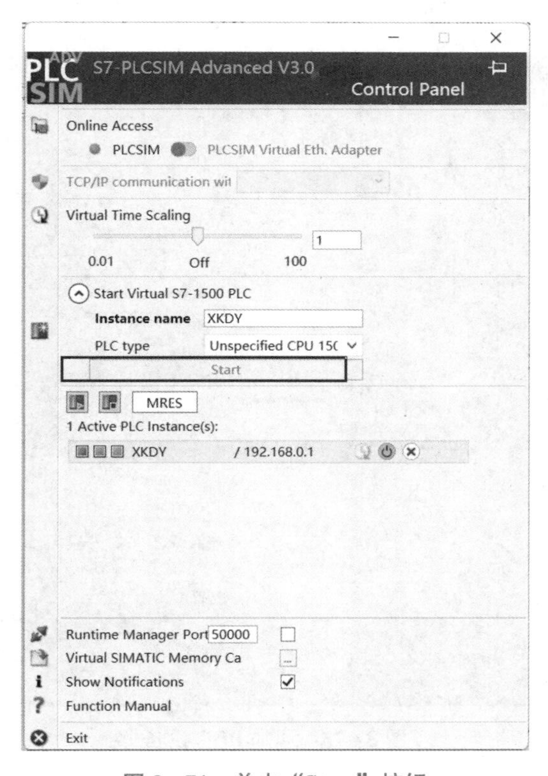

图 8-71　单击“Start”按钮

8.4.3 TIA 博途环境的搭建

1. PLC 组态设置

（1）在 TIA 博途界面双击“添加新设备选项，如图 8－72 所示。

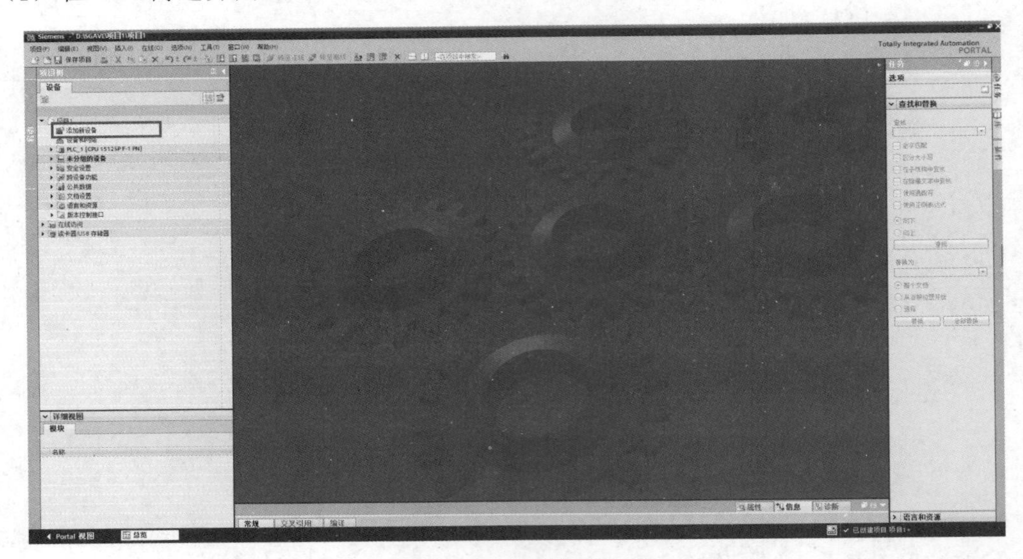

图 8－72　TIA 博途界面

（2）进入“添加新设备”界面，选择相应的 PLC 和版本号、订货号，如图 8－73 所示。

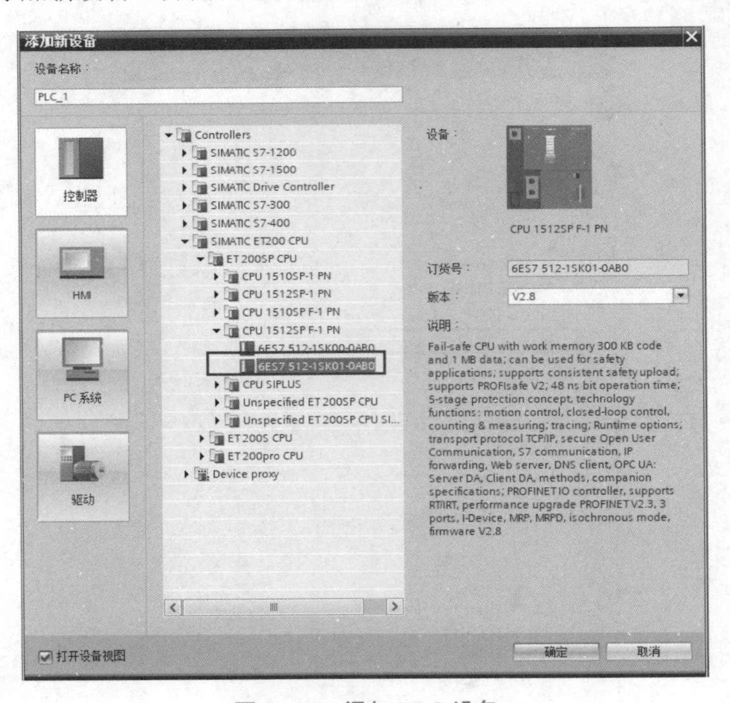

图 8－73　添加 PLC 设备

（3）创建完新设备后在 PLC 面板中选择“属性”选项，如图 8－74 所示。

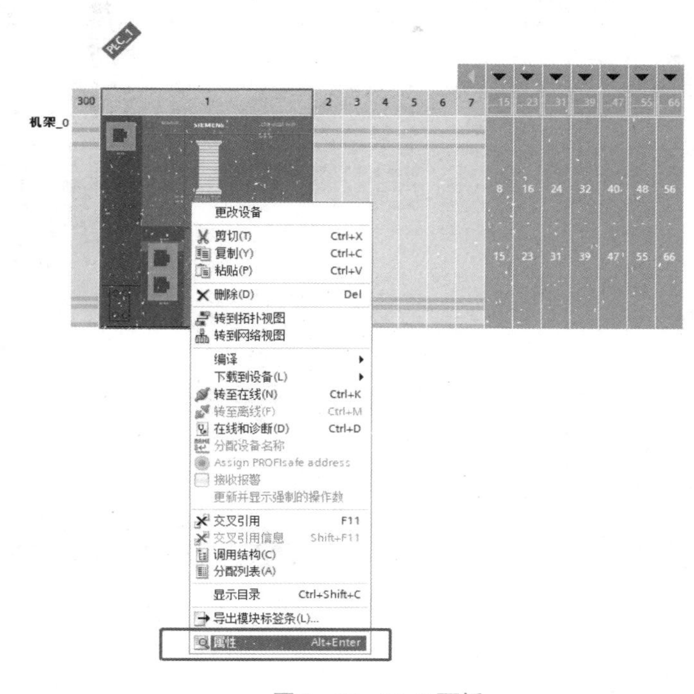

图 8－74　PLC 面板

（4）在 PLC 属性界面选择“PROFINET 接口[X1]”→“以太网地址”选项，如图 8－75 所示。

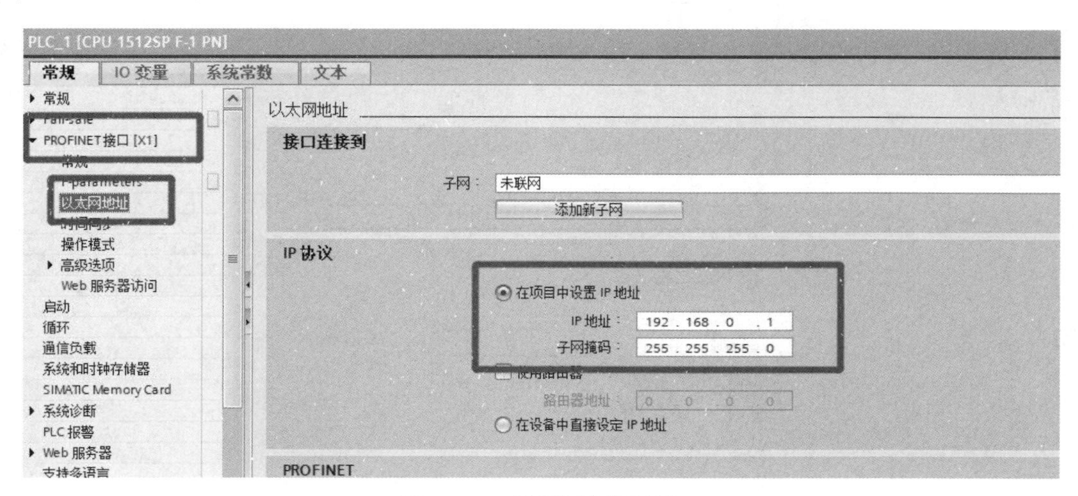

图 8－75　设置以太网地址

2. 变量的添加

根据钻孔单元的工艺过程添加所需变量。在项目树中选择“PLC_1[CPU 1515-2PN]”→“PLC 变量”→“显示所有变量”→“添加变量”命令，如图 8－76 所示。

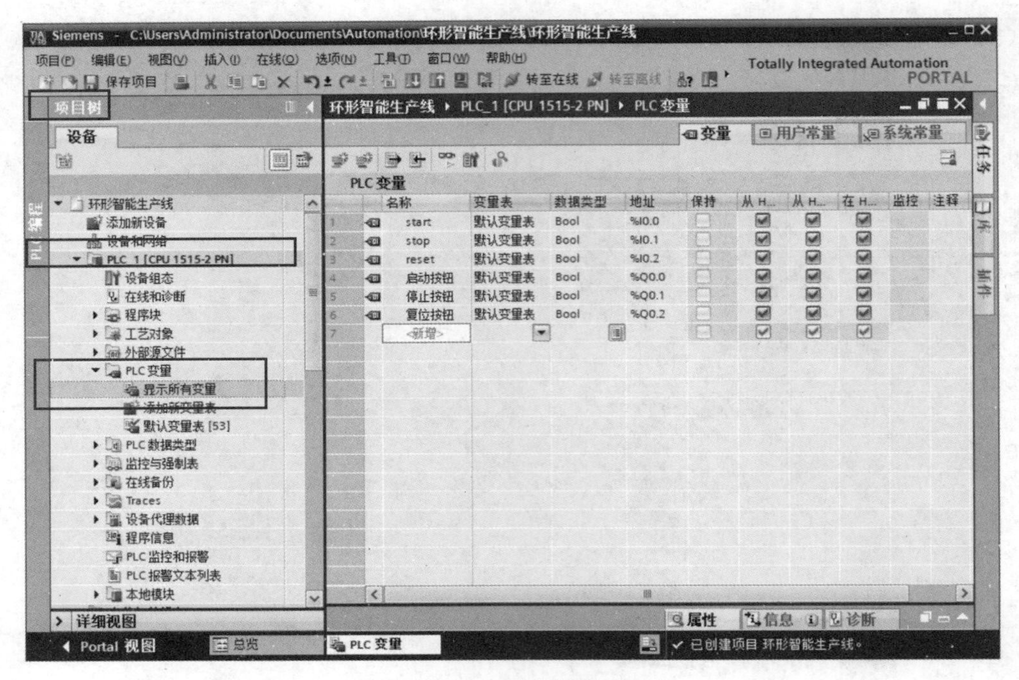

图 8－76　变量的添加

3. 程序的编写

按照钻孔单元的工艺过程，将之前的变量添加到程序中。在项目树中选择“PLC_1[CPU 1515-2PN]”→“PLC 变量”→“程序块”→“Main［OB1］”选项，然后编写程序，如图 8－77、图 8－78 所示。

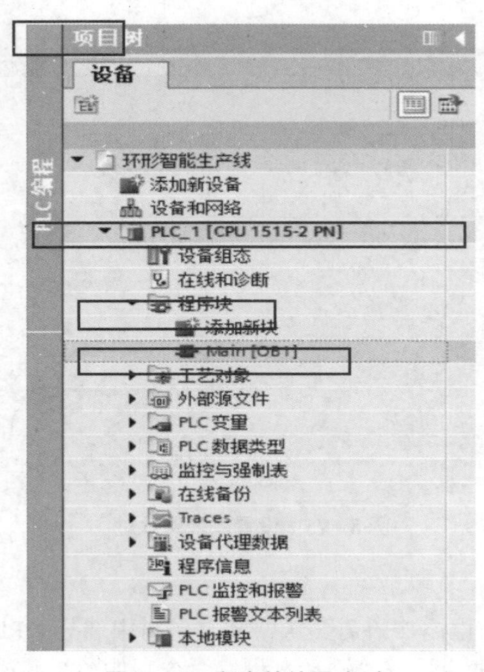

图 8－77　程序的编写（1）

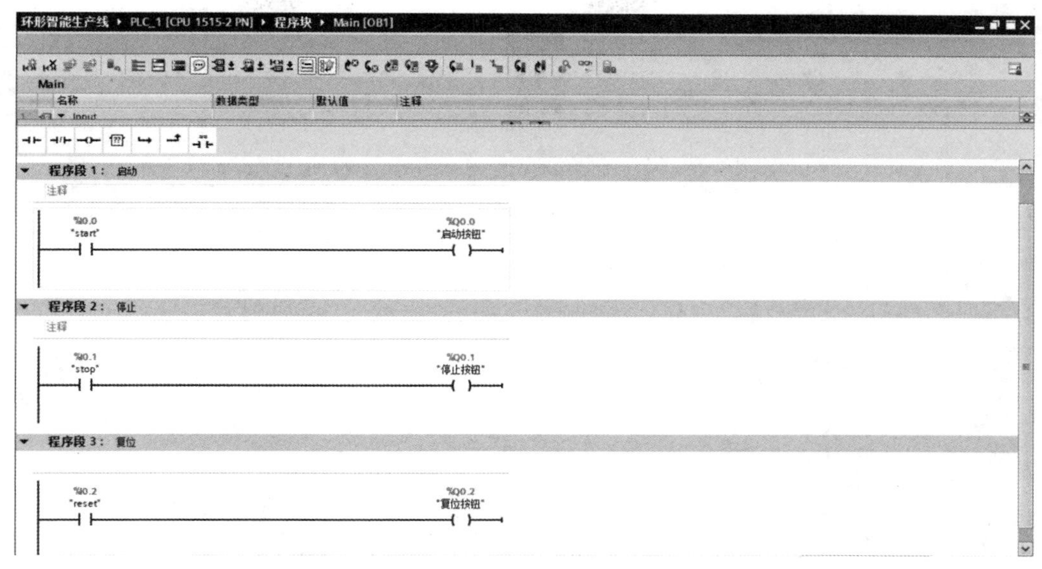

图 8－78　程序的编写（2）

4. 程序的下载及备份

编写程序后，将程序下载到设备的 PLC 中，检查无误后保存，进行程序的备份，以防止程序丢失。

（1）程序的下载。具体操作如图 8－79～图 8－82 所示。

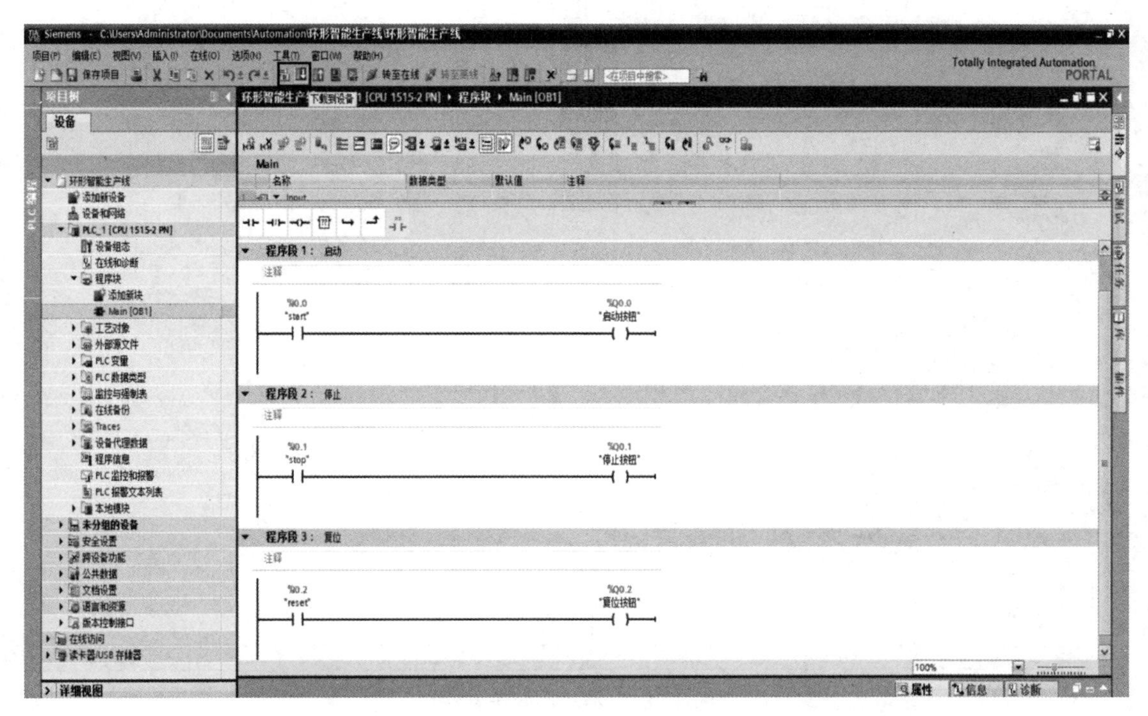

图 8－79　将程序下载到设备的 PLC 中

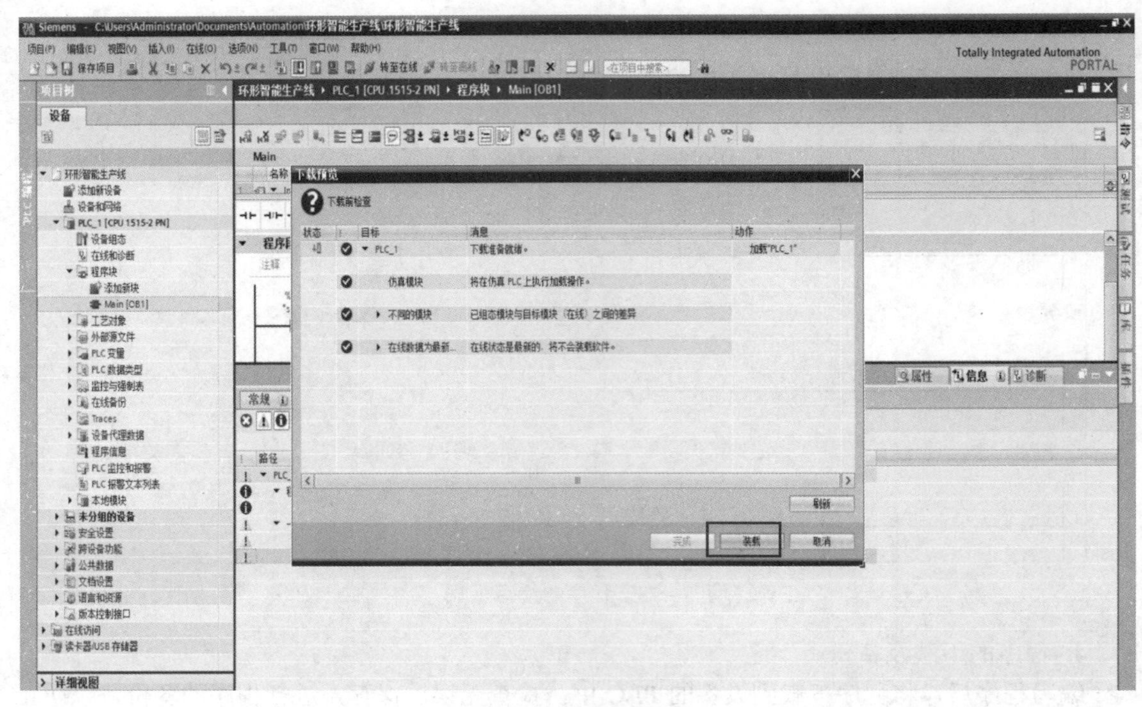

图 8－80　装载程序

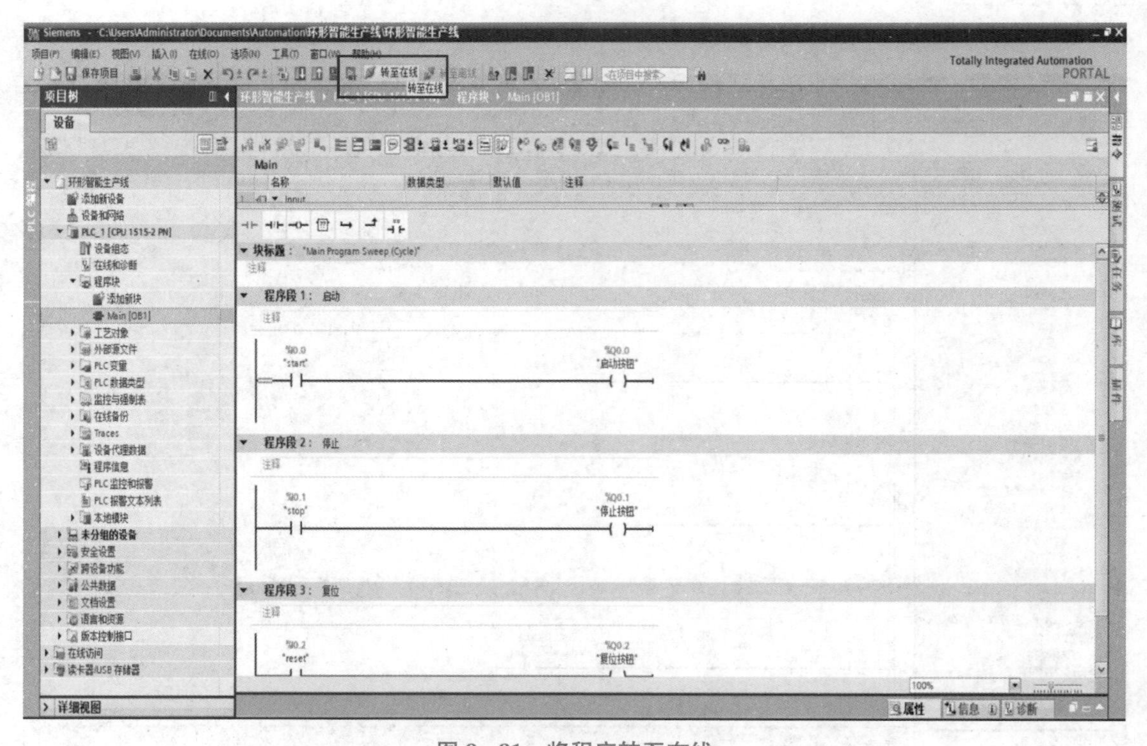

图 8－81　将程序转至在线

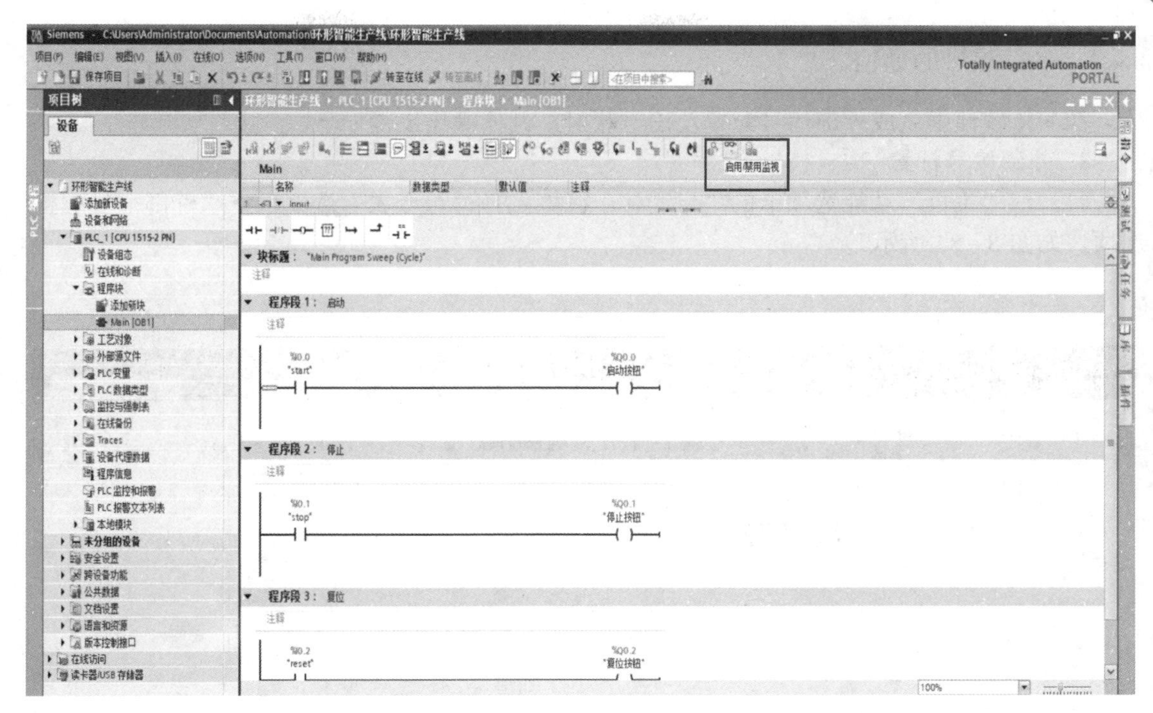

图 8－82　对程序启用监视

（2）程序的备份。在“项目”下拉菜单中选择“保存”或者“另存为”命令，将程序进行备份保存，如图 8－83 所示。

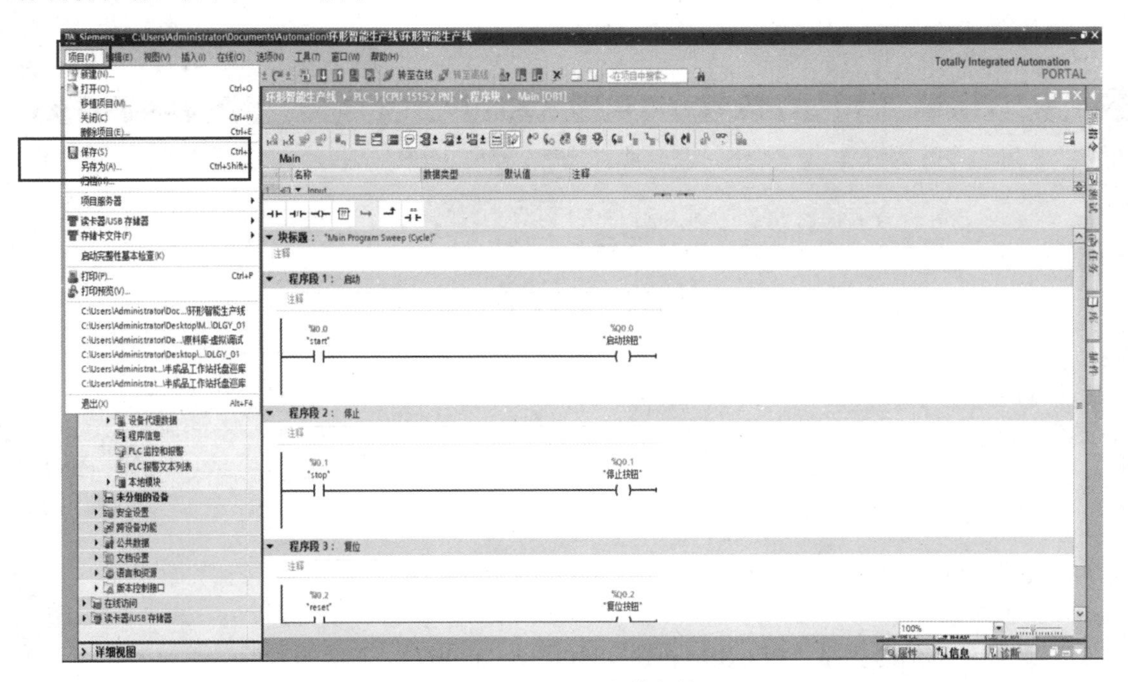

图 8－83　程序的备份

8.4.4 外部信号的通信

在 NX 软件中完成外部信号配置及信号映射，具体操作步骤如下。

1. 外部信号配置

（1）在“主页”功能选项卡的“自动化”区域选择“符号表”选项组→“外部信号配置”选项，如图 8－84 所示。

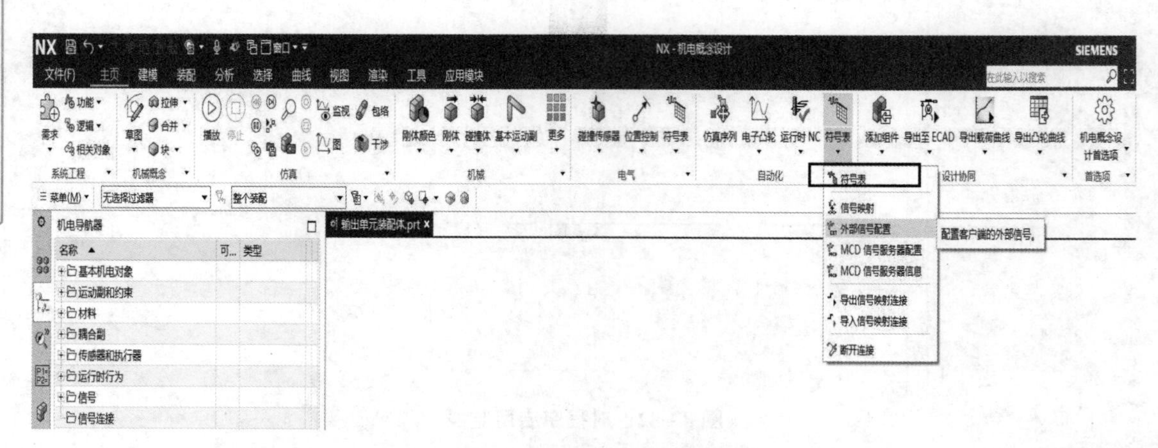

图 8－84 外部信号配置

（2）选择“PLCSIM Adv”添加实例，如图 8－85 所示。

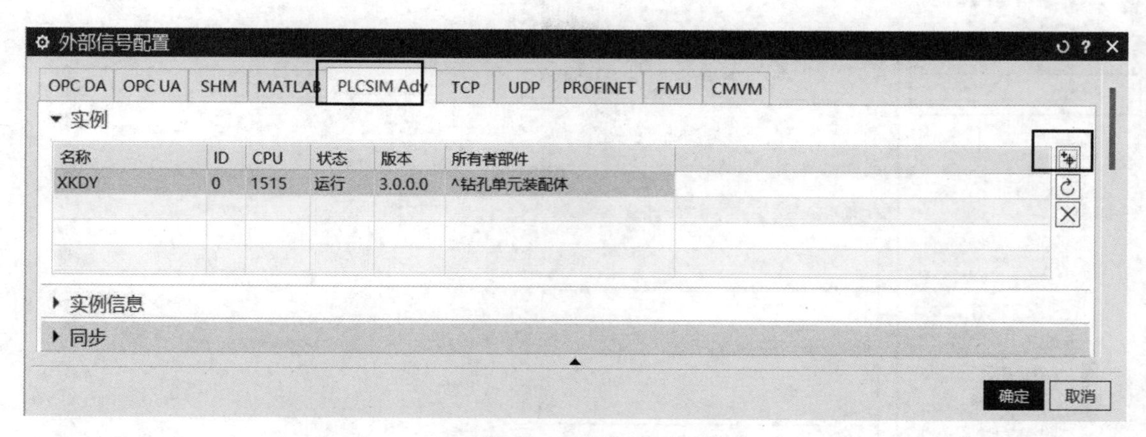

图 8－85 添加实例

（3）选择区域并更新标记，如图 8－86、图 8－87 所示。

2. 信号映射

（1）选择外部信号类型“PLCSIM Adv”，如图 8－88 所示。

（2）自动或者手动完成信号映射，如图 8－89 所示。

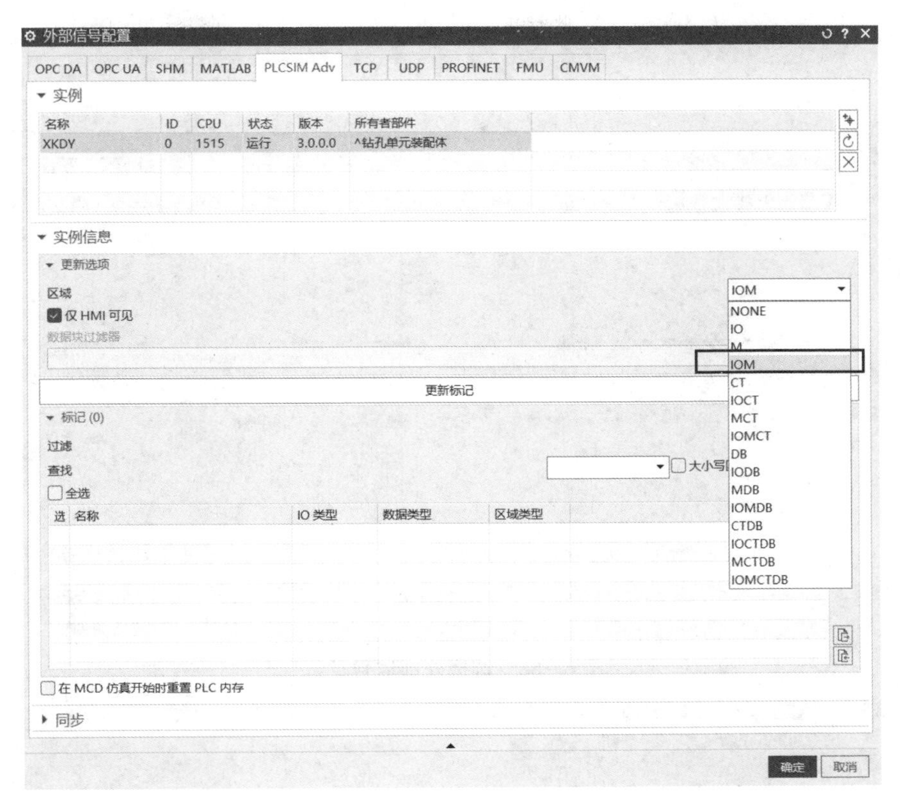

图 8-86　选择区域

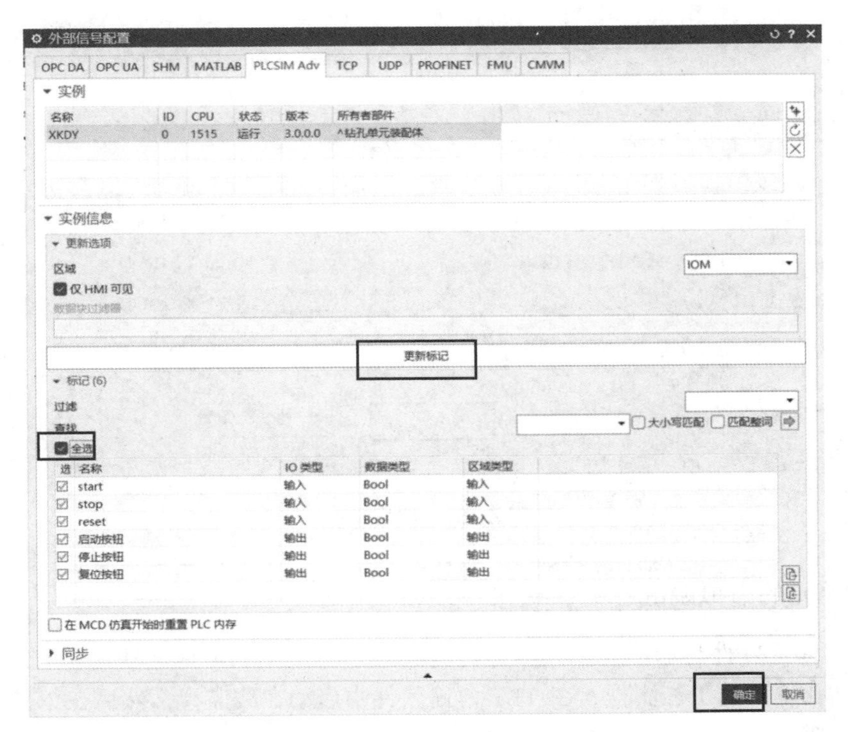

图 8-87　更新标记

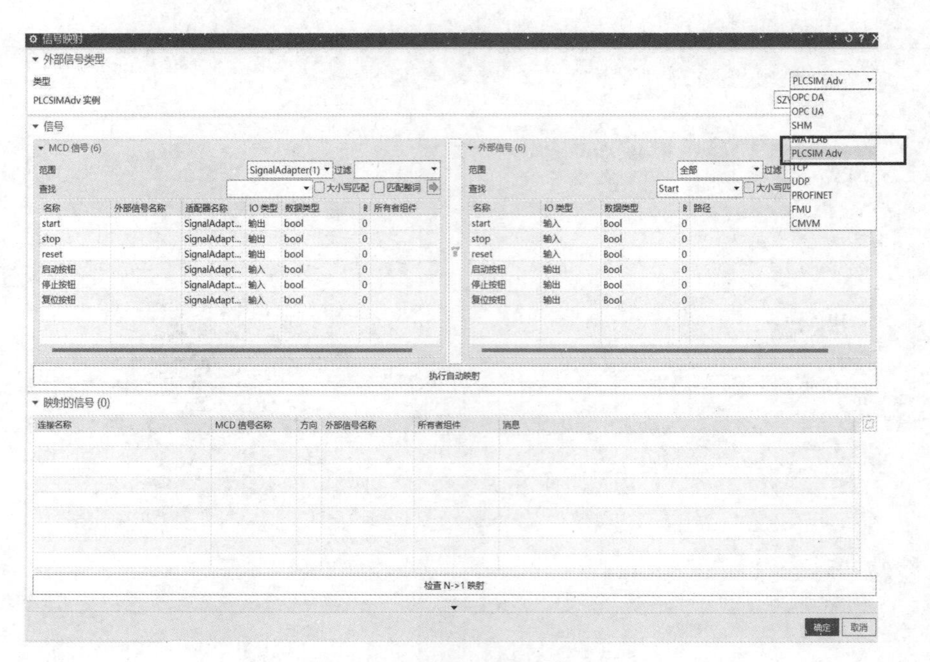

图 8－88　选择外部信号类型

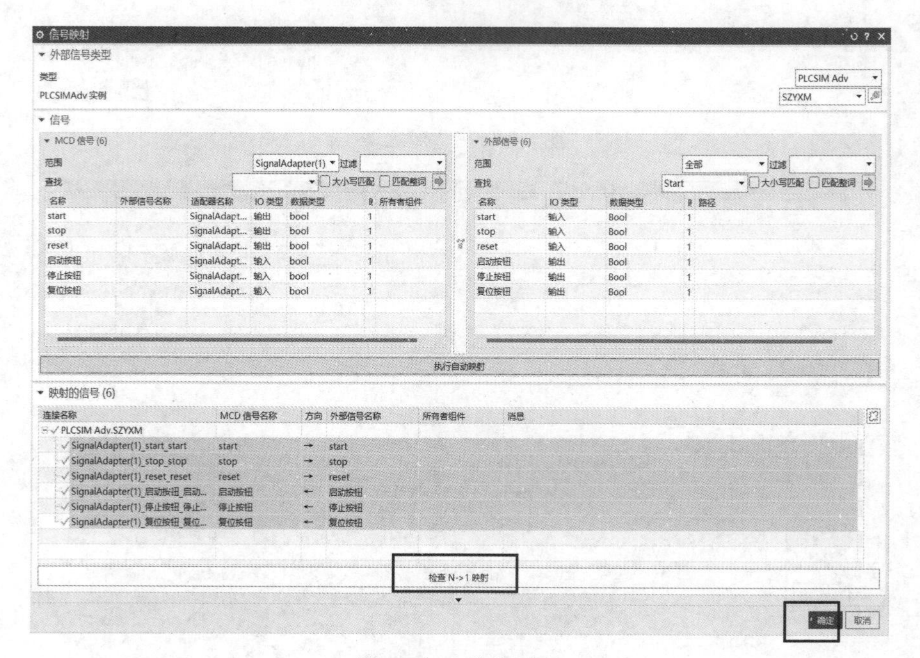

图 8－89　信号映射

8.4.5　钻孔单元的虚拟调试

通过 TIA 博途软件与 NX 软件分屏仿真验证。分别打开 TIA 博途软件和 NX 软件，分屏操作，仿真钻孔单元的工艺流程。在 TIA 博途软件中启动在线监视，然后在 NX 软件中启动仿真，即可完成钻孔单元的虚拟调试，如图 8－90 所示。

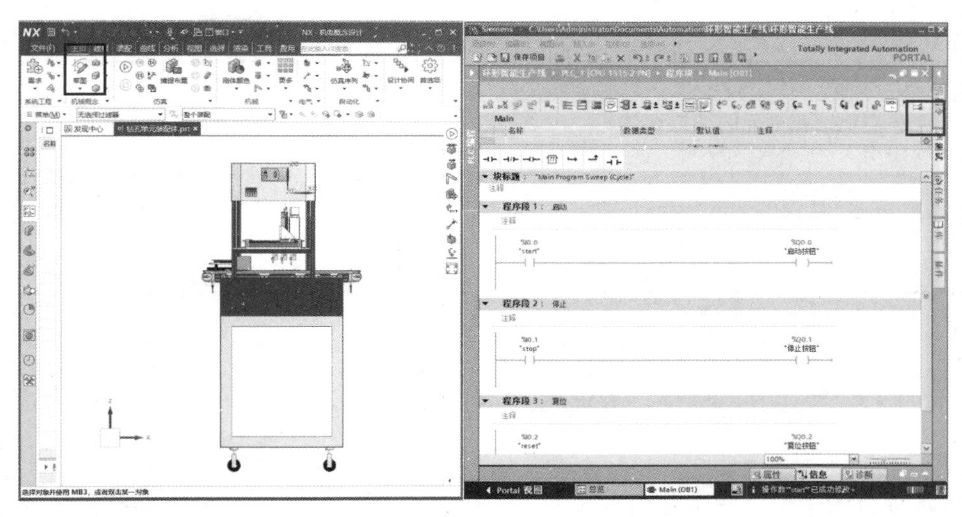

图 8-90　钻孔单元的虚拟调试

8.5 任务评价

本项目任务评价见表 8-2。

表 8-2　项目 8 任务评价

课程	智能生产线综合实训	项目	智能生产线单站点调试	姓名	
班级		时间		学号	
序号	评测指标	评分	备注		
1	能够完成智能生产线模型载体的基本机电对象的定义（0～5 分）				
2	能够完成智能生产线模型载体的运动副的创建（0～10 分）				
3	能够完成智能生产线模型载体的传感器和执行器的创建（0～5 分）				
4	能够完成智能生产线模型载体的信号的编辑（0～20 分）				
5	能够在 S7-PLCSIM Advanced 软件中创建虚拟 PLC（0～5 分）				
6	能够根据机构的动作逻辑，编写 PLC 程序（0～20 分）				
7	能够在 TIA 博途软件中完成 PLC 的组态设置（0～10 分）				
8	能够在 MCD 环境中配置外部信号和信号映射（0～5 分）				
9	能够实现 TIA 博途和 MCD 信号的实时通信（0～10 分）				

续表

序号	评测指标	评分	备注
10	能够实现钻孔单元的虚拟调试（0～10 分）		
总计			
综合评价			

8.6 任务拓展

通过本项目的学习，学生熟悉了智能生产线虚拟调试、虚实联调的一般步骤，通过任务实施，完成了钻孔单元的虚拟调试。

下面按照钻孔单元虚拟调试的步骤，完成仓储单元的虚拟调试，如图 8－91 所示。

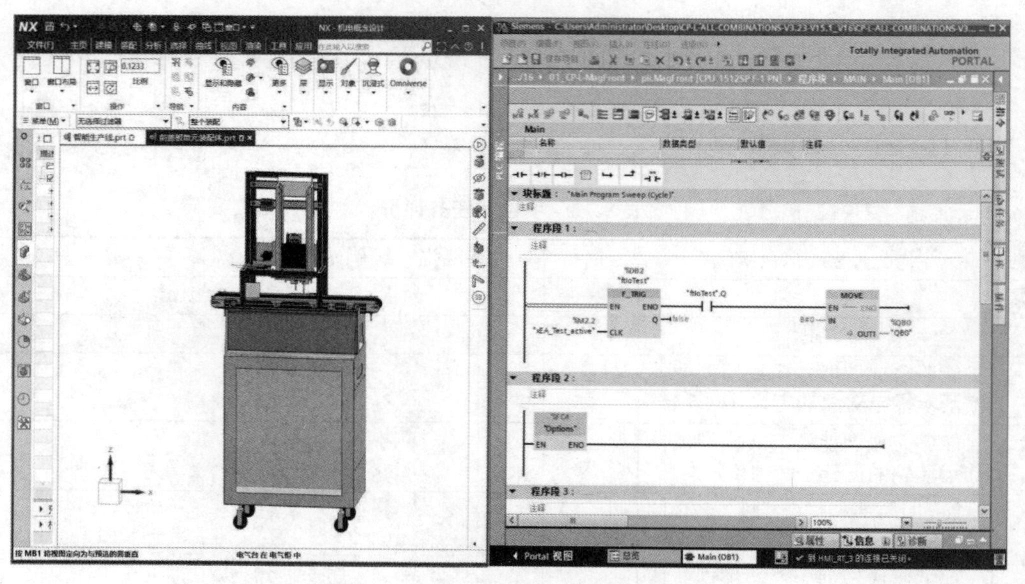

图 8－91　仓储单元的虚拟调试示意

【科学人文素养】

开拓创新，积极进取是我国努力实现社会主义现代化、走向中华民族伟大复兴的关键一环，具有深刻的思想价值与实践意义。对智能生产线进行调试时同样要遵守这一科学原则，从实际情况出发，深刻理解智能生产线调试的工作步骤，按照智能生产线的工艺流程对智能生产线进行调试。

项目 9　智能生产线综合调试

9.1 项目描述

9.1.1 工作任务

基于“虚实联调”的理念，结合物理生产线，建立同步虚拟数字化仿真平台，通过虚拟物理生产线并获取物理生产线数据，提前仿真、模拟、展示物理生产线运作，通过虚实结合，实现虚拟生产线对物理生产线的实时展示和监控。本项目的主要任务是进行智能生产线的虚实联调。通过了解智能生产线的工艺流程，熟悉智能生产线虚实联调的一般步骤，学习 I/O-Link 的相关知识，完成智能生产线的 MCD 设置、OPC Link 的设置、TIA 博途环境的搭建、外部信号配置及信号映射，最后实现智能生产线的虚实联调，并提交智能生产线 PLC 程序、OPC Link 的信号表以及 MCD 驱动模型。图 9-1 所示为智能生产线的虚实联调示意。

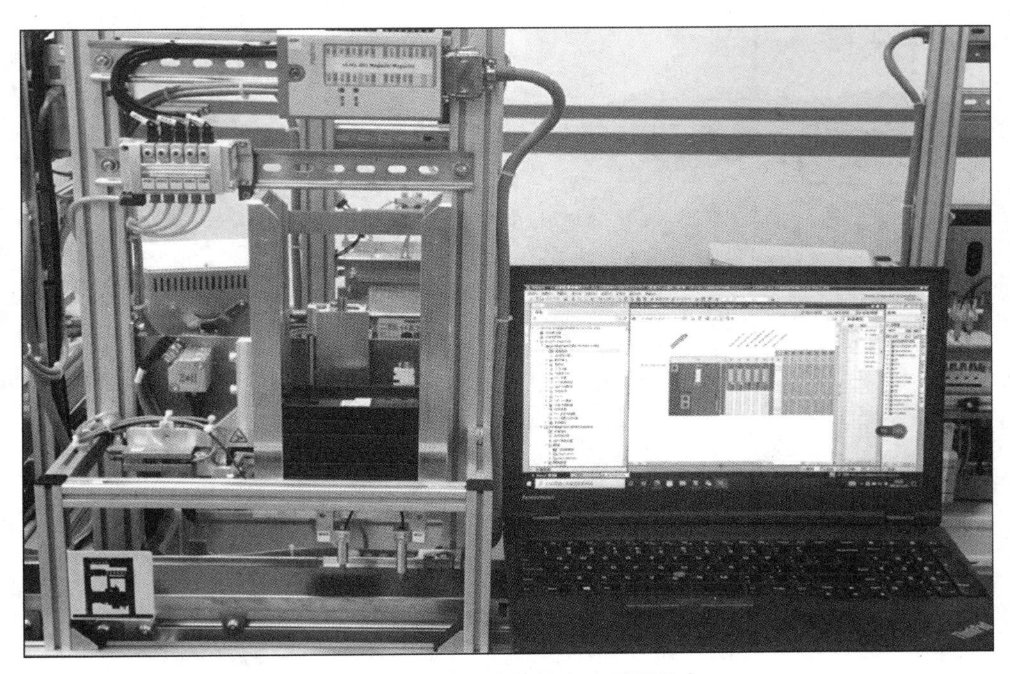

图 9-1　智能生产线的虚实联调示意

9.1.2 任务要求

（1）根据智能生产线要实现的功能，完成智能生产线的 MCD 模型参数设置。

（2）将智能生产线的 PLC 程序导入并下载到 TIA 博途软件，并完成 PLC 组态设置。

（3）设置 OPC Link 的环境，并创建 OPC Link 信号。

（4）通过外部信号通信，实现智能生产线的虚实联调。

9.1.3 学习成果

本项目通过了解智能生产线虚实联调的一般流程，理解 TIA 博途、MCD、S7-PLCSIM Advanced 三者之间的关系，掌握 TIA 博途软件的使用方法和 MCD 设置以及信号通信，最后完成智能生产线的虚实联调。

9.1.4 学习导图

本项目学习导图如图 9－2 所示。

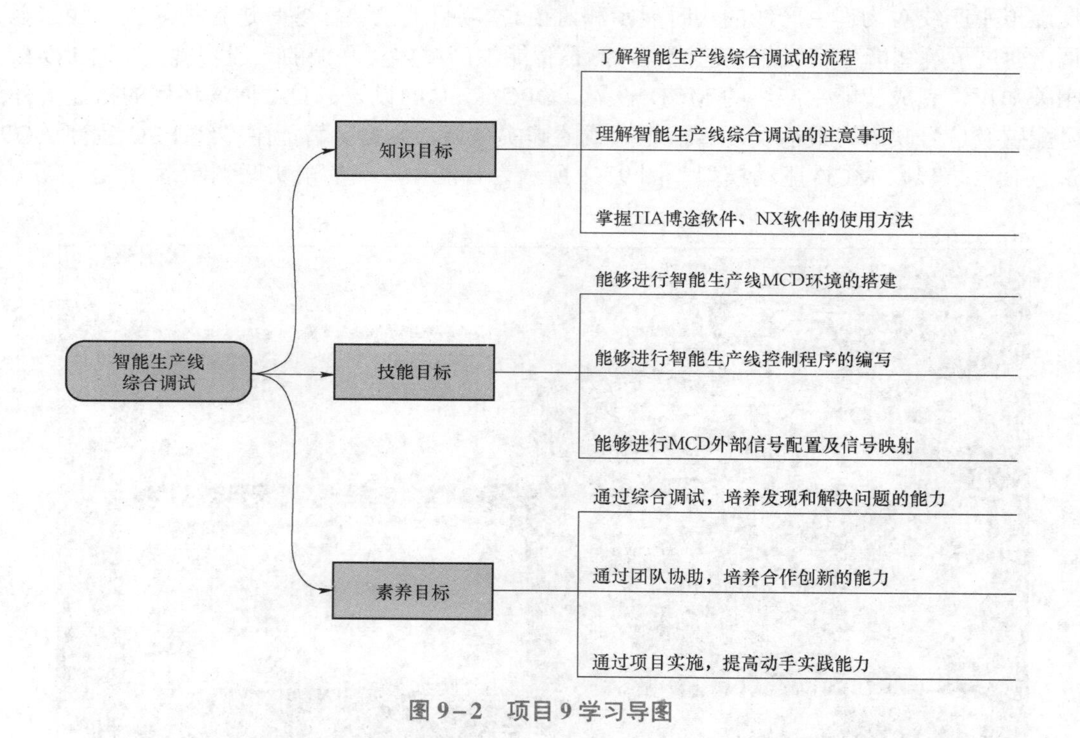

图 9－2 项目 9 学习导图

9.2 工作任务书

本项目工作任务书见表 9－1。

表 9-1　项目 9 工作任务书

<table>
<tr><td>课程</td><td>智能生产线综合实训</td><td>项目</td><td>智能生产线综合调试</td></tr>
<tr><td>姓名</td><td></td><td>班级</td><td></td></tr>
<tr><td>时间</td><td></td><td>学号</td><td></td></tr>
<tr><td>任务</td><td colspan="3">完成智能生产线的 MCD 设置、虚拟 PLC 的建立、TIA 博途环境的搭建、外部信号配置及 MCD 信号映射，最后实现智能生产线的虚实联调</td></tr>
<tr><td>任务描述/功能分析</td><td colspan="3">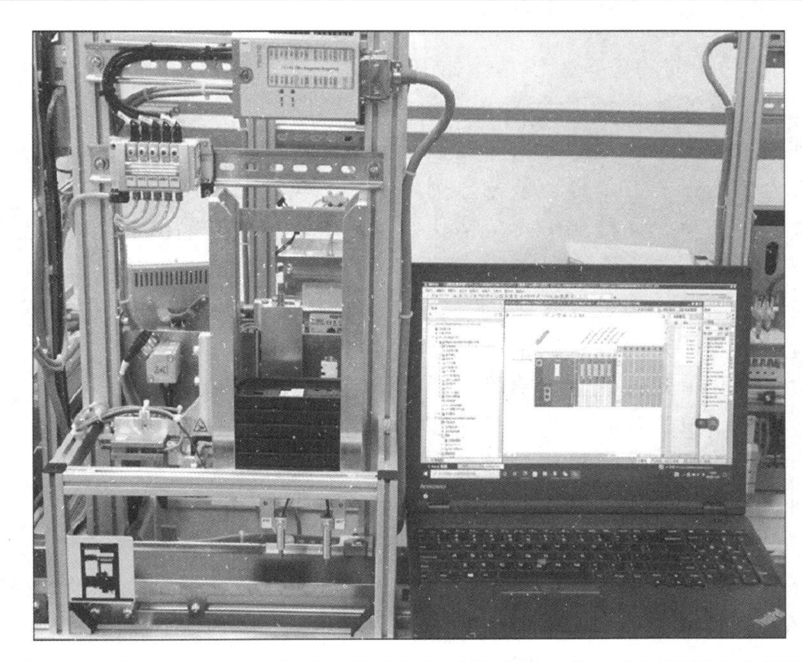
通过前面项目的学习，熟悉了智能生产线虚拟调试的步骤，并完成了智能生产线钻孔单元的虚拟调试。本项目的主要任务是进行智能生产线的虚实联调。通过了解智能生产线的工艺流程，熟悉智能生产线虚实联调的一般步骤，学习 I/O_Link 的相关知识，完成智能生产线的 MCD 设置、OPC Link 设置、TIA 博途环境的搭建、外部信号配置及信号映射，最后实现智能生产线的虚实联调，并提交智能生产线 PLC 程序、OPC Link 的信号表以及 MCD 驱动模型</td></tr>
<tr><td>关键指标</td><td colspan="3">1. 掌握智能生产线的工艺流程；
2. 智能生产线 MCD 模型能够稳定安全地运行；
3. 智能生产线 PLC 程序具有正确性、合理性；
4. 能够正确地与外部信号通信，完成智能生产线的虚实联调</td></tr>
</table>

9.3 知识准备

9.3.1 智能生产线的工艺流程

将智能生产线复位后，确保智能生产线处于无故障状态，MES 给工作站发送产品下单命令，PLC 得到命令后启动载料小车，载料小车到达仓储单元后停止，进行有料无料的判断。

（1）若判断有料，则载料小车依次运至其他单元。

（2）若判断无料，则“落料气缸”伸出，将前盖板放至载料小车上面，载料小车运至检测单元进行高度检测，检测合格后，载料小车载料至钻孔单元进行前盖板 4 个位置的模拟打孔，完成打孔后载料小车运至压紧单元，在压紧单元完成前、后盖板的压合，压合完成后载料至输出单元，在输出单元完成成品的放置。

9.3.2 智能生产线虚实联调的步骤

（1）虚实联调前的检查工作具体如下。

① 检查气路连接是否正常。

② 确保智能生产线范围内人员位置是安全的。

③ 检查传送带上方是否有杂物，例如维修工具等。

④ 确保仓储单元、检测单元、钻孔单元、压紧单元、输出单元各站点传感器表面没有异物干涉。

⑤ 检查仓储单元中是否有物料，如没有物料则需进行物料的放置。

⑥ 检查检测单元的激光测距传感器位置是否正常。

⑦ 检查钻孔单元各磁性传感器是否在正常位置。

⑧ 检查压紧单元各磁性传感器是否在正常位置。

⑨ 检查输出单元各磁性传感器是否在正常位置。

⑩ 确认各单元的“急停”按钮是能够正常工作。

（2）在 TIA 博途软件中进行 PLC 组态设置，并下载 PLC 程序。

（3）在 OPC Link 中创建信号，实现 TIA 博途与 MCD 模型之间的信号通信。

（4）在 MCD 中进行外部信号配置及信号映射。

（5）在 MCD 中单击“播放”按钮，同时开启智能生产线设备，实现智能生产线真实设备与 MCD 模型的同步运行，完成智能生产线的虚实联调。

9.3.3 I/O Link 通信

1. I/O_Link 定义

I/O_Link 是一种创新型点到点通信接口，适用于符合 IEC 61131－9 标准的传感器/执行器应用领域。I/O_Link 包含以下系统组件。

（1）I/O_Link 主站。

（2）I/O_Link 设备，如传感器/执行器、RFID 阅读器、I/O 模块、阀。

（3）非屏蔽标准电缆（3 线制或 5 线制）。

（4）对 I/O_Link 进行组态和参数分配的工程组态工具。

2. I/O_Link 的优点

在连接传感器/执行器时，将 I/O_Link 用作数字量接口具有以下显著优点。

（1）符合 IEC 61131－9 的开放式标准。各种设备均采用相同方式集成在所有传统现场总线系统和自动化系统中。

（2）使用一种工具即可完成参数设置和数据统一管理。

① 可以快速组态和调试。

② 可以轻松创建工厂最新文档（含传感器/执行器）。

（3）传感器/执行器采用简单统一的接线方式，且所用接口极少。

① 传感器和执行器采用统一的标准接口，与自身的复杂程度无关（开关信号、测量信号、多通道信号、二进制信号、混合信号等）。

② 所用类型和库存显著减少。

③ 可以快速调试。

④ I/O_Link 设备与 I/O_Link 主站上不带 I/O_Link 的传感器/执行器可进行任意组合。

（4）传感器/执行器与 CPU 可以持续通信。

① 可以访问所有过程数据、诊断数据和设备信息。

② 可以访问设备特定数据，例如能源数据。

③ 可以执行远程诊断。

（5）持续诊断数据可以向下传送到传感器/执行器。

① 故障排除工作量大幅减小。

② 故障风险降至最低。

③ 采用预防性的优化服务和维护计划。

（6）可以通过控制器或 HMI 动态更改传感器/执行器参数。

① 更换产品时的停机时间显著缩短。

② 显著提高了设备的多样性。

3. I/O_Link 系统

I/O_Link 主站在 I/O_Link 设备和自动化系统间建立连接。当 I/O_Link 主站作为 I/O 系统的组件时，既可安装在控制柜中，也可直接安装在现场，作为防护等级为 IP65/67 的远程 I/O 系统。

I/O_Link 主站通过各种现场总线或产品特定的背板总线进行数据通信。I/O_Link 主站可配有多个 I/O_Link 端口（通道）。IO－Link 设备可连接各个端口（点到点通信）。

I/O_Link 系统示意如图 9－3 所示。

4. I/O_Link 协议

I/O_Link 是一种点对点的串行数字通信协议，它的目的是在传感器/执行器（PLC）之间进行周期性的数据交换。

I/O_Link 主站在 I/O_Link 设备和 PLC 之间传递数据。它通常采用分布式 IO 模式，模块上有 I/O_Link 的连接通道。I/O_Link 设备通过电缆连接到 I/O_Link 主站的通道上，I/O_Link 主站通过总线与 PLC 进行数据交换。

每个 I/O_Link 设备都要连接到 I/O_Link 主站的一个通道上，因此 I/O_Link 是一种点对点的通信协议，而不是一种总线协议。

5. I/O_Link 接口

I/O_Link 设备分为传感器和执行器两种。传感器具有一个 4 引脚连接器，执行器具有一个 5 引脚连接器。I/O_Link 主站通常配有一个 5 引脚的 M12 插座。

符合 IEC 60974－5－2 的引脚分配按照如下标准指定。

（1）引脚 1：24 V。

（2）引脚 3：0 V。

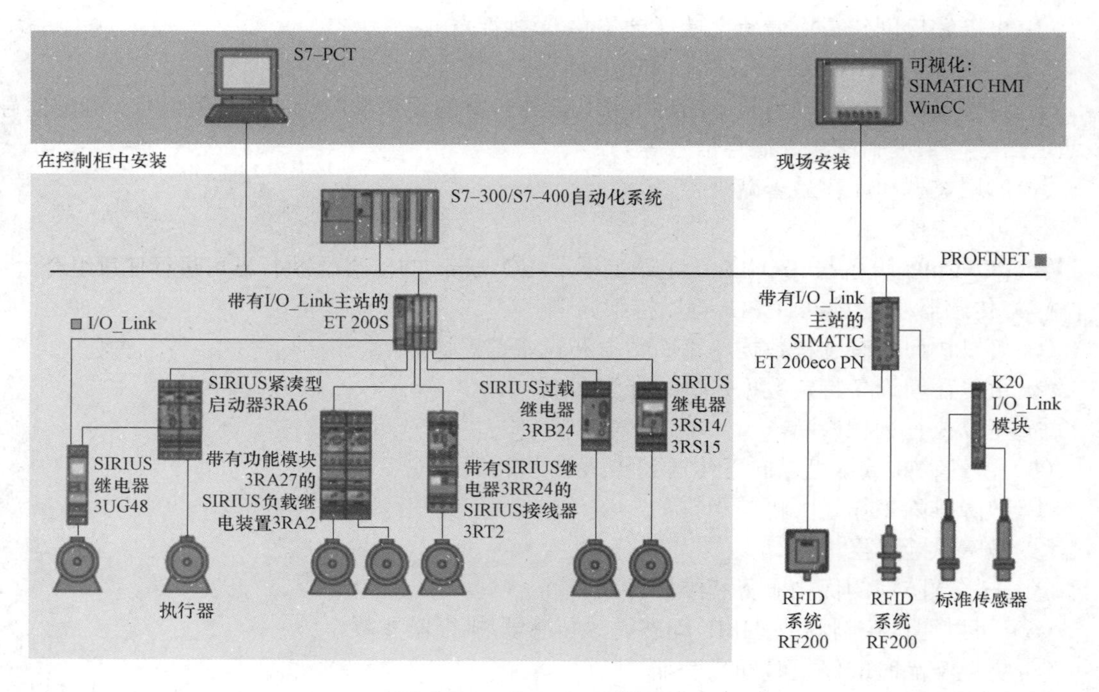

图 9–3　I/O_Link 系统示意

（3）引脚 4：转换或通信电缆（C/Q）。

除了 I/O_Link 通信，以上 3 个引脚还可以连接设备电源，如图 9–4 所示。

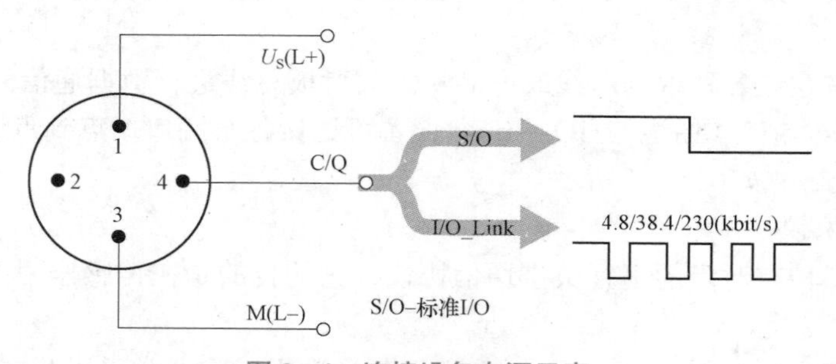

图 9–4　连接设备电源示意

I/O_Link 主站规范中提供了两种类型的端口。

（1）A 类端口（类型 A）。对于此类端口，未分配引脚 2 和 5 的功能，由制造商定义此功能。通常会为引脚 2 分配一个附加数字量通道。A 类端口如图 9–5 所示。

（2）B 类端口（类型 B）。此类端口提供了附加电源电压，适用于连接具有较高电源需求的设备。此时，引脚 2 和 5 可连接附加（电隔离）电源电压，通过一根 5 线制标准电缆连接该附加电源电压。B 类端口如图 9–6 所示。

6. I/O_Link 线缆连接

I/O_Link 设备通过 3 线制或 5 线制非屏蔽标准电缆与 I/O_Link 主站连接（最长 20 m），

通过标准电缆连接传感器。安装电缆时，无须屏蔽或符合特殊规定。

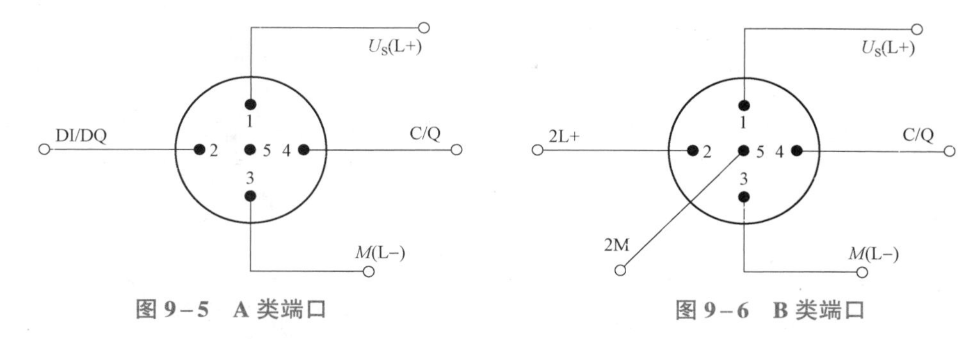

图 9－5　A 类端口　　　　图 9－6　B 类端口

7. I/O_Link 工作端

I/O－Link 主站可通过下列端口工作。

（1）I/O－Link：该端口用于进行 I/O－Link 数据通信。

（2）DI：该端口用于数字量输入。

（3）DQ：该端口用于数字量输出。

8. PROFINET

PROFINET 是开放的、标准的、实时的工业以太网标准。

PROFINET 的目标如下。

（1）基于工业以太网建立开放式自动化以太网标准。

（2）使用 TCP/IP 和 IT 标准。

（3）实现具有实时要求的自动化应用。

（4）构建全集成现场总线系统。

9. 现场总线 I/O_Link 模块

1）主站

（1）工业以太网。

主站支持多协议通信，适用于 PROFINET、EtherNet/IP、EtherCAT、CC－Link IEF Basic，通过 DIP 开关设置。主站与 PLC 可进行多协议通信，图 9－7 所示主站采用 PROFINET 通信，通信距离为 100 m 以内。

（2）类型。

主站包含 I/O_Link 端口、DI、DO，可根据所需要的传感器选配端口数量，输入区分传感器类型（PNP、NPN）。

（3）最大负载电流。

最大负载电流决定了主站连接传感器的数量。

2）子站

子站连接主站的 I/O_Link 端口。子站与主站的连接采用 I/O_Link 通信，其通信距离不超过 20 m。

（1）输入/输出。

输入/输出数量根据实际情况选配。

（2）I/O_Link 端口。

子站包含 I/O_Link 端口。

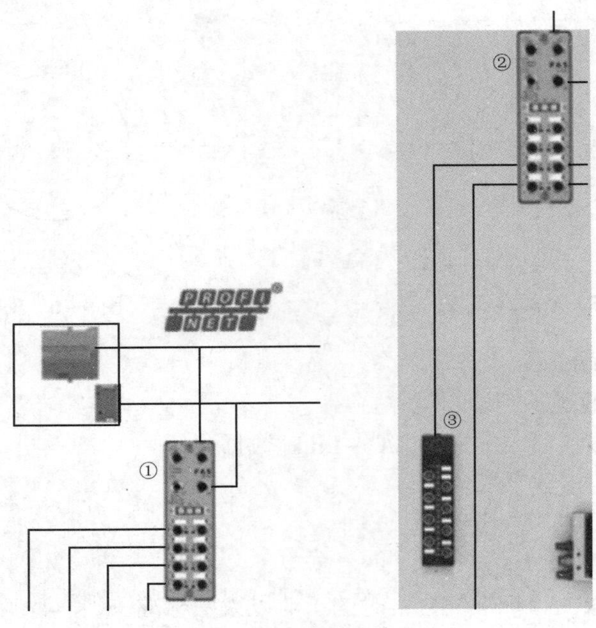

图 9－7　主站示意

（3）扩展模块。

扩展模块可继续扩展子站。

9.4 任务实施

9.4.1　智能生产线的 MCD 设置

1. 基本机电对象的设置

1）定义刚体

（1）选择“应用模块”功能选项卡中的“设计”区域，如图 9－8 所示。

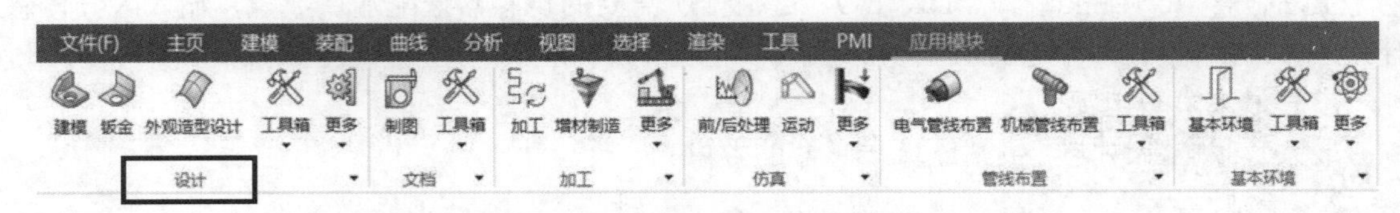

图 9－8　选择“应用模块”功能选项卡的“设计”区域

（2）在“设计”区域选择“更多”→“机电概念设计”选项，进入“机电概念设计”应用模块，如图 9－9 所示。

（3）在“主页”功能选项卡的“机械”区域选择“刚体”选项组，如图 9－10 所示。

（4）选择“刚体”选项组→“基本机电对象”选项并重命名为“前盖板 1”，单击“确定”

按钮，如图 9－11 所示。

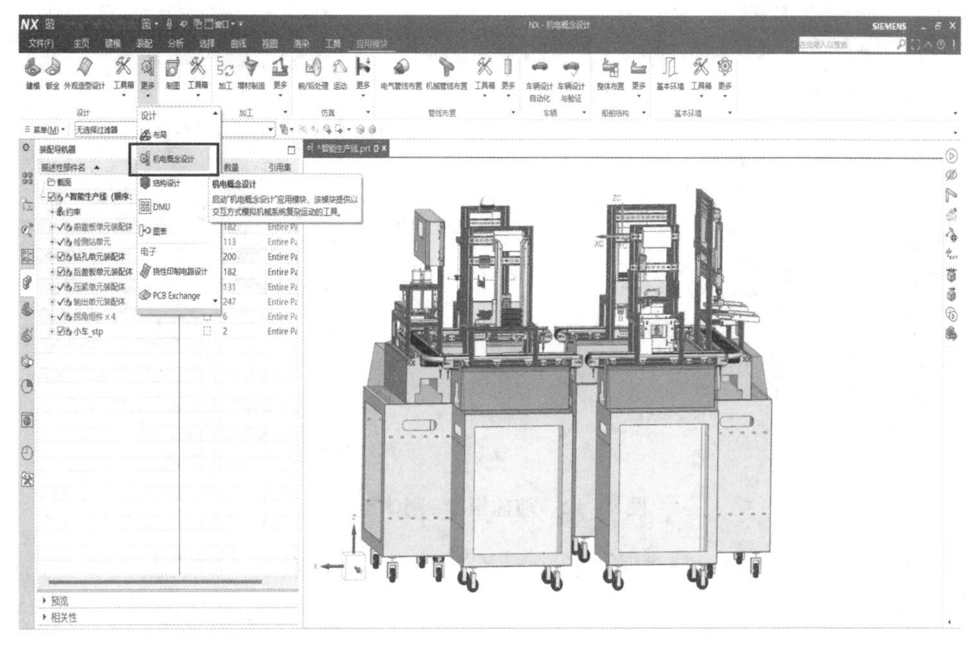

图 9－9　进入“机电概念设计”应用模块

图 9－10　选择“刚体”选项组

图 9－11　前盖板 1－刚体定义

（5）选择“刚体”选项组→“基本机电对象”选项并重命名为“前盖板 2”，单击“确定”按钮，如图 9－12 所示。

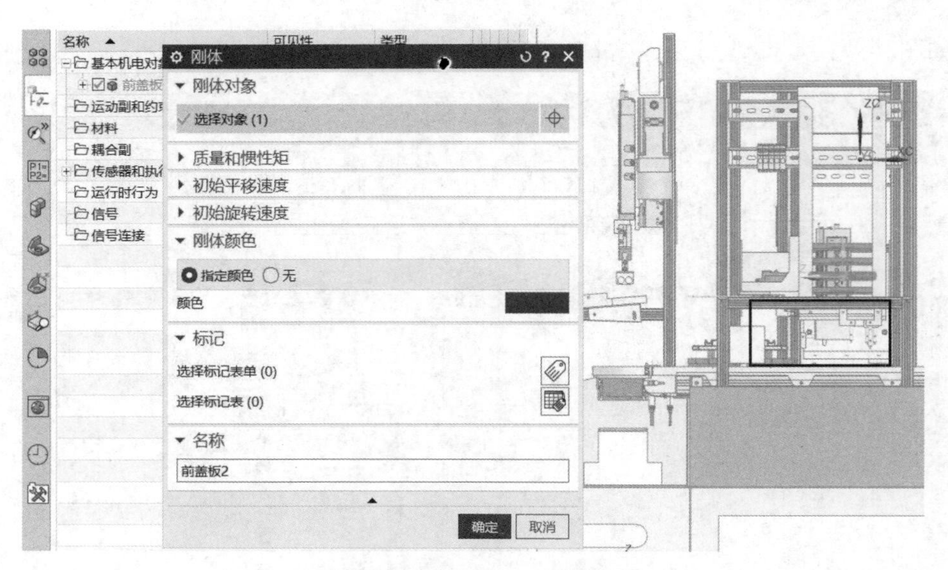

图 9－12　前盖板 2－刚体定义

（6）选择“刚体”选项组→“基本机电对象”选项并重命名为“前盖板 3”，单击“确定”按钮，如图 9－13 所示。

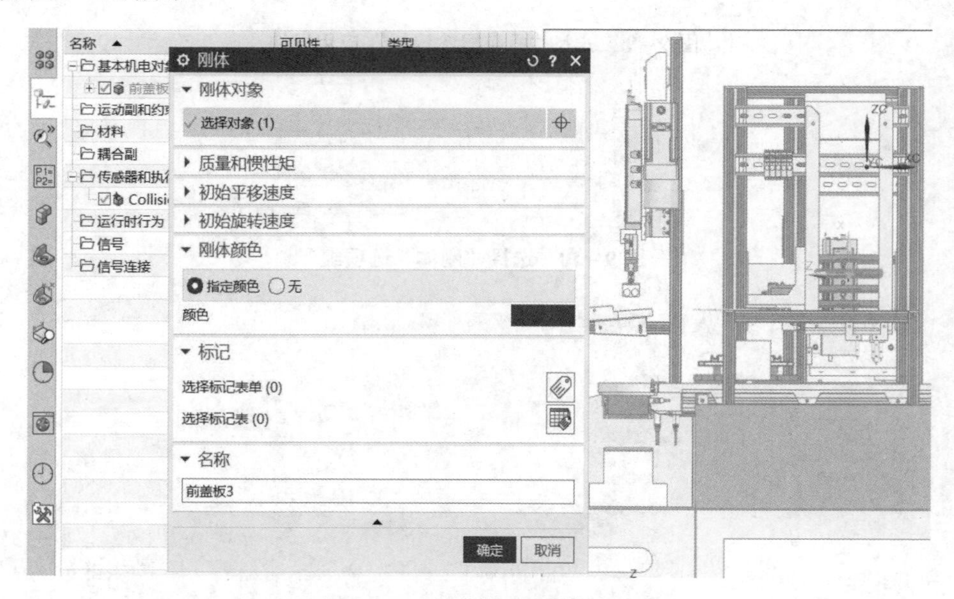

图 9－13　前盖板 3－刚体定义

（7）选择“刚体”选项组→“基本机电对象”选项并重命名为“前盖板 4”，单击“确定”按钮，如图 9－14 所示。

（8）选择“刚体”选项组→“基本机电对象”选项并重命名为“载料小车”，单击“确定”按钮，如图 9－15 所示。

（9）选择“刚体”选项组→“基本机电对象”选项并重命名为“滑块 1”，单击“确定”按钮，如图 9－16 所示。

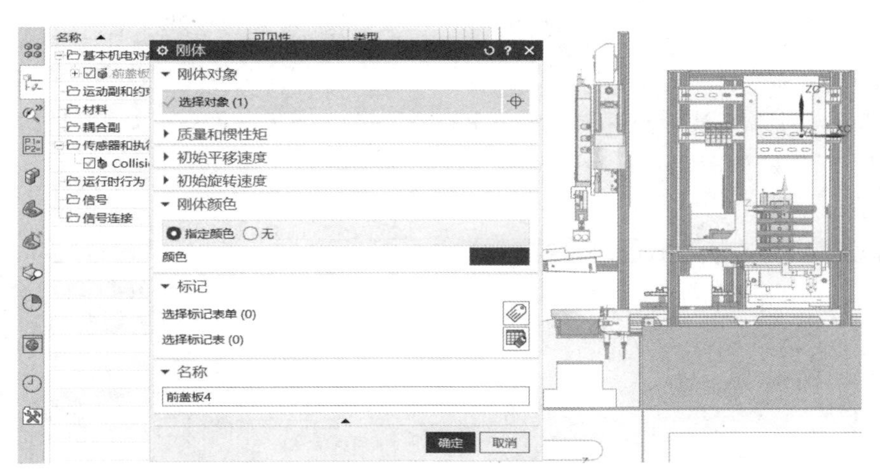

图 9－14　前盖板 4－刚体定义

图 9－15　载料小车－刚体定义

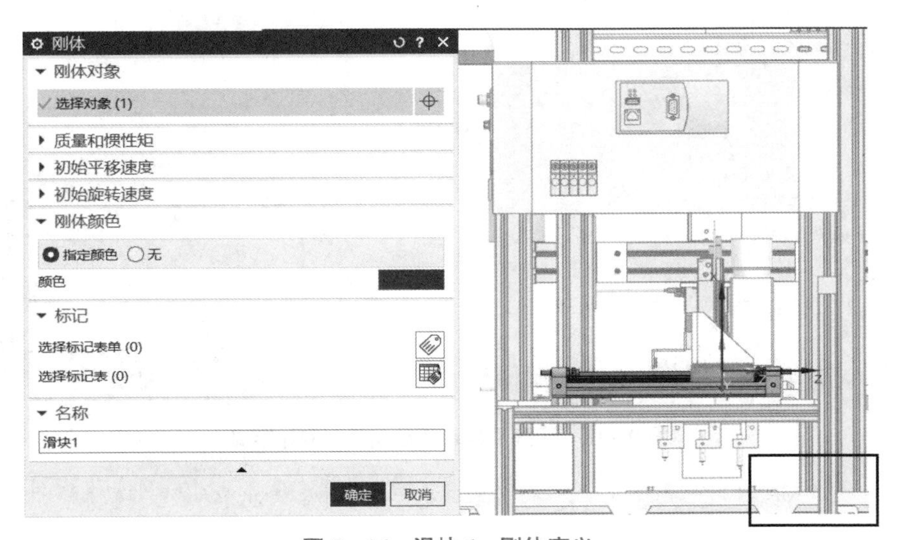

图 9－16　滑块 1－刚体定义

（10）选择“刚体”选项组→“基本机电对象”选项并重命名为“滑块 2”，单击“确定”按钮，如图 9－17 所示。

（11）选择“刚体”选项组→“基本机电对象”选项并重命名为“活塞及挡块活动组件”，单击“确定”按钮，如图 9－18 所示。

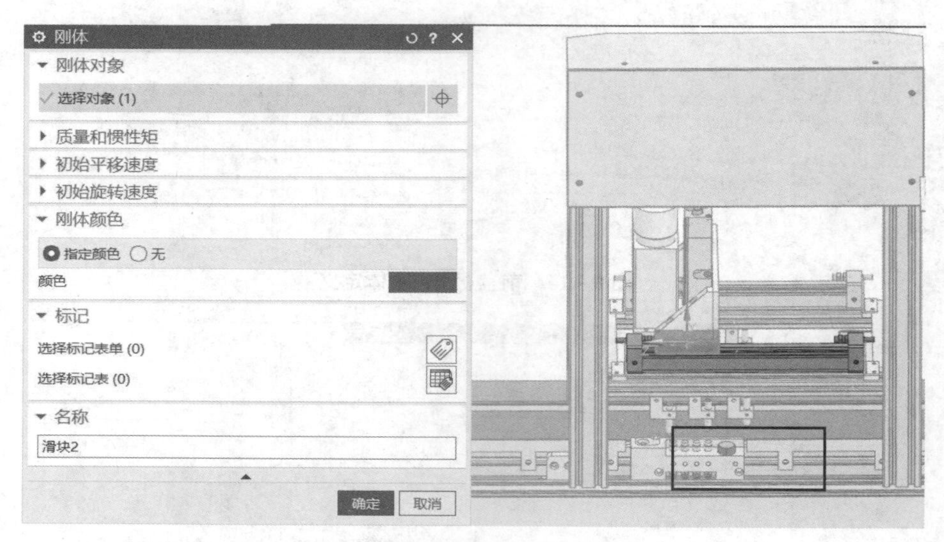

图 9－17　滑块 2－刚体定义

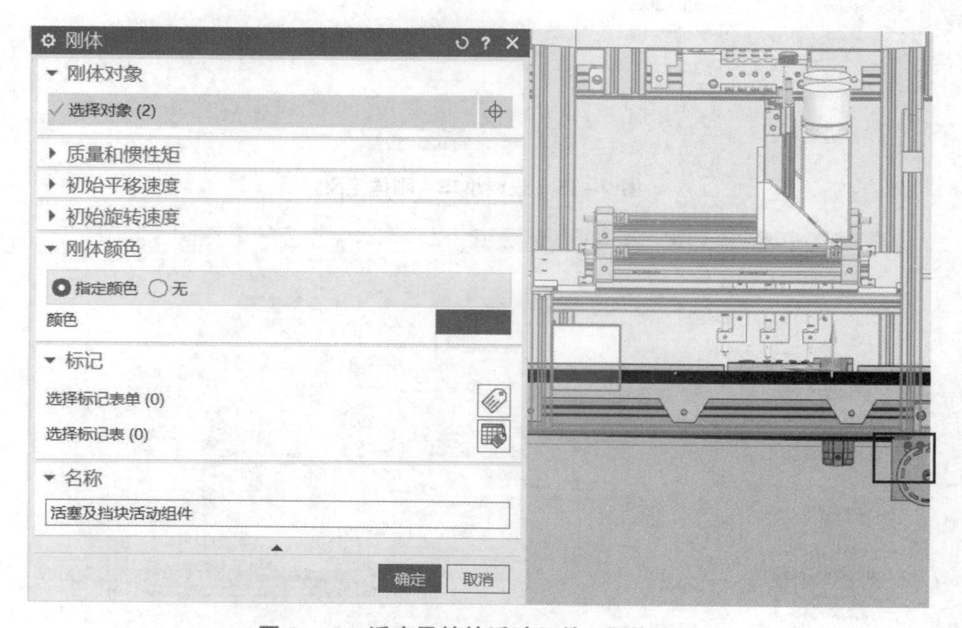

图 9－18　活塞及挡块活动组件－刚体定义

（12）选择“刚体”选项组→“基本机电对象”选项并重命名为“气缸缸体”，单击“确定”按钮，如图 9－19 所示。

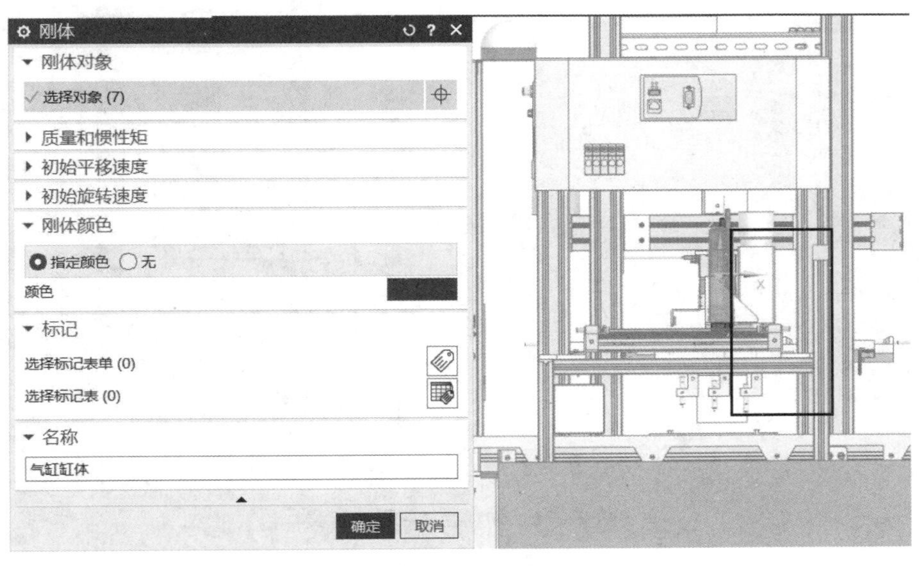

图 9-19　气缸缸体-刚体定义

（13）选择“刚体”选项组→“基本机电对象”选项并重命名为“气缸活塞”，单击“确定”按钮，如图 9-20 所示。

（14）选择“刚体”选项组→“基本机电对象”选项并重命名为“物料台 1”，单击“确定”按钮，如图 9-21 所示。

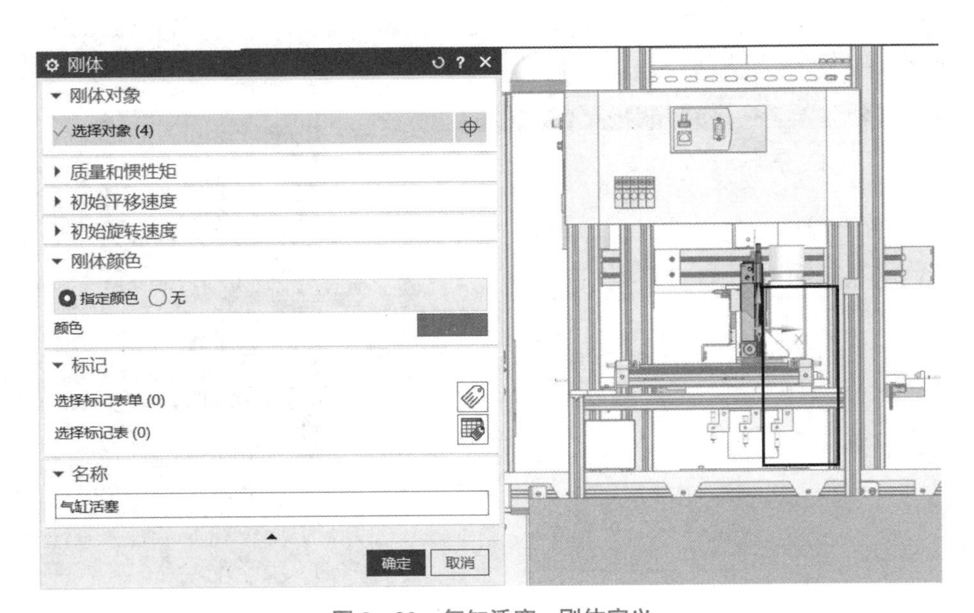

图 9-20　气缸活塞-刚体定义

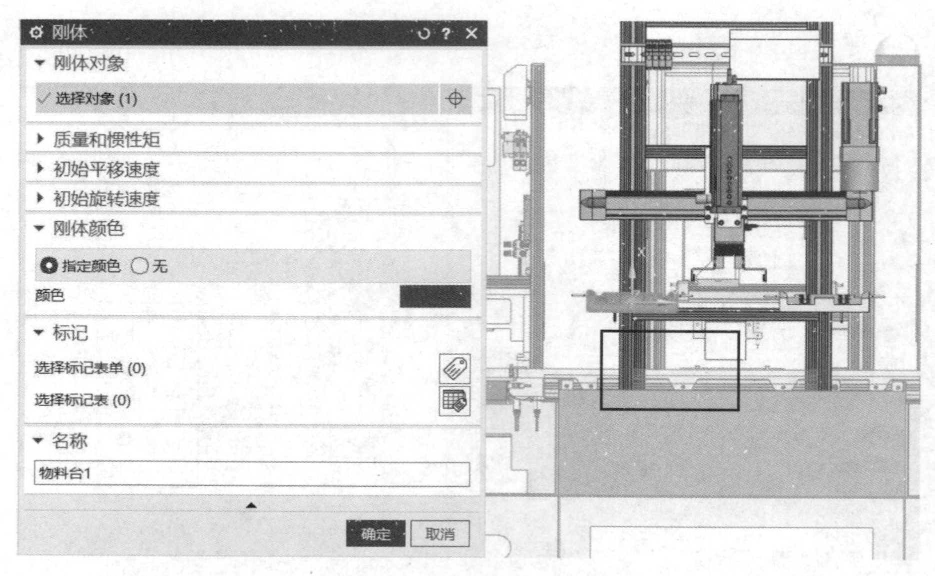

图 9–21　物料台 1–刚体定义

（15）选择“刚体”选项组→“基本机电对象”选项并重命名为“物料台 2”，单击“确定”按钮，如图 9–22 所示。

（16）选择“刚体”选项组→“基本机电对象”选项并重命名为“下料气缸–活塞 1 下”，单击“确定”按钮，如图 9–23 所示。

（17）选择“刚体”选项组→“基本机电对象”选项并重命名为“下料气缸–活塞 2 上”，单击“确定”按钮，如图 9–24 所示。

（18）选择“刚体”选项组→“基本机电对象”选项并重命名为“下料气缸活塞 1”，单击“确定”按钮，如图 9–25 所示。

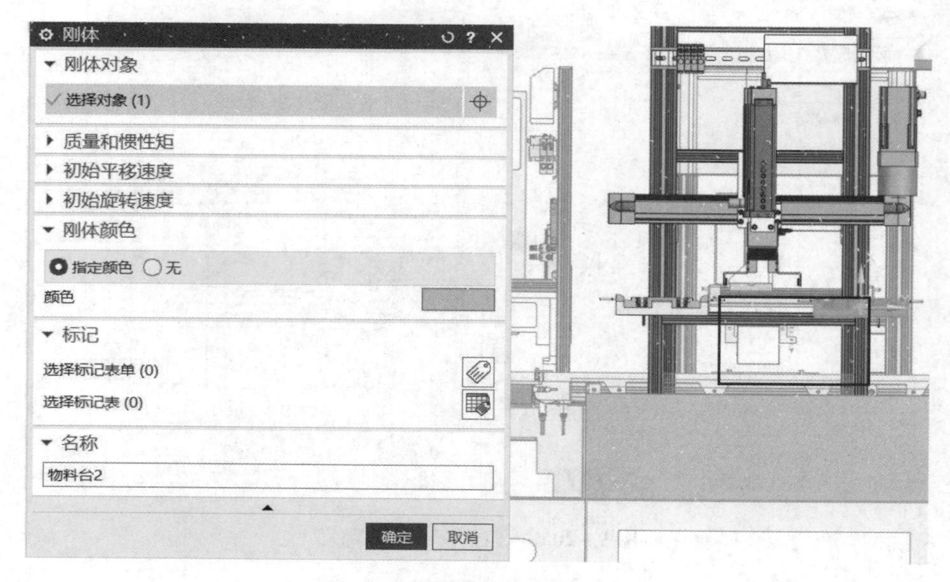

图 9–22　物料台 2–刚体定义

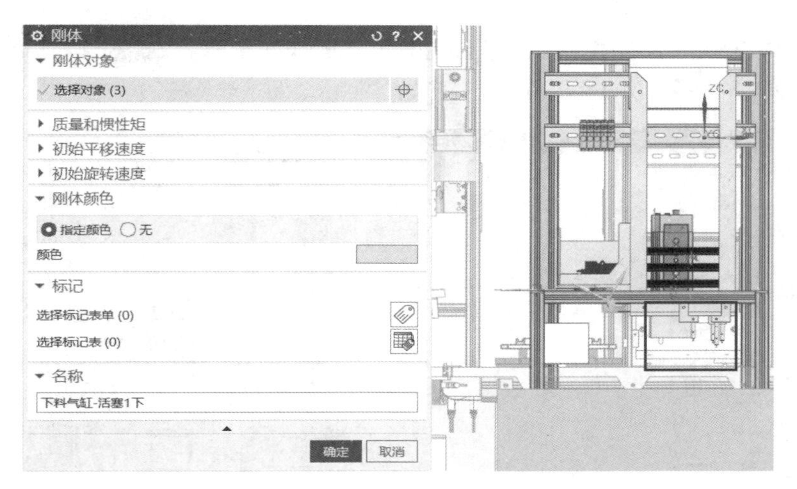

图 9-23　下料气缸-活塞 1 下-刚体定义

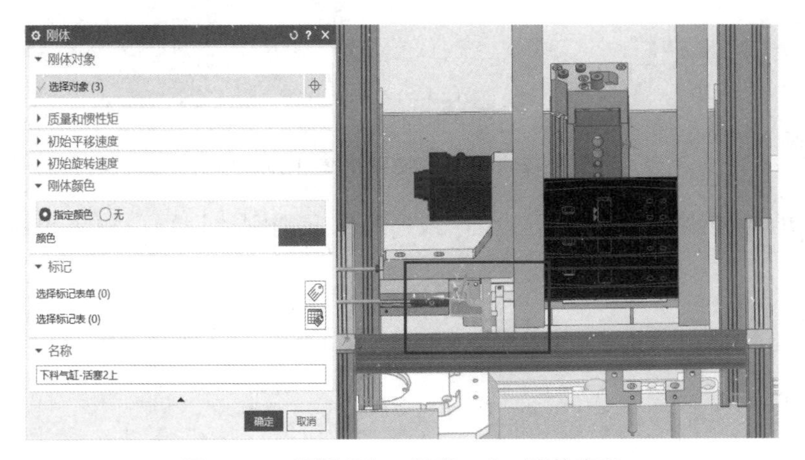

图 9-24　下料气缸-活塞 2 上-刚体定义

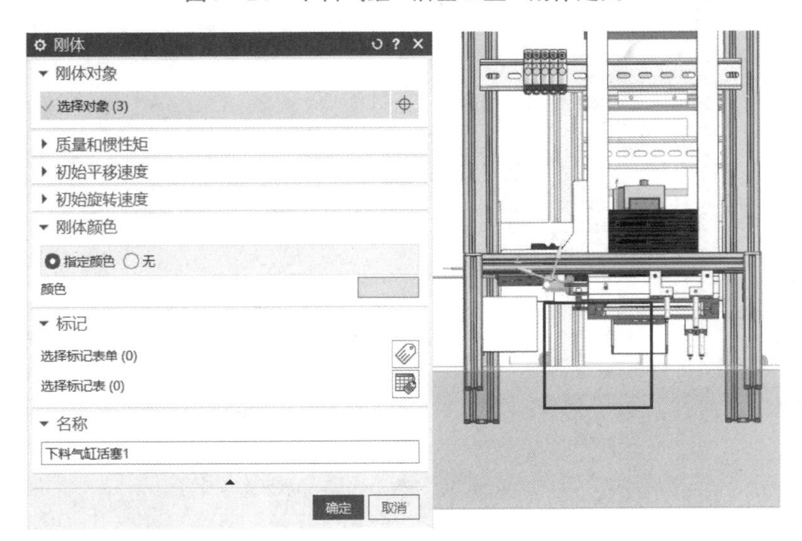

图 9-25　下料气缸活塞 1-刚体定义

（19）选择“刚体”选项组→“基本机电对象”选项并重命名为“下料气缸活塞 2”，单击“确定”按钮，如图 9－26 所示。

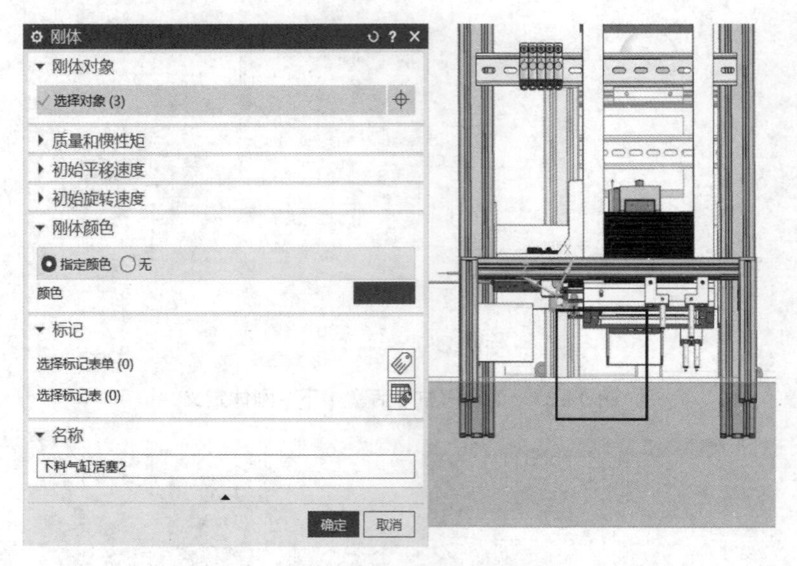

图 9－26　下料气缸活塞 2－刚体定义

按照上面的操作步骤，完成智能生产线所有单元的刚体设置，如图 9－27、图 9－28 所示。

机电导航器

名称	可见性	类型
挡片1-下_1		刚体
挡片2-下_1		刚体
挡片3-上_1		刚体
挡片4-上_1		刚体
导轨装配_1		刚体
导轨装配_1		刚体
电机架_1		刚体
后盖板-1		刚体
后盖板-2		刚体
后盖板-3		刚体
后盖板-4		刚体
滑块_1		刚体
滑块_2		刚体
活塞及挡块活动组件_1		刚体
活塞及挡块活动组件_2		刚体
活塞及挡块活动组件_3		刚体
活塞及挡块活动组件_4		刚体
活塞及挡块活动组件_5		刚体
活塞及挡块活动组件_6		刚体
肋板架_1		刚体
料仓移动部分_1		刚体
料仓装配-升降部分_1		刚体
气缸传感器_1		刚体
气缸缸体_1		刚体
气缸活塞_1		刚体
气缸组件_1		刚体
前盖板-1		刚体
前盖板-2		刚体
前盖板-3		刚体
前盖板-4		刚体

图 9－27　所有单元的刚体定义（1）

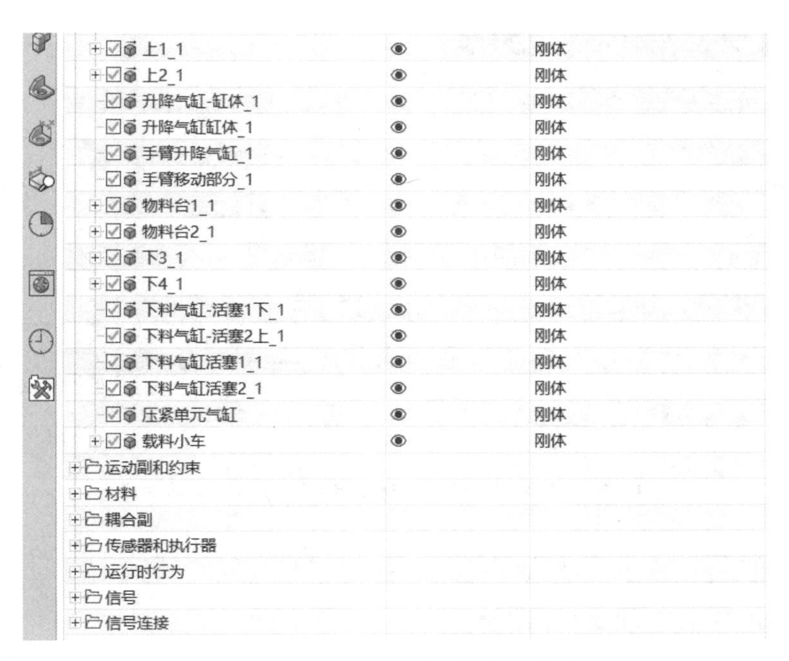

图 9–28 所有单元的刚体定义（2）

2）定义碰撞体

（1）在“主页”功能选项卡的“机械”区域选择“碰撞体”选项组→”碰撞体”选项，打开“碰撞体”对话框，如图 9–29 所示。

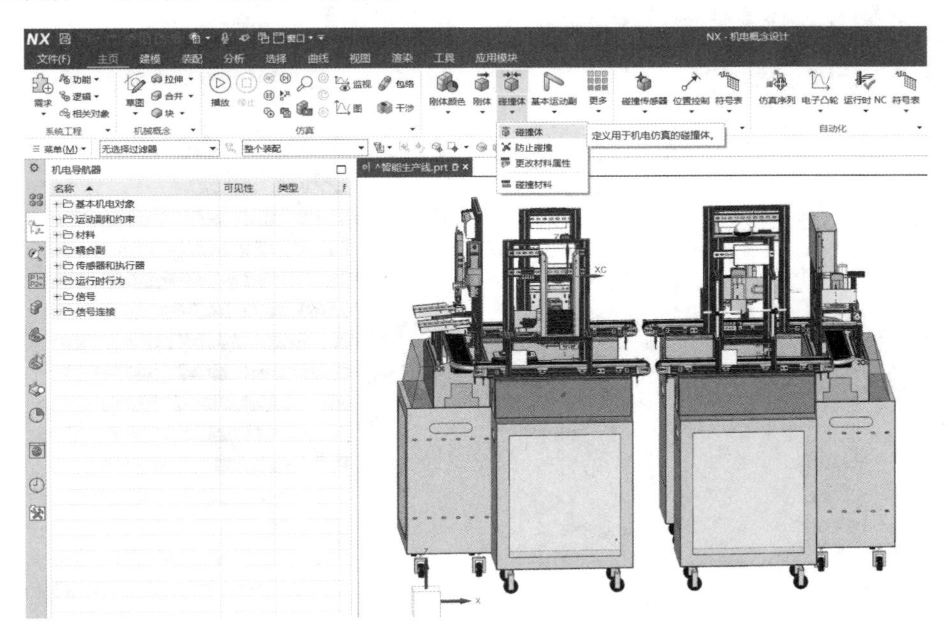

图 9–29 选择“碰撞体”选项

（2）选择“传送带–仓储单元”作为碰撞体对象，如图9–30所示。

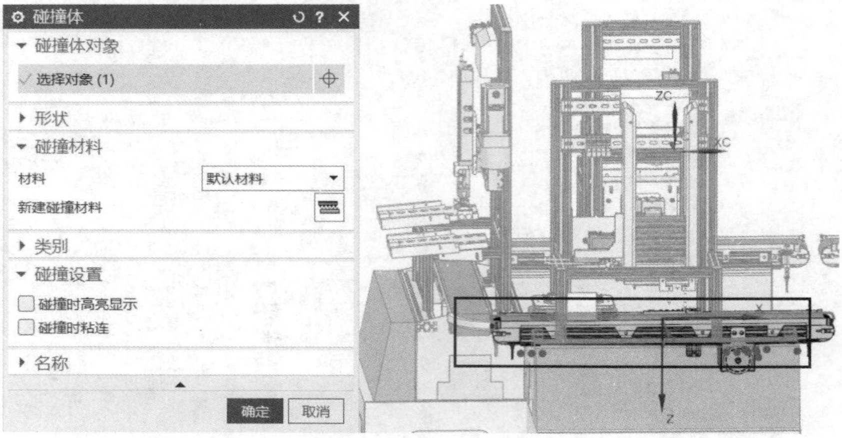

图9–30　选择“传送带–仓储单元”作为碰撞体对象

（3）设置碰撞形状、碰撞材料、碰撞类别，并设置碰撞体名称。碰撞形状为“方块”，形状属性为“自动”，碰撞材料为“默认材料”，碰撞类别为“0”，并重命名为“传送带–仓储单元”，单击“确定”按钮，如图9–31所示。

（4）选择“传送带–检测单元”作为碰撞体对象，如图9–32所示。

（5）设置碰撞形状、碰撞材料、碰撞类别，并设置碰撞体名称。碰撞形状为“方块”，形状属性为“自动”，碰撞材料为“默认材料”，碰撞类别为“0”，并重命名为“传送带–检测单元”，单击“确定”按钮，如图9–33所示。

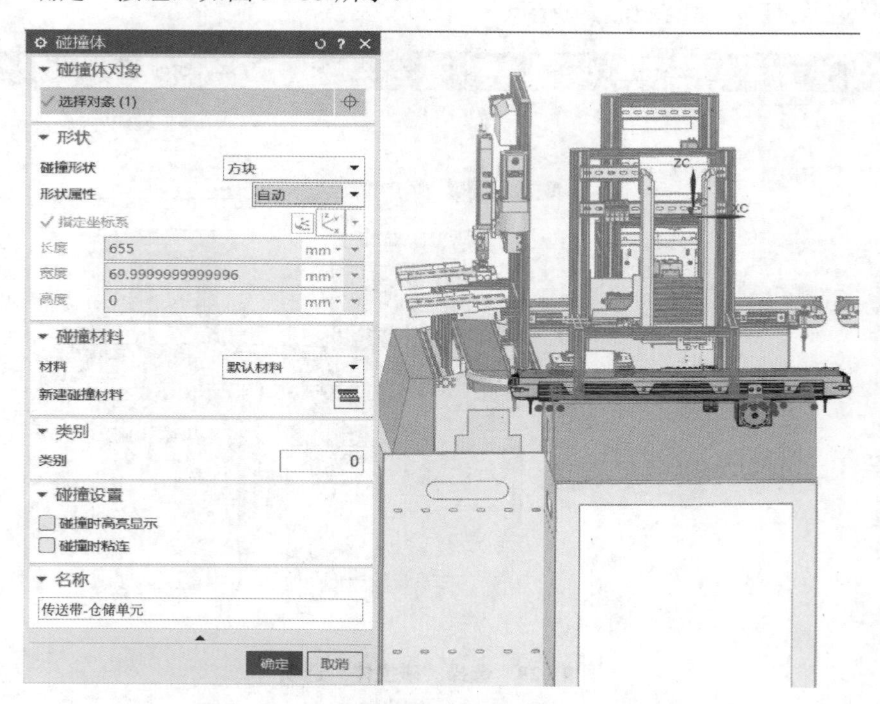

图9–31　设置碰撞形状、碰撞材料、碰撞类别

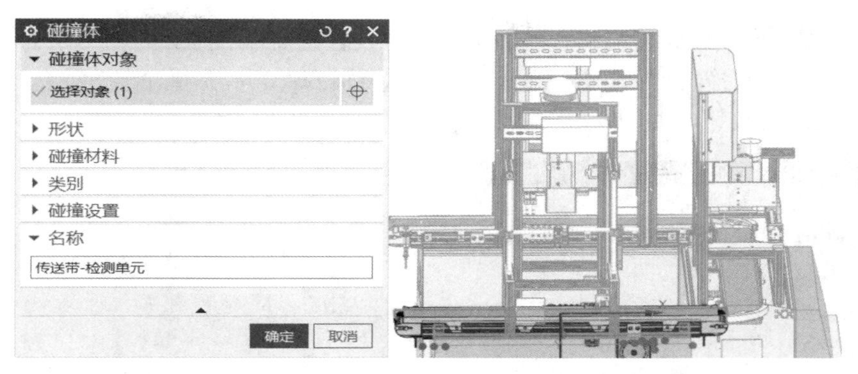

图 9－32　选择“传送带－检测单元”作为碰撞体对象

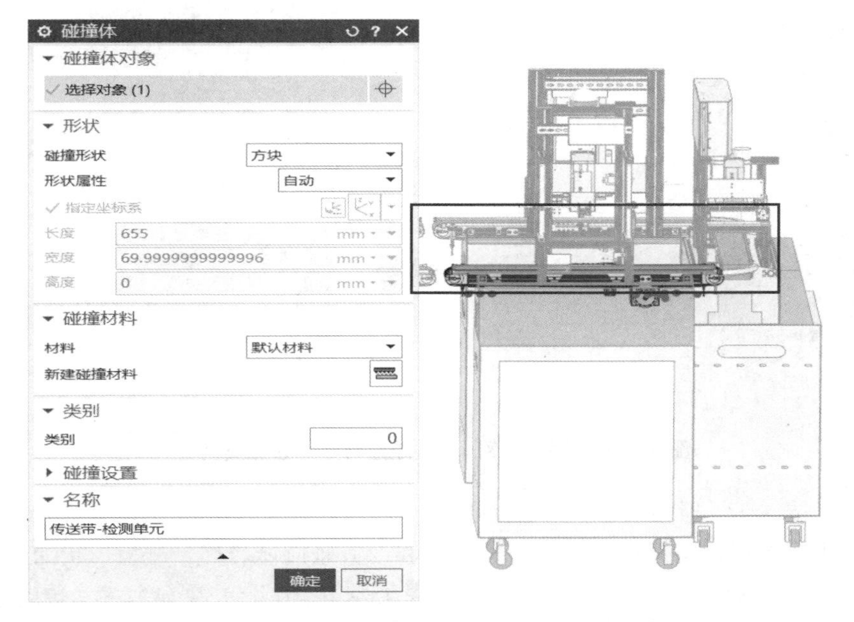

图 9－33　设置碰撞形状、碰撞材料、碰撞类别

（6）选择“传送带－钻孔单元”作为碰撞体对象，如图 9－34 所示。

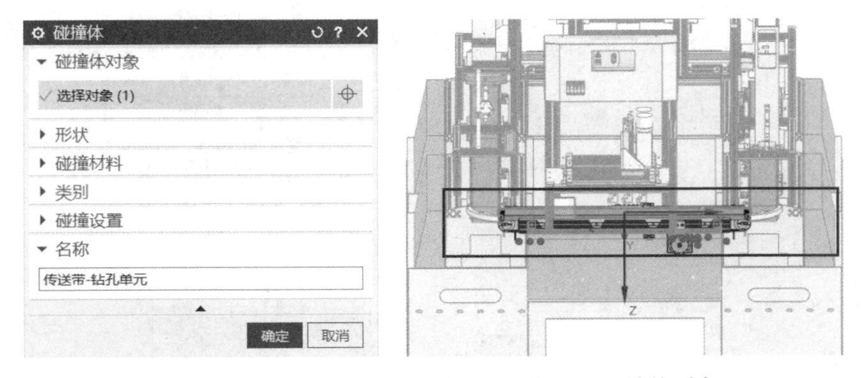

图 9－34　选择“传送带－钻孔单元”作为碰撞体对象

（7）设置碰撞形状、碰撞材料、碰撞类别，并设置碰撞体名称。碰撞形状为“方块”，形状属性为“自动”，碰撞材料为“默认材料”，碰撞类别为“0”，并重命名为“传送带-钻孔单元”，单击“确定”按钮，如图 9-35 所示。

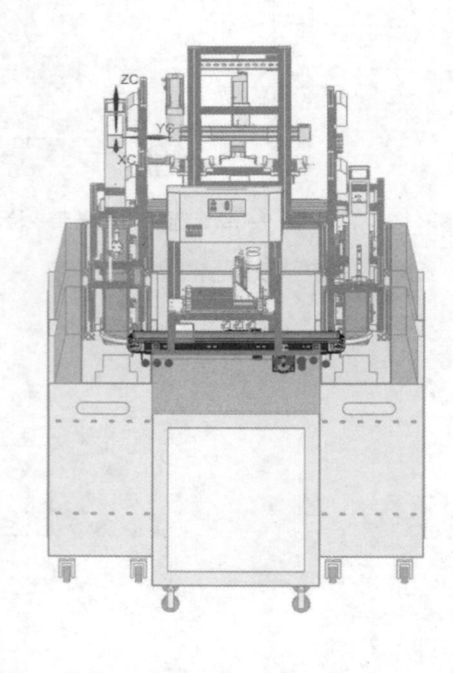

图 9-35 设置碰撞形状、碰撞材料、碰撞类别

（8）选择“传送带-后盖板单元”作为碰撞体对象，如图 9-36 所示。

（9）设置碰撞形状、碰撞材料、碰撞类别，并设置碰撞体名称。碰撞形状为“方块”，形状属性为“自动”，碰撞材料为“默认材料”，碰撞类别为“0”，并重命名为“传送带-后盖板单元”，单击“确定”按钮，如图 9-37 所示。

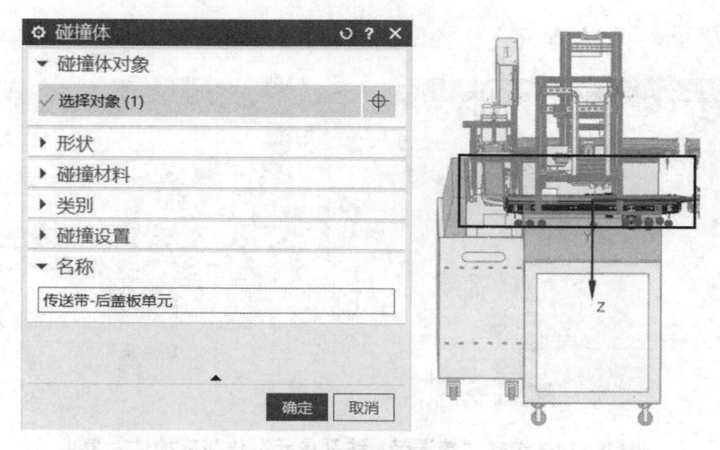

图 9-36 选择“传送带-后盖板单元”作为碰撞体对象

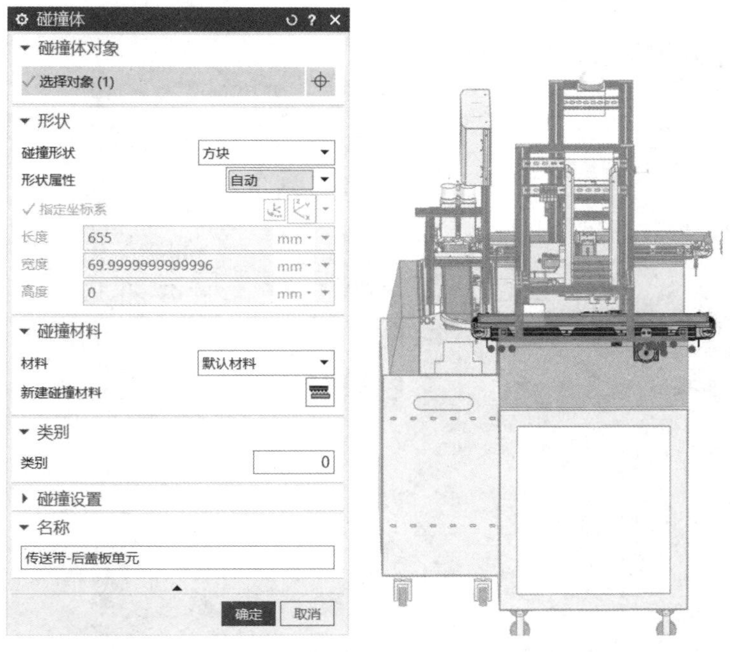

图 9－37　设置碰撞形状、碰撞材料、碰撞类别

（10）选择“传送带－压紧单元”作为碰撞体对象，如图 9－38 所示。

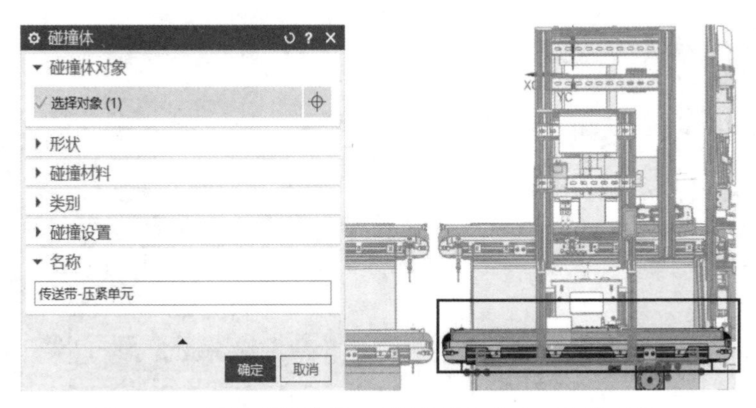

图 9－38　选择“传送带－压紧单元”作为碰撞体对象

（11）设置碰撞形状、碰撞材料、碰撞类别，并设置碰撞体名称。碰撞形状为“方块”，形状属性为“自动”，碰撞材料为“默认材料”，碰撞类别为“0”，并重命名为“传送带－压紧单元”，单击“确定”按钮，如图 9－39 所示。

（12）选择“传送带－输出单元”作为碰撞体对象，如图 9－40 所示。

（13）设置碰撞形状、碰撞材料、碰撞类别，并设置碰撞体名称。碰撞形状为“方块”，形状属性为“自动”，碰撞材料为“默认材料”，碰撞类别为“0”，并重命名为“传送带－输出单元”，单击“确定”按钮，如图 9－41 所示。

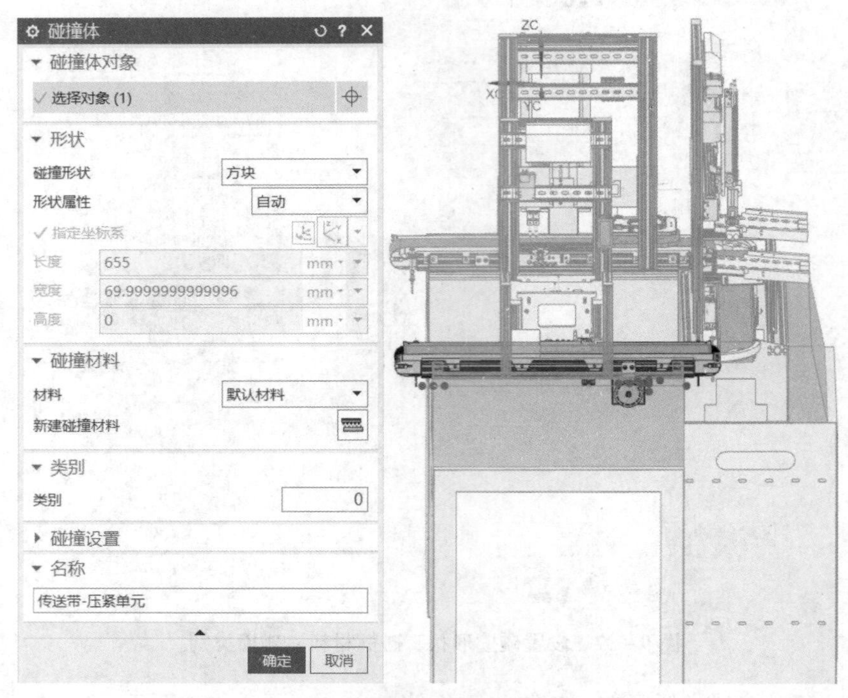

图 9－39　设置碰撞形状、碰撞材料、碰撞类别

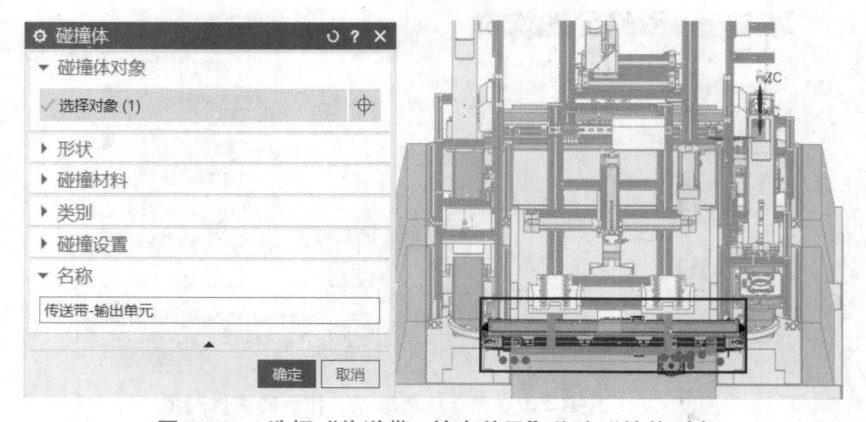

图 9－40　选择“传送带－输出单元”作为碰撞体对象

按照上述操作步骤，完成智能生产线的所有碰撞体设置（其中部分碰撞体设置在“刚体”选项组中完成），如图 9－42 所示。

2. 运动副的设置

1）定义滑动副

（1）在“主页”功能选项卡的“机械”区域选择“基本运动副”选项组→“基本运动副”选项，打开“基本运动副”对话框，如图 9－43 所示。

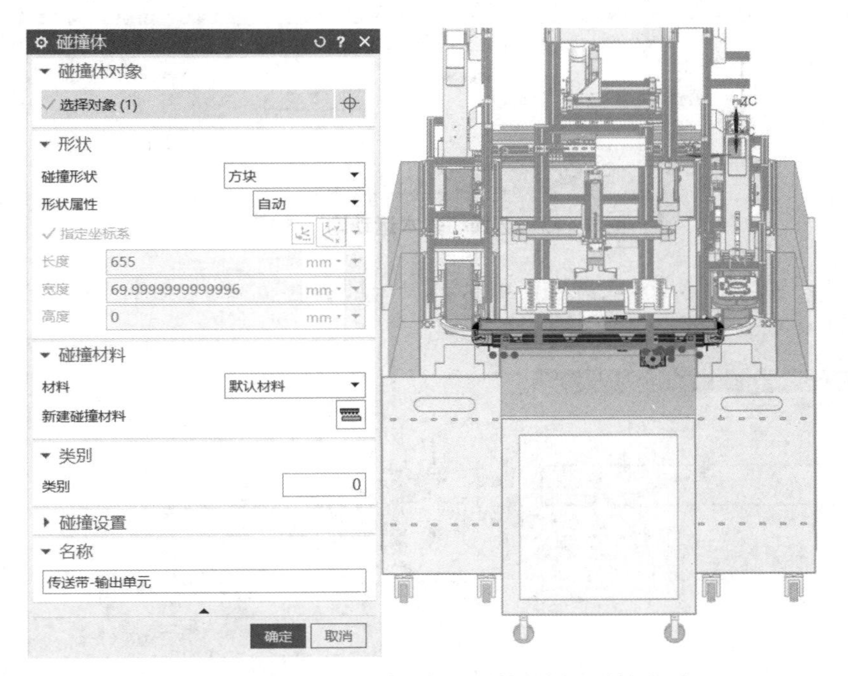

图 9－41　设置碰撞形状、碰撞材料、碰撞类别

机电导航器

名称	可见性	类型
基本机电对象		
传送带-后盖板单元		碰撞体
传送带-检测单元		碰撞体
传送带-仓储单元		碰撞体
传送带-输出单元		碰撞体
传送带-压紧单元		碰撞体
传送带-钻孔单元		碰撞体
挡片1-下_1	👁	刚体
挡片2-下_1	👁	刚体
挡片3-上_1	👁	刚体
挡片4-上_1	👁	刚体
导轨装配_1	👁	刚体
导轨装配_1	👁	刚体
电机架_1	👁	刚体
后盖板-1	👁	刚体
后盖板-2	👁	刚体
后盖板-3	👁	刚体
后盖板-4	👁	刚体
滑块_1	👁	刚体
滑块_2	👁	刚体
活塞及挡块活动组件_1	👁	刚体

图 9－42　所有碰撞体设置

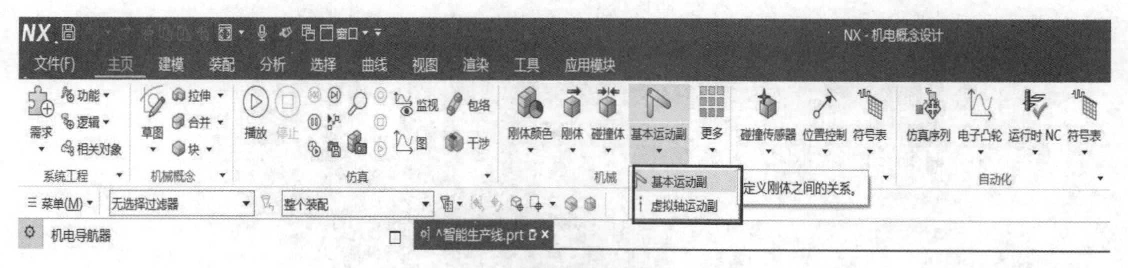

图 9-43　选择“基本运动副”选项

（2）选择“滑动副”选项，设置刚体对象，连接体选择“滑块”，基本体选择“导轨装配”，如图 9-44、图 9-45 所示。

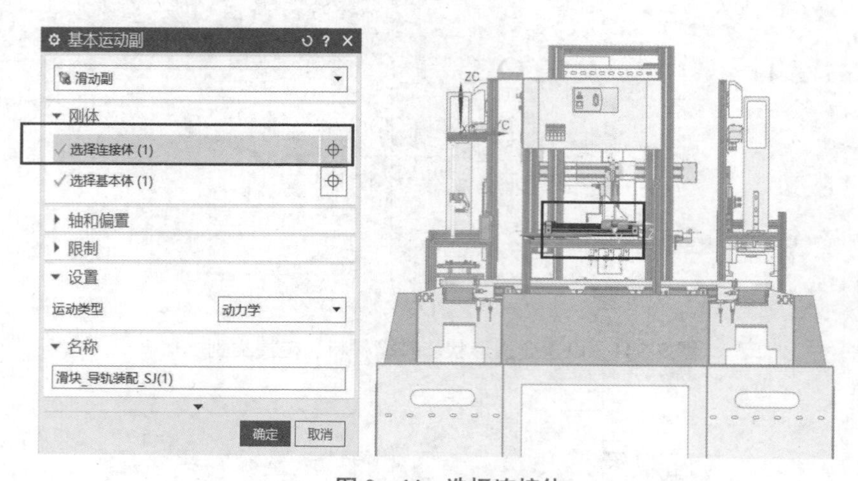

图 9-44　选择连接体

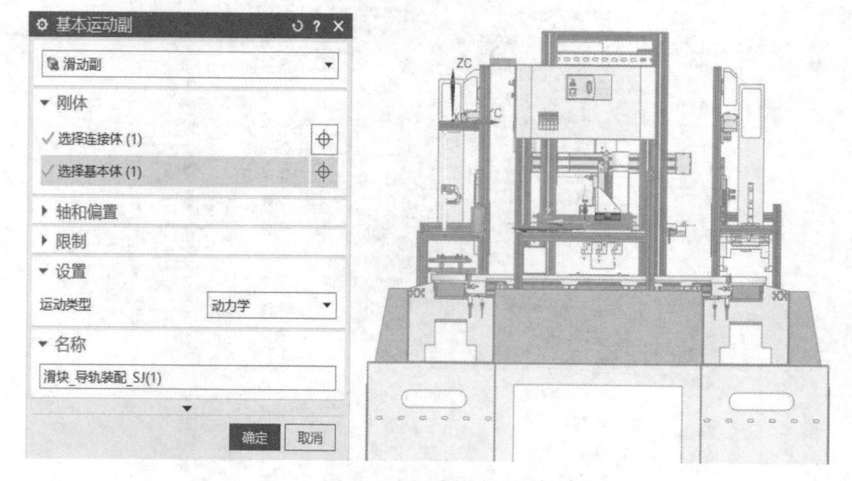

图 9-45　选择基本体

（3）设置轴和矢量并重命名，然后单击“确定”按钮，如图 9-46 所示。

（4）选择“滑动副”选项，设置刚体对象，连接体选择“手臂升降气缸”，基本体选择“手臂移动部分”，如图 9-47、图 9-48 所示。

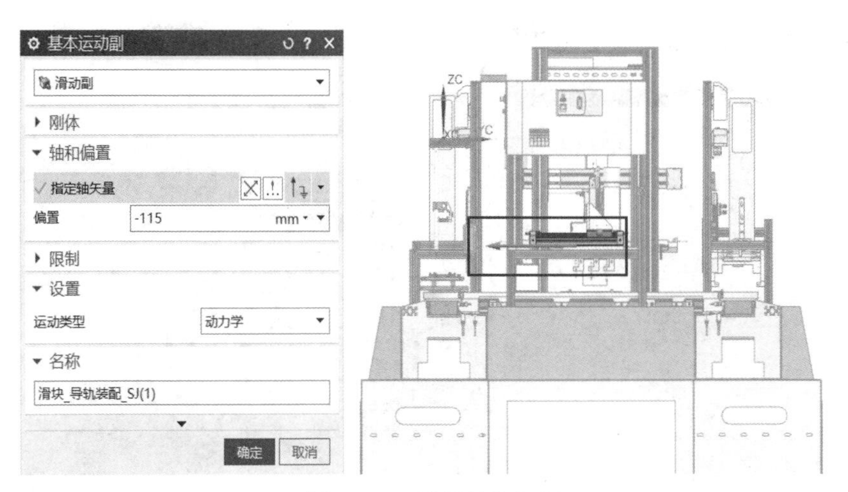

图 9－46　设置轴和矢量

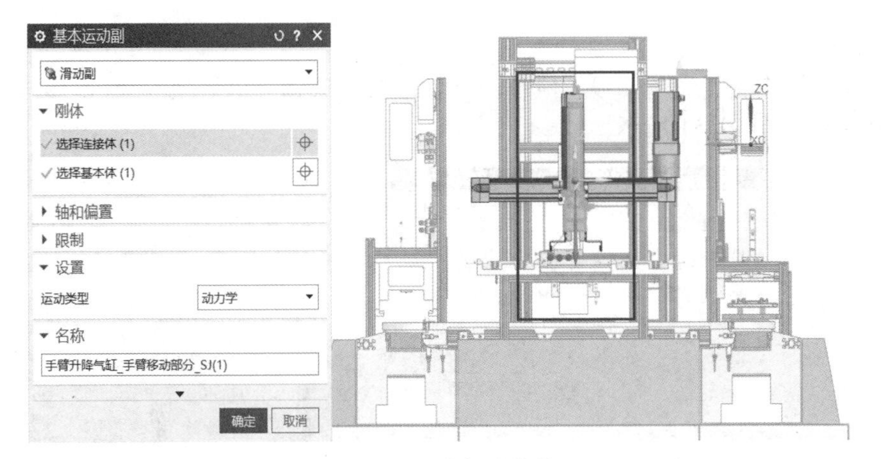

图 9－47　选择连接体

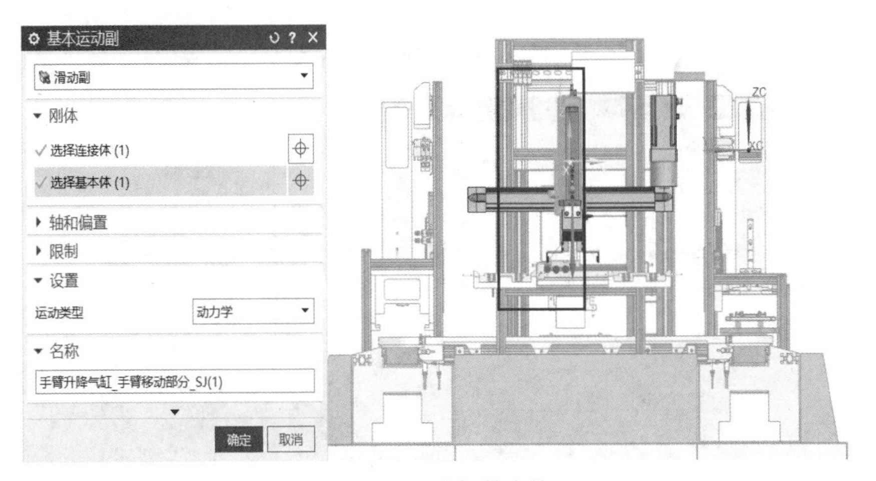

图 9－48　选择基本体

（5）设置轴和矢量并重命名，然后单击“确定”按钮，如图9-49所示。

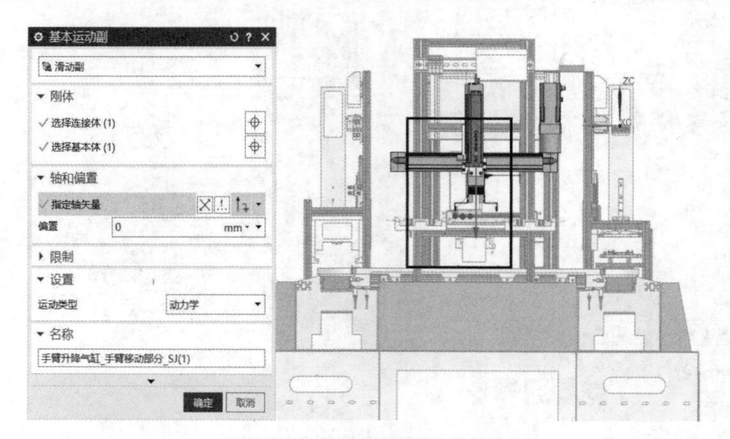

图9-49　设置轴和矢量

2）定义固定副

（1）选择“固定副”选项，设置刚体对象，连接体选择“电机架”，基本体选择“气缸活塞”，如图9-50、图9-51所示。

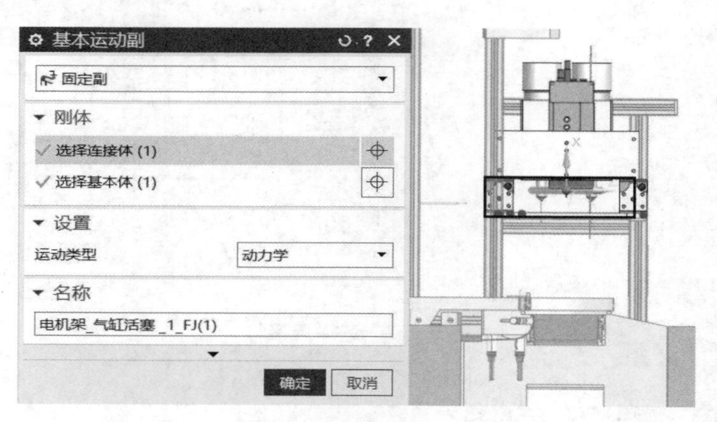

图9-50　选择连接体

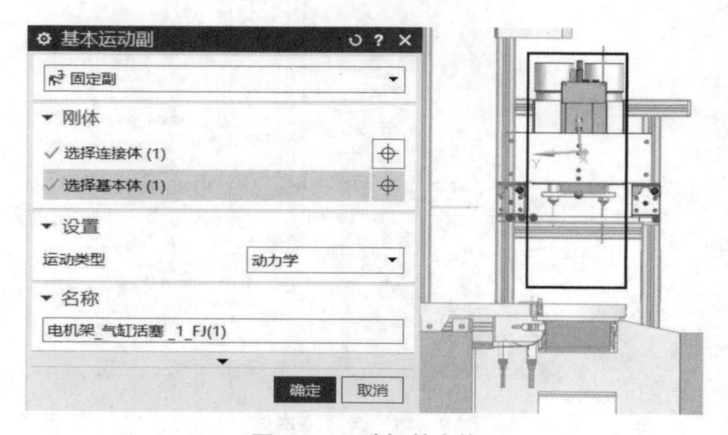

图9-51　选择基本体

（2）选择“固定副”选项，设置刚体对象，连接体选择“气缸缸体”，基本体选择“肋板架”，如图 9-52、图 9-53 所示。

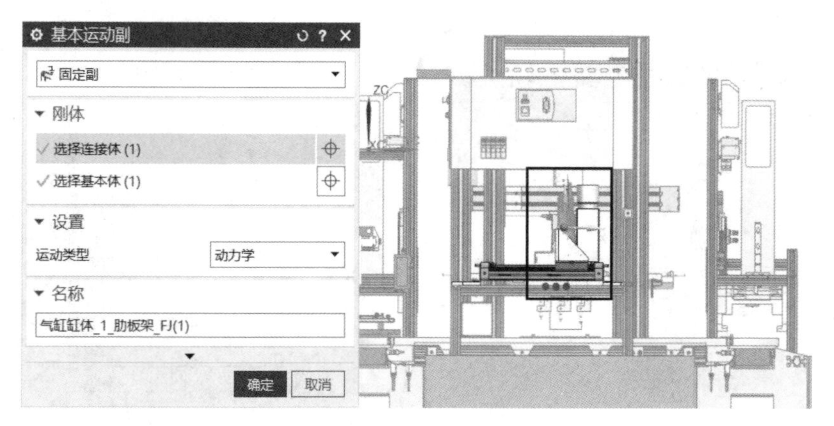

图 9-52 选择连接体

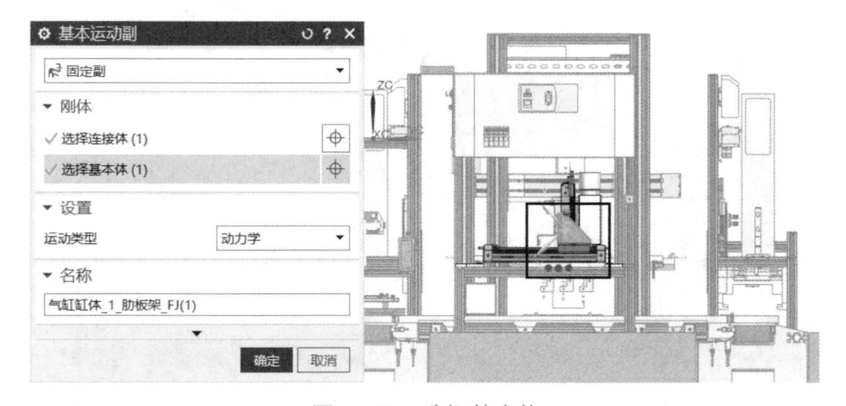

图 9-53 选择基本体

（3）选择“固定副”选项，设置刚体对象，连接体选择“气缸组件”，如图 9-54 所示。

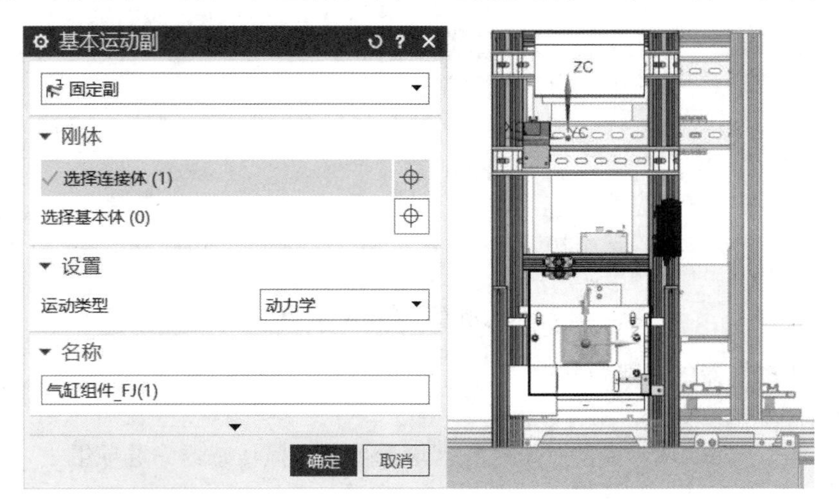

图 9-54 选择连接体

（4）选择“固定副”选项，设置刚体对象，连接体选择“导轨装配”，如图 9－55 所示。

按照上述操作步骤，完成智能生产线的所有运动副设置，所有运动副设置如图 9－56、图 9－57 所示。

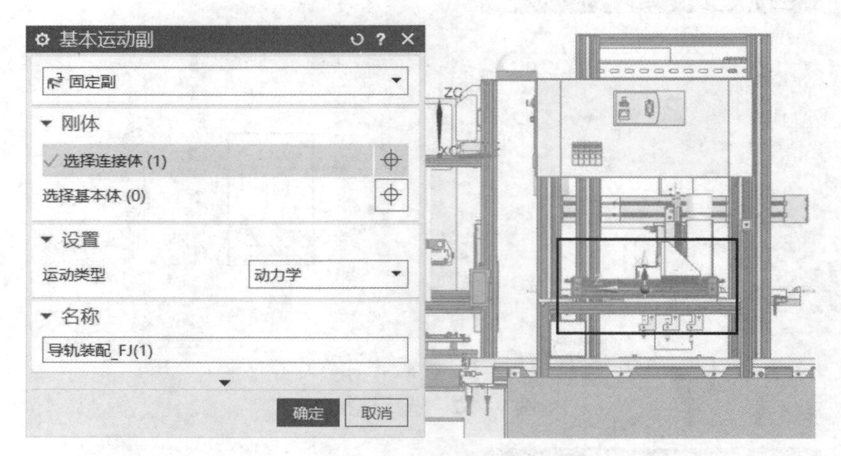

图 9－55　选择连接体

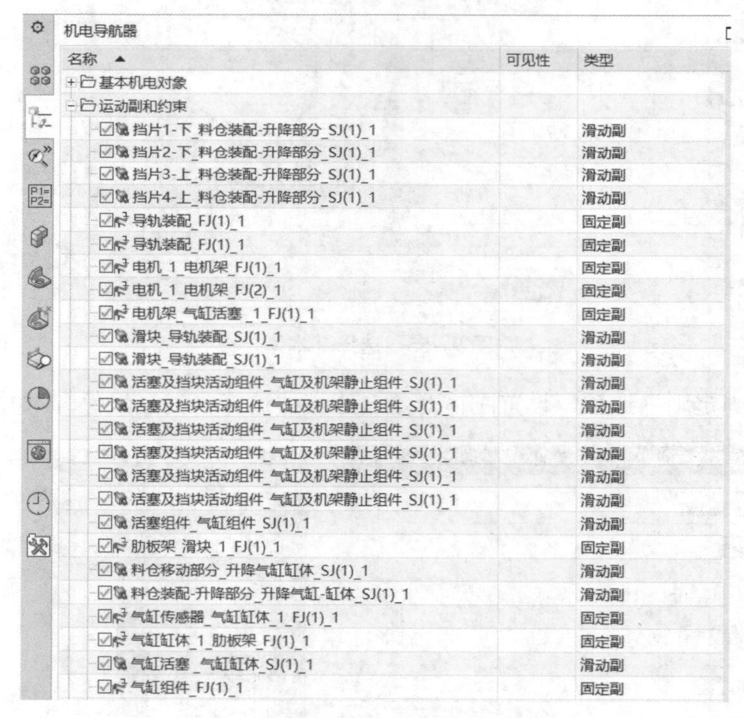

图 9－56　所有运动副设置（1）

3. 传感器和执行器的创建

1）碰撞传感器的创建

（1）在“主页”功能选项卡的“电气”区域选择“碰撞传感器”选项组→”碰撞传感器”选项，打开“碰撞传感器”对话框，如图 9－58 所示。

机电导航器

名称	可见性	类型
活塞及挡块活动组件_气缸及机架静止组件_SJ(1)_1		滑动副
活塞组件_气缸组件_SJ(1)_1		滑动副
肋板架_滑块_1_FJ(1)_1		固定副
料仓移动部分_升降气缸缸体_SJ(1)_1		滑动副
料仓装配-升降部分_升降气缸-缸体_SJ(1)_1		滑动副
气缸传感器_气缸缸体_1_FJ(1)_1		固定副
气缸缸体_1_肋板架_FJ(1)_1		固定副
气缸活塞_气缸缸体_SJ(1)_1		滑动副
气缸组件_FJ(1)_1		固定副
上1_料仓移动部分_SJ(1)_1		滑动副
上2_料仓移动部分_SJ(1)_1		滑动副
升降气缸-缸体_FJ(1)_1		固定副
升降气缸缸体_FJ(1)_1		固定副
手臂升降气缸_手臂移动部分_SJ(1)_1		滑动副
手臂移动部分_轨道_SJ(1)_1		滑动副
物料台1_FJ(1)_1		固定副
物料台2_FJ(1)_1		固定副
下3_料仓移动部分_SJ(1)_1		滑动副
下4_料仓移动部分_SJ(1)_1		滑动副
下料气缸-活塞1下_料仓装配-升降部分_SJ(1)_1		滑动副
下料气缸-活塞2上_料仓装配-升降部分_SJ(1)_1		滑动副
下料气缸活塞1_料仓移动部分_SJ(1)_1		滑动副
下料气缸活塞2_料仓移动部分_SJ(1)_1		滑动副

图 9－57　所有运动副设置（2）

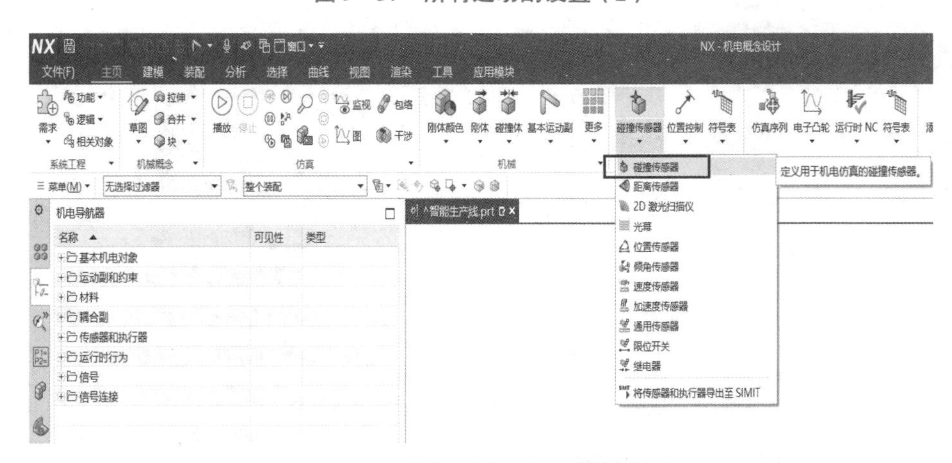

图 9－58　选择“碰撞传感器”选项

（2）选择碰撞类型及碰撞传感器对象，碰撞类型选择“触发”，碰撞传感器对象选择“仓储单元入口－传感器”，如图 9－59 所示。

（3）设置碰撞形状及碰撞类别，碰撞形状为“圆柱”，形状属性为“自动”，碰撞类别为“0”，然后单击“确定”按钮，如图 9－60 所示。

（4）选择碰撞类型及碰撞传感器对象，碰撞类型选择“触发”，碰撞传感器对象选择“仓储单元出口－传感器”，如图 9－61 所示。

（5）设置碰撞形状及碰撞类别，碰撞形状为“圆柱”，形状属性为“自动”，碰撞类别为“0”，然后单击“确定”按钮，如图 9－62 所示。

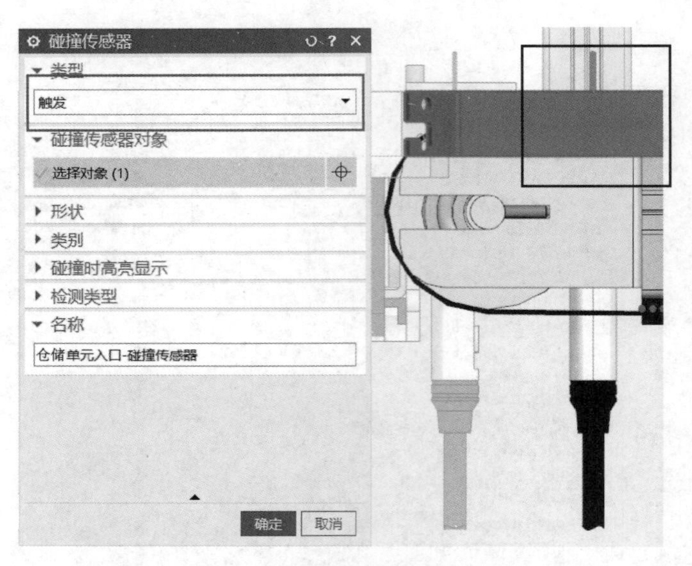

图 9-59　选择碰撞类型及碰撞传感器对象

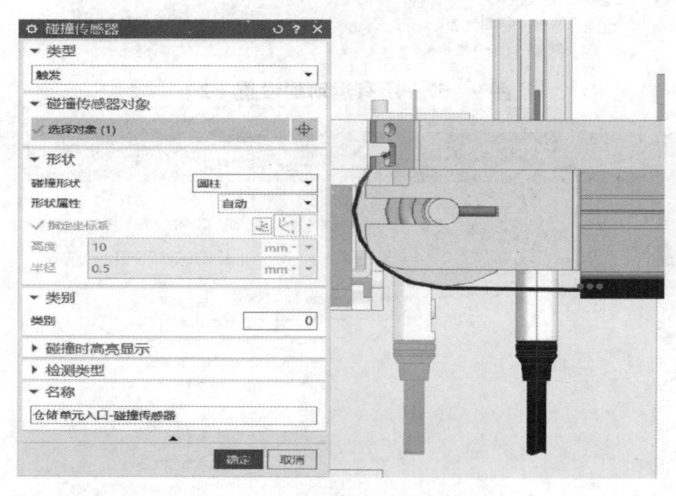

图 9-60　设置碰撞形状及碰撞类别

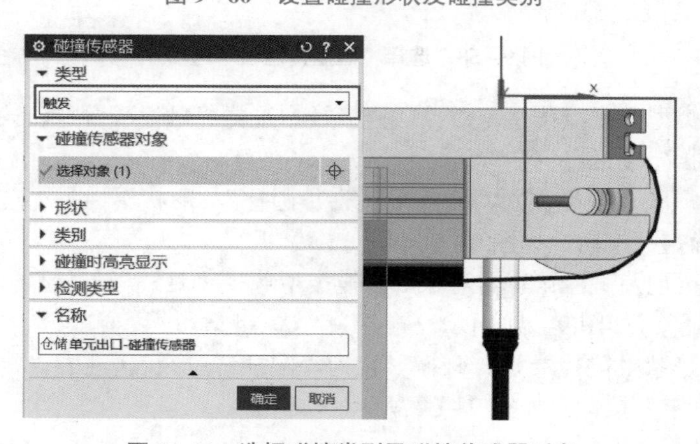

图 9-61　选择碰撞类型及碰撞传感器对象

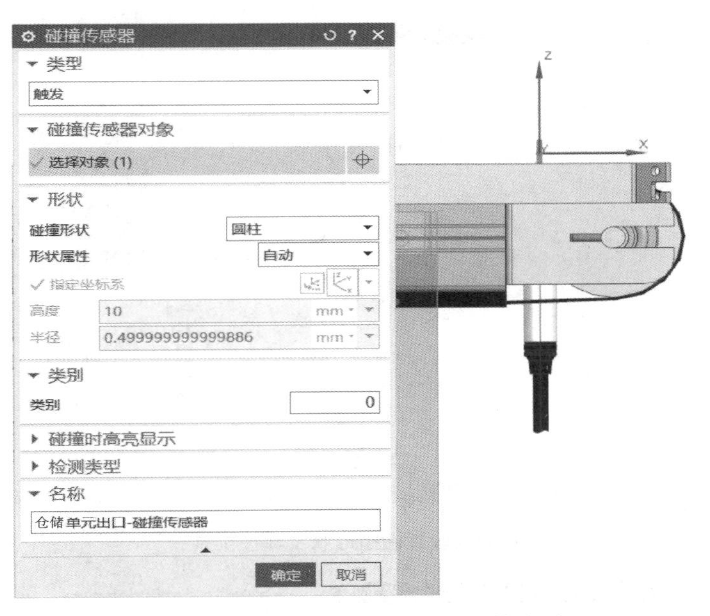

图 9－62　设置碰撞形状及碰撞类别

（6）选择碰撞类型及碰撞传感器对象，碰撞类型选择“触发”，碰撞传感器对象选择“检测单元入口－传感器”，如图 9－63 所示。

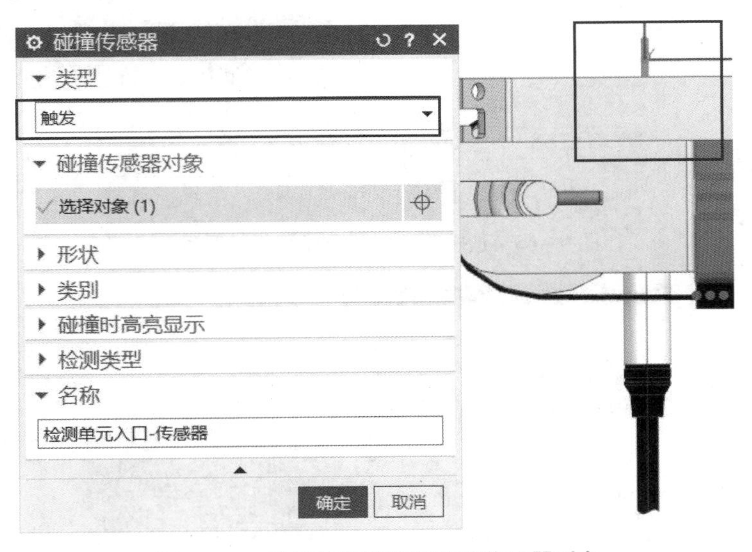

图 9－63　选择碰撞类型及碰撞传感器对象

（7）设置碰撞形状及碰撞类别，碰撞形状为“圆柱”，形状属性为“自动”，碰撞类别为“0”，然后单击“确定”按钮，如图 9－64 所示。

（8）选择碰撞类型及碰撞传感器对象，碰撞类型选择“触发”，碰撞传感器对象选择“检测单元出口－传感器”，如图 9－65 所示。

（9）设置碰撞形状及碰撞类别，碰撞形状为“圆柱”，形状属性为“自动”，碰撞类别为“0”，然后单击“确定”按钮，如图 9－66 所示。

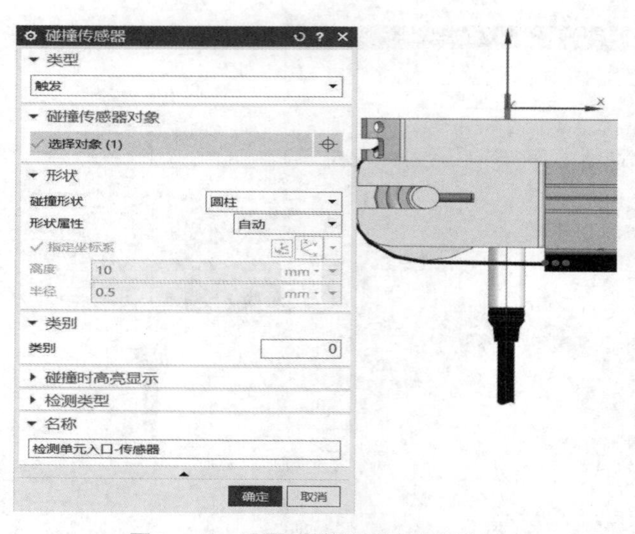

图 9-64　设置碰撞形状及碰撞类别

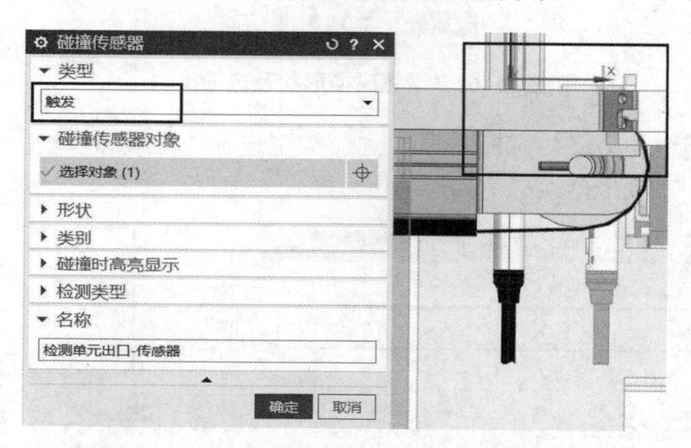

图 9-65　选择碰撞类型及碰撞传感器对象

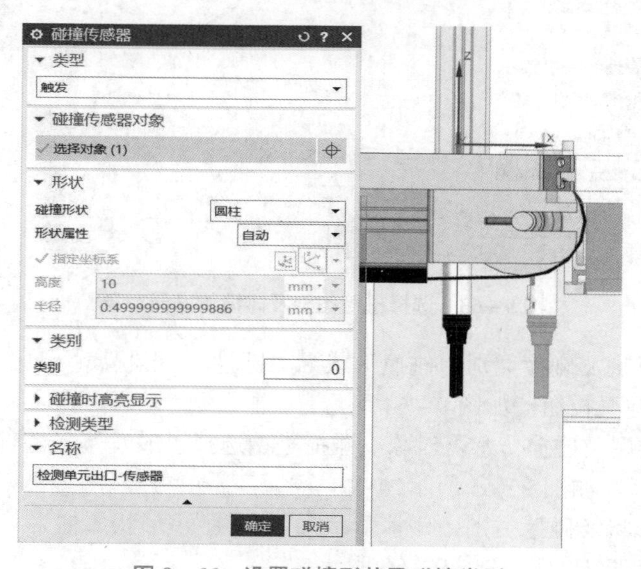

图 9-66　设置碰撞形状及碰撞类别

2）传输面设置

（1）在“主页”功能选项卡的“电气”区域选择“位置控制”选项组→“传输面”选项，打开传输面对话框，如图9－67所示。

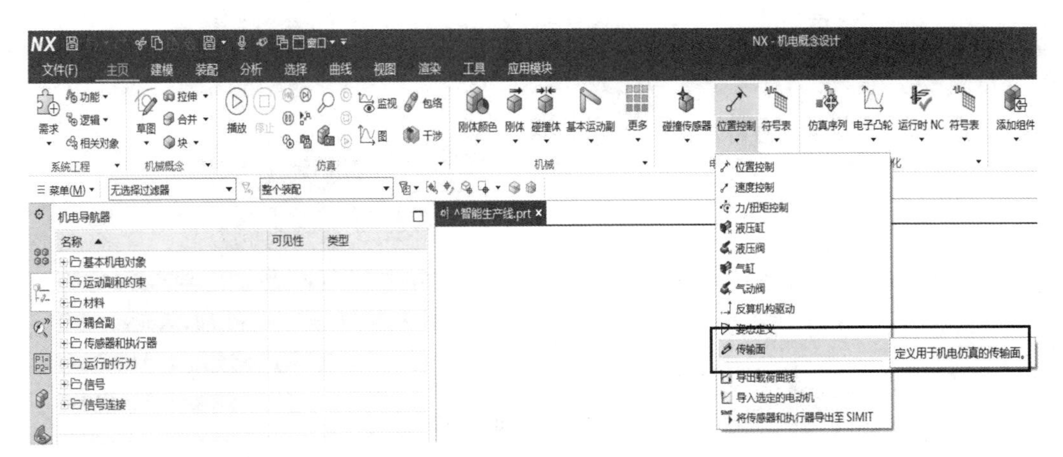

图9－67　选择“传输面”选项

（2）选择传送带面，选择面为“仓储单元－传送带”，如图9－68所示。

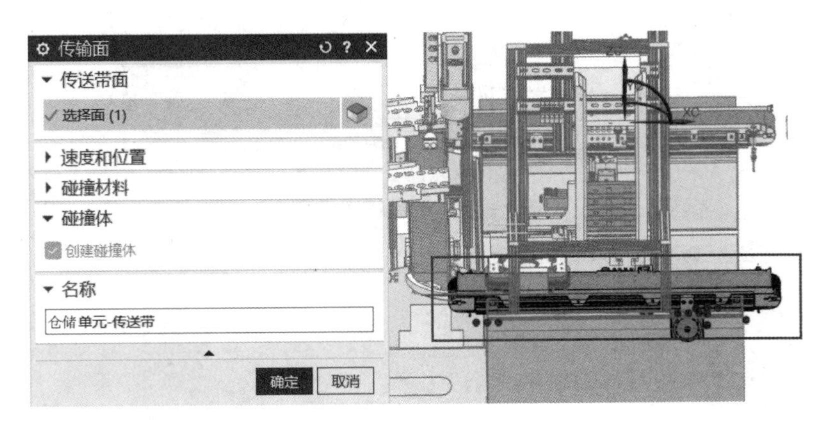

图9－68　选择传送带面

（3）设置速度和位置，运动类型为“直线”，指定矢量为“+X轴”方向，设置平行速度，碰撞材料默认，然后单击“确定”按钮，如图9－69所示。

（4）选择传送带面，选择面为“检测单元－传送带”，如图9－70所示。

（5）设置速度和位置，运动类型为“直线”，指定矢量为“+X轴”方向，设置平行速度，碰撞材料默认，然后单击“确定”按钮，如图9－71所示。

（6）选择传送带面，选择面为“钻孔单元－传送带”，如图9－72所示。

（7）设置速度和位置，运动类型为“直线”，指定矢量为“+Y轴”方向，设置平行速度，碰撞材料默认，然后单击“确定”按钮，如图9－73所示。

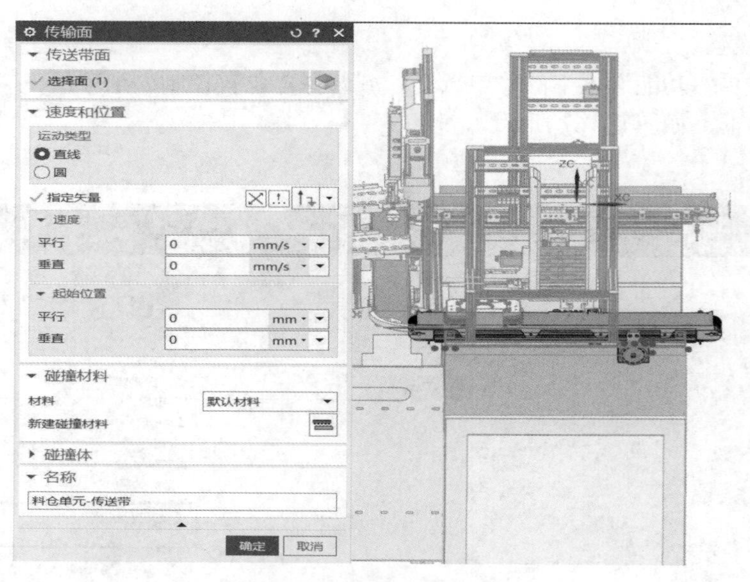

图 9-69　设置速度和位置

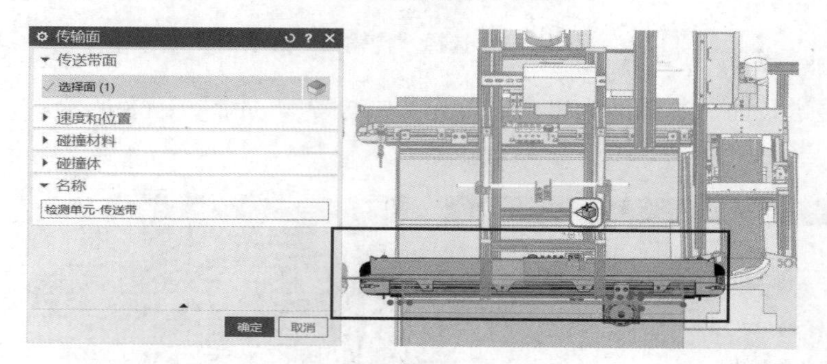

图 9-70　选择传送带面

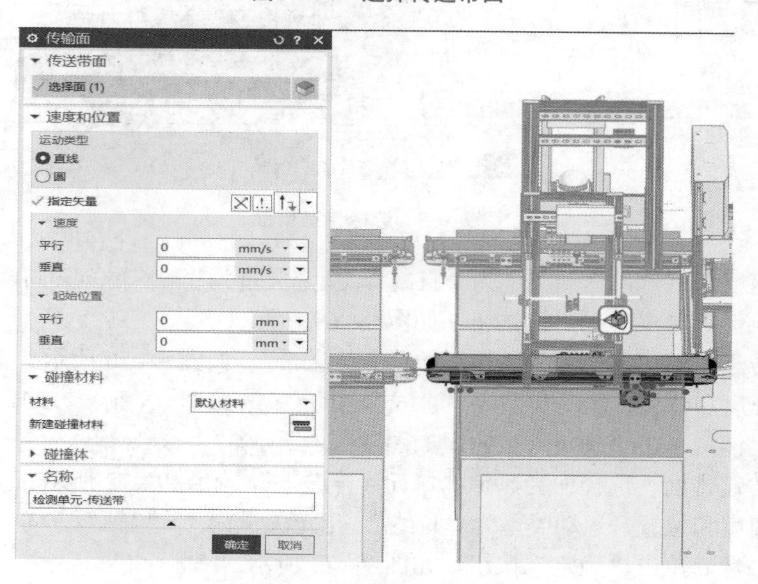

图 9-71　设置速度和位置

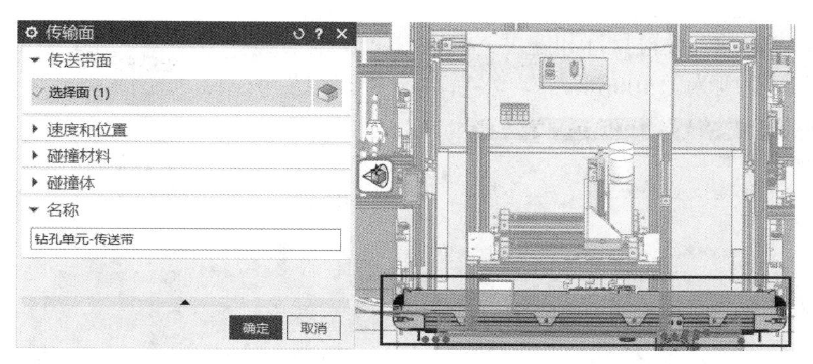

图 9-72　选择传送带面

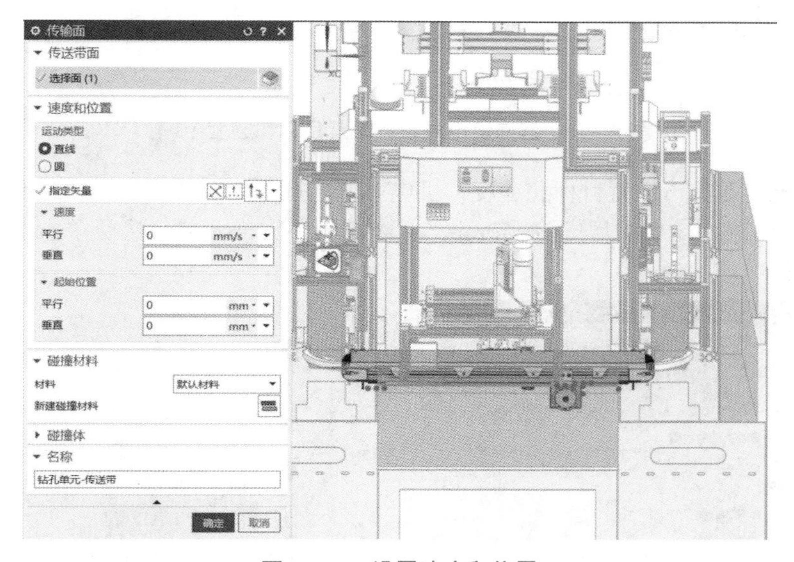

图 9-73　设置速度和位置

3）位置控制

（1）在“主页”功能选项卡的“电气”区域选择“位置控制”选项组→“位置控制”选项，打开“位置控制”对话框，如图 9-74 所示。

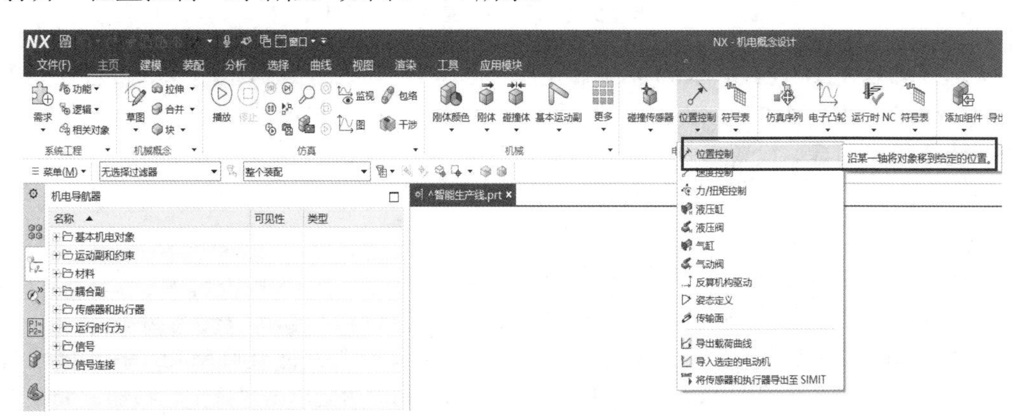

图 9-74　选择“位置控制”选项

（2）选择机电对象，设置目标和速度。机电对象选择“滑块_导轨装配_SJ（1）_1_PC（1）_1”，目标为“0mm”，速度为“500mm/s”，然后单击“确定”按钮，如图 9－75 所示。

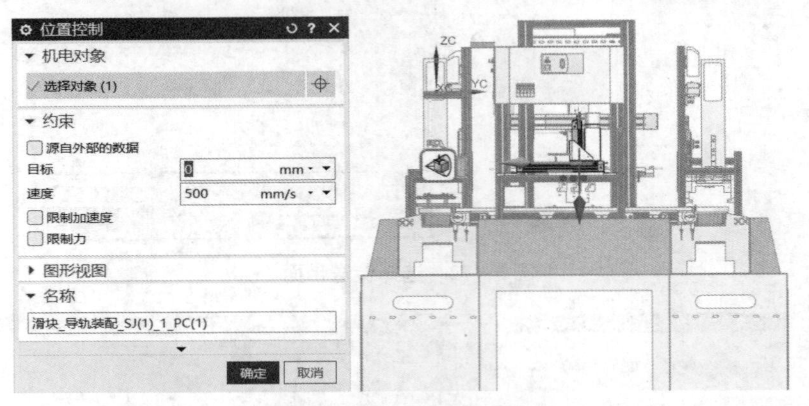

图 9－75 选择机电对象，设置目标和速度（1）

（3）选择机电对象，设置目标和速度。机电对象选择“活塞及挡块活动组件_气缸及机架静止组件_SJ（1）_PC（1）”，目标为“0mm”，速度为“80mm/s”，然后单击“确定”按钮，如图 9－76 所示。

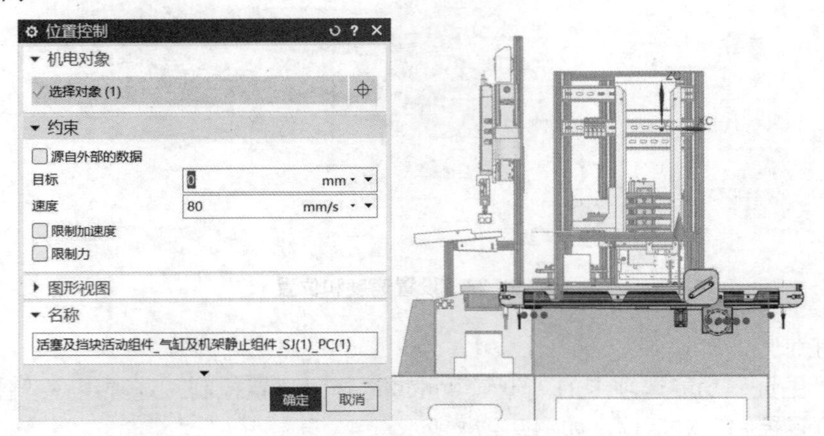

图 9－76 选择机电对象，设置目标和速度（2）

（4）选择机电对象，设置目标和速度。机电对象选择“活塞组件_气缸组件_SJ（1）_PC（1）_1”，目标为“0mm”，速度为“100mm/s”，然后单击“确定”按钮，如图 9－77 所示。

（5）选择机电对象，设置目标和速度。机电对象选择“料仓装配－升降部分_升降气缸－缸体_SJ（1）_PC（1）_1”，目标为“0mm”，速度为“200mm/s”，然后单击“确定”按钮，如图 9－78 所示。

（6）选择机电对象，设置目标和速度。机电对象选择“气缸活塞_气缸缸体_SJ（1）_1_PC（1）_1”，目标为“0mm”，速度为“100mm/s”，然后单击“确定”按钮，如图 9－79 所示。

（7）选择机电对象，设置目标和速度。机电对象选择“手臂升降气缸_手臂移动部分_SJ（1）_PC（1）_1”，目标为“0mm”，速度为“300mm/s”，然后单击“确定”按钮，如图 9－80 所示。

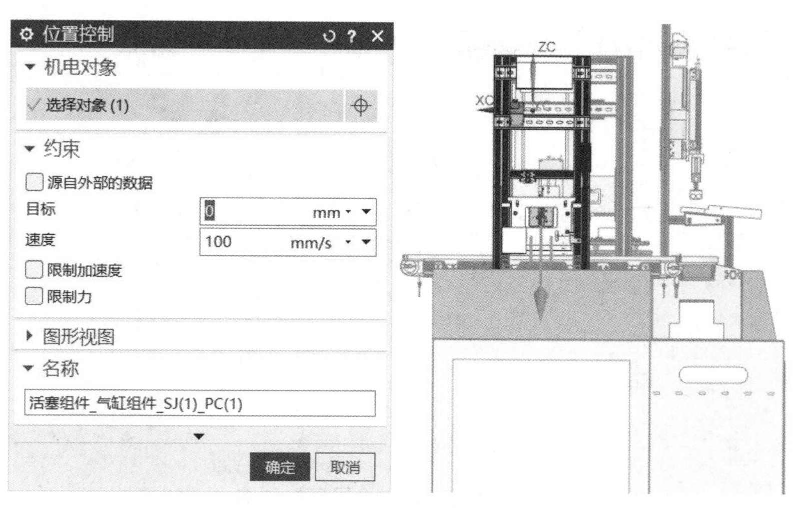

图 9–77　选择机电对象，设置目标和速度（3）

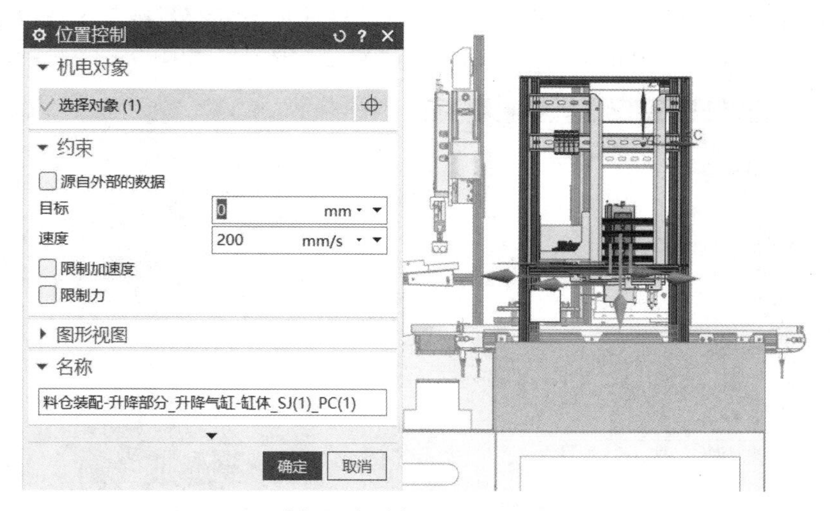

图 9–78　选择机电对象，设置目标和速度（4）

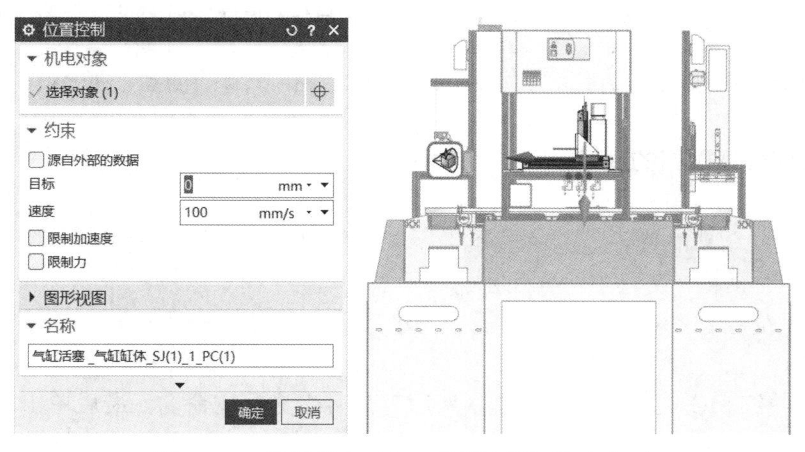

图 9–79　选择机电对象，设置目标和速度（5）

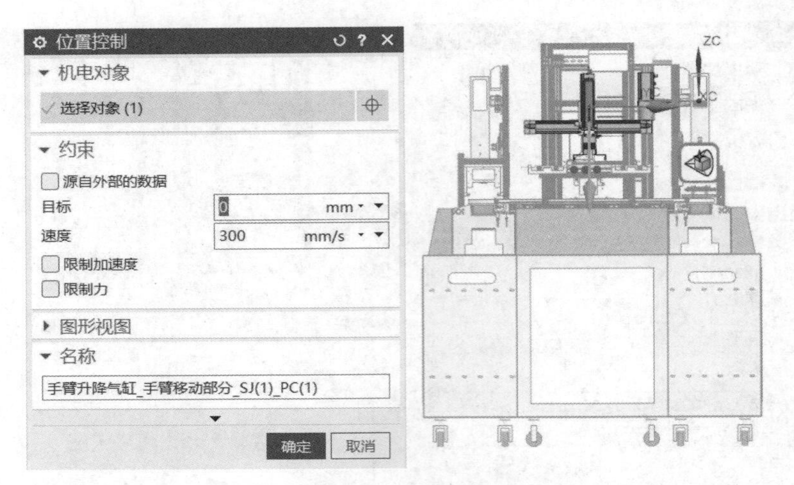

图 9-80　选择机电对象，设置目标和速度（6）

（8）选择机电对象，设置目标和速度。机电对象选择“手臂移动部分_轨道_SJ（1）_PC（1）_1”，目标为“0mm”，速度为“300mm/s”，然后单击“确定”按钮，如图 9-81 所示。

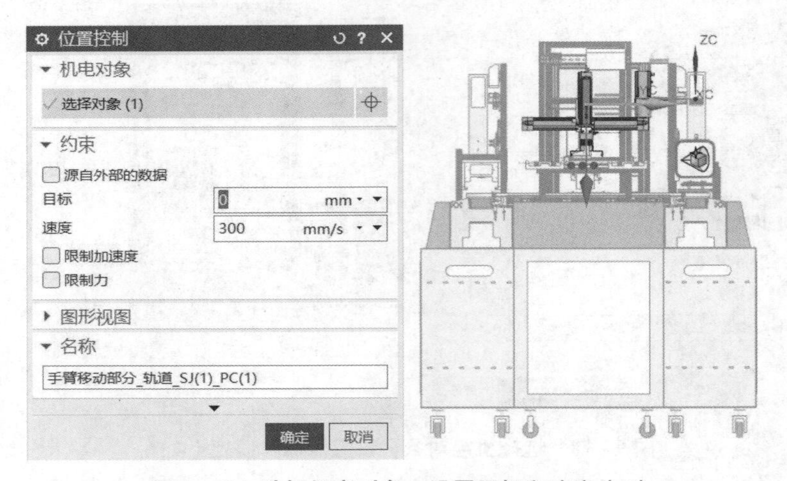

图 9-81　选择机电对象，设置目标和速度（7）

按照上述操作步骤，完成智能生产线所有传感器及执行器的创建，如图 9-82、图 9-83 所示。

4. 信号及信号适配器的创建

1）符号表的创建

（1）在“主页”功能选项卡的“电气”区域选择“符号表”选项组→“符号表”选项，打开“符号表”对话框，如图 9-84 所示。

（2）打开“符号表”对话框后，单击“新建符号”按钮，按照设备的运动情况新建信号，如图 9-85 所示。

（3）定义信号的 IO 类型和数据类型，然后对符号表进行重命名，最后单击“确定”按钮，如图 9-86 所示。

按照上述操作步骤完成智能生产线所有工作站符号表的创建，如图 9-87～图 9-96 所示。

机电导航器

名称	可见性	类型
传感器和执行器		
SOOE_D_1		距离传感器
SOOE_D_2		距离传感器
传送带-后盖板单元		传输面
传送带-检测单元		传输面
传送带-仓储单元		传输面
传送带-输出单元		传输面
传送带-压紧单元		传输面
传送带-钻孔单元		传输面
后盖板单元-出口传感器		碰撞传感器
后盖板单元-入口传感器		碰撞传感器
滑块_导轨装配_SJ(1)_1_PC(1)_1		位置控制
活塞及挡块活动组件_气缸及机架静止组件_SJ(1)_PC(1)_1		位置控制
活塞及挡块活动组件_气缸及机架静止组件_SJ(1)_PC(1)_1		位置控制
活塞及挡块活动组件_气缸及机架静止组件_SJ(1)_PC(1)_1		位置控制
活塞及挡块活动组件_气缸及机架静止组件_SJ(1)_PC(1)_1		位置控制
活塞及挡块活动组件_气缸及机架静止组件_SJ(1)_PC(1)_1		位置控制
活塞及挡块活动组件_气缸及机架静止组件_SJ(1)_PC(1)_1		位置控制
活塞组件_气缸组件_SJ(1)_PC(1)_1		位置控制
检测单元-出口传感器		碰撞传感器
检测单元-入口传感器		碰撞传感器

图 9-82　所有传感器及执行器的创建（1）

名称	可见性	类型
活塞及挡块活动组件_气缸及机架静止组件_SJ(1)_PC(1)_1		位置控制
活塞及挡块活动组件_气缸及机架静止组件_SJ(1)_PC(1)_1		位置控制
活塞及挡块活动组件_气缸及机架静止组件_SJ(1)_PC(1)_1		位置控制
活塞及挡块活动组件_气缸及机架静止组件_SJ(1)_PC(1)_1		位置控制
活塞组件_气缸组件_SJ(1)_PC(1)_1		位置控制
检测单元-出口传感器		碰撞传感器
检测单元-入口传感器		碰撞传感器
料仓单元-出口传感器		碰撞传感器
料仓单元-入口传感器		碰撞传感器
料仓移动部分_升降气缸缸体_SJ(1)_PC(1)_1		位置控制
料仓装配-升降部分_升降气缸-缸体_SJ(1)_PC(1)_1		位置控制
气缸活塞_气缸缸体_SJ(1)_1_PC(1)_1		位置控制
前盖板-1碰撞传感器		碰撞传感器
前盖板-2碰撞传感器		碰撞传感器
前盖板-3碰撞传感器		碰撞传感器
前盖板-4碰撞传感器		碰撞传感器
手臂升降气缸_手臂移动部分_SJ(1)_PC(1)_1		位置控制
手臂移动部分_轨道_SJ(1)_PC(1)_1		位置控制
输出单元-出口传感器		碰撞传感器
输出单元-入口传感器		碰撞传感器
下料气缸-活塞1下_料仓装配-升降部分_SJ(1)_PC(1)_1		位置控制
下料气缸活塞1_料仓移动部分_SJ(1)_PC(1)_1		位置控制
压紧单元-出口传感器		碰撞传感器
压紧单元-入口传感器		碰撞传感器
钻孔单元-出口传感器		碰撞传感器
钻孔单元-入口传感器		碰撞传感器
运行时行为		

图 9-83　所有传感器及执行器的创建（2）

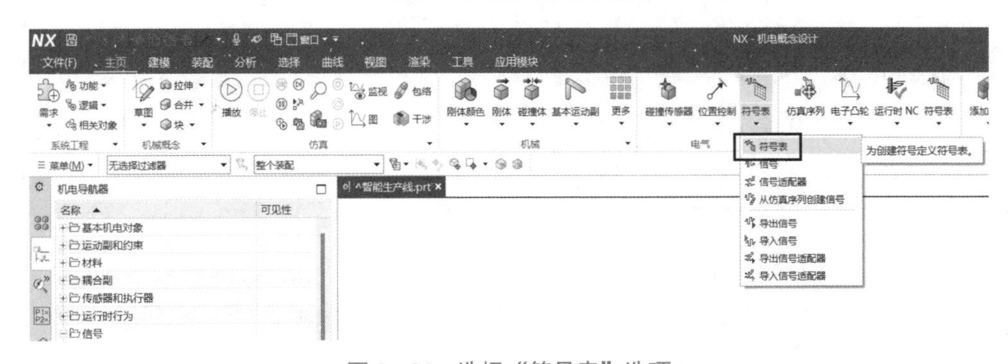

图 9-84　选择“符号表”选项

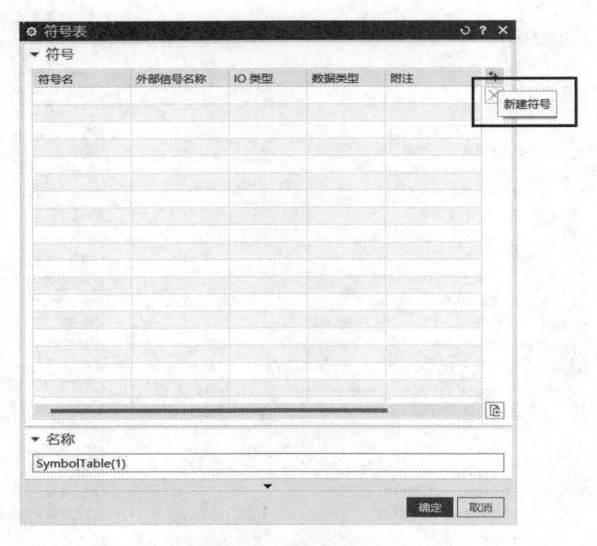

图 9-85　新建符号

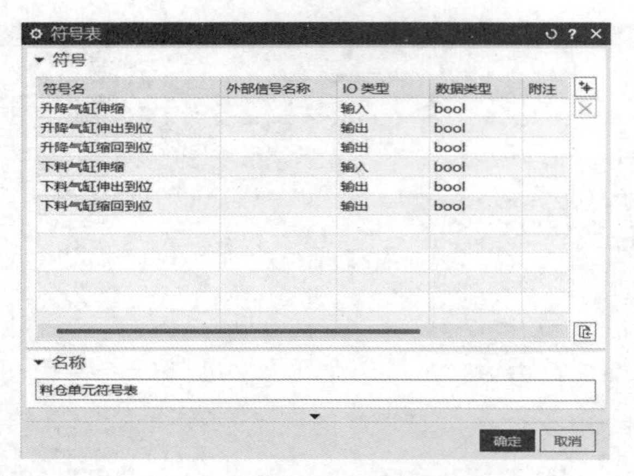

图 9-86　定义信号的 IO 类型和数据类型

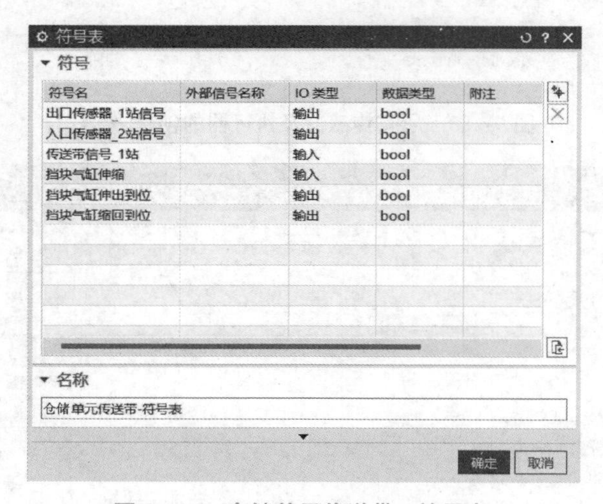

图 9-87　仓储单元传送带-符号表

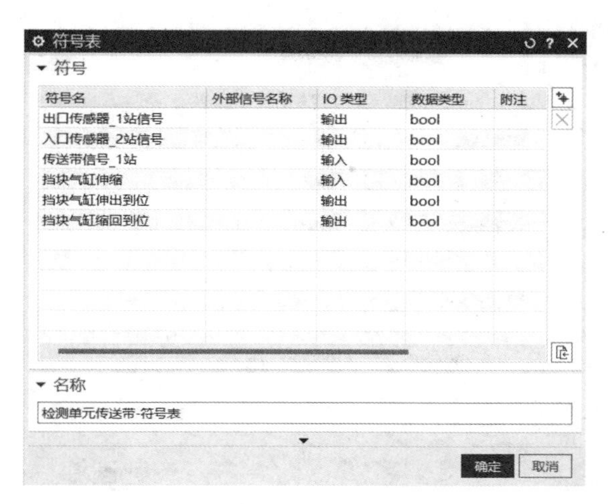

图 9－88 检测单元传送带－符号表

图 9－89 钻孔单元－符号表

图 9－90 钻孔单元传送带－符号表

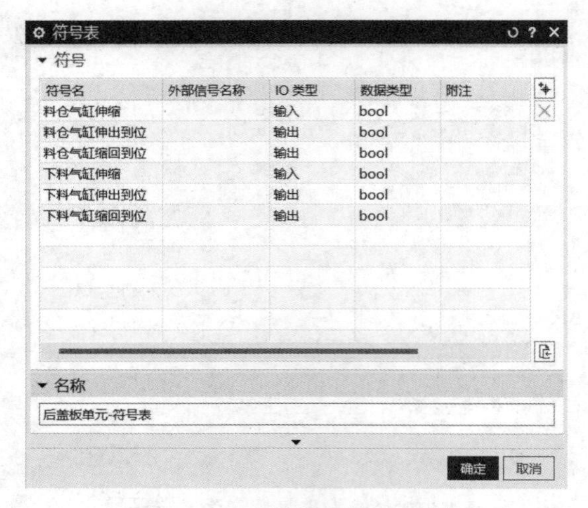

图 9－91　后盖板单元－符号表

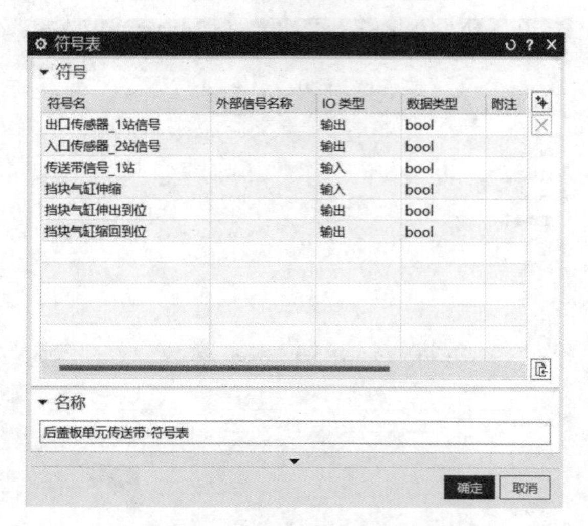

图 9－92　后盖板单元传送带－符号表

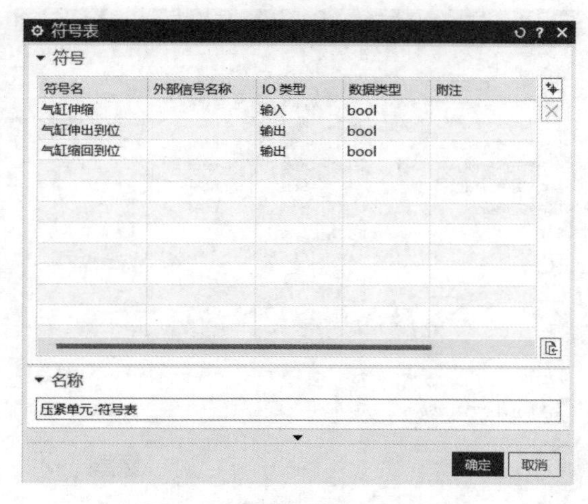

图 9－93　压紧单元－符号表

图 9-94　压紧单元传送带-符号表

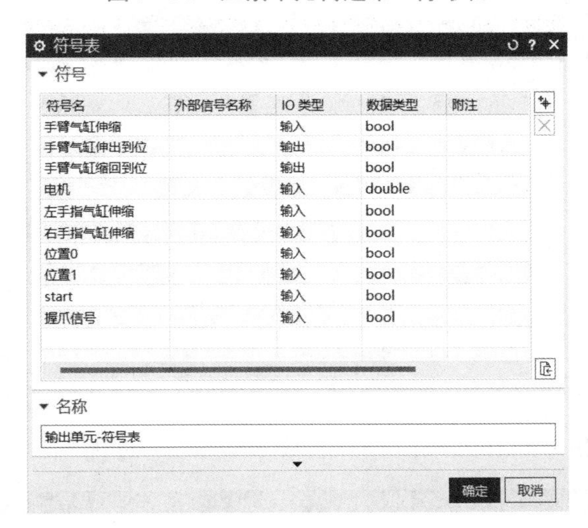

图 9-95　输出单元-符号表

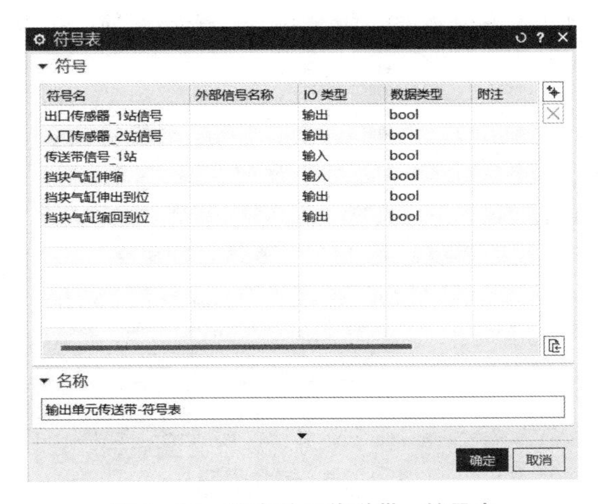

图 9-96　输出单元传送带-符号表

2）信号适配器的创建

（1）在“主页”功能选项卡的“电气”区域选择“符号表”选项组→“信号适配器”选项，打开“信号适配器”对话框，如图 9－97 所示。

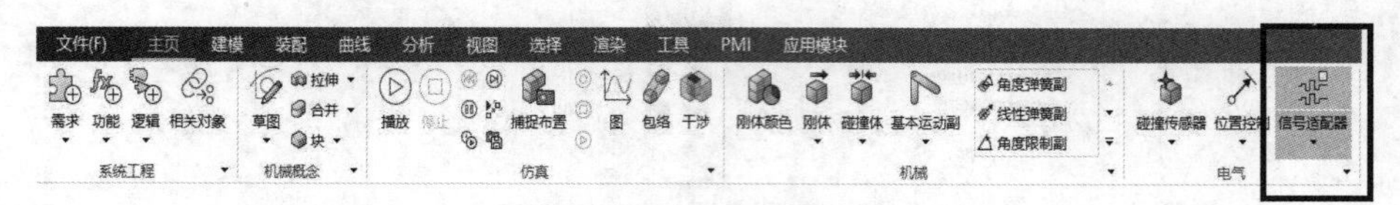

图 9－97 选择“信号适配器”选项

（2）选择机电对象，然后添加参数，如图 9－98 所示。

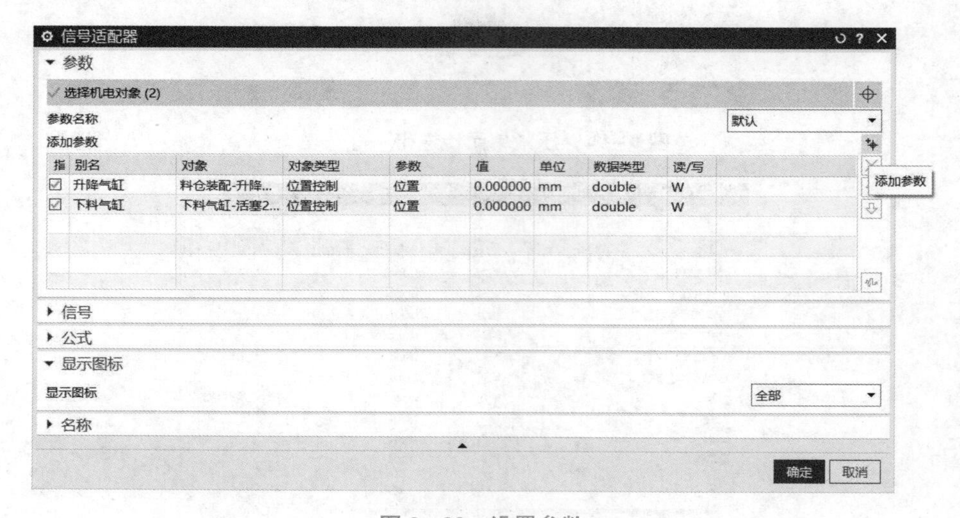

图 9－98 设置参数

（3）把符号表中的信号添加到“信号”区域，如图 9－99 所示。

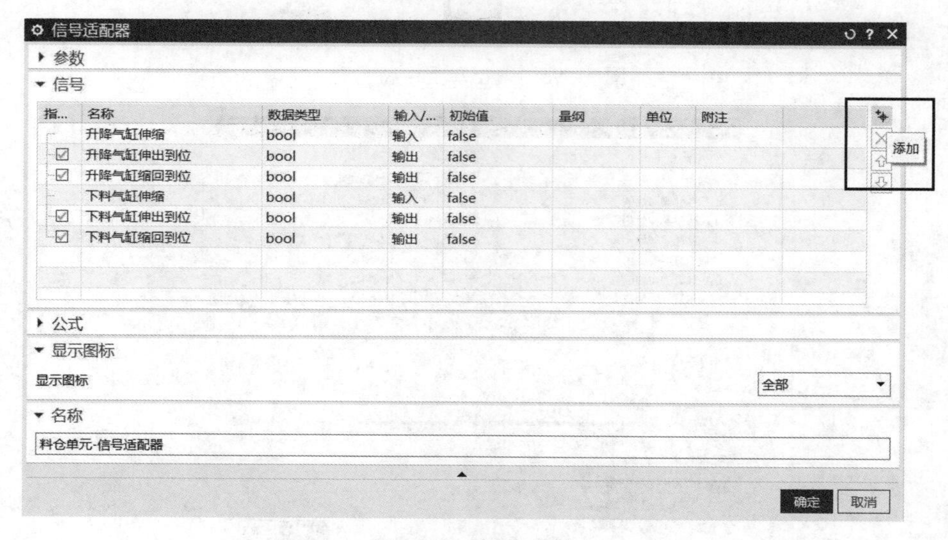

图 9－99 添加信号

（4）勾选“参数”和“信号”区域的相关复选框，将信号添加到“公式”区域，进行公式信号逻辑的编辑，然后重命名信号适配器，单击“确定”按钮，如图 9－100、图 9－101 所示。

信号适配器
参数
信号
公式
指派为
升降气缸
下料气缸
升降气缸伸出到位
升降气缸缩回到位
下料气缸伸出到位
下料气缸缩回到位
公式
显示图标
显示图标
全部
名称
料仓单元-信号适配器
确定
取消

图 9－100　添加公式信号

信号适配器
参数
信号
公式
指派为
公式
附注
升降气缸
If (升降气缸伸缩=1) Then (9) Else If (升降气缸伸缩=0) Then (0) Else (升降气缸)
下料气缸
If (下料气缸伸缩=1) Then (10) Else If (下料气缸伸缩=0) Then (0) Else (下料气缸)
升降气缸伸出到位
If (升降气缸>9.95) Then (true) Else (false)
升降气缸缩回到位
If (升降气缸<0.05) Then (true) Else (false)
下料气缸伸出到位
If (下料气缸>9.95) Then (true) Else (false)
下料气缸缩回到位
If (下料气缸<0.05) Then (true) Else (false)
公式
显示图标
显示图标
全部
名称
料仓单元-信号适配器
确定
取消

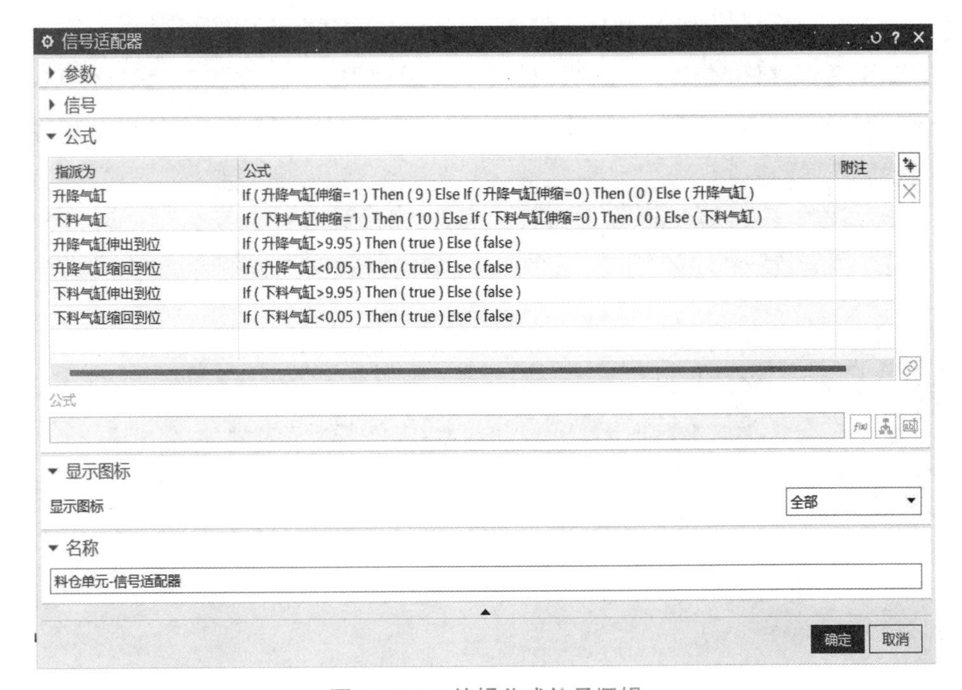

图 9－101　编辑公式信号逻辑

按照上述操作步骤，完成智能生产线所有工作站信号适配器的创建，如图 9－102～图 9－111 所示。

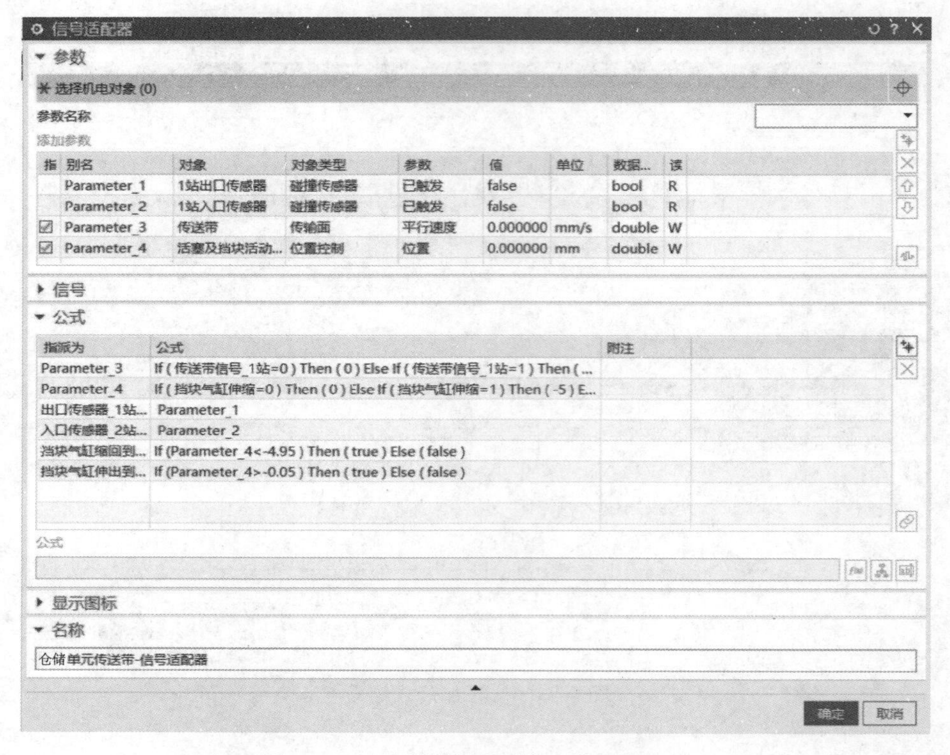

图 9－102　仓储单元传送带－信号适配器

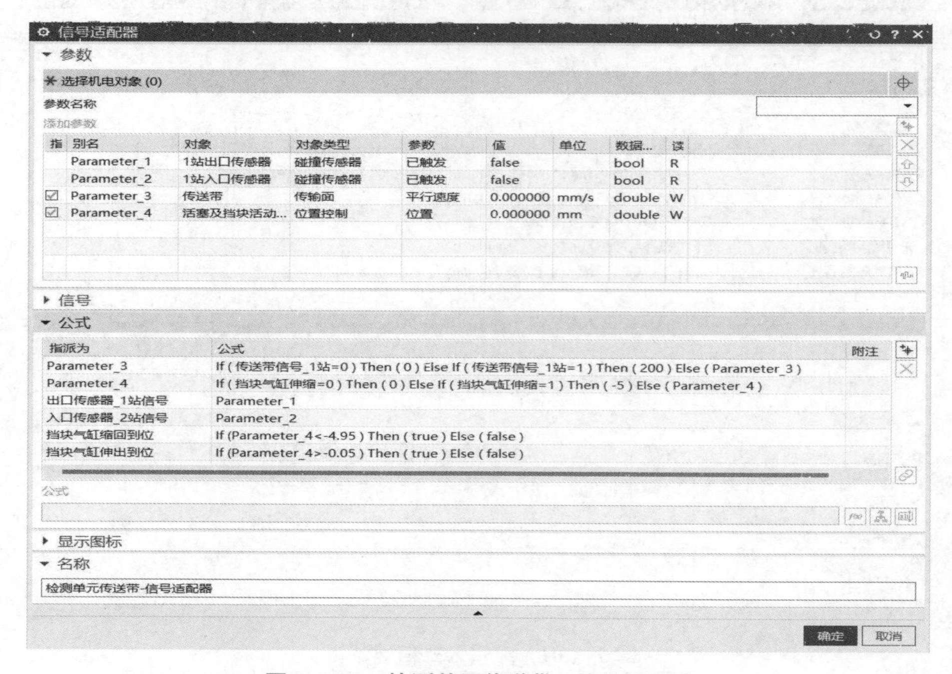

图 9－103　检测单元传送带－信号适配器

图 9－104 钻孔单元－信号适配器

图 9－105 钻孔单元传送带－信号适配器

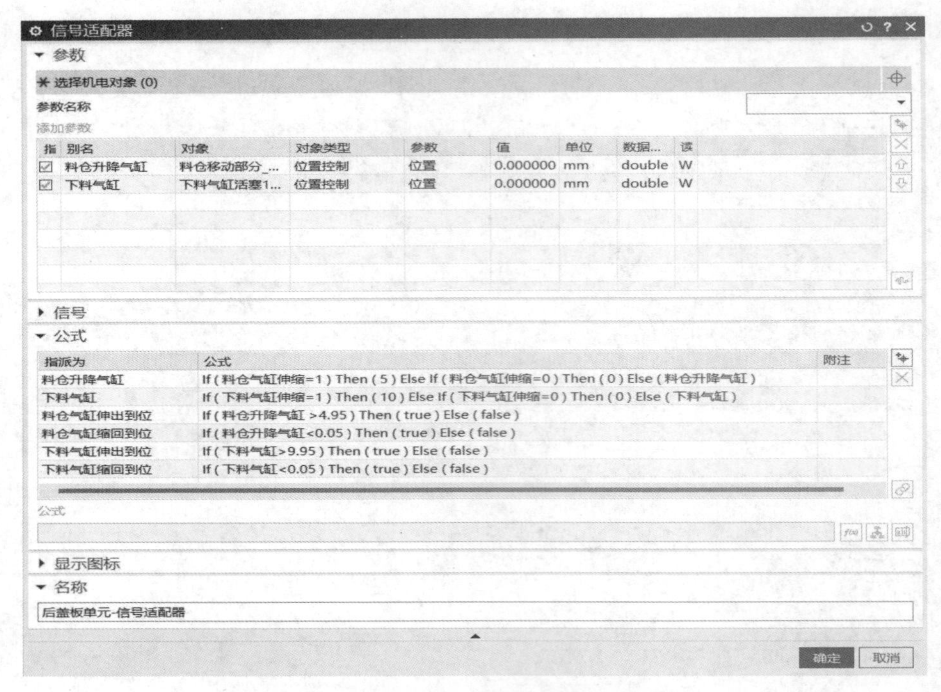

图 9–106　后盖板单元–信号适配器

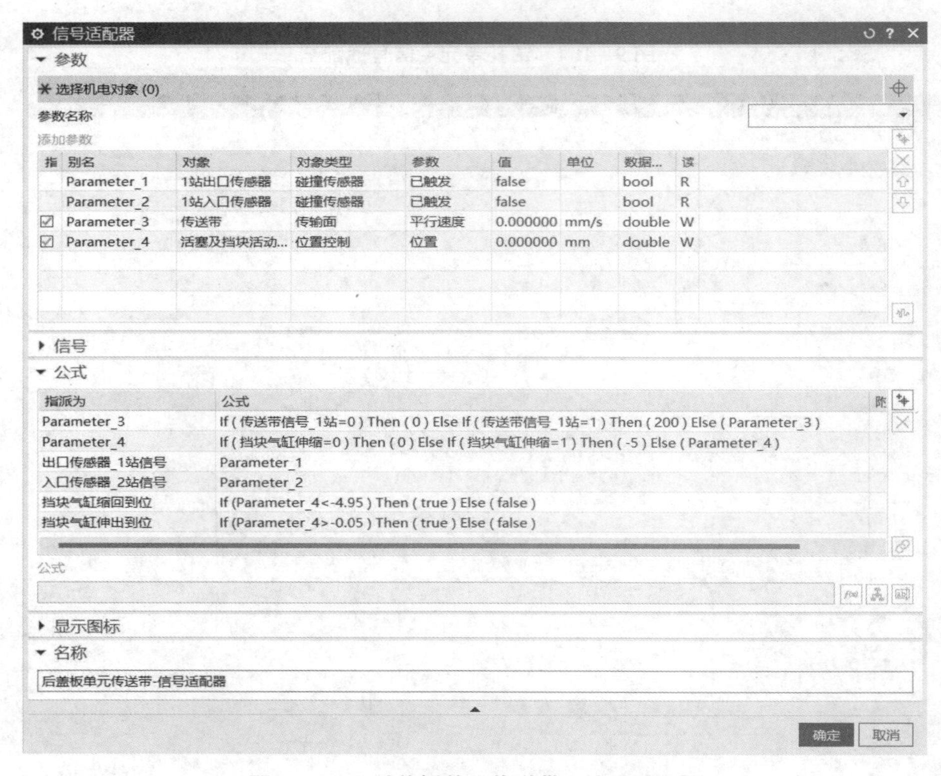

图 9–107　后盖板单元传送带–信号适配器

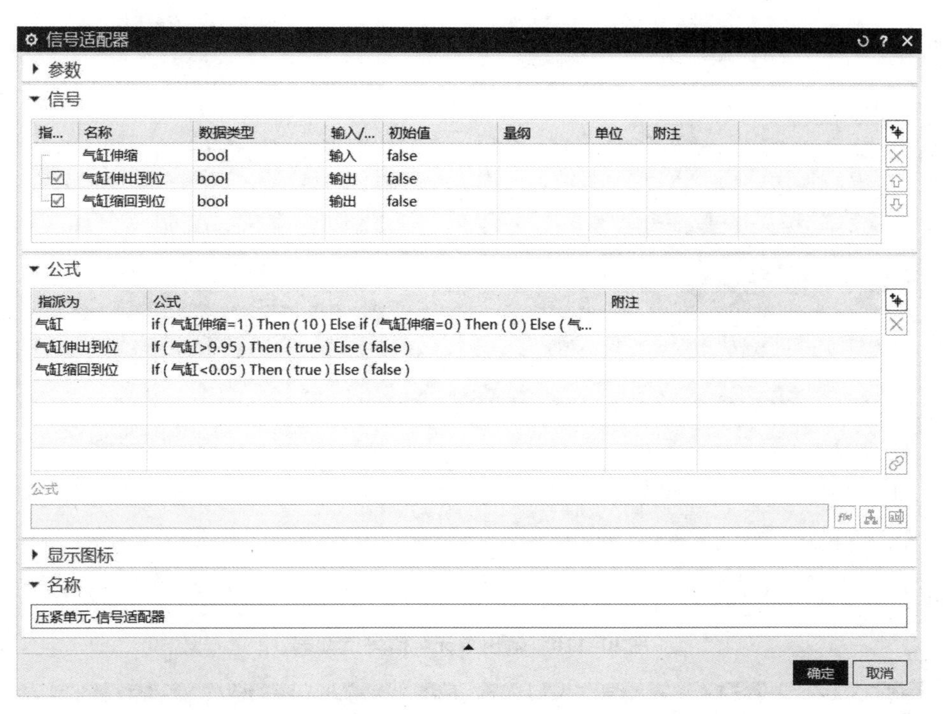

图 9-108 压紧单元-信号适配器

图 9-109 压紧单元传送带-信号适配器

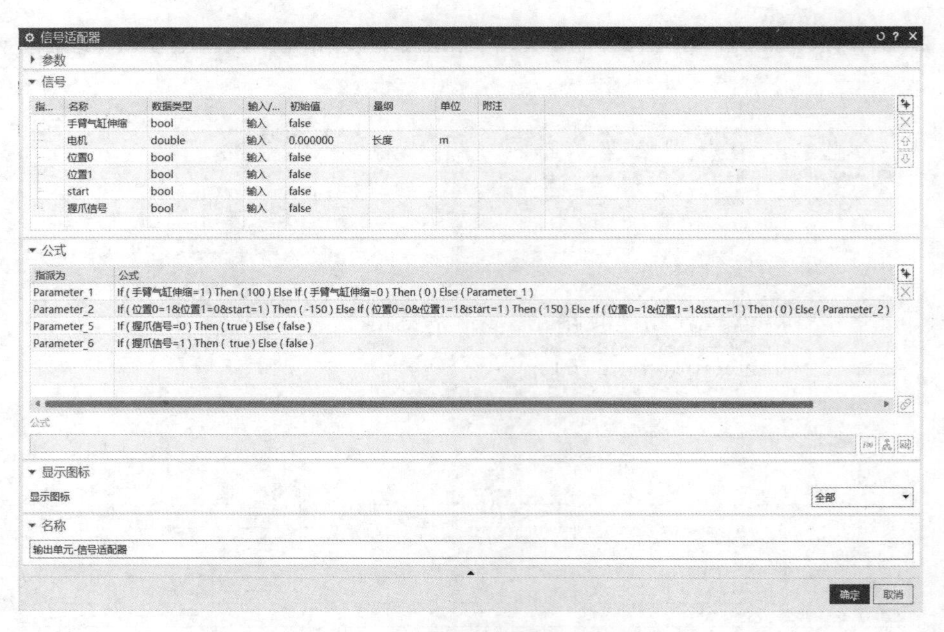

图 9－110 输出单元－信号适配器

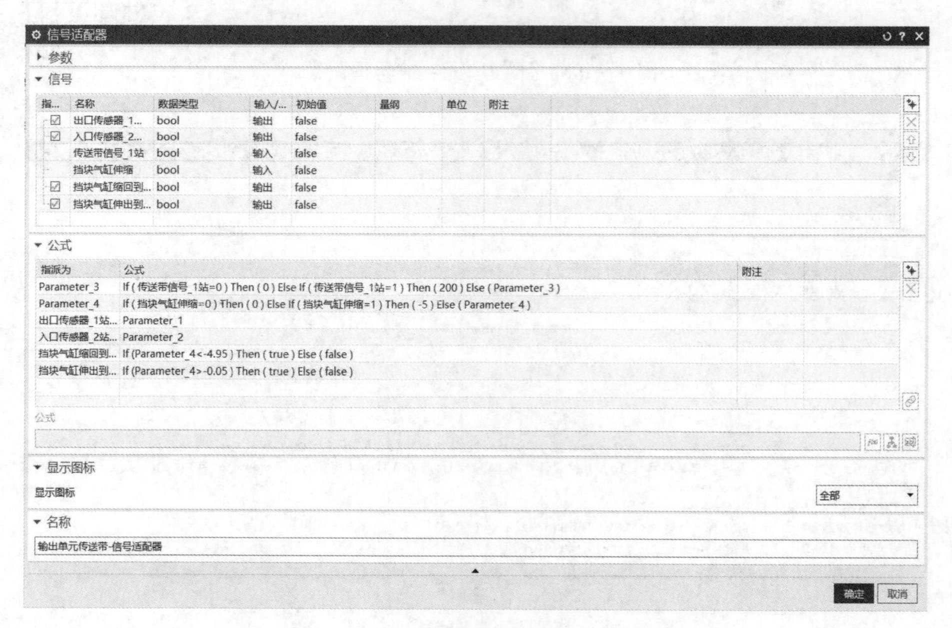

图 9－111 输出单元传送带－信号适配器

9.4.2 OPC Link 的设置

首先在 PLC 中打开“OPC UA 通信”选项，在“RKRoot”选项下新增节点，选择西门子设备，PLC 型号为 S7－1500，然后进行信号节点编辑，最后启动 OPC 服务，实现信号连接。具体操作步骤如下。

（1）新增节点，如图 9－112 所示。

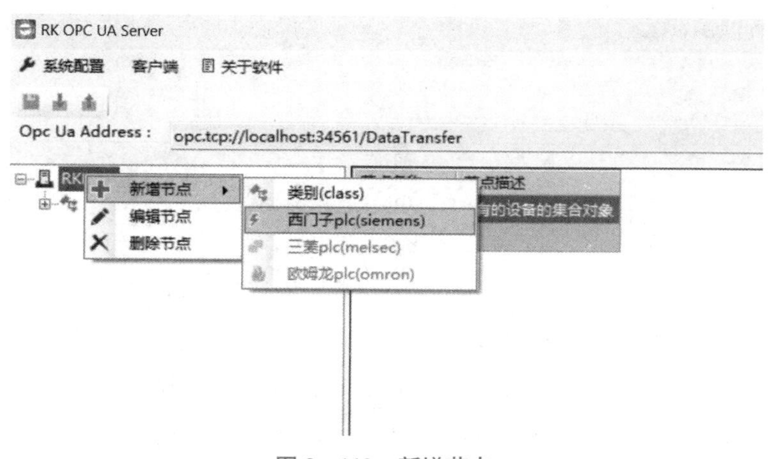

图 9－112　新增节点

（2）设置 IP 地址，选择 PLC 类型，如图 9－113 所示。

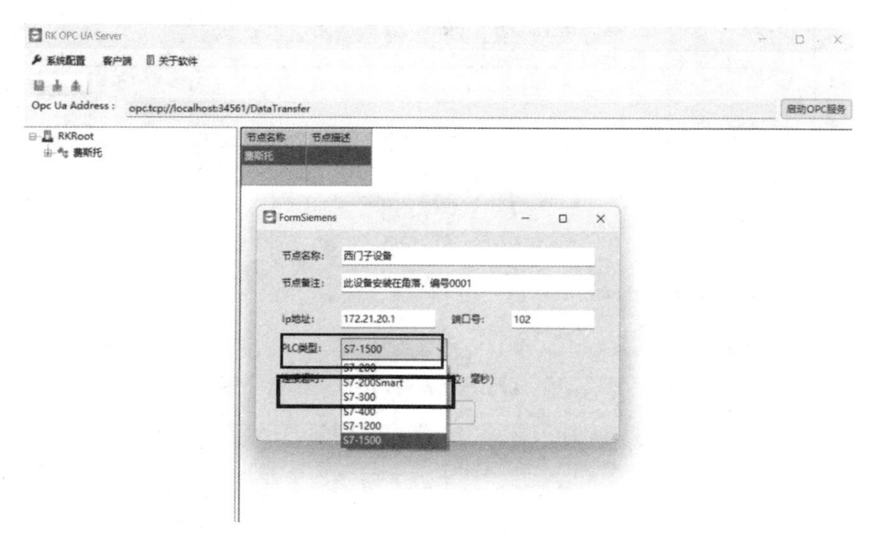

图 9－113　设置 IP 地址，选择 PLC 类型

（3）编辑节点。

首先进行重命名，然后选择数据类型为布尔类型，填写点位地址，设置更新时间，如图 9－114、图 9－115 所示。

（4）保存并启动 OPC 服务，如图 9－116 所示。

9.4.3　TIA 博途环境的搭建

首先将智能生产线的网线插入计算机，然后打开 TIA 博途，把 PLC 程序导入 TIA 博途软件并下载，然后将 PLC 程序转至在线，实现 TIA 博途软件与 OPC UA 通信。具体操作步骤如下。

（1）打开 TIA 博途软件进入“PORTAL”界面，然后单击“浏览”找到智能生产线的 PLC 程序，如图 9－117 所示。

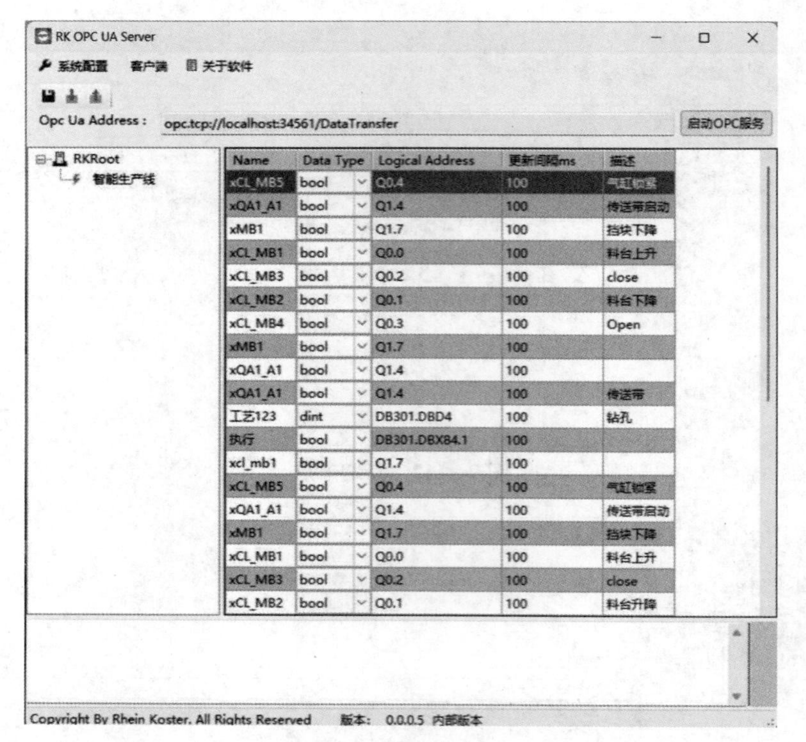

图 9-114 OPC 信号（1）

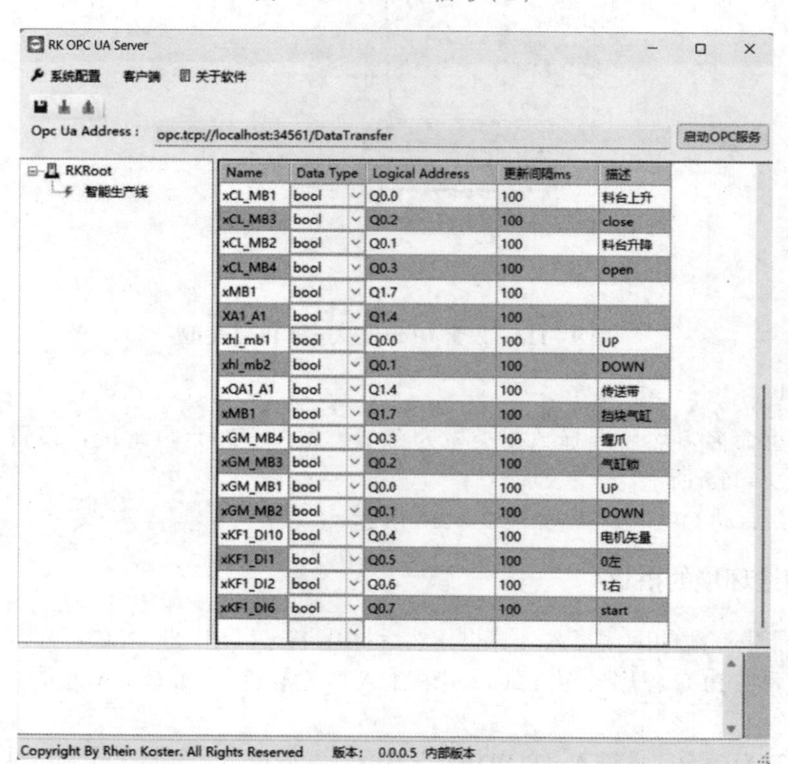

图 9-115 OPC 信号（2）

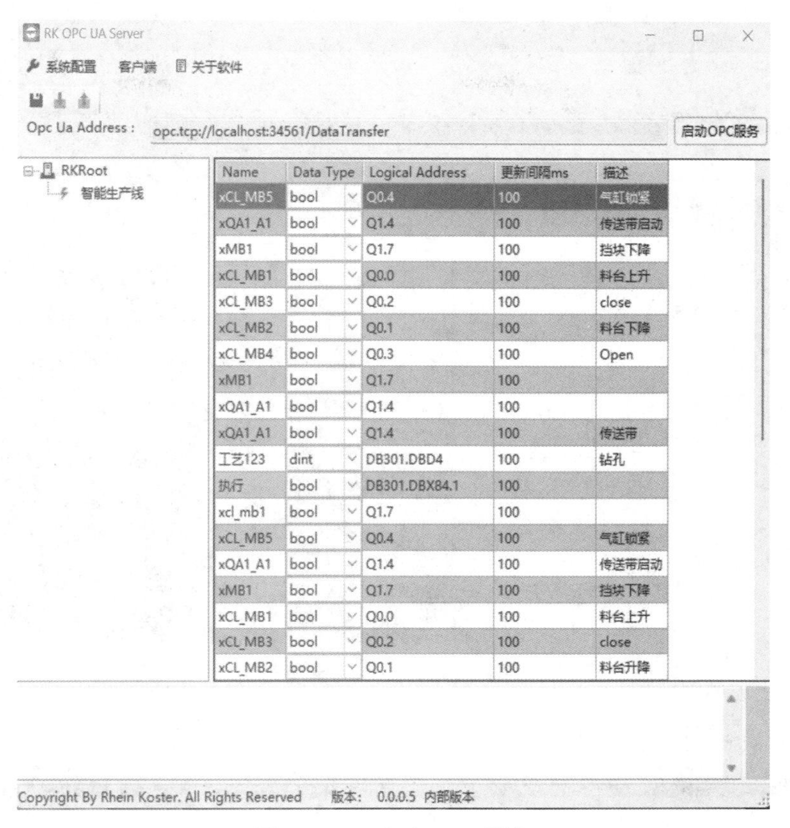

图 9－116　启动 OPC 服务

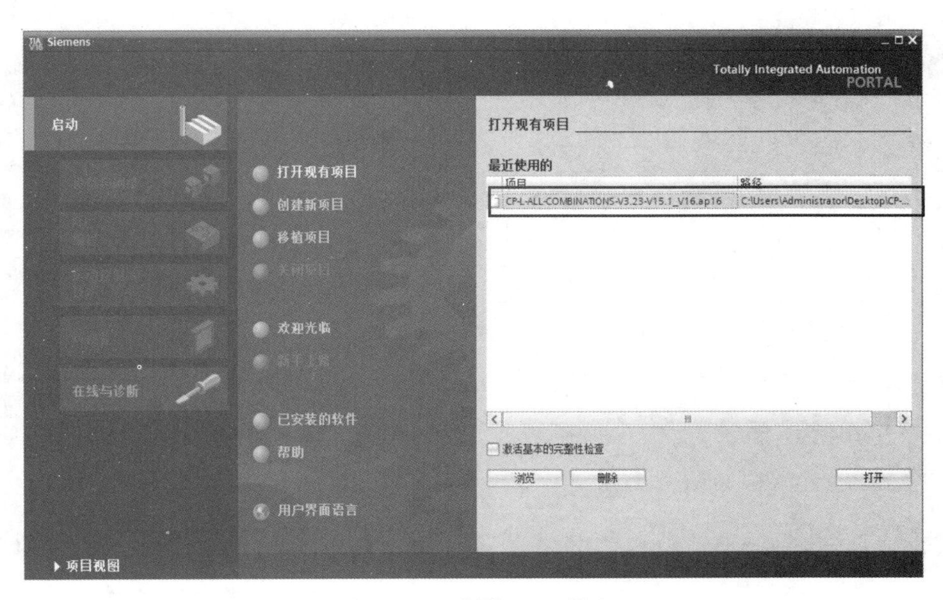

图 9－117　浏览 PLC 程序

（2）进入项目视图，如图 9－118 所示。

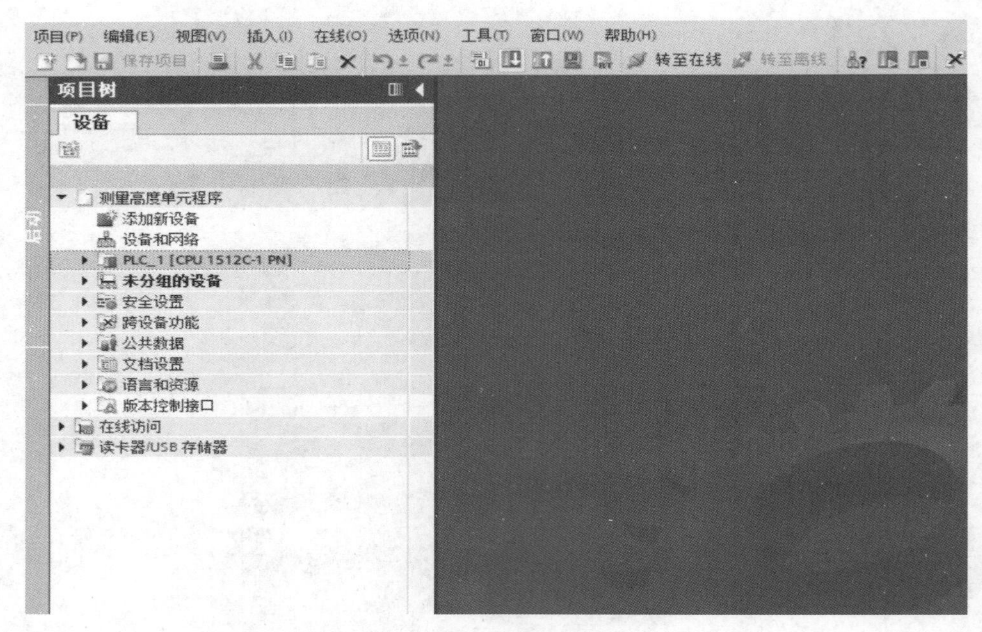

图 9－118 进入项目视图

（3）搜索目标设备，将 PLC 程序转至在线，如图 9－119 所示。

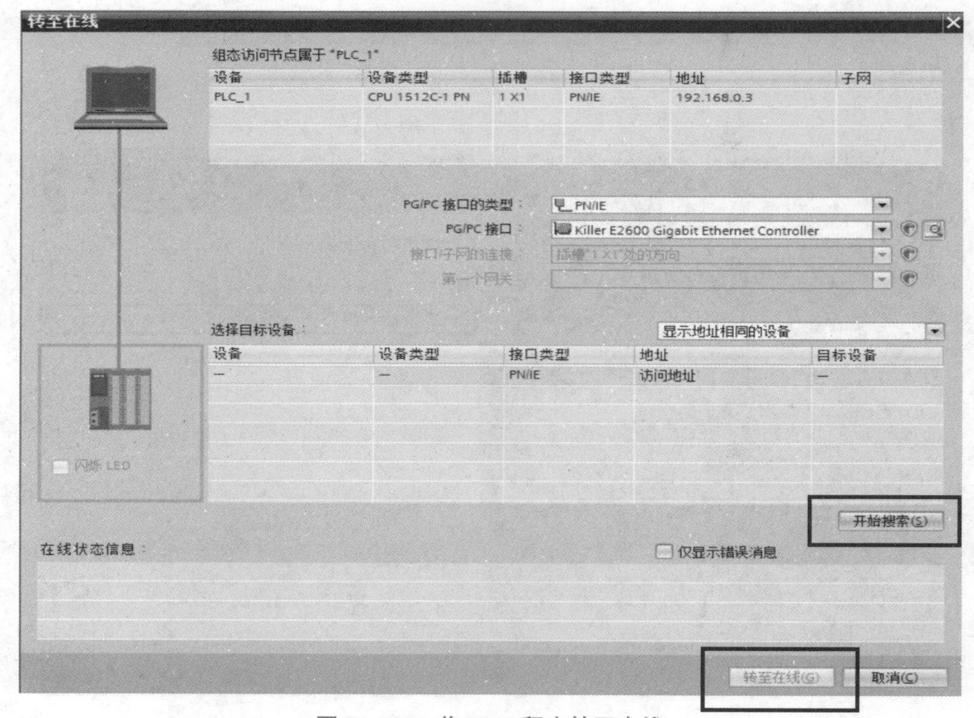

图 9－119 将 PLC 程序转至在线

（4）在 PLC 相关下拉菜单中进行组态设置，然后在“OPC UA”选项界面勾选“激活 OPC UA 服务器”复选框，如图 9－120 所示。

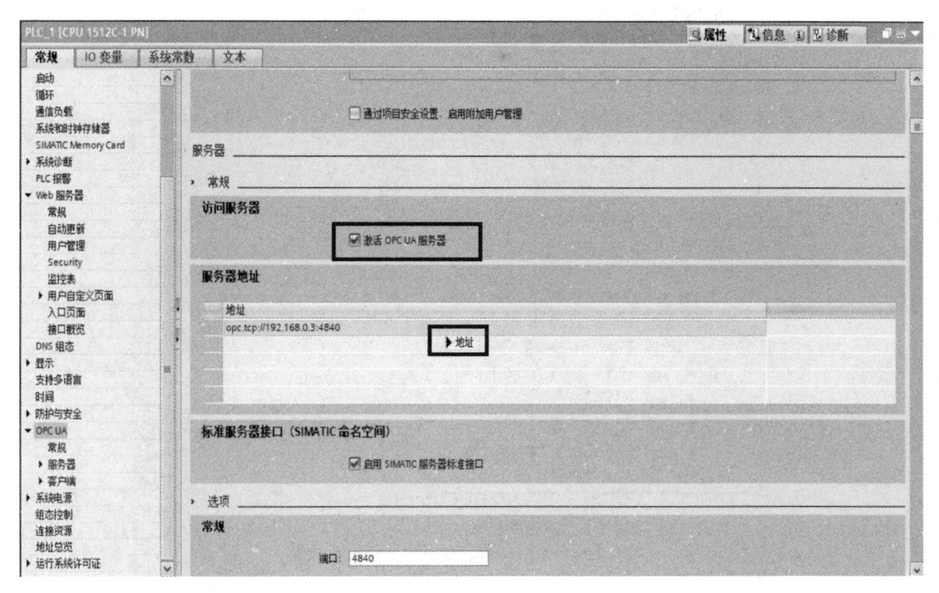

图 9－120　勾选“激活 OPC UA 服务器”复选框

（5）运行系统许可认证，如图 9－121 所示。

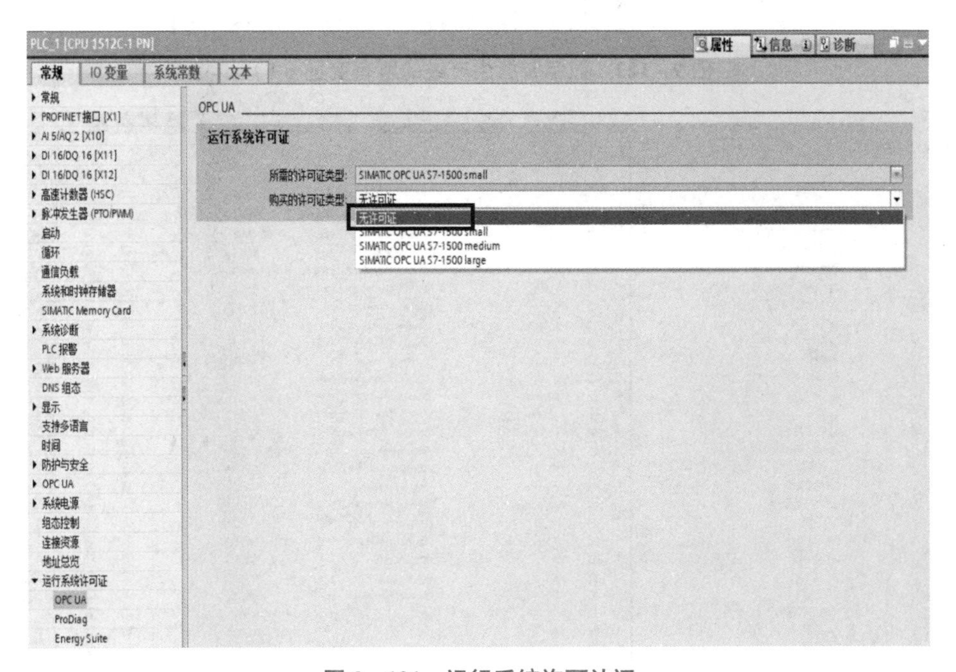

图 9－121　运行系统许可认证

（6）显示智能生产线的所有变量，如图 9－122、图 9－123 所示。

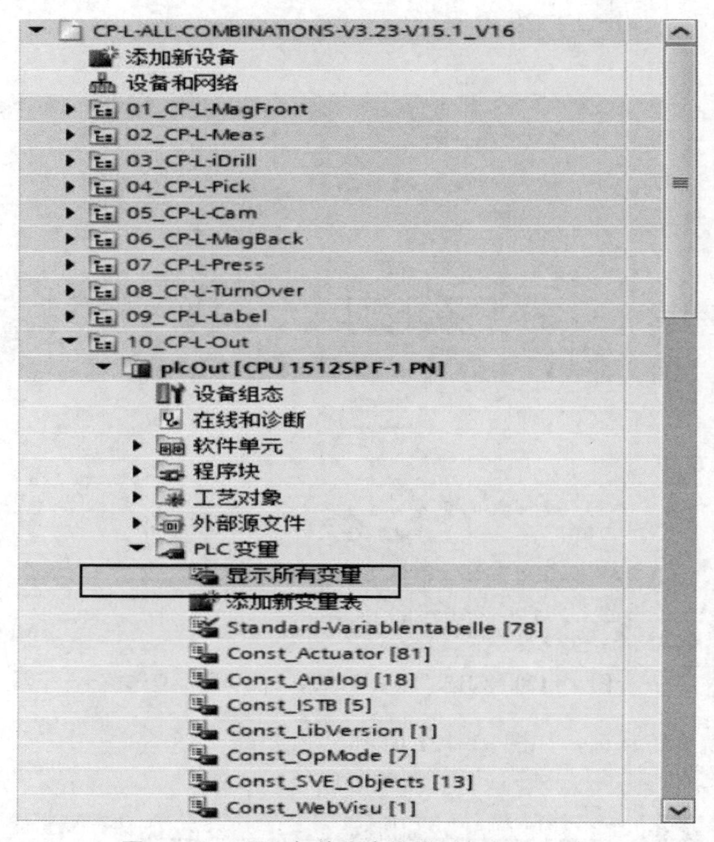

图 9－122　显示智能生产线的所有变量（1）

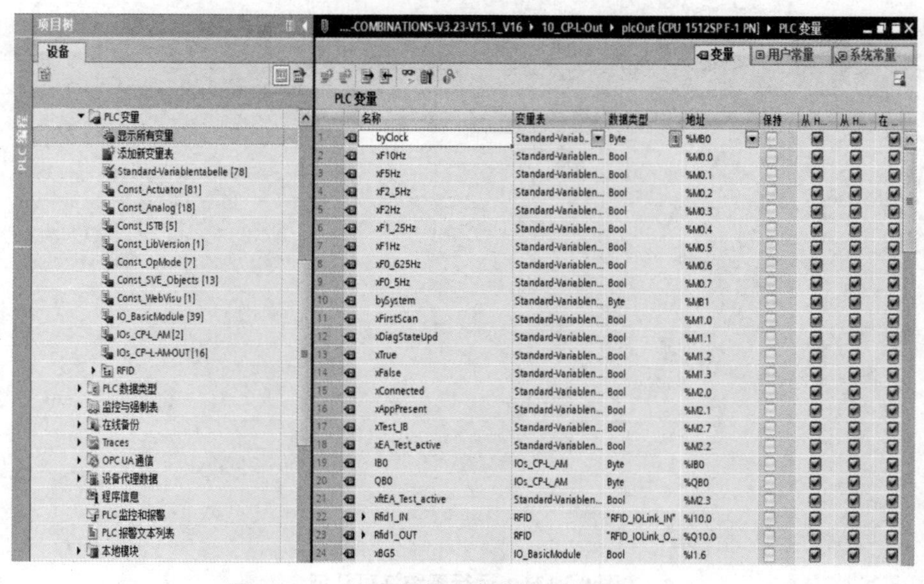

	名称	变量表	数据类型	地址	保持	从 H...	从 H...	在 ...
1	byClock	Standard-Variab...	Byte	%MB0	☐	☑	☑	☑
2	xF10Hz	Standard-Variablen...	Bool	%M0.0	☐	☑	☑	☑
3	xF5Hz	Standard-Variablen...	Bool	%M0.1	☐	☑	☑	☑
4	xF2_5Hz	Standard-Variablen...	Bool	%M0.2	☐	☑	☑	☑
5	xF2Hz	Standard-Variablen...	Bool	%M0.3	☐	☑	☑	☑
6	xF1_25Hz	Standard-Variablen...	Bool	%M0.4	☐	☑	☑	☑
7	xF1Hz	Standard-Variablen...	Bool	%M0.5	☐	☑	☑	☑
8	xF0_625Hz	Standard-Variablen...	Bool	%M0.6	☐	☑	☑	☑
9	xF0_5Hz	Standard-Variablen...	Bool	%M0.7	☐	☑	☑	☑
10	bySystem	Standard-Variablen...	Byte	%MB1	☐	☑	☑	☑
11	xFirstScan	Standard-Variablen...	Bool	%M1.0	☐	☑	☑	☑
12	xDiagStateUpd	Standard-Variablen...	Bool	%M1.1	☐	☑	☑	☑
13	xTrue	Standard-Variablen...	Bool	%M1.2	☐	☑	☑	☑
14	xFalse	Standard-Variablen...	Bool	%M1.3	☐	☑	☑	☑
15	xConnected	Standard-Variablen...	Bool	%M2.0	☐	☑	☑	☑
16	xAppPresent	Standard-Variablen...	Bool	%M2.1	☐	☑	☑	☑
17	xTest_IB	Standard-Variablen...	Bool	%M2.7	☐	☑	☑	☑
18	xEA_Test_active	Standard-Variablen...	Bool	%M2.2	☐	☑	☑	☑
19	IB0	IOs_CP-L_AM	Byte	%IB0	☐	☑	☑	☑
20	QB0	IOs_CP-L_AM	Byte	%QB0	☐	☑	☑	☑
21	xftEA_Test_active	Standard-Variablen...	Bool	%M2.3	☐	☑	☑	☑
22	Rfid1_IN	RFID	"RFID_IOLink_IN"	%I10.0	☐	☑	☑	☑
23	Rfid1_OUT	RFID	"RFID_IOLink_O...	%Q10.0	☐	☑	☑	☑
24	xBG5	IO_BasicModule	Bool	%I1.6	☐	☑	☑	☑

图 9－123　显示智能生产线的所有变量（2）

（7）从所有变量中找到所需信号，拖拽到监控表中进行监视。

9.4.4 MCD 外部信号配置

打开 NX 软件，在“主页”功能选项卡的“自动化”区域找到“符号表”选项组。具体操作步骤如下。

（1）选择“外部信号配置”选项，如图 9－124 所示。

图 9－124　选择“外部信号配置”选项

（2）打开“外部信号配置”对话框，选择“OPC UA”选项卡，添加新服务器后进入“主题”界面填写信息（信息可根据自己的意愿填写），单击“确定”按钮。具体操作步骤如下。

① 添加实例，如图 9－125 所示。

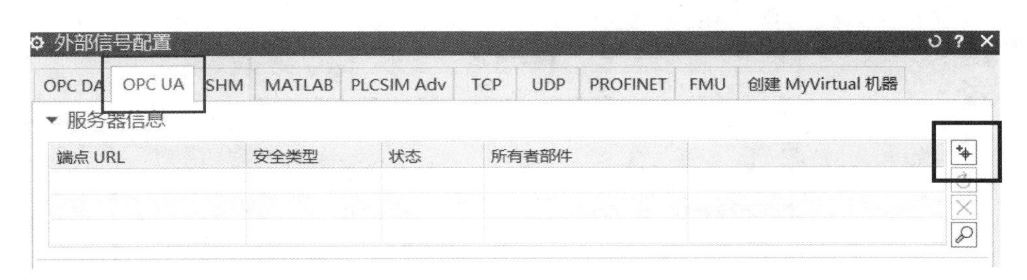

图 9－125　添加实例

② 填写主题信息（主题内容可以任意填写，也可以真实填写），如图 9－126 所示。

③ 将“OPC UA 通信”中的地址复制到“端点 URL”框中，然后进行测试连接，如图 9－127 所示。

9.4.5 MCD 信号映射

（1）在“主页”功能选项卡的“自动化”区域选择“信号映射”选项，实现 MCD 信号与外部信号的映射，如图 9－128 所示。

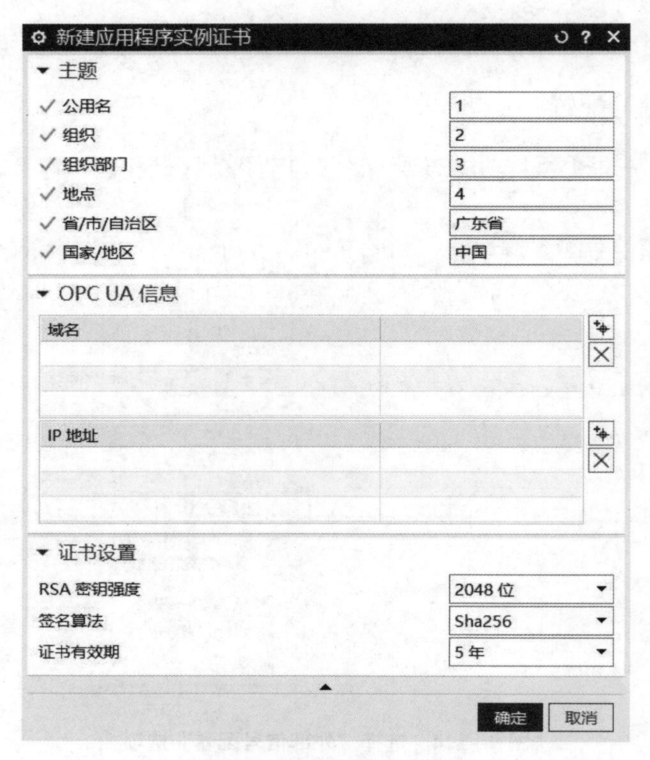

图 9－126　填写主题信息

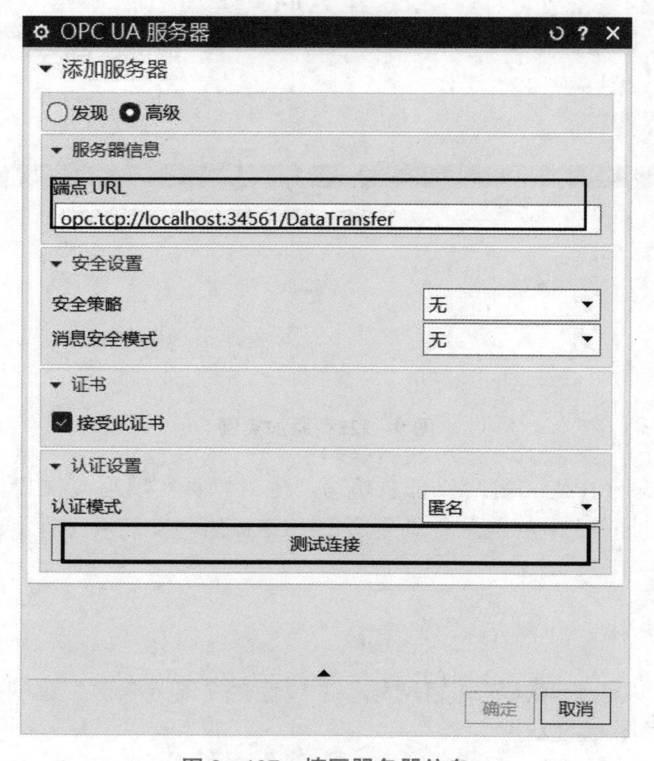

图 9－127　填写服务器信息

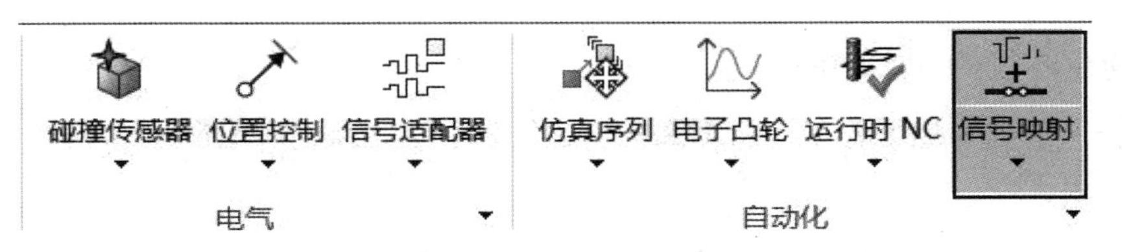

图 9－128　选择“信号映射”选项

（2）信号映射有自动映射和手动映射两种，可根据实际情况自行选择。信号映射示意如图 9－129 所示。

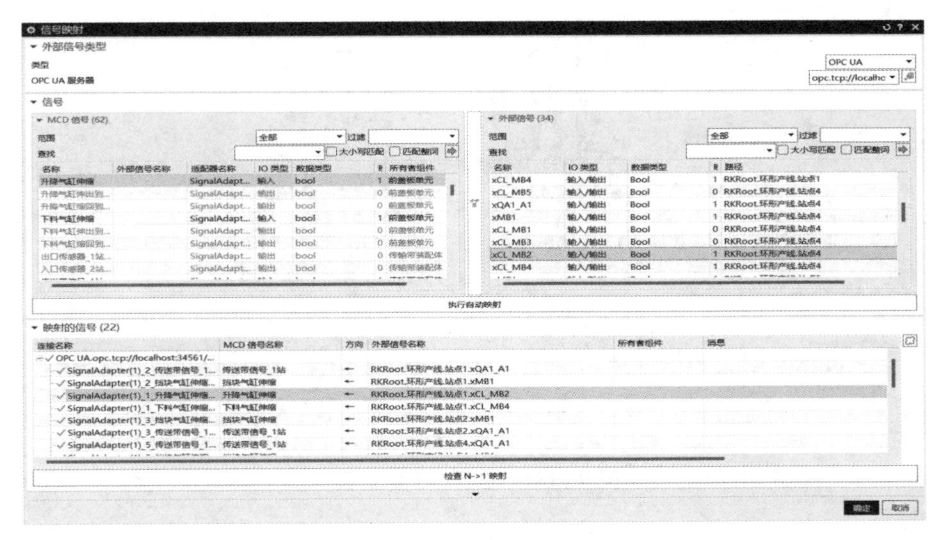

图 9－129　信号映射示意

按照上述操作完成智能生产线的所有信号映射，如图 9－130 所示。

信号连接	
opc.tcp://localhost:34561/DataTransfer	
SignalAdapter(1)_1_升降气缸伸缩_xCL_MB2	信号映射连接
SignalAdapter(1)_1_下料气缸伸缩_xCL_MB4	信号映射连接
SignalAdapter(1)_2_传送带信号_1站_xQA1_A1	信号映射连接
SignalAdapter(1)_2_挡块气缸伸缩_xMB1	信号映射连接
SignalAdapter(1)_3_传送带信号_1站_xQA1_A1	信号映射连接
SignalAdapter(1)_3_挡块气缸伸缩_xMB1	信号映射连接
SignalAdapter(1)_5_传送带信号_1站_xQA1_A1	信号映射连接
SignalAdapter(1)_5_挡块气缸伸缩_xMB1	信号映射连接
SignalAdapter(1)_6_传送带信号_1站_XA1_A1	信号映射连接
SignalAdapter(1)_6_挡块气缸伸缩_xMB1	信号映射连接
SignalAdapter(1)_7_传送带信号_1站_xQA1_A1	信号映射连接
SignalAdapter(1)_7_挡块气缸伸缩_xMB1	信号映射连接
SignalAdapter(1)_8_start_执行	信号映射连接
SignalAdapter(1)_8_位置序号_工艺123	信号映射连接
SignalAdapter(1)_9_料仓气缸伸缩_xCL_MB2	信号映射连接
SignalAdapter(1)_9_下料气缸伸缩_xCL_MB4	信号映射连接
SignalAdapter(1)_10_气缸伸缩_xhl_mb2	信号映射连接
SignalAdapter(1)_11_start_xKF1_DI6	信号映射连接
SignalAdapter(1)_11_手臂气缸伸缩_xGM_MB2	信号映射连接
SignalAdapter(1)_11_位置0_xKF1_DI1	信号映射连接
SignalAdapter(1)_11_位置1_xKF1_DI2	信号映射连接
SignalAdapter(1)_11_握爪信号_xGM_MB4	信号映射连接

图 9－130　所有信号映射

9.4.6 智能生产线的虚实联调

（1）进行 MCD 仿真。打开 NX 软件中智能生产线的 MCD 模型载体，单击“播放”按钮，如图 9－131 所示。

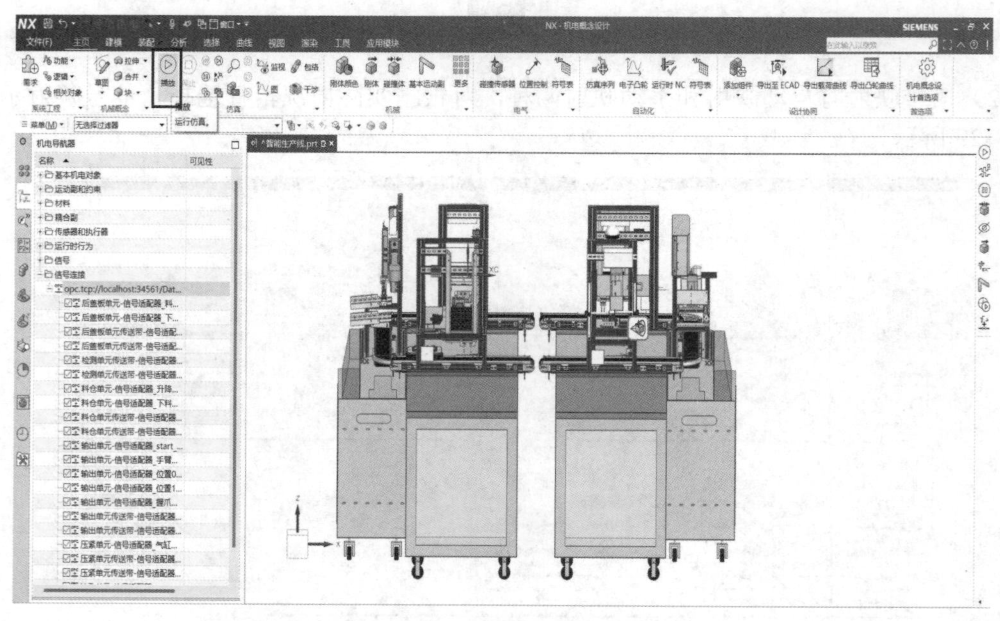

图 9－131 进行 MCD 仿真

（2）打开 TIA 博途软件，将 PLC 程序转至在线，如图 9－132 所示。

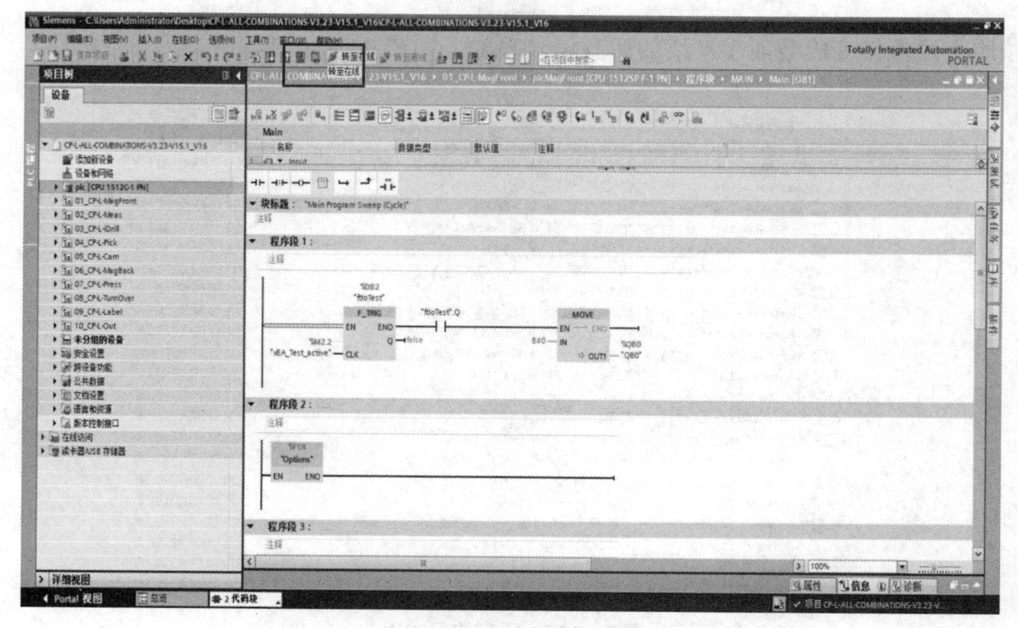

图 9－132 将 PLC 程序转至在线

（3）开启智能生产线，观察 MCD 模型和真实生产线的运行情况，若 MCD 模型的工艺流程和真实生产线的工艺流程相同，且实现动作同步，那么就完成了智能生产线的虚实联调。

9.5 任务评价

本项目任务评价见表 9－2。

表 9－2　项目 9 任务评价

课程	智能生产线综合实训	项目	智能生产线综合调试	姓名	
班级		时间		学号	
序号	评测指标	评分	备注		
1	能够完成智能生产线模型的基本机电对象的定义（0～5 分）				
2	能够完成智能生产线模型载体的运动副的创建（0～10 分）				
3	能够完成智能生产线模型的传感器和执行器的创建（0～5 分）				
4	能够完成智能生产线模型载体的信号的编辑（0～20 分）				
5	能够将 PLC 程序导入 TIA 博途软件，并完成 PLC 组态设置（0～10 分）				
6	能够设置 OPC Link 环境，并创建 OPC Link 信号（0～10 分）				
7	能够在 MCD 中完成外部信号配置和外部信号映射（0～10 分）				
8	能够实现 TIA 博途和 MCD 信号的实时通信（0～10 分）				
9	能够使真实设备和 MCD 模型同步运动，实现智能生产线的虚实联调（0～20 分）				
总计					
综合评价					

9.6 任务拓展

通过本项目的学习，学生熟悉了智能生产线的工艺流程、虚拟调试的步骤，通过任务实施，完成了智能生产线的虚实联调。

下面按照智能生产线虚实联调的步骤，完成智能工厂的虚实联调。

【科学人文素养】

团队合作是实现目标，取得成功的基石。只有认识到团队的重要性，才能在团队中保持良好的人际关系、合理分配工作任务、优化流程、提高效率。因此，在项目实施时需要努力营造积极向上的氛围，相信每个人的实力和能力，共同应对挑战和解决问题，一起创造更大的价值，顺利完成智能生产线综合调试。

项目 10 智能生产线的维护与维修

10.1 项目描述

10.1.1 工作任务

在现代工业生产中，设备维护和保养是确保生产连续性和质量稳定的重要环节。无论是生产设备、机械还是工具，都需要定期维护和保养，以确保正常运行、延长使用寿命并最大限度地提高生产效率。本项目的主要任务是以仓储单元为例，进行智能生产线的维护和维修相关知识的讲解。通过了解智能生产线维护与维修的基本知识、维护与维修的常见方法、维护与维修的安全注意事项，完成仓储单元的维护与维修工作，最后撰写智能生产线的维护手册和维修手册，图 10－1 所示为仓储单元。

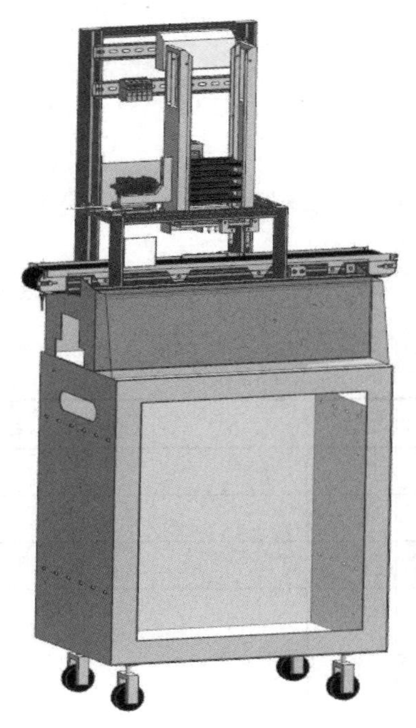

图 10－1　仓储单元

10.1.2 任务要求

（1）按照智能生产线维护和保养的步骤，完成智能生产线的维护和保养工作

（2）通过故障排除法，对仓储单元进行故障分析并记录总结。

（3）根据智能生产线维护与维修的方法，撰写智能生产线的维护手册和维修手册。

10.1.3 学习成果

本项目通过了解智能生产线的维护与维修的安全注意事项，掌握智能生产线的维护与维修方法，掌握智能生产线的故障分析方法，以仓储单元为例，完成智能生产线的维护与维修工作，最后撰写智能生产线的维护手册和维修手册。

10.1.4 学习导图

本项目学习导图如图 10－2 所示。

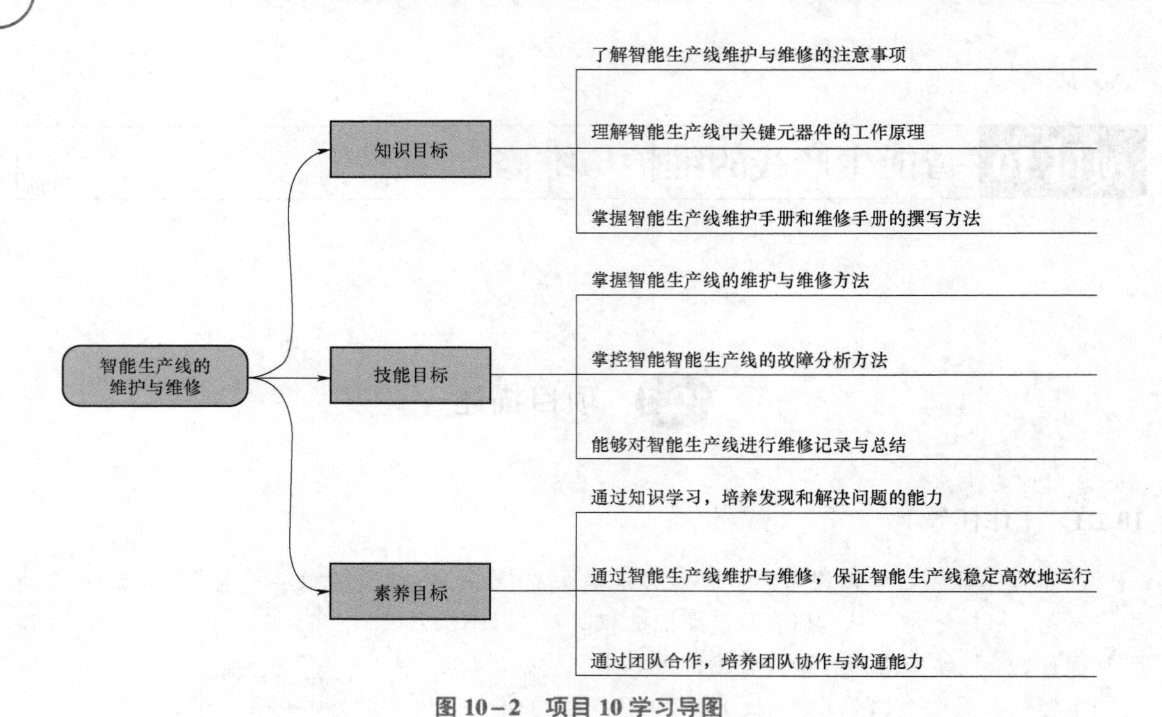

图 10-2　项目 10 学习导图

10.2 工作任务书

本项目工作任务书见表 10-1。

表 10-1　项目 10 工作任务书

课程	智能生产线综合实训	项目	智能生产线的维护与维修
姓名		班级	
时间		学号	
任务	撰写智能生产线维护手册和维修手册		
任务描述/功能分析			

续表

任务描述/功能分析	本项目的主要任务是以仓储单元为例，进行智能生产线的维护与维修相关知识的讲解。通过了解智能生产线维护与维修的基本知识、维护与维修的常见方法、维护与维修的安全注意事项，完成仓储单元的维护与维修工作，最后撰写智能生产线的维护手册和维修手册
关键指标	1. 智能生产线熟悉维护与维修的概念以及常见方法； 2. 进行智能生产线故障分析； 3. 进行智能生产线的维修记录与总结； 4. 撰写智能生产线的维护手册和维修手册

10.3 知识准备

10.3.1 维护与维修的概念

维护是指对设备进行定期保养的一种方式。为了延长设备的使用寿命需要定期地对设备进行保养。在工业中，定期的维护能够保障设备的使用寿命以及生产的安全。现代化机械设备是资金密集型装备，投资与使用费用均十分高昂，迫切需要提高设备的经济效益。因此，必须通过对设备的日常维护与保养，减少设备寿命周期内的维修费用与其他非正常开支。实践证明，设备的使用寿命在很大程度上取决于维护与保养的好坏。

维修是指设备技术状态劣化或发生故障后，为恢复其功能而进行的技术活动，包括各类计划修理和计划外的故障修理及事故修理。从企业的实际情况理解，设备维修的作用可以概括为“增加利润、节省材料、延长设备的使用寿命、减少维护费用、避免事故”。维修为设备的顺利工作提供了重要的保障，可以说维修是确保设备无故障运行，保证设备经常处于良好的工作状态的重要支撑。

10.3.2 维护与维修基本知识

1. 维护与维修的区别

维护与维修概念的区别是所涉及设备的损坏程度不同。维护一般是指设备能够正常运行时的定期保养，而维修则是对已经损坏的设备进行修理。

2. 维护的重要性

设备在长期、不同的环境中使用时，机械的部件磨损、间隙增大、配合改变，直接影响设备原有的平衡，会使设备的稳定性、可靠性、使用效益均降低，甚至会导致设备丧失其固有的基本性能，无法正常运行。因此，需要对设备进行大修或更换新设备，这无疑增加了企业成本，影响企业资源的合理配置。

设备的维护就是在设备没有出现故障的情况下，对设备进行检查，清洗构件，更换易损件，添加/更换润滑油，以保证设备正常工作。维护的重要性如下。

（1）日常维护保养要求低，费用少，可以保证设备正常作业，减少零部件的磨损，延长设备的使用寿命，可使企业更加科学、合理地配置有限的资源，同时达到节流开源的目的。

（2）设备使用年限越短，可靠性越高，使用年限越长，可靠性越低。可靠性越低则设备越容易发生故障。设备的有形磨损越严重，修复所需费用就越多。因此，设备的维护与保养可以减少设备的有形磨损，减少设备寿命周期内的维修费用与其他非正常开支。

3. 维修的重要性

从维修的性质来说，维修不只是排除故障，还是保证企业生存和发展，取得经济效益的一种长期连续的投资。做好维修工作，对于改善企业的技术力量、降低成本都有重要的意义。

10.3.3 智能生产线维护的常见方式

1. 清洁

清洁可以为设备的正常运行创造一个良好的环境，从而减少设备的磨损。必须保持机房内设备周围的场地清洁，不起灰，无积油，无积水，无杂物；设备外表清洁，无锈斑，各滑动面无油污，各部位不漏油、不漏水、不漏气、不漏电。

2. 润滑

对设备的润滑面、润滑点应按时加油、换油，油质应符合要求，油壶、油杯、油枪齐全，油毡、油线清洁，油窗、油标醒目，油路畅通。

3. 紧固

对设备中需要紧固连接的部位应经常进行检查，若发现松动，应及时扭紧，确保设备安全运行。

4. 调整

设备各运动部位、配合部位应经常调整，以使设备各零部件之间配合合理，不松不旷，符合设备原来规定的配合精度和安装标准。

5. 更换

对老化的、生锈的零部件需要及时进行更换。

10.3.4 智能生产线的维护方式和内容

1. 日常点检记录表

日常点检记录表见表 10－2。

表 10－2 日常点检记录表

检测员：																设备名称：										日期： 年 月 日						
序号	时间 / 内容	1	2	3	4	5	6	7	8	9	10	11	12	13	14	15	16	17	18	19	20	21	22	23	24	25	26	27	28	29	30	31	备注
1																																	
2																																	
3																																	
4																																	
5																																	
6																																	
7																																	
8																																	
9																																	
10																																	
注：设备正常打“√”，不正常打“×”，待机打“O”，设备不正常时应及时填写维修表，上报老师或领导及时处理故障。																																	

一般将设备的关键部位和薄弱环节列为检查点。关键部位和薄弱环节的确定与设备的结构、工作条件、生产工艺及设备在生产中所处的地位有很大关系。检查点选择不当或数量过少，难以达到预定的目的，检查点过多，势必造成经济不合理。因此，必须全面考虑以上因素，合理确定检查点的部位和数量。检查点一经确定，不应随意变更。

2. 日常维护计划表

日常维护计划表见表10-3。

表10-3 日常维护计划表

部门：						年 月 日	
序号	设备编号	设备名称	维护内容	维护周期	维护人	完成情况	备注

日常保养是维护设备正常运行的基础，是预防事故发生的有效措施。当班操作人员应在每天下班前15分钟进行设备的日常保养，通过对设备的检查、清洁和擦拭，使设备处于整齐、清洁、安全、润滑等良好的状态。除此之外，在以预防为主思想的指导下，把设备维护作业项目按其周期长短分别组织在一起，分级定期执行，设备的定期维护按时间长短可分为日常维护、一级维护、二级维护，对应的维护时间分别为1天、1个月、1年。

3. 维护科目和维护项目

设备维护可以按设备类别分为5个科目（如激光测距传感器可归为电气一类），即电气、机械、驱动、气动、信息化。

对设备的维护行为进行分类，可以分成不同的维护项目，例如传送带长时间使用后，需要对其进行润滑和调整（松紧度），润滑和调整便是传送带的维护项目。

4. 智能生产线维修前的准备工作

在维修设备前需要对设备进行充分了解，熟悉设备的电路和管路连接，这就需要提前准备设备的电气图纸，提前阅读设备的注意事项，仔细阅读设备说明书，提前准备维护与维修记录表。

10.3.5 维护与维修的安全注意事项

（1）进入智能生产线前必须穿戴好工作服装、劳保手套、防护眼镜等劳动保护用具。

（2）分析将要进行的维修工作、可能存在的风险，采取相应的措施。

（3）维修前检查电、液、气动力源是否断开，且在开关处悬挂“正在修理”“禁止合闸”等警示牌或由专人监护，监护人不得从事操作或做与监护无关的事。

（4）维修前必须检查、分析、了解设备故障发生的原因及现状。必须检查设备各部位是否存在安全隐患，如存在安全隐患，则必须处理后方可维修。

（5）严禁维修处于运动状态的设备及部件。

（6）在维修过程中采用人力移动机件时，人员要妥善配合，多人搬抬时应有一人指挥，各人应动作一致，稳起、稳放、稳步前进。

（7）在维修过程中应注意周围人员及自身的安全，防止挥动工具、工具脱落、工件飞溅造成伤害。两人以上工作要注意配合，将工件放置整齐、平稳。

（8）使用电动工具时注意随时检查紧固件、旋转件的紧固情况，确保紧固良好后才能使用。

（9）在登高作业中应随时检查安全带是否挂得牢靠，确保安全使用。

（10）在一般情况下，禁止在旋转、转动的设备及其附属回路上进行工作。如果必须在旋转、转动的设备上进行检查、清理及调查等工作，必须注意扣紧袖口、戴好工作帽，防止被旋转部分卷入绞伤或碰伤。

（11）禁止带电拆卸自动化控制设备，如 PLC 模块、在线仪表、气动阀的线路板等，以免损坏电子元器件。

（12）设备开动前，先检查防护装置，紧固螺钉，电、液、气动力源开关是否完好，然后进行试运行检验，试运行合格后才能投入使用，操作时严格遵守设备的安全操作规程。

（13）维修工作完成后，及时清理场地卫生，保持干净整洁，油液污水不得留在地上，以防人滑倒受伤。

（14）班组人员完成巡检、维修作业后，维修人员应当及时、认真地填写巡检、维修记录，不得出现漏填、错填现象，记录留用备查。

10.4 任务实施

10.4.1 智能生产线的维护保养

智能生产线的维护保养步骤如下。

（1）检查环境因素/操作条件。湿度、温度和其他因素对组件的使用寿命和正常运行起着重要作用。确保这些因素始终在 PLC 的最佳操作条件范围内。

（2）清除设备上的碎屑、灰尘和堆积物。为 PLC 提供干净的工作环境是防止停机的好方法。此外，灰尘进入电路板可能导致灾难性的短路。

（3）检查所有连接是否紧密配合，尤其是 I/O 及 CM 模块。这是确保设备顺利运行的一种非常简单的方法。此外，松动的连接可能对组件造成持久的损坏。

（4）检查 I/O 及 CM 模块是否进行了适当的调整。

（5）切勿将其他产生大量噪声或热量的设备放置在 PLC 附近。

（6）对于 PLC 运行过程中各类突发异常现象应及时上报。

10.4.2 仓储单元的故障分析与记录总结

维修设备之前先观察设备外观，检查有无较大变化，设备、零件是否损坏（例如设备的外观、润滑油颜色有无异常，配件是否歪斜等），分析哪些零件出现了故障，出现了什么故障。按照排除法分析设备出现故障的位置。下面列举了几种仓储单元关键部件的故障分析方法。

1. 仓储单元的故障分析

1）传感器的故障分析

仓储单元包含很多传感器，载料小车在运行到该单元时常常会不停留地直接通过。对于该故障，可以利用排除法进行分析。首先，载料小车不停留地直接通过仓储单元可能是 PLC 程序的问题，经过检查 PLC 程序，发现 PLC 程序运行正常。其次，考虑阻挡气缸是否损坏，经过检查，阻挡气缸能够正常完成伸出、缩回的动作。最后，考虑载料小车到位传感器是否出现了故障，经过检查发现正是该传感器出现了故障，载料小车到位信号没有被执行，从而阻挡气缸没有伸出，导致载料小车不停留地直接通过仓储单元。

2）伸缩气缸的故障分析

在载料小车经过仓储单元时，经常会出现前盖板不掉落的情况，对于该问题进行故障分析。首先，考虑 PLC 程序是否出现报错，经检查发现 PLC 程序没有问题。其次，检查料仓内的传感器是否运行正常，如果传感器出现故障，检测不到前盖板，那么伸缩气缸的动作就不会执行。检测传感器的信号情况，发现传感器没有问题。最后，检查伸缩气缸本身是否出现故障。先检查伸缩气缸的控制信号，发现伸缩气缸的控制信号运行正常，这说明伸缩气缸的控制程序及外部通信是正常的；再考虑是否伸缩气缸的压力不足，导致伸缩气缸不能完成伸出及缩回的动作，检查压力表发现压力确实低于正常水平，经过加压后，伸缩气缸工作正常，前盖板能够稳定地掉落到载料小车上。

3）PLC 的故障分析

在进行智能生产线虚实联调时，常常出现设备和模型不能同步运行情况，即设备动而模型不动。首先，检查 MCD 中信号映射是否正确，经过检查，发现信号连接和外部信号配置正确。其次，检查设备连接是否正常，经过检查设备网线及 PLC 的网络插口，发现设备连接没有问题。最后，检查 PLC 程序是否运行正常，发现在 TIA 博途软件中不能将 PLC 程序转至在线，这说明 PLC 程序没有与设备连通。检查设备 PLC，发现设备有一个警告没有消除，消除警告后，PLC 程序可以转至在线，设备和模型实现同步运行。

2. 维修记录与总结

下面以仓储单元伸缩气缸的故障分析为例，进行维修记录与总结。

设备维修记录表见表 10－4 所示。

表 10－4　设备维修记录表

设备编号		使用部门		年　月　日	
设备名称		型号规格		操作人员	
故障日期		报修时间		维修时间	
制造厂家				维修完工时间	
故障现象	故障原因			解决办法	
伸缩气缸推力（或拉力）不足	气压低于标准值或出现外泄、内泄漏气			检查气泵是否正常运行、调压阀设置是否准确；检查并更换气缸活塞环密封件；检查缸筒内壁有无磨损拉毛，如果有则更换相关的气缸和防尘圈	
更换零件清单				备注	
	名称	型号规格	数量	维修人员	

10.4.3　智能生产线的维护手册

智能生产线的维护手册见表 10－5。

表 10－5　智能生产线的维护手册

课程	智能生产线综合实训			项目	智能生产线的维护		
班级		时间		姓名		学号	
维护对象							
维护原因	智能生产线维护可以提高生产效率、降低成本、提高产品质量并节省人力资源，是智能生产线设计方案不可或缺的一部分						
维护方案	检查智能生产线环境因素/操作条件；检查设备 I/O 端口连接情况；检查气缸压力是否正常；检查设备连接线路，如果线路老化，则需及时更换；检查 PLC 运行情况，检查各类传感器是否感应正常						
使用配件清单	配件名称	单位	数量	单价	金额	备注	
备注：							

10.4.4　智能生产线的维修手册

智能生产线的维修手册见表 10－6。

表 10－6　智能生产线的维修手册

<table>
<tr><td>课程</td><td colspan="3">智能生产线综合实训</td><td>项目</td><td colspan="3">智能生产线的维修</td></tr>
<tr><td>班级</td><td></td><td>时间</td><td></td><td>姓名</td><td></td><td>学号</td><td></td></tr>
<tr><td rowspan="2">故障现象</td><td colspan="7">故障描述</td></tr>
<tr><td colspan="7">在载料小车经过仓储单元时，经常出现前盖板不掉落的情况</td></tr>
<tr><td>故障分析</td><td colspan="7">首先，考虑 PLC 程序是否出现报错，经检查发现 PLC 程序没有问题。其次，检查料仓内的传感器是否运行正常，如果传感器出现故障，检测不到前盖板，那么伸缩气缸的动作就不会执行。检测传感器的信号情况，发现传感器没有问题。最后，检查伸缩气缸本身是否出现故障。先检查伸缩气缸的控制信号，发现伸缩气缸的控制信号运行正常，这说明气缸的控制程序及外部通信是正常的。再考虑是否伸缩气缸的压力不足，导致伸缩气缸不能完成伸出及缩回的动作，经过检查压力表发现，压力确实低于正常水平，经过加压后，伸缩气缸工作正常，前盖板能够稳定地掉落到载料小车上</td></tr>
<tr><td>维修方案</td><td colspan="7">检查气泵是否正常运行、调压阀设置是否准确；检查并更换气缸活塞环密封件；检查缸筒内壁有无磨损拉毛，如果有则更换相关的气缸和防尘圈</td></tr>
<tr><td rowspan="3">更换配件清单</td><td>配件名称</td><td>单位</td><td>数量</td><td>单价</td><td colspan="2">金额</td><td>备注</td></tr>
<tr><td></td><td></td><td></td><td></td><td colspan="2"></td><td></td></tr>
<tr><td></td><td></td><td></td><td></td><td colspan="2"></td><td></td></tr>
<tr><td>评价</td><td colspan="3">本次维修结果是否满意：
□非常满意　□基本满意　□不满意</td><td colspan="4">本次维修人员服务评价：
□非常满意　□基本满意　□不满意</td></tr>
<tr><td colspan="8">备注：</td></tr>
</table>

10.5 任务评价

本项目任务评价见表 10－7。

表 10－7　项目 10 任务评价

<table>
<tr><td>课程</td><td>智能生产线综合实训</td><td>项目</td><td>智能生产线的维护与维修</td><td>姓名</td><td></td></tr>
<tr><td>班级</td><td></td><td>时间</td><td></td><td>学号</td><td></td></tr>
<tr><td>序号</td><td>评测指标</td><td>评分</td><td colspan="3">备注</td></tr>
<tr><td>1</td><td>能够熟悉智能生产线维护的步骤，完成智能生产线的维护保养（0～10 分）</td><td></td><td colspan="3"></td></tr>
</table>

续表

序号	评测指标	评分	备注
2	能够完成仓储单元中传感器的故障分析及故障解决（0～20分）		
3	能够完成仓储单元中伸缩气缸的故障分析及故障解决（0～20分）		
4	能够完成仓储单元中PLC设备的故障分析及故障解决（0～20分）		
5	能够根据智能生产线的维护内容，撰写智能生产线的维护手册（0～15分）		
6	能够根据智能生产线的维修内容，撰写智能生产线的维修手册（0～15分）		
总计			
综合评价			

10.6 任务拓展

通过本项目的学习，学生熟悉了智能生产线维护与维修的基本知识、安全注意事项，通过任务实施，完成了智能生产线的维护与维修工作。

下面按照智能生产线维护与维修的思路，完成智能工厂的维护与维修工作，撰写智能工厂的维护手册和维修手册，见表10－8、表10－9。

表10－8　智能工厂的维护手册

课程				项目			
班级		时间		姓名		学号	
维护对象	维护对象图片						
维护原因							
维护方案							
使用配件清单	配件名称	单位	数量	单价	金额	备注	
备注：							

表 10-9　智能工厂的维修手册

<table>
<tr><td>课程</td><td colspan="3"></td><td>项目</td><td colspan="3"></td></tr>
<tr><td>班级</td><td></td><td>时间</td><td></td><td>姓名</td><td></td><td>学号</td><td></td></tr>
<tr><td rowspan="2">故障现象</td><td colspan="7">故障描述</td></tr>
<tr><td colspan="7"></td></tr>
<tr><td>故障分析</td><td colspan="7"></td></tr>
<tr><td>维修方案</td><td colspan="7"></td></tr>
<tr><td rowspan="3">更换配件清单</td><td>配件名称</td><td>单位</td><td>数量</td><td>单价</td><td>金额</td><td colspan="2">备注</td></tr>
<tr><td></td><td></td><td></td><td></td><td></td><td colspan="2"></td></tr>
<tr><td></td><td></td><td></td><td></td><td></td><td colspan="2"></td></tr>
<tr><td>评价</td><td colspan="3">本次维修结果是否满意：
□非常满意　□基本满意　□不满意</td><td colspan="4">本次维修人员服务评价：
□非常满意　□基本满意　□不满意</td></tr>
<tr><td colspan="8">备注：</td></tr>
</table>

【科学人文素养】

思维严谨、刻苦钻研是对优秀工作者的基本要求。在对智能生产线进行维护与维修时同样应保持这一优秀品质，要善于发现问题，解决问题，对待工作刻苦认真，对待问题思维严谨，这是做好智能生产线维护与维修的前提。

项目 11 智能生产线的验收与交付

11.1 项目描述

11.1.1 工作任务

智能生产线的验收的目的是确保设备的正常运行、安全性以及生产效率，减少设备故障对智能生产线造成的影响。智能生产线的交付是在智能生产线开发过程中，将最终的智能生产线交付客户或者用户的过程。这个过程主要包括智能生产线的设计、研发、安装、调试、维护与维修等环节。因此，智能生产线的验收与交付是智能生产线整个开发过程中必不可少的环节。本项目的主要任务是完成智能生产线的验收与交付，在验收与交付时，需要确定项目需求清单、培训方案、培训手册等资料以及完成每个项目对应的交付资料，最后制作智能生产线交付清单。

11.1.2 任务要求

（1）根据培训内容，制作培训方案并记录培训过程。

（2）收集并整理智能生产线交付资料。

（3）根据智能生产线交付资料，制作智能生产线交付清单。

11.1.3 学习成果

本项目通过对智能生产线验收前的项目需求清单、培训方案、培训记录与成本核算、智能生产线交付清单的学习，完成智能生产线的验收与交付，最后制作智能生产线交付清单。

11.1.4 学习导图

本项目学习导图如图 11－1 所示。

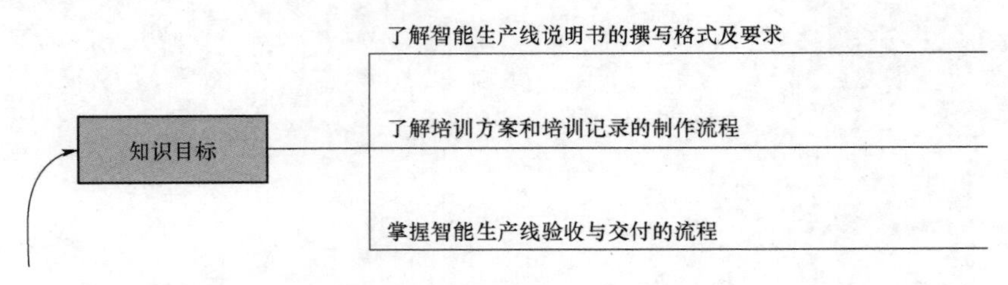

图 11－1 项目 11 学习导图

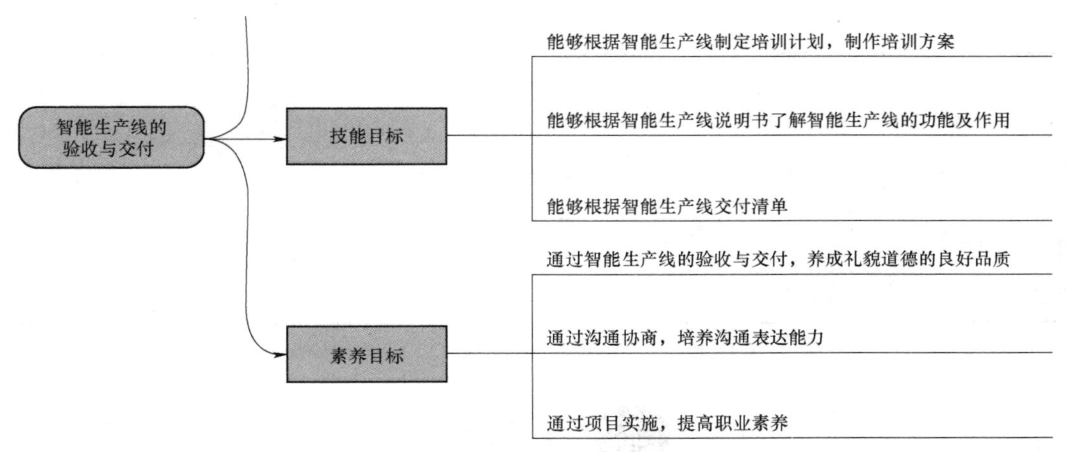

图 11-1　项目 11 学习导图（续）

11.2 工作任务书

本项目工作任务书见表 11-1。

表 11-1　项目 11 工作任务书

课程	智能生产线综合实训	项目	智能生产线的验收与交付
姓名		班级	
时间		学号	
任务	完成智能生产线的验收与交付，并制作智能生产线交付清单		
任务描述/功能分析			

续表

任务描述/功能分析	本项目的主要任务是完成智能生产线的验收与交付，在验收与交付时，需要确定项目需求清单、培训方案、培训记录等资料以及完成每个项目对应的交付资料，最后制作智能生产线交付清单
关键指标	1. 能够撰写智能生产线说明书； 2. 能够根据智能生产线制定培训计划； 3. 能够制作智能生产线交付清单； 4. 能够完成智能生产线的验收与交付

11.3 知识准备

智能生产线验收与交付的基本知识如下。

1. 项目验收

系统安全试运行后，项目应用主管单位可以组织由项目开发单位和技术部门人员参加的项目验收组对项目进行验收。项目验收应包括但不局限以下内容。

（1）项目是否已达到项目任务书中制定的总体安全目标和安全指标，实现全部功能指标。

（2）项目所采用技术是否符合国家、电力行业有关安全技术标准及规范。

（3）项目是否实现了验收测评的安全技术指标。

（4）项目建设过程中的各种文档资料是否规范、齐全。

（5）项目验收组中安全专家的验收评估意见。

2. 项目交付

项目建设完成后，项目开发单位依据项目合同的交付部分向项目应用主管单位进行项目交付，项目交付至少包括以下内容。

（1）制定项目交付清单，对交付的设备、软件和文档进行清点。

（2）对系统运维人员进行技能培训，要求系统运维人员能进行日常维护。

（3）提供系统建设的过程文档，包括实施方案、实施记录等。

（4）提供系统运行维护的帮助和操作手册并要求项目应用主管单位的相关项目负责人签字确认。

11.4 任务实施

11.4.1 智能生产线验收前的项目需求清单

项目需求清单示例如图 11－2 所示。

<table>
<tr><th colspan="5">项目需求清单</th></tr>
<tr><td>序号</td><td>名称</td><td>单位</td><td>数量</td><td>备注</td></tr>
<tr><td>1</td><td></td><td></td><td></td><td></td></tr>
<tr><td>2</td><td></td><td></td><td></td><td></td></tr>
<tr><td>3</td><td></td><td></td><td></td><td></td></tr>
<tr><td>4</td><td></td><td></td><td></td><td></td></tr>
<tr><td>5</td><td></td><td></td><td></td><td></td></tr>
<tr><td>6</td><td></td><td></td><td></td><td></td></tr>
<tr><td>7</td><td></td><td></td><td></td><td></td></tr>
<tr><td>合计</td><td>大写：</td><td></td><td></td><td></td></tr>
<tr><td>签收栏</td><td colspan="3">收货单位：
（盖章）

收货人：

联系电话：</td><td>以上设备我司已全部安装、调试完毕，请贵方验收签字确认，表明我司已将所有产品（包括其所有权，使用权，托管权等）交付贵方，此后设备由人为造成的损坏，故障及遗失等问题，由贵方承担，我司不承担相应责任。</td></tr>
</table>

图 11－2 项目需求清单示例

为了顺利交付项目，满足客户需求，需要填写项目需求清单。

智能生产线说明书是介绍智能生产线的具体使用方法和操作步骤的说明书，其内容包括智能生产线的安装步骤、操作步骤、注意事项等。

11.4.2 培训方案的制作与实施

1. 培训方案的内容

培训方案的内容如图 11－3 所示。

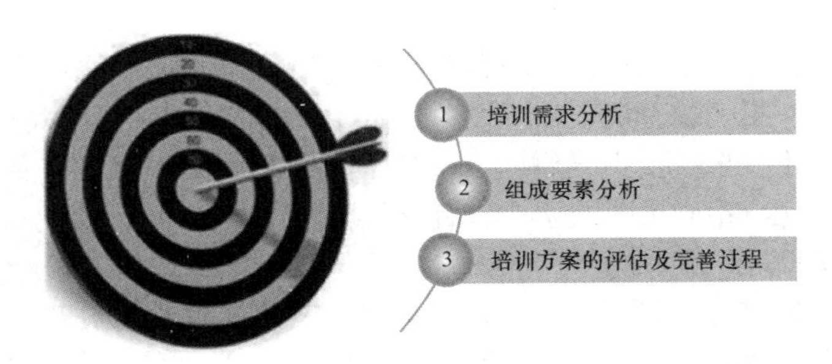

图 11－3 培训方案的内容

培训方案的内容主要包括培训需求分析、组成要素分析、培训方案的评估及完善过程三部分。

2. 培训方案组成要素分析

培训方案是培训目标、培训内容、培训指导者、培训对象、培训日期与时间、培训场所与设备以及培训方法的有机结合。在培训需求分析的基础上，要对培训方案的各组成要素进行具体分析。

3. 培训方案的评估和完善

审核评估原则如图 11－4 所示。

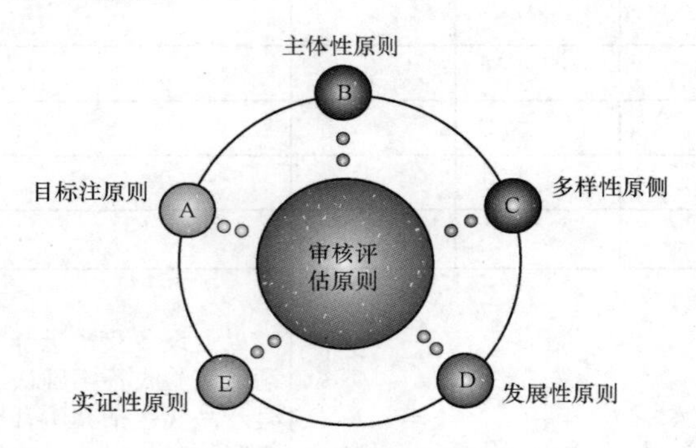

图 11－4　审核评估原则

从培训需求分析开始到最终制定系统的培训方案，并不意味着培训方案的设计工作已经完成，还需要不断地评估和完善，只有不断地评估和完善，才能使培训方案最优化。

培训方案的评估和完善要从三个角度考察。

（1）从培训方案本身的角度考察，即判断培训方案的各组成要素是否合理，各组成要素是否协调一致；培训对象是否对此培训感兴趣，培训对象的需要是否得到满足；此培训方案进行培训，所传达的信息是否能被培训对象吸收。

（2）从培训对象的角度考察，即判断培训对象培训前后行为的改变是否与所期望的一致，如果不一致，应找出原因，对症下药。

（3）从培训实际效果的角度考察，即分析培训的成本收益比。培训的成本包括培训需求分析费用、培训方案设计费用、培训方案实施费用等。如果成本高于收益，则说明此培训方案不可行，应找出原因，设计更优的培训方案。

4. 培训前的准备工作

培训前的准备工作主要是培训场地的布置，如图 11－5 所示。

培训场地的布置包括调试空调、试听设备（如计算机、投影仪、麦克风、扩音器等）。智能生产线的培训工作不仅要讲授电气原理、PLC 程序等理论知识，还需要讲授如何操作智能生产线，如上电初始化、不同模式的切换、启停、维护与维修等操作。

5. 培训过程中的工作

首先由参与培训的领导发表讲话以引起培训对象的重视，最大限度地利用培训帮助培训对象解决遇到的问题；然后介绍培训的主题、培训的目标、培训的内容、培训的形式、后勤安排和管理规则；最后对培训的日程安排和培训的课程作简要介绍。

在培训过程中安排专业人员进行录像，若出现意想不到的情况（如培训偏题、培训冷场等），及时与培训老师沟通并采取相关解决措施。在培训课间征求培训对象的意见并反馈给培训老师。在培训的最后两天展开培训的辩论赛、演讲赛，培训对象提交培训体会，相关负责人协调现场秩序，做好应急措施。

图 11－5　培训场地的布置示意

6. 培训结束的后续工作

整理培训资料（包括培训对象完成培训老师所布置任务的情况、培训对象提交的培训体会、整体培训学习的记录等），根据这些资料进行培训评估并将评估结果公布给培训对象，讨论分析并改进。

11.4.3　培训记录与成本核算

1. 培训记录

1）培训签到记录表

每家企业每年都要进行很多培训，例如安全培训、消防培训、员工行车培训，对于这些培训需要进行记录（一方面记入企业档案，另一方面用于各种体系审查）。企业内部培训的记录文件包括培训签到记录表。培训签到记录表一般包括培训的主题、部门、地点、培训老师姓名、时间。每个参加培训的人都得签上自己的姓名，以证明自己参加了培训。在培训期间，不得无故请假、缺席。

2）培训总结表

培训结束后，培训老师应该进行自我总结，反思有哪些不足，针对不足进行分析，为下次培训做准备，这些体现在培训总结表上。

3）培训记录表

参加培训时不能只听不记，要将重点的内容记下来，从而形成培训记录表，以加深对培训内容的印象。

2. 成本核算

1）培训成本

培训成本一般分为直接成本和间接成本。直接成本是指企业为培训直接付出的各项费用，如场地租赁费用，培训设备、教材、资料及相关物品费用等。间接成本是指培训对象参加培训所造成的误工成本，也称为隐性成本，如工资等。

培训成本是由多方面的费用构成的，但这些费用不是一成不变的，可以通过合理的方法将其降至最低，如开展线上培训。

具体来说，培训成本通常包括培训对象的工资；培训对象的交通、饮食及其他各项开支；培训对象因参加培训而减少工作的损失；购买、租用器材、场地、教材及训练设备的费用；负责培训的管理人员和主管的工资和时间；外聘讲师、教师、演讲者、培训机构的酬劳。

2）培训预算的处理方式

要控制培训成本，就需要做好培训预算设计。不同的企业处理培训预算的方式不尽相同，通常有以下 3 种处理方式。

（1）企业先制定培训计划，根据培训计划的要求推算培训预算，然后根据企业的实际承受能力，对培训预算进行调整。

（2）企业事先划定培训预算的范围，例如按企业上年度纯利润的 5%计算，或按人均 1 000 元/年计算等，再根据企业既定的培训预算制定培训计划。

（3）企业事先划定人力资源部门全年的费用总额，包括招聘费用、培训费用、社会保障费用、体检费用等，其中培训费用的额度可以由人力资源部门自行分配。

3）培训预算的内容

通常要获得培训成本的精确数据十分困难，但可以估算出一个特定时期内各种培训费用支出的大概总和。一般而言，培训预算包含 3 个方面的内容。

（1）准备费用，包括打印费用、通信费用、课程设计费用和其他课前准备工作所支出的费用。

（2）指导课程费用，是指直接和培训项目联系的费用。它一般包括培训老师的酬劳、培训对象的工资、场地费用、咨询费用、伙食费用、住宿费用和其他费用。

（3）管理费用，包括对培训进行评估的费用，交通费用，雇员费用，传单费用，手册、笔纸和其他办公杂项费用。

11.4.4 智能生产线交付清单

智能生产线交付清单包括企业调研报告、智能生产线布局规划表、智能生产线设计说明书、智能生产线认知说明书、智能生产线操作说明书、智能生产线调试手册、智能生产线维护与维修手册、PLC 程序（钻孔单元虚拟调试程序、智能生产线虚实联调程序）、MCD 模型载体（智能生产线布局规划模型、钻孔单元仿真序列模型、输出单元装配模型、钻孔单元虚拟调试模型、智能生产线虚实联调模型）、智能生产线 OPC Link 信号表。

智能生产线交付清单见表 11－2。

表 11－2 智能生产线交付清单

交付内容	交付状态	交付时间	交付人员	备注
企业调研报告				
智能生产线布局规划表				

续表

交付内容	交付状态	交付时间	交付人员	备注
智能生产线设计说明书				
智能生产线认知说明书				
智能生产线操作说明书				
智能生产线调试手册				
智能生产线维护与维修手册				
智能生产线布局规划模型				
钻孔单元仿真序列模型				
输出单元装配模型				
钻孔单元虚拟调试模型				
智能生产线虚实联调模型				
钻孔单元虚拟调试程序				
智能生产线的虚实联调程序				
智能生产线 OPC Link 信号表				

11.5 任务评价

本项目任务评价见表 11－3。

表 11－3 项目 11 任务评价

课程	智能生产线综合实训	项目	智能生产线的验收与交付	姓名	
班级		时间		学号	
序号	评测指标	评分	备注		
1	能够完成智能生产线仓储单元的验收与交付（0～10 分）				
2	能够完成智能生产线检测单元的验收与交付（0～10 分）				
3	能够完成智能生产线钻孔单元的验收与交付（0～10 分）				

续表

序号	评测指标	评分	备注
4	能够完成智能生产线后盖板单元的验收与交付（0～10分）		
5	能够完成智能生产线压紧单元的验收与交付（0～10分）		
6	能够完成智能生产线输出单元的验收与交付（0～10分）		
7	能够根据培训内容，制作培训方案并记录培训过程（0～10分）		
8	能够收集并整理智能生产线交付资料（0～10分）		
9	能够根据智能生产线交付资料，制作智能生产线交付清单（0～20分）		
总计			
综合评价			

11.6 任务拓展

通过本项目的学习，学生熟悉了智能生产线的验收与交付流程，以及智能生产线交付清单、培训方案等知识。

下面按照智能生产线的验收与交付流程，完成智能工厂的验收与交付。智能工厂交付清单见表 11－4。

表 11－4　智能工厂交付清单

交付内容	交付状态	交付时间	交付人员	备注

【科学人文素养】

文明礼仪不仅是个人素质、教养的体现，也是个人道德和社会公德的体现，因此，应该用文明的行为、举止，合理的礼仪来待人接物。这也是弘扬民族文化、展示民族精神的重要途径。在进行智能生产线的验收和交付工作时也同样要保持这种优良传统，对待同事、领导要面带微笑，举止言谈要温文尔雅，要学会尊重他人。

参考文献

[1] 孟庆波. 生产线数字化设计与仿真（NX MCD）[M]. 北京：机械工业出版社，2020.
[2] 黄诚，梁伟东. 生产线数字化设计与仿真（NX MCD）[M]. 北京：机械工业出版社，2022.
[3] 李卫锋. 基于数字孪生技术的智能制造虚拟仿真实训基地建设探索[J]. 中国机械，2023,（11）：113－116.
[4] 金飞翔，王康文，吕刚，等. 基于数字孪生技术的智能生产线应用探索 [J]. 现代制造工程，2023，2：18－26.
[5] 柯志胜，赵巍，王太勇，等. 面向数字孪生的智能虚拟生产线与调试系统设计 [J]. 工具技术，2022，56（9）：86－91.
[6] 李焕，蒋婉莹，肖宇亮. 基于 FMS 柔性制造生产线仿真技术 [J]. 数字技术与应用，2022，40（9）：54－56.
[7] 张鸣. 基于数字孪生技术的智能生产线设计与调试 [J]. 黄河水利职业技术学院学报，2023，35（4）：37－43.
[8] 柳君，石峰，张译. 自动化技术在智能生产线上的开发与应用 [J]. 自动化应用，2023，64（4）：73－75.
[9] 范蕊，刘青川，高健. 基于数字孪生的智能生产线系统数据监测技术 [J]. 集成电路应用，2021，38（11）：120－121.
[10] 赵巍，王丽娜，何苗，等. 基于虚拟仿真平台的智能生产线教学设计 [J]. 工业和信息化教育，2019，（12）：58－62.
[11] 李尚春，丛力群，欧阳树生，等. RFID 技术在智能化工厂中的应用 [J]. 控制工程，2010，17（S3）：85－87＋186.
[12] 何文博，方贝. 基于 RFID 的电气设备运行状态监测系统 [J]. 自动化应用，2023，64（15）：173－174＋203.
[13] 王石磊. RFID 在工具设备智能自动化管理中的应用 [J]. 现代制造技术与装备，2023，59（4）：209－211.
[14] 张安平，李永华，张晓华，等. 浅谈 MES 在生产中的应用建设及智能制造下的新理解 [J]. 数字技术与应用，2022，40（7）：112－116.
[15] 张祖军，赖思琦. 智能制造生产线 MES 系统的设计与开发 [J]. 制造业自动化，2020，42（8）：85－86＋116.
[16] 沈为清，张兴启. 智能制造产线 MES 的体系架构研究 [J]. 技术与市场，2019，26（8）：48－49.

[17] 李尚春，丛力群，欧阳树生，等. RFID 技术在智能化工厂中的应用[J]. 控制工程，2010，17（S3）：85－87＋186.
[18] 叶湘滨. 传感器与检测技术［M］. 北京：机械工业出版社，2023.
[19] 马冬宝，张赛昆. 自动化生产线安装与调试［M］. 北京：机械工业出版社，2023.
[20] 李钟琦，路璐，于志鹏. IO－Link——智慧的通信技术[J]. 仪器仪表标准化与计量，2021，1：13－14＋24.
[21] 肖剑锋. I/O Link 在 Profinet 系统中的应用［J］. 汽车实用技术，2019，17：199－200.
[22] 赵橄培，孙文丰，廖卓. 基于 MCD 和 TIA 的翻转机械手虚拟调试系统研究［J］. 机械工程师，2023，5：5－7＋11.
[23] 李轲. 基于 OPC UA 架构的智能制造车间数据通信及应用研究［D］. 武汉：湖北工业大学，2020.
[24] 于翔. 基于 TIA Portal 与组态软件联合仿真调试研究［J］. 今日制造与升级，2023，3：120－122.
[25] 刘毅东，刘海军，杨旭. PLC 调试系统的应用与控制方法研究［J］. 造纸装备及材料，2023，52（5）：55－57.
[26] 赵健. PLC 编程虚拟调试技术研究［J］. 中国设备工程，2023，14：269－271.
[27] 谢保金. 现代工程设备的维护与保养［J］. 科技与企业，2012，19：337＋339.
[28] 许海龙. 生产线设备的维修及维护浅探［J］. 科技创新与应用，2013，18：130.
[29] 高云霄，胡洪伟，姚单，等. 智能生产线设备验收指标与验收方法［J］. 电子产品可靠性与环境试验，2022，40（3）：22－26.